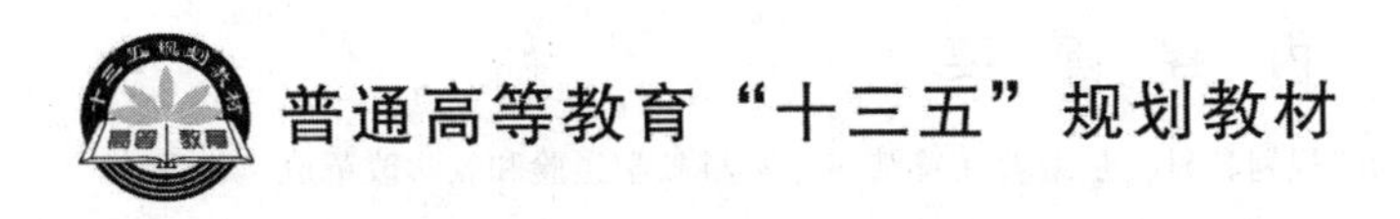

工程热力学与传热学

ENGINEERING THERMODYNAMICS AND HEAT TRANSFER

(中英双语版)

郭 煜 主编

中国石化出版社

内 容 提 要

本书是中国石化出版社“十三五”规划教材，是编者在总结多年本科教学经验和教学改革成果的基础上编写而成的。

本书内容包括工程热力学和传热学两大篇。工程热力学篇围绕“能量、能量的传递和转换，以及提高能量传递和转换经济性”这一主线，介绍了热力学的基本概念、基本定律、工质(理想气体和实际气体)的性质、热力过程，以及典型动力装置循环和循环经济性分析。传热学篇围绕“热量传递的三种方式以及控制和优化传热过程”这一主线，介绍了热传导、对流换热、辐射换热的基本概念、基本规律、基本应用，以及传热过程分析。书中每章编有典型例题和习题，在内容的编写和习题的选取上，注重基础性、创新性和在石油石化行业的应用性，同时采用双语编写，以适应双语教学的需要。

本书可作为高等学校能源动力、油气储运、石油工程、机械、过程、环境等专业的教材和教学参考书，也可供相关工程技术人员参阅。

图书在版编目（CIP）数据

工程热力学与传热学：汉英对照/郭煜主编．—北京：中国石化出版社，2020.11
ISBN 978-7-5114-6019-6

Ⅰ.①工… Ⅱ.①郭… Ⅲ.①工程热力学-汉、英 ②工程传热学-汉、英 Ⅳ.①TK123 ②TK124

中国版本图书馆 CIP 数据核字（2020）第 200816 号

中国石化出版社出版发行

地址:北京市东城区安定门外大街 58 号
邮编:100011　电话:(010)57512500
发行部电话:(010)57512575
http://www.sinopec-press.com
E-mail:press@sinopec.com
北京富泰印刷有限责任公司印刷
全国各地新华书店经销
*
787×1092 毫米 16 开本 26.75 印张 678 千字
2021 年 4 月第 1 版　2021 年 4 月第 1 次印刷
定价:66.00 元

前言

工程热力学与传热学是由工程热力学和传热学两部分内容组成的综合性热工技术理论基础教材。本书是在总结中国石油大学(北京)多年来工程热力学与传热学课程教学内容和教学改革经验的基础上编写而成的。

本书分为工程热力学和传热学两大部分，共计十一章。工程热力学部分主要介绍了工程热力学的基本概念、热力学第一定律和热力学第二定律、理想气体和实际气体的热力性质、基本热力过程和多变过程、典型热能动力装置及循环，以及提高能量转换经济性的方法和途径。传热学部分主要介绍了热量传递的热传导、对流换热和辐射换热这三种方式的基本概念、基本规律、求解方法、以及控制热量传递过程的技术措施。

工程热力学与传热学的基础知识是工科各专业人才工程素质的重要组成部分。内容上具有基本概念多且抽象、基本规律和公式多、基本应用涉及的问题实用和专业广泛的特点。为帮助读者更好地掌握工程热力学与传热学的知识内容，本书在编写上有以下特点：

(1)在结构上，保持了传统的工程热力学与传热学教材的内容体系，分为工程热力学和传热学两大部分。内容上，工程热力学部分紧紧围绕热能和机械能之间的相互转换以及提高能量转换经济性这一课程主线，对基本概念、基本定律、工质的热力性质、热力过程以及热力循环等各层次知识点进行介绍和分析。传热学部分紧紧围绕热量传递的三种方式以及控制和优化传热过程这一课程主线，对热传导、对流换热、辐射换热这三种热量传递方式的各层次知识点进行了介绍和分析。语言阐述上，力求严谨、精炼、易懂；版面上，注重图文并茂，以有助于学生理解和掌握。

(2) 书中的例题全部由编者精心选编，通过示范性的分析求解，侧重基本概念、基本规律的理解、掌握和应用。

(3) 各章节后附有思考题和习题。思考题和习题涵盖该章全部知识点并注重选择与工程实际相关的问题，由简到难，侧重考查学生对基本规律和求解方法的运用，以培养和提高其分析问题和解决问题的能力。习题的选用高度体现基础性、经典型、实用性和创新性。

本书采用我国法定计量单位，可作为油气储运工程、石油工程、安全工程、机械工程等专业工程热力学与传热学的教材和教学参考书，也可供有关工程技术人员参考。

本书在编写过程中参考了工程热力学、传热学，以及热工基础等国内外相关教材和专业书籍。在此向被引用的文献作者表示衷心感谢！同时向中国石化出版社以及王瑾瑜和李芳芳两位编辑为本书出版给予的大力支持和帮助表示诚挚谢意！

由于编者水平有限，书中疏漏、谬误之处在所难免，恳请读者不吝指正。

编者

目　录

绪　论

能源是人类社会不可缺少的物质基础之一，人类社会的发展史与人类开发利用能源的广度和深度密切相连。能源的开发利用一方面为人类社会的发展提供了必要的能量，另一方面也对自然环境造成了破坏和污染。能源建设要走可持续发展道路，一方面要合理利用能源，提高能源利用率；另一方面要大力开发对环境无污染或污染很小的新能源。学习工程热力学与传热学课程的主要目的是认识和掌握能源开发利用的基本规律，为合理、高效地开发和利用能源奠定理论基础。

本章主要介绍能量和能源的概念、热能及其利用以及工程热力学和传热学研究的主要内容。

第一节　能量与能源

1. 能量

世界是由物质构成的，一切物质都处于运动状态，能量是物质运动的度量。

能量是人类生存与社会进步的动力。人类在日常生活和生产过程中需要各种形式的能量。到目前为止，人类所认识和利用的能量形式主要有机械能、热能、电能、化学能、核能以及辐射能等。

2. 能源

能源是能够直接或间接提供能量的物质资源。它是人类赖以生存和发展所必须的燃料和动力来源。

地球上存在着各种形式的能源。迄今为止，自然界中已被人类发现的可被利用的能源形式主要有：风能、水力能、太阳能、地热能、海洋能、原子核能，以及煤、石油、天然气等矿物燃料的化学能等。在这些能源中，除风能、水力能和海洋能是以机械能的形式，或者再通过发电机将机械能转换为电能提供给人们外，其余各种能源往往是以热能的形式提供给人们。例如，太阳以热辐射的方式向地球传送大量的热能；地热能可以将水加热成热水或蒸汽以传送热能；煤、石油、天然气等矿物燃料的化学能，通常通过燃烧转换为热能；核能无论是通过裂变反应还是聚变反应释放出来的能量，都是以高温热能的形式。以上事实说明，人们从自然能源中获得能量的主要形式是热能。据统计，通过热能形式而被利用的能源，在我国占90%以上，在世界其他各国也超过85%。由此可见，热能不仅是最常见的能量形式，而且热能的利用对于人类的生产和生活有着重要意义。

3. 热能的利用

热能的利用有以下两种基本方式：一种是直接利用，又称为热利用，即将热能直接用于加热物体。如蒸煮、采暖、烘干、冶炼等，以满足人类生产和生活的需要；另一种是间接利用，又称为动力利用，通常是将热能转换为其他形式的能量，如转换为机械能或者电能而加以利用，以满足动力的需要。

工业上直接利用热能的设备有很多，如各种加热器、冷却器、蒸发器、冷凝器，以及工业锅炉等。在这些直接利用热能的设备中存在着换热效率的问题，由于热能直接利用所消耗的燃料占有较大比重，因此提高换热设备的换热效率对节约燃料消耗具有重要意义。

热能的间接利用需要通过热能动力装置来实现，常用的热能动力装置有蒸汽机、蒸汽轮机、内燃机、燃气轮机、核电动力装置，以及太阳能动力装置等。各种热能动力装置的实质，都是将热能转换为机械能，或再通过动力设备带动发电机将热能最终转换为电能的形式使用。在热能的间接利用中，也存在着热能转换为机械能以及电能的转换效率问题，而且当大量废热排放到大气或江河湖海中时，还带有大量有害物质，会对人类赖以生存的环境造成严重污染。因此，提高热能动力装置的热效率并消除污染对节约能源具有十分重要的意义。

国民经济的发展，离不开热能的直接利用和间接利用。目前，我国热能利用的技术水平与世界发达国家相比还有很大差距，主要原因是热能利用系统和技术落后，热能利用率低，经济性差，能源浪费严重，环境污染严重等。为了更加有效、合理地利用热能，减少燃料的消耗量，促进国民经济发展，工程技术人员要熟悉和掌握热能利用的基本规律以及提高热能利用率的方法。

第二节　工程热力学与传热学的研究内容

工程热力学与传热学是由工程热力学和传热学两部分内容组成的综合性热工技术的理论基础。它的主要研究内容有：热能利用的基本规律，提高热能利用率的方法，以及热能利用过程和其他热现象中热量传递的基本规律。

1. 工程热力学的研究内容

热力学是一门研究物质的能量、能量的传递和转换以及能量与物质性质之间普遍关系的科学。工程热力学是热力学的一个分支，是热力学理论在工程上的具体应用。

工程热力学主要研究热能和机械能以及其他形式的能量之间相互转换的规律。热能和机械能之间的相互转换是通过工质在热工设备中的状态变化过程和热力循环来实现的。热能和机械能的转换必须遵循两大基本规律：热力学第一定律和热力学第二定律，这两大基本定律是工程热力学的理论基础。工程热力学的主要研究内容可分为基本理论部分和基本理论的应用部分两个方面。基本理论部分主要包括工质的热力性质、热力过程、热力学第一定律和热力学第二定律等内容；基本理论的应用部分主要是将热力学的基本理论应用于各种热能动力装置，对实际工程问题进行分析和计算，以及提出提高能量转换经济性的途径和技术措施。

热力学有两种研究方法：一种是经典热力学的宏观研究方法，另一种是统计热力学的微观研究方法。

宏观研究方法是把物质看作连续的整体，用宏观物理量描述物质的状态以及物质间的相互作用，它以热力学第一定律和热力学第二定律为基础，对宏观的热力过程进行分析和推理，而不涉及物质的微观结构和物质分子、原子等微观粒子的微观行为。其分析和推理的结果具有可靠性和普遍性。此外，在宏观研究方法中，还普遍采用抽象、概括、理想化和简化的处理方法，突出实际现象的本质和主要矛盾，建立合理的分析模型，集中反映热力过程的本质。但是用热力学的宏观理论并不能解释热现象的本质及其内在原因。

微观研究方法是从物质内部的微观结构出发，借助物质的原子模型以及描述物质微观行为的量子力学，利用统计方法研究大量随机运动的粒子，从而得到物质的统计平均性质和热现象的基本规律。微观方法从物质内部分子运动的微观机理方面更深刻地解释热现象的本质，从而进一步解释物质的宏观特性。

工程热力学的分析和研究主要采用宏观研究方法。

2. 传热学的研究内容

传热学是研究热量传递规律的科学。热量是在温度差作用下传递的能量。热力学第二定律指出，凡是有温度差的地方，就有热量自发地从高温物体传向低温物体，或由物体的高温部分传向低温部分。由于自然界和生产技术中几乎处处存在温度差，所以热量传递就成为自然界和生产技术中一种非常普遍的现象。

传热学的主要研究内容有两大方面：一方面是热量传递的三种基本方式、基本规律和计算方法；另一方面是如何控制和优化传热过程，将可用能的损失减少到最低限度。

传热学主要采用理论分析、数值模拟，以及实验研究相结合的研究方法。

第一章　基本概念

本章主要介绍热力系统及分类、热力状态与状态参数、状态方程式与状态参数坐标图、准平衡过程和可逆过程、功量和热量等基本概念。这些概念在本课程的学习中，几乎随处都会用到，对这些概念必须有一个正确的理解。

第一节　热力系统

1. 热能在热机中转换为机械能的过程

从燃料燃烧中得到热能，并将热能转换为机械能的整套设备(包括辅助设备)，统称为热能动力装置，简称热机。例如蒸汽机、蒸汽轮机、内燃机、燃气轮机以及喷气发动机等皆为热机。

实现热能和机械能转换的媒介物质称为工质，它是实现能量转换必不可少的内部条件。热能和机械能的相互转换是通过工质在热机中的一系列状态变化过程来实现的。常用的工质有空气、燃气、水蒸气、氨蒸气等。

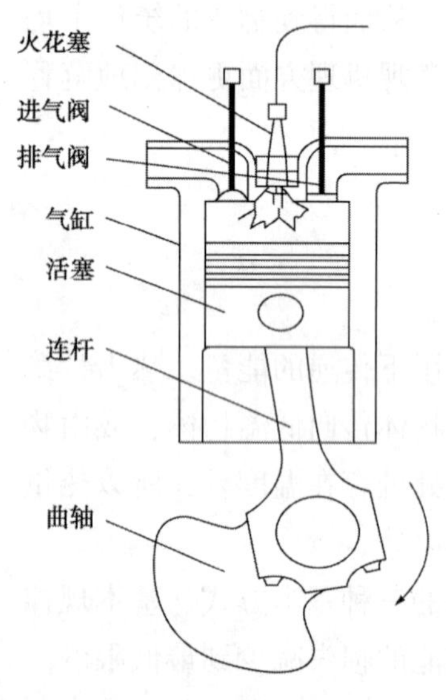

图 1-1　汽油机示意图

在能量转换过程中，把工质从中吸收热量的物系称为热源，又称为高温热源。把接受工质放出热量的物系称为冷源，又称为低温热源。热源和冷源可以是变温的，也可以是恒温的。例如，利用燃气轮机的高温排气作为热源在余热锅炉中加热水，由于热源的热容量不是无限大，故热源(燃气轮机的排气)的温度不断下降，是变温热源。当利用环境大气作为冷源时，由于其热容量非常大，故可以认为是恒温热源。

下面分别以内燃机和蒸汽动力装置为例，分析热能在热机中转换为机械能的过程。

内燃机一般都是活塞式(或往复式)的，根据使用的燃料不同，内燃机分为汽油机、柴油机以及煤气机等。图 1-1所示为汽油机示意图，其主要部分为气缸和活塞。内燃机工作过程中，活塞下行时，进气阀开启，排气阀关闭，气缸中吸入燃料和空气的混合物。然后进气阀关闭，活塞上行，压缩气缸内气体。压缩终了时，电火花点火，燃料和空气的混合物在气缸中燃烧，释放出大量热能。产生燃气的温度、压力大大高于周围介质的温度、压力，故具有做功能力。燃气在气缸内膨胀，推动活塞下行。燃气的能量通过曲柄连杆机构传给装在内燃机曲轴上的飞轮，转变为飞轮的动能。飞轮转动带动曲轴，对外做出轴功。活塞再次上行时，排气阀打开，进气阀关闭，做功后的废气排出气缸外，同时放出热量。这样，气缸内的气体经过压缩、吸热、膨胀做功、放热等过程周而复始地工作，连续不断地把热能转换为机械能。

图 1-2 所示为蒸汽动力装置的系统简图，它是由锅炉、汽轮机、冷凝器、水泵等主要设备组成的一套热力装置，采用的工质为水蒸气。蒸汽动力装置工作时，燃料在锅炉中燃烧，使化学能转换为热能。锅炉中沸水管内的水吸热后转变为水蒸气，并在过热器中过热，成为过热蒸汽。此时过热蒸汽的温度、压力大大高于环境介质的温度、压力，故具有做功能力。当它被导入汽轮机之后，先通过喷管膨胀、速度增大，热力学能转换为动能。这样，具有一定动能的蒸汽流过叶片推动转轴转动输出机械能，再驱动发电机发电产生电能或带动其他机械。做功后的乏汽从汽轮机中排出进入冷凝器，被冷却水冷却冷凝成水，经由水泵加压后送入锅炉加热。如此周而复始不断循环，通过锅炉、汽轮机、冷凝器、水泵等热工设备，工质经过吸热、膨胀做功、冷却冷凝、压缩等过程连续不断地将热能转换为机械能。

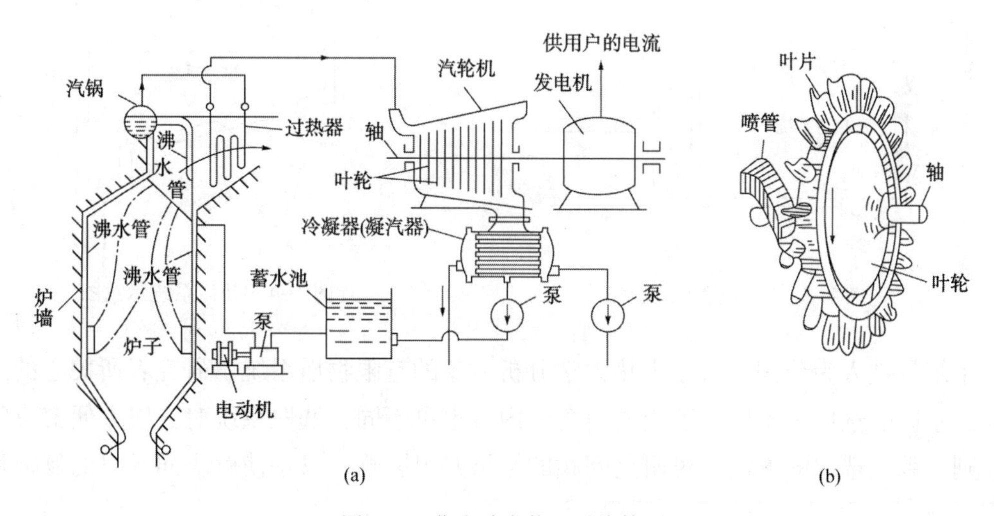

图 1-2　蒸汽动力装置系统简图

上述两种热机虽然构造不同、工作特性不同，但在把热能转换为机械能的过程中，都经历了工质吸热、膨胀做功、放热等过程。这些过程对任何一种热能动力装置来说都是共同的、本质性的。热能动力装置的工作过程可概括为：工质自高温热源吸热，将其中一部分热能转换为机械能而做功，并把余下部分热能传递给低温热源。

2. 热力系统

分析任何现象时，首先要明确研究对象，分析热现象时也不例外。热力学中，常把分析的对象从周围物体中分割出来，研究它通过分界面和周围物体之间的物质交换和能量交换。

（1）热力系统

在工程热力学中，通常选取一定的工质或空间作为研究对象，称之为热力系统，简称系统。系统以外的物体称为外界或环境。系统与外界之间的分界面称为边界或控制面。

边界可以是真实的，也可以是假想的；可以是固定的，也可以是移动的，热力系统的边界用虚线表示。例如，当选取内燃机气缸中的工质（燃气）作为热力系统时，工质和气缸壁之间的边界是固定不动的，但工质和活塞之间的边界却可以移动且不断改变位置，如图 1-3 所示。又例如，当选取汽轮机中的工质（水蒸气）作为热力系统时，工质和汽轮机壁面之间存在着实际边界，但是汽轮机入口前后以及出口前后的工质之间却无实际边界，此处可人为地设想一个边界把系统中的工质与外界分隔开来，如图 1-4 所示。

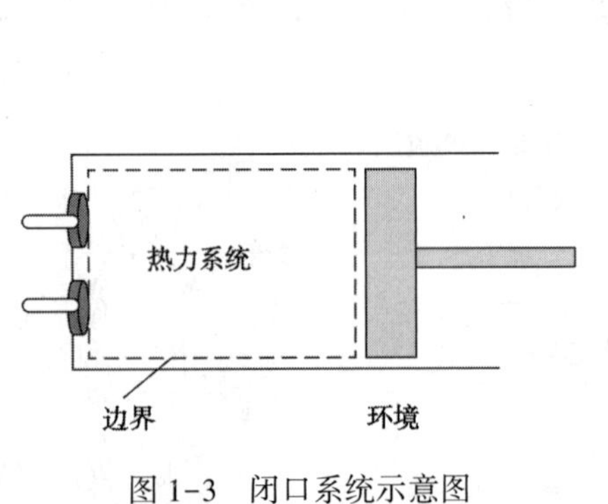

图 1-3　闭口系统示意图

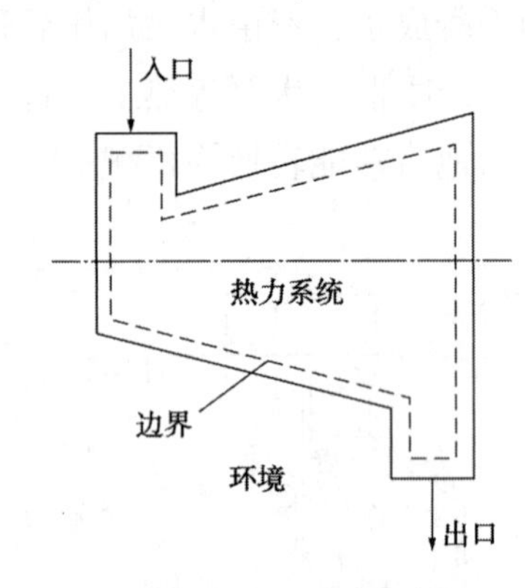

图 1-4　开口系统示意图

系统是被人为分割出来作为热力学分析对象的有限物质系统。研究者所关心的问题不同，系统的选取可不同，系统所包含的内容也可不同。选取系统时，以方便解决问题为原则。系统选取的方法，对研究问题的结果并无影响，只是使解决问题时的复杂程度不同。

（2）热力系统的分类

系统与外界通过边界发生相互作用，进行物质交换和能量交换。按照系统与外界之间相互作用的具体情况，系统可分为以下几类：

1）闭口系统

一个热力系统如果与外界只有能量交换而无物质交换，则该系统称为闭口系统。如

图1-3所示，当工质进、出内燃机气缸的阀门关闭时，气缸内的工质就是闭口系统。由于闭口系统内工质的质量始终保持恒定，所以闭口系统也称为控制质量系统。

2）开口系统

一个热力系统如果与外界不仅有能量交换而且有物质交换，则该系统称为开口系统。如图1-4所示，运行中的汽轮机就可视为开口系统。汽轮机运行过程中，系统和外界之间不仅有能量交换（汽轮机对外做功），而且有工质流入、流出的物质交换。由于开口系统总是把研究对象划定在一定的空间范围内，所以开口系统也称为控制容积系统。大多数的热工设备都是开口系统。

3）绝热系统

一个热力系统如果与外界无热量交换，则该系统称为绝热系统。

4）孤立系统

一个热力系统如果与外界既无能量（功量、热量）交换，又无物质交换，则该系统称为孤立系统。孤立系统的一切相互作用都发生在系统内部。

严格来说，自然界中不存在完全绝热或孤立的系统，但工程上却存在着近乎绝热或孤立的系统。许多热工设备，例如，汽轮机、水泵、喷管等，它们的散热损失相对很少，忽略散热不致造成很大的计算误差，可以近似为绝热系统。又例如，热力分析时，如果把进行能量交换和物质交换的一切有关物系：如工质、高温热源、低温热源、功源等组合成一个热力系统，该系统与外界将不发生任何能量交换和物质交换，它就是一个孤立系统。可以认为，任何一个非孤立系统连同与其相互作用的外界组合在一起就可抽象为一个孤立系统。

在热力工程中，最常见的热力系统是由可压缩流体（如水蒸气、空气或燃气等）构成的，称为可压缩系统。如果可压缩系统与外界之间只有热量和准静态体积变化功（膨胀功或压缩功）的交换，则该系统称为简单可压缩系统。工程热力学讨论的大部分系统都是简单可压缩系统。

第二节　平衡状态与状态参数

工质在热工设备中，必须通过吸热、膨胀、放热等过程才能完成将热能转换为机械能的工作。在这些过程中，工质的物理特性随时发生变化，或者说，工质的宏观物理状态随时发生变化。为了说明热工设备中的工作过程，必须研究工质所处的状态和它所经历的状态变化过程。

1. 工质的热力状态

工质在热力变化过程中的某一瞬间所呈现的宏观物理状况，称为工质的热力状态，简称状态。热力系统在热力变化过程中的某一瞬间所呈现的宏观物理状况，称为系统的热力状态。热力系统是由工质组成的，系统的热力状态即是工质的热力状态。

热力系统可能呈现出不同的状态，其中具有特别重要意义的状态是"平衡状态"。

2. 平衡状态

(1) 平衡状态

一个热力系统，如果在不受外界影响(重力场除外)的条件下，系统(工质)的状态能够始终保持不变，则系统(工质)的这种状态称为平衡状态。平衡状态是系统(工质)的宏观性质不随时间而变化的状态。

热力系统可能以各种不同的宏观状态存在，但并不是系统的任何状态都可以用确定的状态参数来描述。例如，当系统内部各部分的温度或压力不一致时，各部分之间将发生热量传递或相对位移，其状态将随时间而变化，因而无法用确定的温度或压力来描述系统的状态，这种状态称为非平衡状态。只有当系统处于平衡状态时，才能用确定的状态参数描述其所处的状态。工程热力学通常只研究平衡状态。

(2) 实现平衡的充要条件

要使系统达到平衡，必须满足如下条件：

1) 热平衡

热平衡是指系统内部各部分之间，以及系统与外界之间没有热量传递。是否存在温度差是判断系统是否处于热平衡的条件。

2) 力平衡

力平衡是指系统内部各部分之间，以及系统与外界之间没有相对位移。是否存在力差(例如压力差)是判断系统是否处于力平衡的条件。

3) 化学平衡

对存在化学反应的系统，当化学反应宏观上停止，即反应物与生成物的组分不再随时间而变化时，系统处于化学平衡。反应物和生成物的化学位相等是实现化学平衡的充要条件。

4) 相平衡

对多相系统，当系统内部各相之间的物质交换宏观上停止时，系统处于相平衡。各相间化学位相等是宏观相平衡的充要条件。

由此可见，只有当系统内部以及系统与外界之间一切不平衡的势差都不存在时，系统的一切宏观变化方可停止，此时系统所处的状态才是平衡状态。非平衡状态的系统，在没有外界条件的影响下总会自发地趋于平衡状态。

需要指出，"平衡"和"均匀"是两个不同的概念。平衡是相对于时间而言的，均匀是相对于空间而言的。均匀是指系统内部各部分的一切宏观特性都相同，因而均匀系统一定处于平衡状态。但处于平衡状态的系统不一定是均匀的，例如处于气液两相共存的热力平衡系统，气相密度和液相密度不同，所以整个系统不是均匀系统。

还需指出，“平衡”不同于“稳定”。稳定是指系统内部各点的状态不随时间变化。如果系统处于平衡状态，由于系统内部无任何势差，必定处于稳定状态。但稳定未必平衡，例如铁棒的一端浸入冰水混合物中，另一端浸入沸水中，经过一段时间后，铁棒内各点温度保持恒定，此时铁棒处于稳定状态，但是铁棒内各点的温度不同，因此并不处于平衡状态。

3. 基本状态参数

描述工质所处状态的宏观物理量称为状态参数。状态参数是热力系统状态的单值函数，状态参数一旦完全确定，系统的状态也就确定了。状态参数的变化只取决于给定的初始和终了状态，而与变化过程中所经历的一切中间状态或路径无关。

在工程热力学中，常用的状态参数有压力 p、温度 T、比体积 v、热力学能 U、焓 H 和熵 S。其中，压力、温度、比体积称为基本状态参数。它们使用最多，可用仪器直接或间接测量。

（1）温度

1）温度的定义

温度是用来标志物体冷热程度的物理量。根据气体动理论，温度标志着物质分子热运动的剧烈程度，温度越高，分子不规则热运动越剧烈。气体的温度是组成气体的大量分子移动动能平均值的量度。

2）热力学第零定律

当温度不同的两个物体相互接触时，它们之间将发生热量传递。如果不受其他物体影响，经过足够长时间后，两个物体终将达到相同的温度，即达到热平衡状态。这一事实导致了热力学第零定律的建立。热力学第零定律表述为：如果两个物体中的每一个都分别与第三个物体处于热平衡，则这两个物体彼此也必处于热平衡。其中，第三个物体可用作温度计。温度概念的建立以及温度测量都是以热力学第零定律为依据的。

3）温标

温度的数值表示法称为温标。

国际单位制采用热力学温标作为测量温度的最基本温标。它是根据热力学第二定律的基本原理制定的，与测温物质的特性无关，可以成为度量温度的标准。以热力学温标确定的温度称为热力学温度，用符号 T 表示，单位为 K(开尔文)。1954 年国际计量大会规定，纯水的三相点(纯水的固、液、气三相平衡共存的状态点)为热力学温标的基准点，并规定其温度为 273. 16 K。因此，1 K 等于水的三相点热力学温度的 1/273. 16。

热力学温标是一种理论温标，可以用气体温度计复现。由于气体温度计装置复杂，使用不便，所以国际上建立了一种既实施方便，所测温度又尽可能接近热力学温度的新型温标，这种温标称为国际实用温标。目前全世界范围内采用的是1990年国际计量大会通过的国际温标(ITS—90)。

与热力学温标并用的还有热力学摄氏温标，简称摄氏温标。以这种温标确定的温度称为摄氏温度。1960年国际计量大会通过决议，规定摄氏温度由热力学温度移动零点来获得，以符号t表示，单位为℃(摄氏度)，其定义式为

$$t=T-273.15\ \mathrm{K} \tag{1-1}$$

由式(1-1)可知，摄氏温标和热力学温标并无实质差异，仅仅是零点的取值不同。摄氏温度0 ℃相当于热力学温度273.15 K。显然，水的三相点温度为0.01 ℃。

在英制系统中，还常使用华氏温标和朗肯温标，符号分别为℉和°R。

物体的温度存在最低值，即热力学温标的零度，又称为绝对零度。绝对零度只能无限趋近，而永远不可能达到，这就是热力学第三定律。

(2) 压力

1) 压力的定义

压力是指单位面积上所受的垂直作用力(即压强)，用符号p表示。根据气体动理论，气体的压力是大量气体分子做不规则运动时对容器壁面单位面积碰撞作用力的统计平均值。其方向总是垂直于容器内壁。

2) 压力的单位

压力的单位主要有三种形式。

国际单位制中，压力的单位为Pa(帕)，$1\ \mathrm{Pa}=1\ \mathrm{N/m^2}$，即1 Pa表示每平方米的面积上作用1 N的力。工程上，因为Pa的单位太小，常采用kPa(千帕)和MPa(兆帕)表示。它们之间的关系为$1\ \mathrm{MPa}=10^3\ \mathrm{kPa}=10^6\ \mathrm{Pa}$。

压力还可用大气压的倍数表示，单位为atm(标准大气压)，at(工程大气压)。标准大气压是纬度45°海平面上的常年平均大气压。$1\ \mathrm{atm}=1.013\times10^5\ \mathrm{Pa}$，$1\ \mathrm{at}=0.981\times10^5\ \mathrm{Pa}$。

压力还可用液柱的高度表示，单位为$\mathrm{mH_2O}$、mmHg等。$1\ \mathrm{atm}=759\ \mathrm{mmHg}=10\ \mathrm{mH_2O}$。

其他单位制的压力单位有bar(巴)，$1\ \mathrm{bar}=10^5\ \mathrm{Pa}$。

3) 绝对压力、表压力和真空度

绝对压力是以绝对真空为基准确定的压力，是工质的真实压力，用p表示。测量工质压力的仪器称为压力计。工程上常用的压力计有U形管压力计、弹簧管式压力计和斜管微压计。由于压力计本身总处在某种环境(通常是大气环境)中，因此由压力计测得的压力是被测工质压力与当地环境压力之间的差值，并非工质的真实压力。

当工质的绝对压力p高于环境压力p_b时，压力计指示的数值称为表压力，用p_e表示，如图1-5(a)所示，此时：

$$p = p_b + p_e \tag{1-2}$$

当工质的绝对压力 p 低于环境压力 p_b 时，压力计指示的数值称为真空度，用 p_v 表示，如图 1-5(b) 所示，此时：

$$p = p_b - p_v \tag{1-3}$$

以绝对压力等于零为基准线，绝对压力、表压力、真空度和大气压力之间的关系如图 1-6 所示。环境压力随时间、地点、气候条件而变化，绝对压力不变时，由于环境压力变化，表压力和真空度也会变化。因此只有绝对压力才能表征工质所处的状态，才是状态参数。

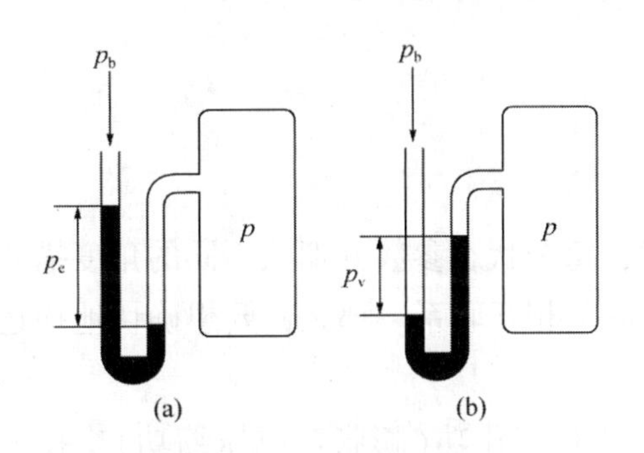

图 1-5　压力测量示意图

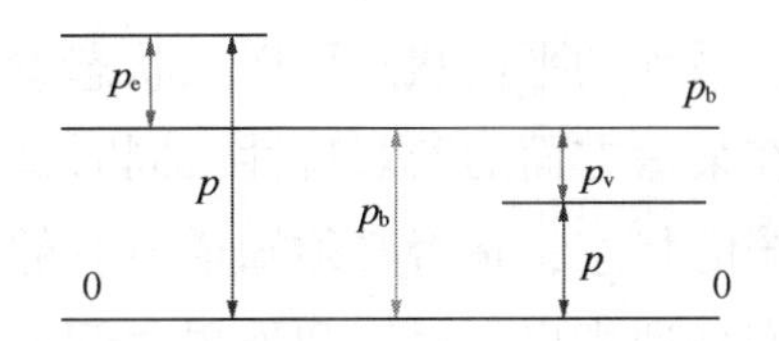

图 1-6　绝对压力、表压力、真空度、大气压力之间的关系

(3) 密度和比体积

单位体积工质的质量称为密度，用符号 ρ 表示，单位为 kg/m^3。单位质量工质所占的体积称为比体积，用符号 v 表示，单位为 m^3/kg，即：

$$v = \frac{V}{m} \tag{1-4}$$

显然，工质的密度与比体积互为倒数，即：

$$\rho v = 1 \tag{1-5}$$

因此，它们不是互相独立的参数。密度和比体积都是说明工质在某一状态下分子疏密程度的物理量，都可以作为工质的状态参数。在工程热力学中通常以比体积作为状态参数。

4. 强度量和广延量

描述系统状态的各种参数，按照其与物质数量的关系，可分为两类：强度量和广延量。

(1) 强度量

与系统质量多少无关的物理量称为强度量，例如温度、压力等。当强度量不相等时，就会发生能量传递，例如在温度差作用下发生热量传递，在压力差作用下发生功量传递等。强度量在热力过程中起着推动力的作用，称为势。一切实际热力过程都是在某种势差推动下进行的。

(2) 广延量

与系统质量成正比的物理量称为广延量，例如体积、热力学能、焓、熵等。广延量具有可加性。广延量的比参数，例如比体积、比热力学能、比焓、比熵等具有强度量的性质，不具有可加性。

第三节　状态方程式与状态参数坐标图

1. 状态方程式

热力系统的平衡状态可以用状态参数来描述，每个状态参数分别从不同的角度描述了系统在某一方面的宏观特性，同时这些参数之间又相互联系。那么，要想确切地描述热力系统的状态，是否必须知道所有的状态参数呢？

状态公理指出，对于和外界之间只有热量和体积变化功(膨胀功或压缩功)交换的简单可压缩系统，只需两个独立的状态参数便可确定它的平衡状态。例如，在工质的基本状态参数 p、v、T 中，只要其中任意两个状态参数确定，另一个状态参数也随之确定，即：

$$p=f(v, T), \ v=f(p, T), \text{ 或 } T=f(p, v)$$

或表示成隐函数形式：

$$F(p, v, T)=0$$

这种描述状态参数之间关系的方程式称为状态方程式。状态方程式的具体形式取决于工质的性质。

2. 状态参数坐标图

由于两个独立的状态参数就可以完全确定简单可压缩系统的一个平衡状态，因此可以任选两个独立的状态参数作为坐标组成一个平面坐标系，热力系统的每一个平衡状态都可用这种坐标图上的对应点来表示。这种由热力状态参数组成的坐标图称为状态参数坐标图。热力学中常用的状态参数坐标图有压容($p-v$)图和温熵($T-s$)图等。如图 1-7 所示，图中 1，2 两点分别代表由独立状态参数 p_1，v_1和 p_2，v_2所确定的两个平衡状态。显然，只有平衡状态才能用坐标图上的一点来表示，非平衡状态由于没有确定的状态参数，无法在坐标图上表示。

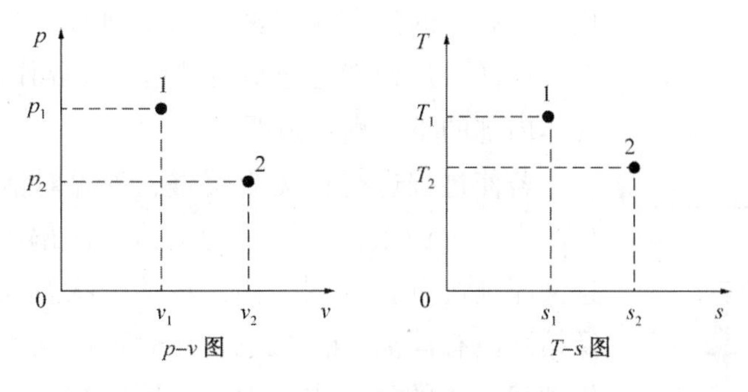

图 1-7　压容(p-v)图和温熵(T-s)图

第四节　准平衡过程和可逆过程

热力系统与外界发生物质交换和能量交换时，工质的状态将发生变化。热力系统由一个平衡状态到达另一个平衡状态的变化过程，称为热力过程，简称过程。“平衡”意味着宏观上是静止的，“状态变化”意味着系统原有的平衡被破坏。要想实现能量转换，热力系统必须经过状态的变化(即过程)来完成。实际热工设备中进行的过程，都是由于系统内部各处温度、压力或者密度的不平衡而引起的，因此过程所经历的中间状态是不平衡的。研究热力过程时，为了便于对实际过程进行分析和研究，需要对实际过程进行简化，建立某些理想化的过程模型，“准平衡过程”和“可逆过程”就是两种理想化的过程模型。

1. 准平衡过程

如果在热力过程中系统所经历的每一个状态都无限地接近于平衡状态，这种过程称为准平衡过程，又称为准静态过程。

下面以由于力的不平衡而进行的气体膨胀过程为例，分析如何实现准平衡过程。如图 1-8 所示，气缸中有 1 kg 气体，其状态参数为 p_1、v_1、T_1。选取气缸内气体为热力系统，设气体对活塞的作用力为 p_1A，外界对活塞的作用力为 $p_{ext,1}A$，活塞与气缸壁的摩擦力为 F。若 $p_1A=p_{ext,1}A+F$，则活塞静止不动，气体处于平衡状态，在坐标图 1-8 上用点 1 表示。若外界对活塞的作用力突然减小为 $p_{ext,2}A$，由于 $p_1A>p_{ext,2}A+F$，活塞两边力不平衡，气体将推动活塞右行。在活塞右行过程中，接近活塞的一部分气体首先膨胀，因此这一部分气体具有较小的压力和较大的比体积，温度也会和远离活塞的气体有所不同，从而造成了气体内部的不平衡。不平衡的产生必定会在气体内部引起质量和能量的迁移，最终气体的各部分又趋向一致，作用在活塞上的力又达到平衡，活塞在新的位置上静止下来，气体到达另一个平衡状态，在坐标图 1-8 上用点 2 表示。气体从状态 1 变

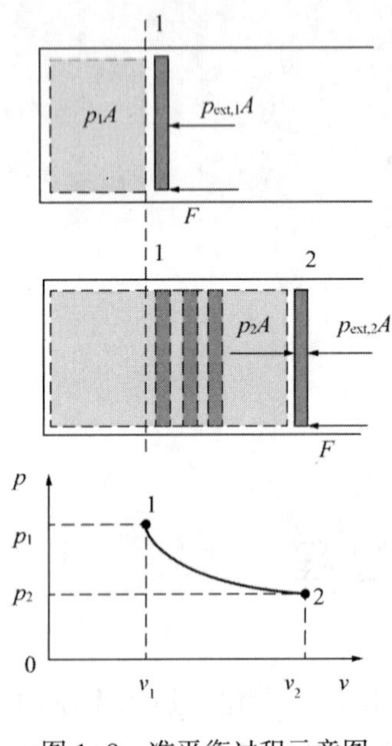

图 1-8　准平衡过程示意图

化到状态 2 的过程中，经历的中间状态为一系列非平衡状态，这样的过程就是非平衡过程。外界作用力改变的愈大，气体内部的不平衡性愈明显。

若使过程进行得无限缓慢，外界对活塞的作用力每次只改变一个微量，可以认为气体每次偏离平衡态极少，而且又能很快重新达到平衡，在整个状态变化过程中气体好像始终没有偏离平衡状态。此时可以认为气体从状态 1 变化到状态 2 的过程中，中间经历的每一个状态都无限接近于平衡状态，这样的过程就是准平衡过程。

气体工质在压力差作用下实现准平衡过程的条件是气体与外界的压力差为无限小。同理，气体工质在温度差作用下实现准平衡过程的条件是气体与外界的温度差为无限小。由此可见，实现准平衡过程的条件是推动过程进行的不平衡势差(压力差、温度差等)为无限小，从而保证系统在任意时刻都无限接近于平衡状态。

理论上，在没有外界作用下，一个系统从非平衡状态达到完全平衡状态需要很长时间，但是从非平衡状态趋近于平衡状态所需的时间往往不是很长，这段时间称为弛豫时间。相对弛豫时间而言，准平衡过程是进行的无限缓慢的过程。工程中大多数实际过程，由于热力系统在平衡被破坏后，回复到平衡的速度很快，可按准平衡过程处理。例如，在活塞式热力机械中，活塞运动的速度一般在 10 m/s 内，但气体内部压力波的传播速度等于声速，通常每秒数百米，相对而言，活塞运动的速度很慢，这类情况就可按准平衡过程处理。

2. 可逆过程

如果系统完成某一过程后再沿原路径逆行，使系统和外界都能回复到原来状态而不留下任何变化，则这一过程称为可逆过程。否则就是不可逆过程。

如图 1-8 所示，若设气缸壁与活塞之间无摩擦，气体经历一个准平衡过程从状态 1 膨胀到状态 2 后，再使外界作用力 $p_{ext,2}A$ 缓慢增加至 $p_{ext,1}A$，实现一个使气体被压缩的准平衡过程。可以看到，一方面活塞刚好回复到膨胀前的位置，即气体膨胀后沿原路径逆行回复到原来的状态；另一方面，外界也同时回复到原来的状态，没有留下任何痕迹，这样的过程就是可逆过程。

不难想象，有摩擦(机械摩擦、工质内部的黏性摩擦等)的过程，都是不可逆过程。因为在正向过程中，由于摩擦转变为热而消耗机械功。而在逆向过程中，仍然会由于摩擦转变为热而消耗机械功，这样系统虽然回复到原来状态，但外界却发生了变化。

可见，可逆过程首先必须是准平衡过程，同时在过程中不存在任何形式的耗散效应，如摩擦、温差传热、混合、扩散、渗透、溶解、燃烧等。所以说，可逆过程就是无耗散效应的准平衡过程。

准平衡过程和可逆过程的区别在于，准平衡过程只着眼于系统内部的平衡，有无摩擦等耗散效应对系统内部的平衡并无影响，准平衡过程进行时可能存在耗散效应；而可逆过程则着眼于系统与外界作用所产生的总效果，即不仅要求系统内部是平衡的，而且要求系统与外界的作用可以无条件地逆复，过程进行时不存在任何形式的耗散效应。因此，可逆过程一定是准平衡过程，而准平衡过程不一定是可逆过程，是可逆过程的必要条件。

准平衡过程和可逆过程都是由一系列连续的、无限接近平衡状态的点组成的过程，且都可在坐标图上用连续的实线表示。

实际热工设备中进行的一切过程，或多或少地存在着各种不可逆因素，故都是不可逆过程。可逆过程是一切实际过程的理想极限，是一切热工设备的工作过程力求接近的目标。将复杂的实际过程近似简化为可逆过程加以研究，在热力学理论分析以及工程实践指导上具有十分重要的意义。

第五节　功量和热量

热力系统与外界之间在不平衡势差的作用下发生能量交换。能量交换的方式有两种：做功和传热。

1. 功量

(1) 热力学中功的定义

在力学中，功(或功量)被定义为力和沿力作用方向位移的乘积。例如，若物体在力 F 作用下沿力的方向发生微小位移 $\mathrm{d}x$，则力 F 所做的功量 δW 为：

$$\delta W = F\mathrm{d}x$$

若物体在力 F 作用下沿力的方向从位置 x_1 移动到位置 x_2，则力 F 所做的功 W 为：

$$W = \int_{x_1}^{x_2} F\mathrm{d}x$$

在热力学中，系统与外界交换的功量，其形式多种多样，例如容积变化功、轴功、电功、磁功等。为了使功的定义具有更普遍的意义，热力学中功的定义是，功是热力系统与外界之间通过边界而传递的能量，且其全部效果可表现为举起重物。这里“举起重物”是指过程产生的效果相当于举起重物，并不要求真的举起重物。

国际单位制中，功的单位为 J(焦)或 kJ(千焦)，比功的单位为 J/kg 或 kJ/kg。

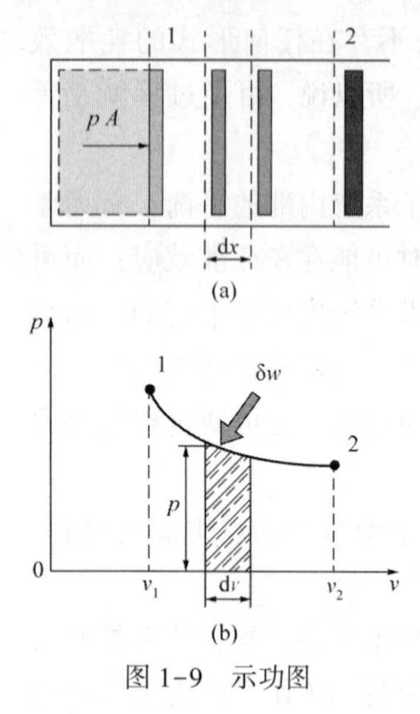

图 1-9　示功图

(2) 体积变化功

体积变化功是热力学中的一种基本功量，它是通过工质体积的变化与外界交换的功量。例如，气缸中的工质膨胀对活塞做功，这种功只有通过工质和活塞分界面的宏观位移才有可能产生。位移停止了，做功也就停止了。工质在体积膨胀时对外界所做的功称为膨胀功，工质受到压缩时，外界对工质所做的功称为压缩功。

下面分析体积变化功的表达形式。如图 1-9(a)所示，设气缸中盛有质量为 m 的工质，其压力为 p，活塞面积为 A，则工质作用在活塞上的力为 pA。假设工质推动活塞向右移动微元距离 dx，由于在此微元过程中，工质的体积膨胀很微小，其压力近乎不变，则工质对活塞所做的功为：

$$\delta W = pA\mathrm{d}x = p\mathrm{d}V \tag{1-6}$$

式中，dV 为活塞移动微元距离 dx 时气缸中工质体积的变化量。

如果工质推动活塞从位置 1 移动到位置 2，并且该过程是准平衡过程，则工质所做的膨胀功为：

$$W = \int_1^2 p\mathrm{d}V \tag{1-7}$$

单位质量工质所做的膨胀功称为比膨胀功，用 w 表示，由式(1-6)、式(1-7)可得：

$$\delta w = p\mathrm{d}v \tag{1-8}$$

$$w = \int_1^2 p\mathrm{d}v \tag{1-9}$$

式(1-6)～式(1-9)不仅适用于膨胀过程，也适用于压缩过程。此外，由于可逆过程就是无耗散效应的准平衡过程，所以上述各式也适用于可逆过程。由式(1-7)、式(1-9)可知，体积变化功的大小不仅与工质的初、终状态有关，而且还与过程的性质有关。从状态 1 膨胀到状态 2 可以经过不同的过程，所做的功也是不同的。所以，功量是过程量，不是系统的状态参数。

在热力学中规定，气体膨胀系统对外做功时，功量的值为正；气体被压缩，外界对系统做功时，功量的值为负。

(3) 示功图

对一个可逆过程，单位质量工质与外界交换的体积变化功可在 p-v 图上，用过程曲线下面的面积表示。如图 1-9(b)所示，热力过程 1-2 中，系统膨胀对外做功，比膨胀功的数值可用过程曲线 1-2 下面的面积 $12v_2v_11$ 表示，所以 p-v 图也称为示功图。非平衡过程和不可逆过程，虚线下面的面积不代表容积变化功。

2. 热量

（1）热量的定义

热力系统与外界之间由于温度不同，通过边界传递的能量称为热量，用符号 Q 表示，国际单位制中，热量的单位为J（焦）或kJ（千焦）。单位质量工质所传递的热量，用符号 q 表示，单位为J/kg或kJ/kg。

在可逆过程中，系统与外界交换的热量可用下列各式表示。

对于微元可逆过程，单位质量的工质：

$$\delta q = T\mathrm{d}s \tag{1-10}$$

质量为 m 的工质：

$$\delta Q = T\mathrm{d}S \tag{1-11}$$

式中，S 为质量为 m 的工质的熵，单位为J/K或kJ/K；s 称为比熵，单位为J/（kg·K）或kJ/（kg·K）。

对于从状态1到状态2的可逆过程，单位质量的工质：

$$q = \int_1^2 T\mathrm{d}s \tag{1-12}$$

质量为 m 的工质：

$$Q = \int_1^2 T\mathrm{d}S \tag{1-13}$$

在热力学中规定，系统吸热时，热量的值为正；系统放热时，热量的值为负。热量和功量一样，都是过程量，不是系统的状态参数。

（2）示热图

对一个可逆过程，单位质量工质与外界交换的热量可在 $T-s$ 图上用过程曲线下面的面积表示。如图1-10所示，热力过程1-2中，由于 $s_1<s_2$，因此是一个吸热过程，吸收的热量可用过程曲线1-2下面的面积 $12s_2s_11$ 表示，所以 $T-s$图又称为示热图。

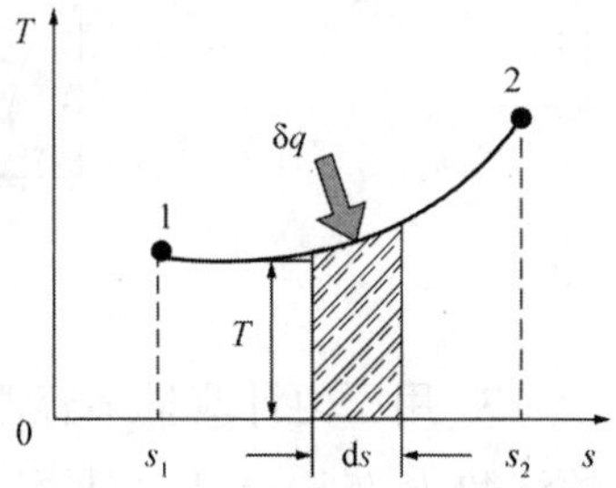

图1-10　示热图

3. 功量和热量的关系

功量和热量都是能量传递的度量，是系统与外界在相互作用过程中通过边界传递的能量，都是过程量，只有在能量传递过程中才有意义，没有能量的传递过程也就没有功量和热量。因此，不能说在某一状态下，系统具有多少功量或具有多少热量。即功量和热量都不是系统的状态参数。

但功量和热量又有不同之处，功是有规则的宏观运动能量的传递，做功过程中往往伴随着能量形态的转化。而热量则是大量微观粒子杂乱热运动的能量的传递，传热过程中不出现能量形态的转化。功转换为热量是无条件的，而热量转换为功是有条件的。

习　题

1. 什么是平衡状态？平衡和均匀有何不同？平衡和稳定有何不同？

2. 绝对压力和表压力(或真空度)有何区别和联系？为什么表压力和真空度不能作为状态参数？

3. 指出下列各物理量中，哪些是状态参数？哪些是过程量？

压力、温度、动能、位能、热力学能、热量、功量、密度

4. 指出下列各物理量中，哪些是强度量？哪些是广延量？

压力、温度、体积、高度、重量、速度、动能、位能

5. 功量和热量有哪些相同之处和不同之处？能否说在某一状态下，工质具有多少功量，或具有多少热量？

6. 如习题图 1 所示，容器为刚性容器：

(1)(a)图中将容器分成两部分，一部分装有空气，另一部分抽成真空，中间为隔板。若突然抽去隔板，问气体是否做功？

(2)(b)图中真空部分设有很多隔板，每次抽去一块隔板，让气体先恢复至平衡后再抽去下一块隔板，问气体是否做功？

(3)上述两种情况，气体从初态变化到终态，其过程是否都可在 p-v 图上表示？

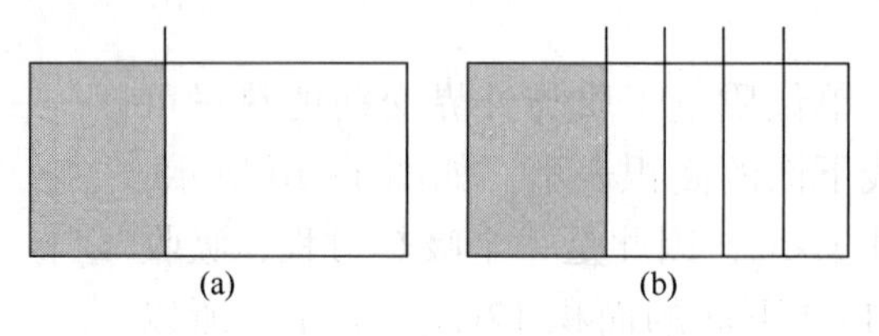

习题图 1

7. 用压力计测量某容器内气体的压力，压力计上的读数为 0.27 MPa，大气压力计的读数为 755 mmHg，求容器内气体的绝对压力。又若气体的压力不变而大气压力下降至 740 mmHg，问压力计上的读数有无变化，如有，变化了多少？

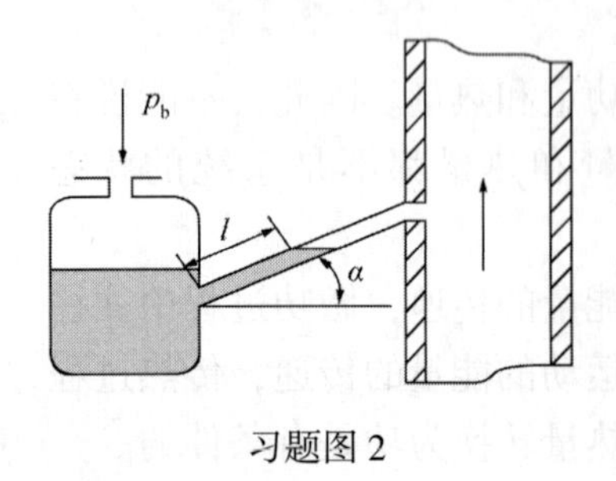

习题图 2

8. 由于有引风机的抽吸，锅炉设备烟道中烟气压力将略低于大气压力。现使用斜管式微压计测量烟道内烟气压力(见习题图 2)。已知微压计中水的密度 $\rho=1\ 000\ \mathrm{kg/m^3}$，斜管倾斜角 $\alpha=30°$，斜管内水柱长度 $l=200$ mm。若当地大气压力 $p_b=756$ mmHg，求烟气的绝对压力(mmHg)。

9. 利用 U 形管水银压力计测量容器中气体的压力时，为了避免水银蒸发，有时需在水银柱上加一段水，如习题

图 3 所示。现测得水银柱高 800 mm，水柱高 300 mm，已知大气压力为 760 mmHg，求容器内气体的压力(bar)。

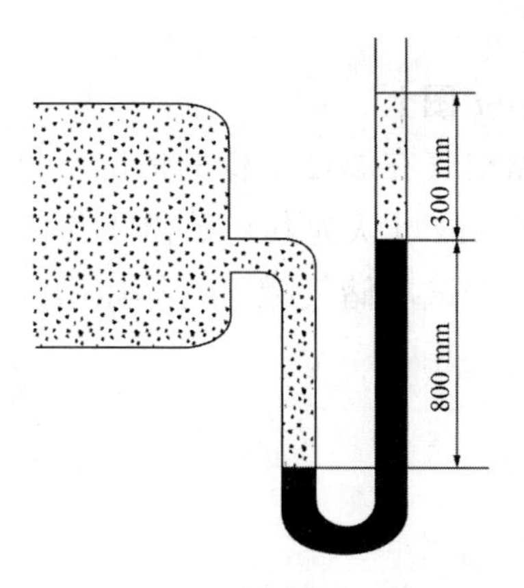

习题图 3

10. 某容器被一刚性壁分为两部分，在容器的不同部位安装有 3 个压力计，如习题图 4 所示。已知压力表 A 的读数为 1. 10 bar，压力表 B 的读数为 1. 75 bar。如果大气压力计读数为 0. 97 bar，试确定压力表 C 的读数，以及两部分容器内气体的压力。

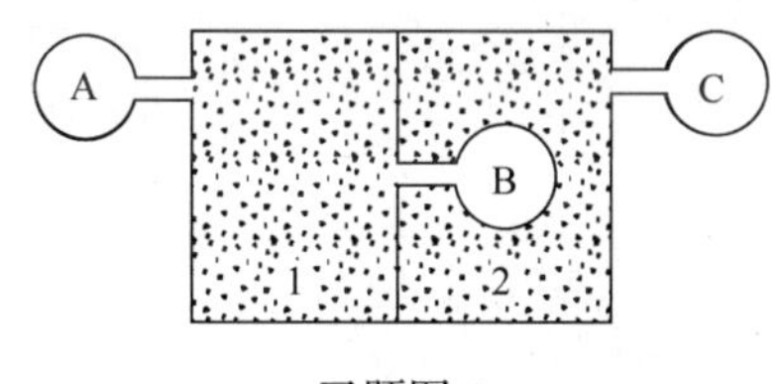

习题图 4

11. 如习题图 5 所示为一圆筒形容器，其直径为 450 mm，压力表 A 的读数为 360 kPa，压力表 B 的读数为 170 kPa，大气压力为 100 mmHg。试求：

(1) 真空室、1 室、2 室的绝对压力；

(2) 压力表 C 的读数；

(3) 圆筒顶面所受的作用力。

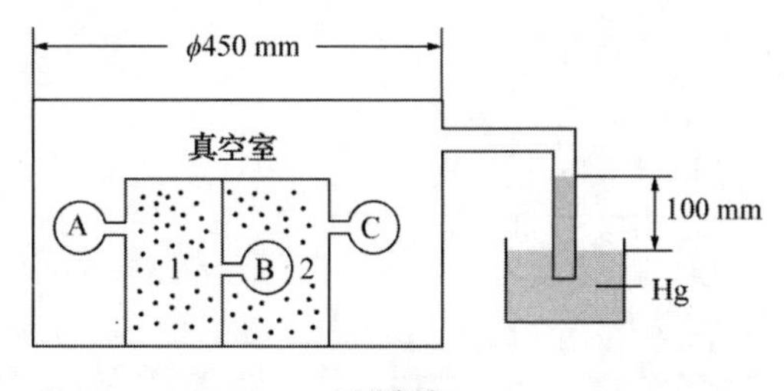

习题图 5

12. 气体初态时 $p_1 = 0.5$ MPa、$V_1 = 0.4\ \mathrm{m}^3$，经过可逆等压过程膨胀到 $V_2 = 0.8\ \mathrm{m}^3$，求气体所做的膨胀功。

13. 气缸内气体由体积0.1 m^3可逆膨胀到0.3 m^3。膨胀过程中气体的压力和体积的函数关系为 $p=0.24V+0.04$，式中压力 p 的单位为 MPa，体积 V 的单位为 m^3。试求：

（1）气体所做的膨胀功；

（2）将此膨胀功表示在 $p-v$ 图上。

14. 利用储气罐中的压缩空气在温度不变的情况下给气球充气，储气罐的体积为 2 m^3。开始时气球内没有空气，故可认为其初始体积为零。充满气体后气球的体积为 2 m^3。若大气压力为 0.09 MPa，试求储气罐中气体压力为以下三种情况时，气体所做的功：

（1）压力为 0.3 MPa；

（2）压力为 0.182 MPa；

（3）压力为 0.15 MPa。

Chapter 1 Basic Concepts

This Chapter introduces some basic concepts such as system and its classification, state and state properties, state equations and state coordinate diagrams, equilibrium process and reversible process, and work and heat. Careful study of these concepts is essential for ready understanding of the topics in the following chapters.

1.1 Thermodynamic System

1.1.1 The Processes That Heat Transfer into Work in Heat Engine

The heat engine is a device in which energy is supplied in the form of heat and some of this energy is transformed into work.

All engines require some working substances in order the various operations required of each engine can be carried out. The working substances are, in general, fluids which are capable of deformation in that they can readily be expanded and compressed. The working substance also takes part in energy transfer.

A reservoir that supplies energy in the form of heat is called a source, and one that absorbs energy in the form of heat is called a sink.

Common examples of working substances used in thermodynamic systems are air, steam, and so on.

Two examples of heat engines are shown schematically in Figure 1-1 and Figure 1-2.

In Figure 1-1, a gas trapped in the cylinder is heated at constant pressure, doing work on the piston. Then the gas is cooled while the piston is stationary, there being no work done on or by the gas during this process. Then the piston is moved inward, doing work on the gas in compressing it adiabatically to its final state.

In Figure 1-2, heat is added to water in the boiler in order to generate steam that then expands adiabatically through the turbine, doing work. The steam flows from the turbine into the condenser. Heat is removed from the steam in the condenser in order to condense the steam. The liquid leaving the condenser enters a pump that pumps it into the boiler to complete a cycle. Work is done on the liquid flowing through the pump.

From above two examples, the usual processes in the engine can be described by reference to Figure 1-1 and Figure 1-2. With all engines there must be a source of supply of heat and, with any quantity of heat Q_1, supplied from the source (usually called higher temperature source) to the engine, an amount W will successfully be converted into work. This will leave a quantity of heat $Q_2 = Q_1 - W$ to be rejected by the engine into the sink (usually called lower temperature source). Heat engines differ considerably from one another, but all can be characterized by above processes.

1.1.2 Thermodynamic Systems

(1) Thermodynamic System

A thermodynamic system, or simply a system, is defined as any quantity of matter or any particular region in space chosen for study. The mass or region outside the system is called the surroundings. The surface that separates the system from its surroundings is called the boundary. The boundary of a system may be real or imaginary, may be fixed or movable. Mathematically speaking, the boundary has zero thickness, and thus it can neither contain any mass nor occupy any volume in space.

Consider the piston-cylinder device shown in Figure 1-3. We would like to find out what happens to the enclosed gas when it is heated. The gas can be considered as a system. The inner surfaces of the piston and the cylinder form the boundary. Everything outside the gas, including the piston and the cylinder, is the surroundings. If we were to analyze the flow of stream through a turbine, for example, the region within the turbine can be considered as a system. The inner surface of the turbine forms the real part of the boundary, and the entrance and exit areas form the imaginary parts, since there are no physical surfaces there, as shown in Figure 1-4.

The reaction between the system and surroundings in general controls the behavior pattern of the system. In an engineering analysis, the system under study must be defined carefully. There are no concrete rules for the selection of a system. It is up to the individual and requires some skills, but the proper choice of the system may greatly simplify the analysis.

(2) The Classification of Thermodynamic Systems

The system interacts with the surroundings through its boundary and transfers the mass and energy.

1) Closed System

If a system has only energy transfer and no mass across its boundary, this system is called a closed system. For example, for the study of gas expression, a gas trapped within a cylinder and being compressed by a piston can be considered as a system. In this case, part of the system boundary is movable, and it always encloses the same material, the system under consideration is a closed system, as shown in Firgure 1-3. But energy, in form of heat or work, can cross the boundary. The closed system always contains the same matter and there can be no transfer of mass across the boundary, so it is also called control mass.

2) Open System

If a system has both the energy transfer and mass transfer across its boundary, this system is called an open system. For example, a steam turbine is an open system since air is continuously streaming into and out of the machine, in other words, air mass is crossing its boundary, as shown in Figure 1-4. An open system is a region in space within a prescribed boundary. So it is also called a control volume.

A large number of engineering problems involve mass flow in and out of a system and, therefore, are modeled as open systems.

3) Adiabatic System

If a system has no heat transfer across its boundary with its surroundings, the system is called an adiabatic system.

4) An Isolated System

An isolated system is a system that in no way interacts with its surroundings. That is, no mass can enter or leave the system; even energy is not allowed to cross its boundary.

Strictly speaking, there are not really adiabatic system and an isolated system in practice. Anyway, in the engineering, there are some systems can closely approach to the adiabatic or isolated systems. Any non-isolated system plus to the pertinent surroundings can be assumed as an isolated system.

1.2 Equilibrium State and Properties

1.2.1 State

The state of substance has the same meaning with the state of system.

1.2.2 Equilibrium State

(1) Equilibrium State

If there are no changes occurred in the state of the system without the aid of an external stimulus, the system is said to be in an equilibrium state.

The word equilibrium implies a state of balance. In an equilibrium state there are no unbalance potentials (or driving forces) within the system. When a system is in equilibrium with its surroundings, it will not change unless the surroundings change. Thermodynamics deals with equilibrium state.

(2) Conditions

A system, in order to be in equilibrium state, must be

1) A Thermal Equilibrium System

The temperature must be the same throughout the entire system in equilibrium state. That is, the system involves no temperature differential, thus there would not be a transfer of heat from one part of it to another.

2) A Mechanical Equilibrium System

The pressure should be the same throughout the entire system in equilibrium state. . That is, there is no change in pressure in any part of the system with time, thus there can be no motion of a fluid in the different part of the system.

3) In Chemical Equilibrium

A system is in chemical equilibrium if its chemical composition does not change with time, that is, no chemical reactions occur.

4) In Phase Equilibrium

If a system involves two phases, it is in phase equilibrium when the mass of each phase reaches an equilibrium level and stays there.

A system will not be in equilibrium unless all the relevant equilibrium criteria are satisfied.

1.2.3 Properties of a System

A property is any characteristic of a system which is observable while the system is in anyone state. The property can be identified as a function of state only. At a given state, all the properties of the system have fixed values. If a property or properties are changed, then the state is changed.

Some familiar properties are pressure p, temperature T, and volume V. These properties above can be directly observed and can be obtained by measure instrument, and also can be used widely. Another type of property is the kind which cannot be directly observed and cannot be obtained by mathematical operations, but can be defined by means of the laws of thermodynamics, such as internal energy, enthalpy and entropy. These properties will be introduced later.

(1) Temperature

1) Temperature

The temperature of a body is a qualitative indication of hot and cold. Temperature is a measure of hotness or coldness

2) The Zeroth Law of Thermodynamics

When a body is brought into contact with another body that is at a different temperature, heat is transferred from the body at higher temperature to the one at lower temperature until both bodies attain the same temperature. At that point, the heat transfer stops, and the two bodies are said to have reached thermal equilibrium.

The zeroth law of thermodynamics states that if two bodies are in thermal equilibrium with a third body, they are also in thermal equilibrium with each other.

All bodies, if in thermal equilibrium, will be at the same temperature. The third body is usually what we call a thermometer.

3) Temperature Scales

Temperature scales are defined by the numerical value assigned to a standard fixed point. Four temperature scales are encountered frequently in engineering practice, Kelvin, Celsius, Fahrenheit, and Rankine.

The Kelvin scale is the absolute thermodynamic temperature scale for SI (International system of units), named after Lord Kelvin (1824 - 1907), a British scientist in about 1851. This scale is based on the second law of thermodynamics, and is independent of the properties of any substance or substances. The temperature unit on this scale is the Kelvin and is given the symbol K. Its datum point is the triple point of water, where ice, liquid water, and water vapor coexist in a closed system in the absence of air, with an assigned value of 273. 16 K. The lowest temperature on the Kelvin scale is absolute zero, or 0 K.

A temperature scale that turns out to be nearly identical to the Kelvin scale is the ideal-gas temperature scale. The temperature on this scale are measured using a constant-volume gas thermometer, which is basically a rigid vessel filled with a gas, usually hydrogen of helium, at low pressure. Because the gas thermometer is difficult and complex in operation, the international temperature scale of 1990 was adopted by the international Committee of Weights and Measures at its meeting in 1989. The ITS-90 conforms more closely to the thermodynamic temperature scale. On this scale, the unit of thermodynamic temperature T is again the Kelvin (K), defined as the fraction 1/273. 16 of the thermodynamic temperature of the triple point of water.

The Celsius scale is the temperature scale which is most commonly used worldwide; it is used in the SI and in the English system today. The Celsius scale is named after Anders Celsius (1702–1744), born at Uppsala, who is described as the inventor of the scale. The zero of the Celsius thermodynamic scale is defined as 0 ℃ = 273. 15 K. Thus the Kelvin scale is related to the Celsius scale by

$$t(℃) = T(\mathrm{K}) - 273.15 \tag{1-1}$$

It is emphasized that the magnitudes of each division of 1 K and 1℃ are identical. The temperature interval on both scales is the same. So for the triple point of water, the Celsius scale was defined to have a temperature of 0. 01℃.

(2) Pressure

1) Pressure

Pressure is defined as a normal force exerted by a fluid per unit area, donated by the symbol p, the unit of pressure is N/m^2, sometimes called the pascal (Pa).

2) The Units of Pressure

The units of pressure have three expressions.

In SI, the pressure is expressed by the force per unit area, and the unit is Pa. 1 N/m^2 = 1 Pa. The pressure unit pascal is too small for pressures encountered in practice. Therefore, its multiples kilopascals (1 kPa = 1×10^3 Pa) and megapascals (1 MPa = 1×10^6 Pa) are commonly used.

The pressure is commonly expressed by the times of barometric pressure. One standard atmosphere (1 atm) is equal to 101. 325 kPa.

As a result of the use of manometers and the direct proportionality between pressures and manometric fluid heights, pressures are expressed by the fluid heights, such as, meter of water, or millimeters of mercury. 1 atm = 759 mmHg = 10 mH_2O.

Another common unit for pressure is in bar, which is 10^5 Pa.

3) The Absolute Pressure, Gage Pressure and Vacuum

The absolute pressure is the real pressure of substance, and it is measured relative to absolute vacuum (i. e. , absolute zero pressure).

Most pressure-measuring instruments measure the difference between the absolute pressure and the local atmospheric pressure, this pressure difference is called the gage pressure, as shown in Figure 1-5(a). The absolute pressure of the fluid is then obtained by the relation

$$p = p_b + p_e \tag{1-2}$$

If a fluid exists at a pressure lower than atmospheric pressure, the difference between the atmospheric pressure and the absolute pressure is called vacuum, as shown in Figure 1-5(b). The absolute pressure of the fluid is then obtained by the relation

$$p = p_b - p_v \tag{1-3}$$

Absolute pressure, gage pressure, and vacuum are all positive quantities. The relationship among absolute pressure, gage pressure, vacuum, and atmospheric pressure are shown graphically in Figure 1-6.

Note that the atmospheric pressure at a location is simply the weight of the air above that location per unit surface area. Therefore, it changes not only with elevation but also with weather conditions. The gage pressure and vacuum would change when the absolute pressure remains constant at the same location. Only the absolute pressure is a property of a system. In thermodynamic relations and tables, absolute pressure is almost always used.

(3) Density and Specific Volume

Density is defined as the mass of a substance divided by its volume, or the mass per unit volume. Specific volume is defined as the volume per unit mass.

$$v = \frac{V}{m} \tag{1-4}$$

The reciprocal of density is the specific volume.

$$\rho v = 1 \tag{1-5}$$

In thermodynamics, specific volume is always used as an independent property.

1.2.4 Intensive and Extensive

Properties are considered to be either intensive or extensive.

(1) Intensive

An intensive property is one which has the same value for any part of a homogeneous system as it does for the whole system, it is independent of the mass of a system, such as, pressure, temperature, and density.

(2) Extensive

If the value of a property of a system is equal to the sum of the values for the parts of the system, that property is an extensive property. Such as, mass, volume, weight, internal energy, enthalpy and entropy.

If the value of any extensive property is divided by the mass of the system, the resulting property is intensive and is called a specific property.

1.3 State Equations and State Coordinate Diagrams

1.3.1 State Equations

The state of a system is described by its properties. But we know from experience that we do not need to specify all the properties in order to fix a state. Once a sufficient number of properties are specified, the rest of the properties assume certain values automatically. The number of properties required to fix the state of a system is given by the state postulate: The state of a simple compressible system is completely specified by two independent, intensive properties. That is

$$p=f(v,\ T),\ v=f(p,\ T),\ \text{or}\ T=f(p,\ v)$$

or expressed by

$$F(p,\ v,\ T)=0$$

This equation that describes the relation of state properties is called state equation.

The state postulate requires that the two properties specified be independent to fix the state. Two properties are independent if one property can be varied while the other one is held constant. Temperature and specific volume, for example, are always independent properties, and together they can fix the state of a simple compressible system. Temperature and pressure, however, are independent properties for single-phase systems, but are dependent properties for multiphase systems. Thus, temperature and pressure are not sufficient to fix the state of a two-phase system.

1.3.2 State Coordinate Diagrams

In thermodynamics, the most common diagrams be used are $p-v$ diagram and $T-s$ diagram, as shown in Figure 1-7.

1.4 Quasi-Equilibrium Processes and Reversible Processes

A process is a change in a system from one equilibrium state to another. The path of the process is the series of states through which the system passes during the process. To describe a process completely, one should specify the initial and final states of the process, as well as the path it follows, and the interactions with the surroundings.

1.4.1 Quasi-Equilibrium Processes

When a process proceeds in such a manner that the system remains infinitesimally close to an equilibrium state at all times, it is called a quasi-equilibrium process, or quasi-static process.

Consider an expansion process occurred by pressure difference in a piston-cylinder, as shown in Figure 1-8. When a gas in the piston-cylinder device expands suddenly, the gas near the face of the piston will expand first, thus creating a low-pressure and high-specific volume there. Because of this pressure difference, the system can no longer be said to be in equilibrium, and this makes the entire process nonquasi-equilibrium. However, if the piston is moved slowly, the molecules will have sufficient time to redistribute. As a result, the pressure inside the cylinder will always be nearly uniform and will fall at the same rate at all locations. Since equilibrium is maintained at all times, this is a quasi-equilibrium process. This is achieved by visualizing the process as occurring at an infinitely slow rate, so that there is only a slightly difference in properties between the system and its surroundings, and equilibrium is achieved at each state along the process.

A quasi-equilibrium process is an idealized process and is not a true representation of an actual process. But it is very useful in many problems. Many actual processes closely approximate it, and they can be modeled as quasi-equilibrium with negligible error. Engineers are interested in quasi-equilibrium processes for two reasons. First, they are easy to analyze; second, work-producing devices deliver the most work when they operate on quasi-equilibrium processes. Therefore, quasi-equilibrium processes serve as standards to which actual processes can be compared.

1.4.2 Reversible Processes

A reversible process is such that, after it has occurred, both the system and all the surroundings can be returned to the state they were in before the process occurred. Processes that are not reversible are called irreversible processes.

It should be pointed out that a system can be restored to its initial state following a process, regardless of whether the process is reversible or irreversible. But for reversible processes, this restoration is made without leaving any net change on the surroundings, whereas for irreversible processes, the surroundings usually do some work on the system and therefore does not return to the original state.

A reversible process must be a quasi - equilibrium process of involving no friction, unrestrained expansion, mixing, heat transfer across a finite temperature or inelastic deformation. But a quasi-equilibrium process is not definite a reversible process.

A quasi-equilibrium process and a reversible process are denoted by a solid line between the initial and final states on coordinate diagrams.

All the processes occurring in nature are irreversible. Reversible processes can be viewed as theoretical limits for the corresponding irreversible ones.

1.5 Work and Heat

Work and heat are energy interaction between a system and its surroundings. An energy transfer to or from a system through its surroundings is heat if it is caused by a temperature difference. Otherwise it is work, and it is caused by a force acting through a distance.

1.5.1 Work

(1) Work

The definition in mechanics work is the product of a force and the distance moved in the direction of the force. If the force F acts on a body which is displaced a differential distance dx in the direction of the force, then the work done is given by

$$\delta W = F\mathrm{d}x$$

The total amount of work done is given by

$$W = \int_{x_1}^{x_2} F\mathrm{d}x$$

Integration of this expression needs to know the function relationship between F and x.

Work, in thermodynamics, is an energy interaction between a system and its surroundings. A rising piston, a rotating shaft, and an electric wire crossing the system boundaries are all associated with work interactions. More generalized, work is done by a system on its surroundings if the sole effect on everything external to the system could have been the rising of a weight. This definition of work includes electrical work, magnetic work, and mechanical work.

Work is given the symbol W, has the unit J, or kJ, The work done per unit mass of a system is denoted by w, has the unit J/kg, or kJ/kg.

(2) Moving Boundary Work

One form of mechanical work frequently encountered in practice is associated with the expansion or compression of a gas in a piston–cylinder device. During this process, part of the boundary moves back and forth. If the gas expands, work done by the system on the surroundings is called expansion work. If the gas is compressed, work done by the surroundings on the system is called compression work. The expansion and compression work is often called moving boundary work. Moving boundary work is associated with the movement of the boundary of the system or with the change in volume of the system, and it has meaning only when the boundaries of a system move back and forth.

Consider a gas enclosed in a piston–cylinder and expanding against the piston, as shown in Figure 1–9. The initial pressure of the gas is p, the total volume is V, and the cross–sectional area of the piston is A, The gas expands from an initial state 1 to a final state 2. The piston moves slowly so that effects of motion on the system are negligible. The process can be assumed as a quasi–equilibrium process. At any stage of the expansion, the force on the piston is the product of the pressure p of the gas and the area A of the piston. Since this force acts in the direction of motion of the piston, the work done by the gas on the piston while the piston moves a distance dx is

$$\delta W = pA\mathrm{d}x = p\mathrm{d}V \tag{1-6}$$

Where $A\mathrm{d}x$ is the volume increase $\mathrm{d}V$ of the system as the piston travels the distance $\mathrm{d}x$, and the total boundary work done by the gas on the piston as the gas expands from state 1 to state 2 is

$$W = \int_1^2 p\mathrm{d}V \tag{1-7}$$

On a unit mass basis

$$\delta w = p\mathrm{d}v \tag{1-8}$$

$$w = \int_1^2 p\mathrm{d}v \tag{1-9}$$

Work is not a property of a system, is a path function. The amount of work done depends not only on the two given end states, but also on the path of the process between the two end states. So work is called a path function.

Work is a directional quantity. When a system expands, the work is done by the system on the surrounding, $\mathrm{d}v$ is positive, so $w>0$; When a system is compressed, work is done on the system and $\mathrm{d}v$ is negative, so $w<0$.

(3) The Pressure–Volume Diagram (p–v Diagram)

The quasi–equilibrium expansion process described is shown on a p–v diagram in Figure 1–9. On this diagram, the differential area $\mathrm{d}A$ is equal to $p\mathrm{d}v$, which is the differential work. The total area beneath a curve 1−2 on $p-v$ coordinates is $\int_1^2 p\mathrm{d}v$, and represents the work done by the system as it passes from state 1 to state 2.

1.5.2 Heat

If two bodies at different temperatures are brought into contact with each other while isolated from all other bodies, they will interact with each other so that the temperature of one or both will change until both bodies are at the same temperature. This interaction between the bodies or systems is the result of only the temperature difference between them and called heat.

(1) Heat

Heat is defined as the form of energy that is transferred between two systems (or a system and its surroundings) by virtue of a temperature difference. That is, an energy interaction is heat only if it takes place because of a temperature difference. If there is no temperature difference, then there is no heat transfer. Heat is given the symbol Q, has the unit J, or kJ; for per unit mass of substance, the heat is given the symbol q, has the unit J/kg, or kJ/kg.

For a reversible process, if a system changes from initial state 1 to final state 2, then the heat of transfer between the system and its surroundings is given by

$$q = \int_1^2 T\mathrm{d}s \tag{1-12}$$

$$Q = \int_1^2 T\mathrm{d}S \tag{1-13}$$

where s is entropy, ds is change of entropy of the differential reversible process.

If heat is added to the system, then q is positive, so $q>0$; If heat is taken from the system, then q is negative, so $q<0$; If heat is neither received nor rejected, then $q=0$. Heat is energy in transition. It is recognized only as it crosses the boundary of a system.

(2) The Temperature-Entropy Diagram ($T-s$ Diagram)

The reversible process described is shown on a $T-s$ diagram in Figure 1-10. On this diagram, the differential area dA is equal to Tds, which is the differential heat, The total area beneath a curve 1−2 on $T-s$ coordinates is $\int_1^2 T\mathrm{d}s$, and represents the heat received by the system as it passes from state 1 to state 2.

1.5.3 The Relationship between Heat and Work

Heat is an interaction caused by a temperature difference between a system and its surroundings. Work is done by a system if the sole effect of the system on its surroundings could be reduced to the lifting of a weight.

Work and heat are path functions, they are similar in that they both are energy fluxes and must cross a system's boundary to have some meaning. That is, both work and heat are boundary phenomena. Work and heat are interaction between systems, no characteristics of systems in particular states. Their magnitudes depend on the path followed during a process as well as the end states. Systems possess energy, but no work or heat.

Work can be, automatically and completely converted into heat. But it is impossible for heat, automatically and completely, converting into work.

第二章　热力学第一定律

热力学第一定律是热力学中的一条基本定律，是热力学的理论基础。它阐述了热能与其他形式能互相转换过程中的数量关系。

第一节　热力系统的储存能

能量是物质运动的量度。运动有各种不同的形态，相应地就有各种不同的能量。能量有质的差别，能量转换有赖于物质的状态变化。因此，分析时应把传递中的能量(例如热量、功量)和储存于物质中的能量分开。

任何一个热力系统都具有一定的储存能，储存于热力系统的能量称为热力系统的储存能。工程热力学所涉及的热力系统的储存能主要有两类：一类是取决于系统本身状态的热力学能；另一类是与系统的宏观运动速度有关的宏观动能和与系统在重力场中所处的位置有关的宏观位能。

1. 热力学能

组成物质的微观粒子所具有的能量称为物质的热力学能。热力学能与物质内部微观粒子的运动形式和结构有关。在分子尺度上，包括分子移动、转动和振动运动的内动能，以及分子之间由于相互作用力而具有的内位能。在分子尺度下，还包括为了维持一定分子结构的化学能、原子核内部的原子能以及在电磁场作用下的电磁能。在没有化学反应及原子核反应的过程中，化学能、原子能都不发生变化，可以不考虑。因此热力学能的变化只包括内动能和内位能的变化，即所谓的热能。热力学能又称为热力系统的内部储存能。

根据气体动理论，气体分子的内动能主要取决于气体的温度，温度越高，内动能越大。分子的内位能与分子间的距离即气体占据的体积有关，主要取决于气体的比体积。此外，由于温度升高分子间碰撞频率增加，此时分子间相互作用增强，因此在一定程度上，内位能也与温度有关。可见，热力学能是气体温度和比体积的函数，即取决于气体的热力状态，是状态参数。

质量为 m 的工质的热力学能用符号 U 表示，单位为 J 或 kJ。单位质量工质的热力学能称为比热力学能，用 u 表示，单位为 J/kg 或 kJ/kg，可表示为：

$$u=f(T,\ v)$$

热力学能的大小是相对的。因为物质的运动是永恒的，不可能有这样一个状态，物质内部的一切运动都停止，热力学能为零。所以热力学能的大小是相对的。计算时热力学能的基准点可以人为选定，例如，选取 0 K 或 0 ℃时工质的热力学能为零。在工程热力学的计算中，常常遇到工质从一个状态变化到另一个状态的过程，需要计算的是热力学能的变化量，而不是绝对值。

2. 宏观动能和宏观位能

工质在参考坐标系中作为一个整体，由于其宏观运动速度所具有的动能称为宏观动能，用 E_k 表示，单位为 J 或 kJ。由于其在重力场中所处的位置而具有的位能称为宏观位能，用 E_p 表示，单位为 J 或 kJ。

如果设工质的质量为 m，速度为 c_f，在重力场中的高度为 z，则工质的宏观动能表示为：

$$E_k=\frac{1}{2}mc_f^{\ 2}$$

宏观位能表示为：

$$E_p=mgz$$

宏观动能和宏观位能又称为热力系统的外部储存能。

3. 热力系统的储存能

热力系统的热力学能、宏观动能和宏观位能之和称为热力系统的储存能，用 E 表示，即：

$$E=U+E_k+E_p$$

单位质量工质的储存能称为比储存能，用 e 表示，即：

$$e=u+e_k+e_p$$

显然，储存能是取决于热力状态和力学状态的状态参数。

第二节　热力学第一定律的实质

人类在长期的生产实践和科学实验基础上，建立了能量守恒与转换定律。能量守恒与转换定律是自然界的基本定律之一，它指出自然界中的一切物质都具有能量，能量既不可能被创造，也不可能被消灭，但能量可以从一种形态转变为另一种形态，且在能量的转换过程中能量的总量保持不变。热力学第一定律的实质就是热力过程的能量守恒与转换定律，它确定了热力过程中热力系统与外界进行能量交换时，各种形态能量在数量上的守恒关系。

1. 热力学第一定律的几种表述

表述1：在热能与其他形式能的互相转换过程中，能的总量始终不变。

表述2：不花费能量就可以产生功的第一类永动机是不可能制造成功的。

在历史上，曾经有人设想发明一种不需要提供能量而能够永远对外做功的机器——第一类永动机。根据热力学第一定律，要想得到机械能就必须花费热能或其他能量，那种幻想创造一种不花费能量就能产生动力的机器的企图是徒劳的。因此，第一类永动机是不可能制造成功的。

2. 热力学第一定律的一般表达式

热力学第一定律的能量方程式就是系统热力变化过程中的能量平衡方程式。对于任何系统(无论是开口系统，或是闭口系统)、任何过程、任何工质，热力学第一定律均可表达为：

$$\text{进入系统的能量} - \text{离开系统的能量} = \text{系统储存能量的变化} \tag{2-1}$$

对于闭口系统，进入和离开系统的能量只包括热量和功量两项。对于开口系统，因为有工质流入和流出系统，所以进入和离开系统的能量除了热量和功量外，还有随同工质流动，带入和带出系统的能量。由于这些区别，热力学第一定律应用于不同的系统时，可以得到不同的能量方程式。

能量守恒与转换定律的实质，不仅指明了物质运动在数量上的永恒不变，更重要的是，还揭示出物质运动的形态可以从一种形态转换为另一种形态。表达了世界的物质性和物质的多样性这一最一般规律。因此，恩格斯称它为“绝对的自然规律”。

需要指出的是，热力学第一定律是人类长期实践经验的科学总结。它不能用数学或其他的理论来证明，是在实验观测基础上总结出来的，而且它的正确性不断地在新的生产和科学实践中得到证实和丰富。

第三节　闭口系统的热力学第一定律表达式

为了定量地分析热力系统在热力过程中的能量交换，需要根据热力学第一定律导出参与能量交换的各项能量之间的数量关系式，这种关系式称为能量方程式。由于闭口系统和开口系统的不同，当热力学第一定律应用于不同的热力系统时，可以得到不同的能量方程式。

1. 闭口系统的能量方程式

分析工质的热力过程时，凡是工质不流动的过程，通常按闭口系统来处理，如内燃机的膨胀过程和压缩过程、活塞式压气机的压缩过程等。如图 2-1 所示，选取封闭在活塞式气缸中的工质作为热力系统，此系统与外界无物质交换，是一个闭口系统。设工质从平衡状态 1 变化到平衡状态 2 的过程中从外界吸收的热量为 Q，对外所做的膨胀功为 W，工质在状态变化过程中宏观动能和宏观位能的变化可以忽略不计，则工质储存能的变化即为热力学能的变化 ΔU。根据式(2-1)，可得该闭口系统热力学第一定律的表达式为：

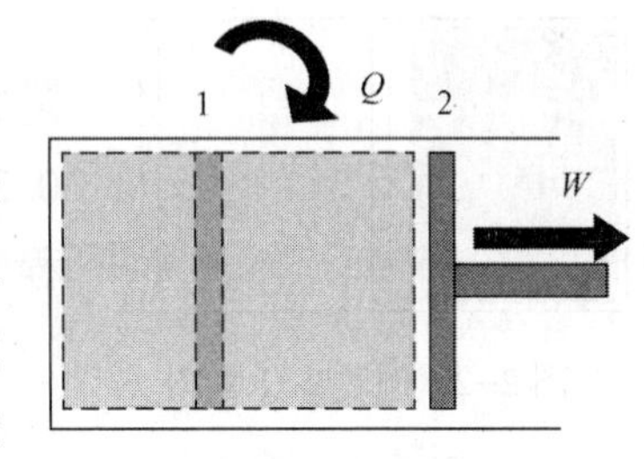

图 2-1　闭口系统示意图

$$Q-W=\Delta U$$

即：

$$Q=\Delta U+W \tag{2-2}$$

该式又称为闭口系统的能量方程式。式中，$\Delta U=U_2-U_1$ 为工质从平衡状态 1 变化到平衡状态 2 时热力学能的变化量。闭口系统的能量方程式指出，加给工质的热量，一部分用于增加工质的热力学能，并储存于工质内部。余下部分则以做功的方式传递到外界，转换为机械能。

对于 1 kg 工质，则有：

$$q=\Delta u+w \tag{2-3}$$

式(2-2)、式(2-3)适用于闭口系统中任何工质、任何过程，且工质的初态和终态都为平衡状态。

2. 闭口系统能量方程式的其他形式

根据给定条件的不同，闭口系统的能量方程式还可以表示成下面几种不同的形式。

对于微元过程，有：

$$\delta Q=\mathrm{d}U+\delta W \tag{2-4}$$

$$\delta q=\mathrm{d}u+\delta w \tag{2-5}$$

对于可逆过程，有：

$$Q=\Delta U+\int_1^2 p\mathrm{d}V \tag{2-6}$$

$$q=\Delta u+\int_1^2 p\mathrm{d}v \tag{2-7}$$

对于微元可逆过程，有：

$$\delta Q = \mathrm{d}U + p\mathrm{d}V \tag{2-8}$$

$$\delta q = \mathrm{d}u + p\mathrm{d}v \tag{2-9}$$

应用闭口系统能量方程式时，应注意单位和量纲的统一；此外，方程式中热量、功量均为代数值，还应注意热量、功量正负号的规定。

例题 2-1：闭口系统能量方程式的应用

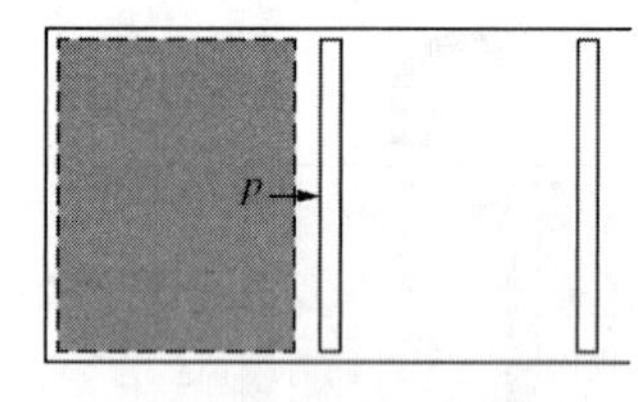

图 2-2　例题 2-1 附图

如图 2-2 所示，一定量的气体在气缸内由体积 $V_1=0.9\ \mathrm{m}^3$可逆膨胀到 $V_2=1.4\ \mathrm{m}^3$，膨胀过程中气体压力保持不变，且 $p=0.2\ \mathrm{MPa}$。若此过程中气体的热力学能增加了12 000 J,求此过程中气体吸收或放出的热量。

解：选取气缸内的气体作为热力系统，依题过程为可逆过程，且压力保持恒定，则气体对外所做的膨胀功为：

$$W=\int_1^2 p\mathrm{d}V=p(V_2-V_1)=0.2\times10^6\ \mathrm{Pa}\times(1.4-0.9)\mathrm{m}^3=100\ 000\ \mathrm{J}$$

根据闭口系统能量方程式(2-2)，有：

$$Q=\Delta U+W=12\ 000\ \mathrm{J}+100\ 000\ \mathrm{J}=112\ 000\ \mathrm{J}$$

即过程中工质从外界吸收热量 112 000 J。

第四节　开口系统的稳定流动能量方程式

开口系统有很大的实际意义，因为工程上遇到的许多连续流动问题，工质需要在热力装置中循环不断地流过各个相互连接的热工设备，完成不同的热力过程，实现能量转换。分析这类问题时，都应按照开口系统来处理。但需要注意以下几方面问题，首先，工质在热工设备内流动时，其热力状态参数及流速在不同截面上是不同的，即使在同一截面上，不同点的参数也不一定相同。其次，工质流入、流出开口系统的同时，也必定将其自身的储存能带入、带出系统。因此开口系统除了通过做功和传热方式传递能量外，还可以借助工质的流动来转移能量。第三，分析开口系统时，除了能量平衡外，还必须考虑质量平衡。第四，开口系统与外界交换的功，除了体积变化功外，还有轴功、流动功、技术功等不同形式，需要掌握这些功的含义和相互关系。

1. 稳定流动

工程上经常用到的热工设备，除了启动、停机或者加减负荷外，大部分时间是在外界影响不变的条件下稳定运行的。例如，汽轮机经常保持稳定的输出功率；蒸汽流经汽轮机时的状态参数、流速和流量均不随时间而变化等。工质在流动过程中，如果热力系统内部以及边界上各点工质的热力参数和运动参数都不随时间而改变，这种流动状态称为稳定流动。稳定流动具有以下特点：

① 单位时间内流入系统的工质质量等于流出系统的工质质量，即系统内工质的质量流量维持恒定不变。

② 单位时间内加入系统的净热量以及系统对外所做的净功量不随时间而改变，即系统内的储存能维持恒定不变。

③ 工质流过系统内各点时的热力参数和运动参数不随时间而改变。

工程中热工设备正常运行时，均满足于稳定流动。对于连续周期性工作的热工设备，例如活塞式压气机或内燃机等，工质的流入、流出是不连续的，但按照同样的循环过程重复着，整个工作过程仍可按照稳定流动来处理。

2. 流动功

功的形式除了膨胀功或压缩功这类与系统界面的移动有关的功外，还有因为工质在开口系统中流动而传递的功，这种功称为流动功，也称为推动功。

如图 2-3 所示，选取一个开口系统，设入口截面 1-1 处工质的状态参数为 p_1、v_1、T_1，质量为 m_1。为使工质流入系统，需要外界作用在工质上一定的力 p_1A_1，以克服截面 1-1 处压力 p_1 对工质的阻碍，使工质移动距离 dx_1，流入系统。此时外界对系统所做的流动功为：

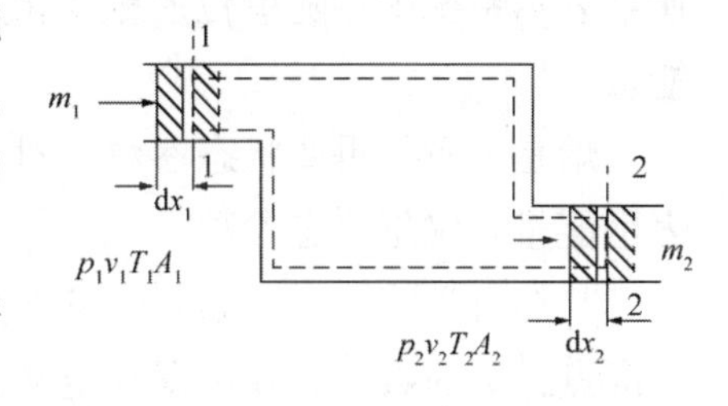

图 2-3　流动功推导示意图

$$W_{f1}=p_1A_1dx_1=p_1V_1=p_1v_1m_1$$

对于单位质量工质，流动功为：

$$w_{f1}=p_1v_1$$

同理，设出口截面 2-2 处工质的状态参数为 p_2、v_2、T_2，质量为 m_2，为使工质流出系统，系统对外界所做的流动功为：

$$W_{f2}=p_2A_2dx_2=p_2V_2=p_2v_2m_2$$

对于单位质量工质，流动功为：

$$w_{f2}=p_2v_2$$

$\Delta(pv)=p_2v_2-p_1v_1$ 是系统为维持工质流动所需的功。

流动功只有在工质流动过程中才会出现。工质流入、流出具有一定压力的开口系统，在流动时，总是从后面获得流动功，而对前面做出流动功。当工质不流动时，虽然工质也具有一定的状态参数 p、v，但乘积 pv 并不代表流动功。工质在传递流动功时，没有热力状态的变化，也没有能量形态的变化。需要指出的是，流动功并不是工质本身的能量，而是由泵或风机或其他外部功源提供的，用来维持工质流动，并伴随工质流入、流出系统而带入、带出系统的能量。

3. 焓

工质在流动过程中，将流动功带入、带出系统的同时，也将其自身的热力学能带入、带出了系统。这两种能量通常是同时出现的，为了分析和计算方便，常把热力学能 U 和流动功 pV 合并在一起，定义为一个新的物理量“焓”，用符号 H 表示，即焓表示为：

$$H=U+pV \tag{2-10}$$

单位质量工质的焓称为比焓，用 h 表示，即：

$$h=u+pv \tag{2-11}$$

焓的单位为 J 或 kJ，比焓的单位为 J/kg 或 kJ/kg。

单位质量工质在流动过程中，携带着热力学能 u、宏观动能 $\frac{1}{2}c_{\mathrm{f}}^2$、宏观位能 gz、以及流动功 pv 这四部分能量。其中热力学能 u、流动功 pv 取决于工质的热力状态，因此比焓表示系统中伴随单位质量工质的流动而转移的总能量中取决于热力状态的那部分能量。

焓是工质的重要状态参数。对于闭口系统(工质不流动)，不存在流动功，焓也不表示能量，仅是状态参数。

与热力学能一样，焓值的基准点可以人为规定。但如果已经预先规定了热力学能的基准点，焓的数值必须依据其定义 $h=u+pv$ 来确定。工程上一般关心的是工质经历某一热力过程后焓值的变化量，而不是工质在某一状态下焓的绝对值。

在热工设备中，工质总是不断地从一处流动到另一处，随着工质的流动而转移的能量不等于热力学能而等于焓，因此在热力过程的计算中焓有着更广泛的应用。

4. 开口系统的稳定流动能量方程式

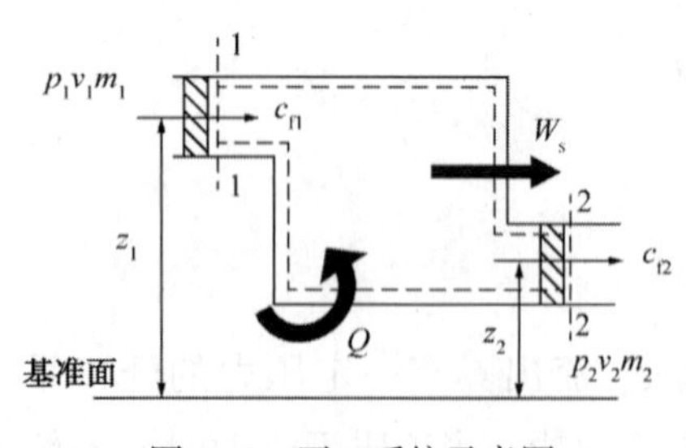

图 2-4　开口系统示意图

图 2-4 所示为一个概括性开口系统的示意图。假设在 τ 时间内，质量为 m_1 的工质以流速 c_{f1} 通过截面 1-1 流入系统，质量为 m_2 的工质以流速 c_{f2} 通过截面 2-2 流出系统。系统与外界进行能量交换，系统吸收热量 Q，工质通过机轴对外输出轴功 W_s。假设工质的流动为稳定流动，则有 $m_1=m_2=m$，系统储存能的变化量 $\Delta E=0$。

在 τ 时间内，进入系统的能量为：

$$Q+m\left(u_1+\frac{1}{2}c_{f1}^2+gz_1\right)+mp_1v_1$$

离开系统的能量为：

$$W_s+m\left(u_2+\frac{1}{2}c_{f2}^2+gz_1\right)+mp_2v_2$$

依据热力学第一定律的一般表达式，进入系统的能量-离开系统的能量=系统储存能的变化量，则有：

$$\left[Q+m\left(u_1+\frac{1}{2}c_{f1}^2+gz_1\right)+mp_1v_1\right]-\left[W_s+m\left(u_2+\frac{1}{2}c_{f2}^2+gz_2\right)+mp_2v_2\right]=0$$

根据焓的定义 $h=u+pv$，上式可整理成：

$$Q=m\left(h_2+\frac{1}{2}c_{f2}^2+gz_2\right)-m\left(h_1+\frac{1}{2}c_{f1}^2+gz_1\right)+W_s$$

或：

$$Q=m\Delta h+\frac{1}{2}m\Delta c_f^2+mg\Delta z+W_s$$

即：

$$Q=\Delta H+\frac{1}{2}m\Delta c_f^2+mg\Delta z+W_s \tag{2-12}$$

式(2-12)称为开口系统的稳定流动能量方程式。对于单位质量工质，稳定流动能量方程式为：

$$q=\Delta h+\frac{1}{2}\Delta c_f^2+g\Delta z+w_s \tag{2-13}$$

式(2-12)、式(2-13)适用于开口系统中任何工质、任何过程，且工质的流动为稳定流动。

下面对稳定流动能量方程式进一步分析。式(2-13)还可以写成：

$$q-\Delta u=\Delta(pv)+\frac{1}{2}\Delta c_f^2+g\Delta z+w_s \tag{2-14}$$

式(2-14)等号右边，$\Delta(pv)$是为了维持工质流动所需要的流动功；$\frac{1}{2}\Delta c_f^2$和 $g\Delta z$ 是工质宏观动能和宏观位能的变化；w_s是工质通过机轴对外输出的轴功。这些功均源自工质在状态变化过程中通过膨胀而实施的由热能转换为的机械能。

将闭口系统的能量方程式(2-3)与式(2-14)进行比较，可见：

$$w=\Delta(pv)+\frac{1}{2}\Delta c_f^2+g\Delta z+w_s \tag{2-15}$$

式(2-15)中，w 为单位质量工质由于体积变化所做的膨胀功，是由热能转换而来的。这说明，无论是开口系统，还是闭口系统，其热转换为功的实质是一样的，都是通过工质的体积膨胀将热转换为功，只不过它们对外表现的形式不同。在开口系统中，工质的体积变化功表现为：维持工质流动必须消耗的流动功 $\Delta(pv)$、工质本身宏观动能和宏观位能的增加$\frac{1}{2}\Delta c_f^2$和 $g\Delta z$，以及工质对外输出的轴功 w_s。而在闭口系统中，工质的体积变化功直接表现为通过工质体积膨胀对外做功。

5. 技术功

流动功是用于支付工质流动必须消耗的功，不能再被利用。而宏观动能、宏观位能以及轴功是技术上可以直接利用的功。例如汽轮机中的喷管利用$\frac{1}{2}(c_{f2}^2-c_{f1}^2)$获得高速气流，水泵利用 $g(z_2-z_1)$提高水流位能，汽轮机利用 w_s对外做功。在热力学中，将工程上可以直接利用的宏观动能增量、宏观位能增量以及轴功之和称为技术功，用 w_t表示，即：

$$W_t=\frac{1}{2}m\Delta c_f^2+mg\Delta z+W_s \tag{2-16}$$

对于单位质量工质：

$$w_t=\frac{1}{2}\Delta c_f^2+g\Delta z+w_s \tag{2-17}$$

由式(2-15)和式(2-17)，可得：

$$w=w_t+\Delta(pv)$$

即：

$$w_t=w-\Delta(pv) \tag{2-18}$$

式(2-18)说明，工质在稳定流动过程中所做的技术功等于膨胀功减去流动功。

对于可逆过程，膨胀功为：

$$w=\int_1^2 p\mathrm{d}v$$

代入式(2-18)，可得可逆过程的技术功为：

$$w_t=\int_1^2 p\mathrm{d}v-\Delta(pv)=\int_1^2 p\mathrm{d}v-\int_1^2 \mathrm{d}(pv)=-\int_1^2 v\mathrm{d}p \tag{2-19}$$

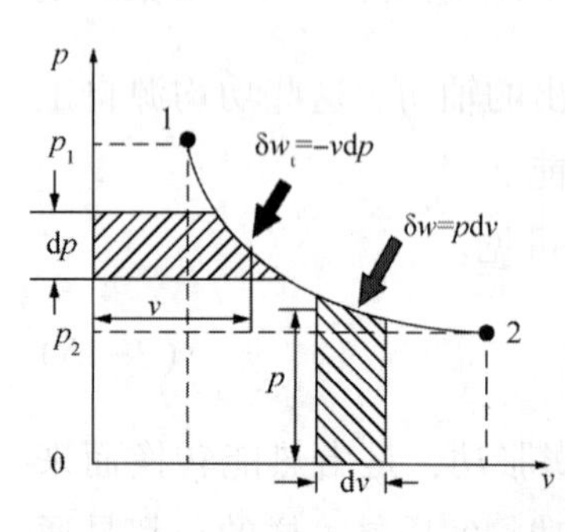

图 2-5 技术功在 p-v 图上的表示

式(2-19)指出，过程中工质压力降低时，$\mathrm{d}p<0$，$w_t>0$，技术功为正，工质对外做功；反之，过程中工质压力增加时，$\mathrm{d}p>0$，$w_t<0$，技术功为负，外界对工质做功；若工质压力不发生变化，技术功为零。汽轮机、燃气轮机等属于第一种情况，压气机属于第二种情况。

根据式(2-19)，可逆过程的技术功 w_t在 p-v 图上可以用过程曲线与纵坐标之间的面积表示。如图 2-5 所示，可逆过程 1-2 的技术功为过程曲线 1-2 左边 $12p_2p_11$ 的面积。

6. 开口系统稳定流动能量方程式的其他形式

根据技术功的定义和式(2-12)，开口系统的稳定流动能量方程式还可以表示成下面几种不同的形式。

对于任何过程：

$$Q=\Delta H+W_t \tag{2-20}$$

$$q=\Delta h+w_t \tag{2-21}$$

对于微元过程：

$$\delta Q=\mathrm{d}H+\delta W_t \tag{2-22}$$

$$\delta q=\mathrm{d}h+\delta w_t \tag{2-23}$$

对于可逆过程：

$$Q=\Delta H-\int_1^2 V\mathrm{d}p \tag{2-24}$$

$$q=\Delta h-\int_1^2 v\mathrm{d}p \tag{2-25}$$

对于微元可逆过程：

$$\delta Q=\mathrm{d}H-V\mathrm{d}p \tag{2-26}$$

$$\delta q=\mathrm{d}h-v\mathrm{d}p \tag{2-27}$$

例题 2-2：开口系统稳定流动能量方程式

某稳定流动系统，已知进口处的气体参数为 $p_1=0.62$ MPa，$v_1=0.37\ \mathrm{m^3/kg}$，$u_1=2\ 100$ kJ/kg，$c_{f1}=300$ m/s；出口处的气体参数为 $p_2=0.13$ MPa，$v_2=1.2\ \mathrm{m^3/kg}$，$u_2=1\ 500$ kJ/kg，$c_{f2}=150$ m/s。气体的质量流量 $q_m=4$ kg/s，流过系统时向外放出的热量为 30 kJ/kg。假设气体流过系统时重力位能的变化忽略不计，求气体流过系统时对外输出的功率。

解：可先计算出气体在进口、出口处的焓值。

气体在进口处的比焓为：

$$\begin{aligned}h_1&=u_1+p_1v_1\\&=2\ 100\ \mathrm{kJ/kg}+0.62\times10^3\ \mathrm{kPa}\times0.37\ \mathrm{m^3/kg}=2\ 329.4\ \mathrm{kJ/kg}\end{aligned}$$

气体在出口处的比焓为：

$$\begin{aligned}h_2&=u_2+p_2v_2\\&=1\ 500\ \mathrm{kJ/kg}+0.13\times10^3\ \mathrm{kPa}\times1.2\ \mathrm{m^3/kg}=1\ 656\ \mathrm{kJ/kg}\end{aligned}$$

依题气体重力位能的变化忽略不计，由式(2-13)，气体流过系统时对外所做的轴功为：

$$w_s = q-(h_2-h_1)-\frac{1}{2}(c_{f2}^2-c_{f1}^2)$$

$$=(-30)\ \text{kJ/kg}-(1\ 656-2\ 329.4)\ \text{kJ/kg}-\frac{1}{2}\times(150^2-300^2)\times10^{-3}\ \text{kJ/kg}$$

$$=677.15\ \text{kJ/kg}$$

则气体流过系统时对外输出的功率为：

$$P=q_m w_s=4\ \text{kg/s}\times677.15\ \text{kJ/kg}=2\ 708.6\ \text{kW}$$

第五节　稳定流动的热工设备

各种热工设备正常运行时，工质的流动通常都可以看作是稳定流动，因此可以应用开口系统的稳定流动能量方程式分析能量交换。但应用时需要根据实际过程的具体情况，忽略某些影响不大的次要因素，对能量方程式进行适当简化。下面以几类常见的热工设备为例，说明稳定流动能量方程式的应用。

1. 热交换器

热交换器也称为换热器，如工程上的各种加热器、冷却器、散热器、蒸发器、冷凝器、锅炉等都属于这类设备。图 2-6 所示为热交换器示意图，换热表面两侧流体各自构成一个开口系统。选取任意一侧的流体作为热力系统，其能量交换的主要特征有，工质与外界只有热量交换，而无功量交换，即 $w_s=0$。且工质动能变化、位能变化可以忽略，因此根据式(2-13)，可得：

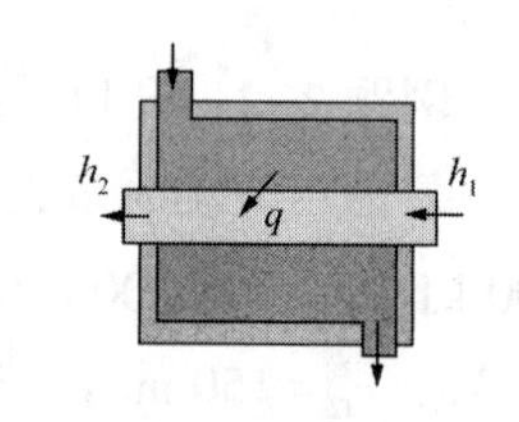

图 2-6　热交换器示意图

$$q=h_2-h_1 \tag{2-28}$$

式(2-28)说明，单位质量工质流过热交换器时，与外界交换的热量等于进、出口处工质比焓的变化。

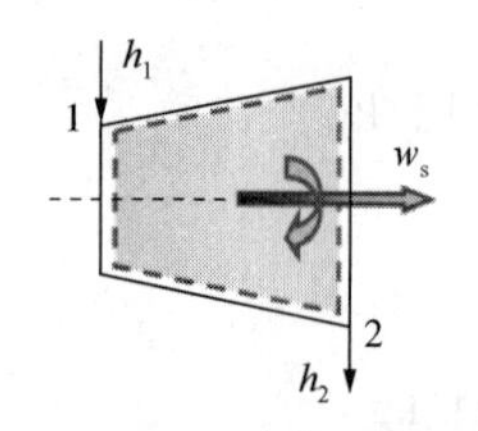

图 2-7　动力机械示意图

2. 动力机械

工程上所用的各种动力机械，如燃机轮机、蒸汽轮机、内燃机等，都是利用工质膨胀，压力减小，对外输出轴功。图 2-7 所示为动力机械示意图。这类设备能量交换的主要特征有，由于采用良好的保温隔热措施，通过设备外壳的散热量极少，可以认为其热力过程是绝热过程，即 $q=0$。工质在进、出口处的速度相差不多，动能变化可以忽略。进、出口处高度差一般很小，位能变化也可以忽略。因此根据式(2-13)，可得：

$$w_s = h_1 - h_2 \tag{2-29}$$

式(2-29)说明，单位质量工质流过动力机械时，对外输出的轴功等于进、出口处工质比焓的减少。由于忽略了动能和位能的变化，此时的轴功就是技术功。

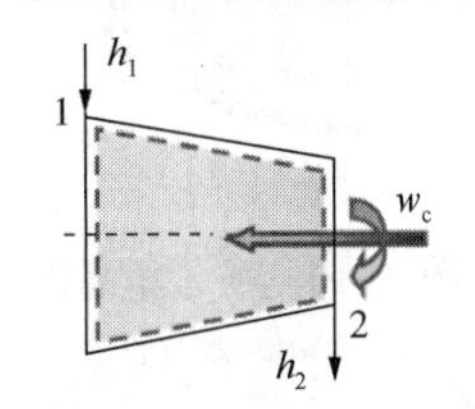

图 2-8　压缩机械示意图

3. 压缩机械

泵、风机、压气机也称为压缩机械。工质流过这类设备时，外界对工质做功，工质压力升高。这种情况与动力机械恰恰相反，如图 2-8 所示。这类设备能量交换的主要特征有，工质对外界略有散热，热量为负，可以近似认为是绝热的，即 $q=0$。动能变化、位能变化可以忽略。因此根据式(2-13)，可得：

$$w_c = -w_s = h_2 - h_1 \tag{2-30}$$

式(2-30)说明，单位质量工质流过压缩机械时，外界消耗的轴功等于进、出口处工质比焓的增加。

4. 绝热节流

工质在流动过程中，如果流通截面突然缩小，例如工质流经阀门或孔板流量计等设备时，如图 2-9 所示，在缩口处工质的流速突然增加，压力急剧下降，并在缩口附近产生漩涡。流过缩口后，压力又回升，流速减小，这种现象称为节流。

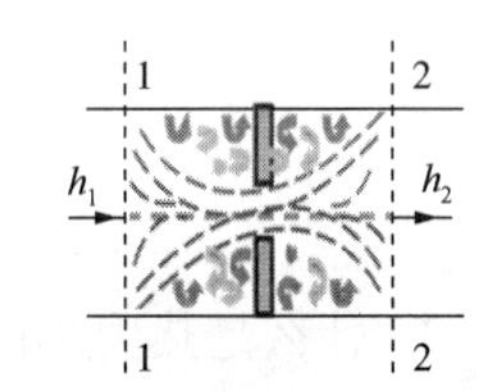

图 2-9　绝热节流示意图

节流过程是典型的不可逆过程。因为在缩口附近存在着摩擦和涡流，工质处于不稳定的非平衡状态，所以严格说，节流是不稳定流动。但观察发现，在离缩口稍远的 1-1 和 2-2 截面处，流动基本上是稳定的。如果选择这两个截面的中间部分为开口系统，可以近似用开口系统的稳定流动能量方程式进行能量分析。由于这两个截面处流速相差不大，动能变化可以忽略。位能变化也近似可以忽略。节流过程中工质和外界无功量交换。由于工质流过 1-1 和 2-2 截面的时间很短，与外界的热量交换很少，可以近似认为流动是绝热的。因此根据式(2-13)，可得：

$$h_1 = h_2 \tag{2-31}$$

式(2-31)说明，节流前后 1-1 和 2-2 截面处工质的焓值相等，但不能理解为忽略动能变化。位能变化的绝热节流过程就是等焓过程。因为在这两个截面之间，特别是缩口附近，由于流速变化很大，焓值并非处处相等。

5. 喷管

喷管是使工质加速的设备，它通常是一个变截面的流道，例如收缩型喷管、缩放型喷管等，如图 2-10 所示。工质流过喷管时，压力降低，并获得高速气流。这类设备能量交换的主要特征有，工质流过喷管的速度大，时间短，来不及与外界交换热量，故可以看作是绝热过程，即 $q=0$。工质和外界无功量交换，即 $w_s=0$。位能变化可以忽略。因此根据式(2-13)，可得：

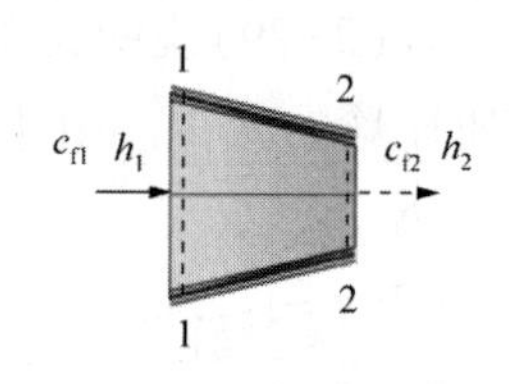

图 2-10　喷管示意图

$$\frac{1}{2}(c_{f2}^2-c_{f1}^2)=h_1-h_2 \tag{2-32}$$

式(2-32)说明，单位质量工质流过喷管时，动能的增加等于进、出口处工质比焓的减少。

通过上述各类热工设备能量方程式的分析可以看到，在不同情况下，开口系统的稳定流动能量方程式可以简化成不同形式。因此如何根据实际设备的特点，正确提出相应的简化条件，是正确运用能量方程式的前提。

习　题

1. 什么是热力学能？热量、热能、热力学能三者有何区别？

2. 什么是稳定流动？稳定流动有什么特点？

3. 膨胀功、轴功、流动功以及技术功之间有何区别和联系？如何在 $p-v$ 图中表示膨胀功、流动功以及技术功？

4. 为什么流动功出现在开口系统的稳定流动能量方程式中，而不出现在闭口系统的能量方程式中？

5. 什么是焓？焓应用于开口系统时的物理意义是什么？不流动的工质是否也有焓？

6. 有一刚性绝热容器，中间用隔板分为两部分，左边盛有空气，右边为真空，如习题图 1 所示。抽掉隔板，空气将充满整个容器。问：

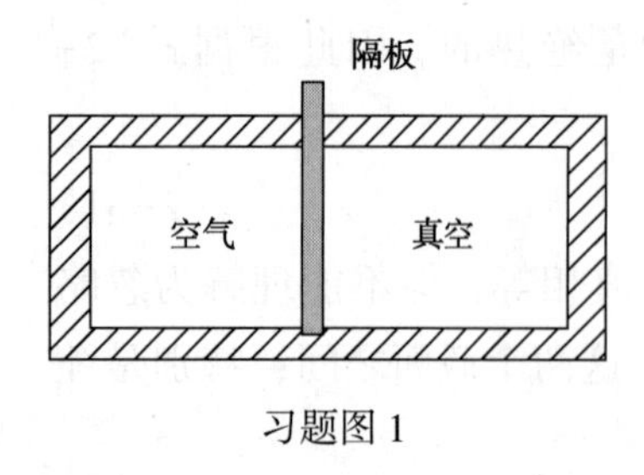

习题图 1

(1)空气的热力学能如何变化？

(2)空气是否做了功？

(3)能否在坐标图上表示此过程？为什么？

7. 分析下面的说法是否正确，为什么？

(1) 气体膨胀时一定对外做功。

(2) 气体被压缩时一定消耗外功。

(3) 气体膨胀时必须对其加热。

(4) 气体边膨胀边放热是可能的。

(5) 气体边被压缩边吸热是不可能的。

(6) 气体吸热后一定膨胀，热力学能一定增加。

8. 定量空气在某一过程中吸收热量 50 kJ，同时热力学能增加了 80 kJ。问此过程是膨胀过程还是压缩过程？气体与外界交换的功量是多少？

9. 某热机每完成一次循环，工质由高温热源吸热 2 000 kJ，向低温热源放热 1 200 kJ。在压缩过程中工质得到外功 650 kJ。试求在膨胀过程中工质对外所做的功。

10. 气缸中充有压力 $p_1 = 1$ MPa、体积 $V_1 = 0.1\ m^3$的空气，在定压下可逆膨胀到体积 $V_2 = 0.25\ m^3$。若过程中空气吸收热量为 50 kJ，求空气热力学能的变化是多少？

11. 气缸内气体由体积 $0.1\ m^3$可逆膨胀到 $0.3\ m^3$。膨胀过程中气体压力和体积的函数关系为 $p = 0.24V + 0.04$，式中压力 p 的单位为 MPa，体积 V 的单位为 m^3。气体热力学能的变化量为 −40 kJ/kg。试求气体与外界交换的热量。

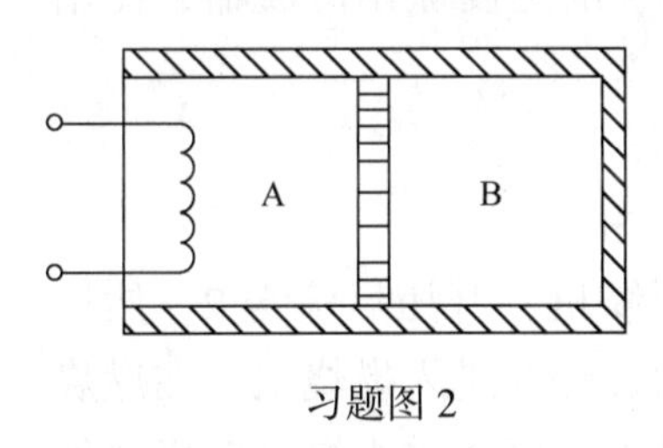

习题图 2

12. 如习题图 2 所示，有一刚性容器，一端受热，其他部分绝热，内有一不透热的活塞，将容器分为 A 和 B 两部分，活塞与容器壁之间无摩擦。现自受热端传入热量 20 kJ，由于活塞移动对 B 部分做功为 10 kJ。求：

(1) B 中气体的热力学能变化 ΔU_B；

(2) A 和 B 两部分气体总的热力学能变化 ΔU_{A+B}。

13. 如习题图 3 所示，气缸内充有空气，活塞截面积为$100\ cm^2$，活塞距气缸底面高度为 10 cm，活塞及其上负荷的总质量为 195 kg。当地大气压力为 771 mmHg，环境温度 $t_0 = 27$ ℃。此时气缸内气体恰与外界处于热力平衡。现若将活塞上的负荷取去 100 kg，活塞将突然上升，最后重新达到热力平衡。假设活塞与气缸壁之间无摩擦，气体可通过气缸壁与外界充分换热，求：

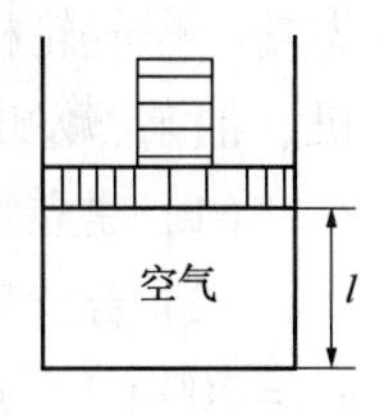

习题图 3

(1) 活塞上升的距离；

(2) 气缸内气体与外界交换的热量。

14. 空气在压气机中被压缩，压缩前空气的参数为$p_1 = 0.1$ MPa，$v_1 = 0.845\ m^3/kg$；压缩后空气的参数为 $p_2 = 0.8$ MPa，$v_2 = 0.175\ m^3/kg$。若在压缩过程中每千克空气的热力学能增加了 146.5 kJ，同时向外界放热 50 kJ，压气机每分钟生产压缩空气 10 kg，试求：

(1) 压缩过程中对每千克空气所做的压缩功；

(2) 生产 1 kg 压缩空气所需的轴功；

(3) 带动此压气机需要用多大功率的电动机？

15. 一台供热用锅炉，蒸汽量为2 t/h，给水进入锅炉时的焓 $h_1=210$ kJ/kg，水蒸气离开锅炉时的焓 $h_2=2\ 768$ kJ/kg。已知锅炉用燃煤的发热量为23 000 kJ/kg，锅炉效率为70%，试计算锅炉每小时用煤量。

16. 某蒸汽动力装置中，锅炉供给汽轮机的过热蒸汽流量为40×10^3 kg/h。汽轮机进口处压力表读数为9 MPa，蒸汽比焓为3 440 kJ/kg；汽轮机出口处真空表读数为730. 6 mmHg，蒸汽比焓为2 245 kJ/kg。汽轮机对环境放热0.86×10^5 kJ/h。设当地大气压力为760 mmHg，试求：

（1）汽轮机进、出口处蒸汽的绝对压力各是多少？

（2）若不计汽轮机进、出口处蒸汽宏观动能和宏观位能的变化，汽轮机输出的功率是多少？

（3）若汽轮机进、出口处蒸汽的速度分别为70 m/s和140 m/s，对汽轮机的功率有多大影响？

（4）若汽轮机进、出口处的高度差为1. 6 m，对汽轮机的功率有多大影响？

17. 某冷凝器内的蒸汽压力为0. 005 MPa，蒸汽以100 m/s的速度进入冷凝器，其比焓为2 430 kJ/kg，在冷凝器内蒸汽冷凝为水后，以10 m/s的速度流出冷凝器，比焓为137. 7 kJ/kg。若当地大气压力为735 mmHg，试求：

（1）装在冷凝器上的真空表读数是多少？

（2）每千克蒸汽在冷凝器中放出的热量是多少？

18. 某燃气轮机装置如习题图4所示。空气由1进入压缩机，升压后流至2，然后进入回热器，吸收从燃气轮机排出的废气中的一部分热量后，经3进入燃烧室。在燃烧室中与油泵送来的油混合，燃烧产生热量，生成燃气温度升高，经4进入燃气轮机对外做功。燃气轮机产生的废气由5送入回热器，预热空气后由6排至大气。其中，压缩机、油泵、发电机均由燃气轮机带动，试求：

（1）建立整个系统的能量平衡方程式；

（2）若空气的质量流量 $q_{m1}=50$ t/h，空气进口焓 $h_1=12$ kJ/kg，燃油的质量流量 $q_{m7}=700$ t/h，燃油进口焓 $h_7=42$ kJ/kg，油的发热量 $q=41\ 800$ kJ/kg，排出废气的焓 $h_6=418$ kJ/kg，则发电机输出的功率是多少？

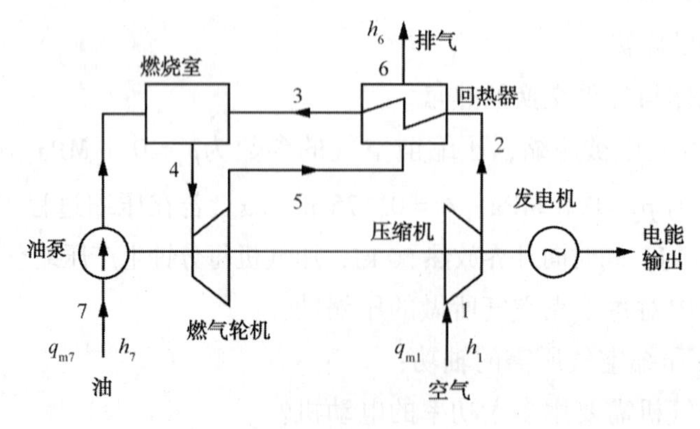

习题图4

19. 现有两股温度不同的空气，稳定地流过如习题图 5 所示的设备进行绝热混合，以形成第三股所需温度的空气流。各股空气的已知参数如习题图 5 所示。设空气可看做是理想气体，其焓仅是温度的函数，按$\{h\}_{kJ/kg}=1.004\{T\}_K$计算，理想气体的状态方程式为$pv=R_gT$，$R_g=287\ J/(kg\cdot K)$。若进、出口截面处动能变化、位能变化忽略不计，试求出口截面的空气温度和空气流速。

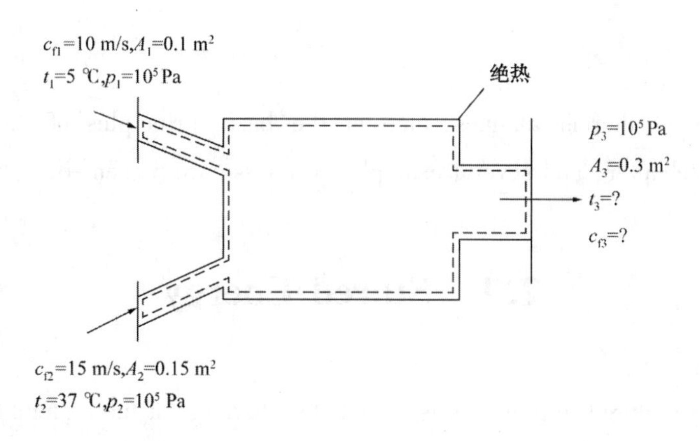

习题图 5

Chapter 2 The First Law of Thermodynamics

The first law of thermodynamics, one of the basic principles of thermodynamics, is introduced in this chapter, and several examples of its use are presented.

2.1 Stored Energy

The energy that stored in a system is called stored energy of the system. In thermodynamic analysis, the various forms of energy that make up the stored energy of a system in two groups: macroscopic and microscopic. The macroscopic forms of energy are those the system possesses as a whole with respect to some outside reference frame, such as kinetic and potential energies. The microscopic forms of energy are those related to the molecular structure of the system and the degree of the molecular activity, and they are independent of outside reference frames.

2.1.1 Internal Energy

Internal energy is defined as the sum of all the microscopic forms of energy of a system. It is related to the molecular structure and the degree of molecular activity, and can be viewed as the sum of the molecular kinetic energy, molecular potential energy, chemical energy and nuclear energy.

The kinetic energy of molecules is associated with translational, rotational, and vibrational motions of molecules. The average velocity and the degree of activity of the molecules are proportional to the temperature of the gas. Therefore, at higher temperature, the molecules possess higher kinetic energy, and as a result the system has a higher internal energy. Molecular potential energy is associated with the attractive forces between molecules. These forces are large in a solid where molecules are close together, smaller in a liquid, and very small in a gas where molecules are separated from each other by distances which are large in terms of molecular dimensions. Molecular potential energy increases as the distance between molecules increases. So it is highest for gases and lowest for solids. In a process which involves a chemical reaction, the change in the internal energy of a system is related to the changes in the internal structure of molecules, that is, to change on the atomic level rather than on the molecules level. The internal energy associated with the atomic bonds in a molecule is called chemical energy. Nuclear energy is related to the changes on the nuclear level, that is, changes within the atoms of a substance. The tremendous amount of energy associated with the strong bonds within the nucleus of the atom itself is called nuclear energy.

In the absence of chemical and nuclear reactions, the internal energy of a substance is the summation of the kinetic and potential energies of the molecules of the substance.

The symbol for internal energy is U, the unit is J, or kJ. The internal energy of per unit mass is called specific internal energy, donated by the symbol u, the unit is J/kg, or kJ/kg. Internal energy is a property; it is a function of temperature and specific volume of a substance. Consider any process between two states: states 1 and state 2, we have

$$u=f(T, v)$$

Thermodynamics provides no information about the absolute value of the internal energy. It deals only with the change of the internal energy, however, which is important in engineering problems. Consequently, a value of $U=0$ can be assigned to any particular state of a system. It is usual to choose the origin as 0 ℃ at which temperature the internal energy is suggested as being zero. The change in internal energy of the system is independent of the reference point selected.

2.1.2 Kinetic Energy and Potential Energy

The energy that a system possesses as a result of its motion relative to some reference frame is called kinetic energy, it is donated by the symbol E_k, the unit is J, or kJ. The kinetic energy is expressed as

$$E_k=\frac{1}{2}mc_f^2$$

where m is the mass of the body and c_f is the velocity of the system relative to some fixed reference frame.

The energy that a system possesses as a result of its elevation in a gravitational field is called potential energy, it is donated by the symbol E_p, the unit is J, or kJ. The potential energy is expressed as

$$E_p=mgz$$

where g is the gravitational acceleration and z is the elevation from the datum to the system mass.

2.1.3 Stored Energy

Energy can exist in numerous forms such as thermal, mechanical, electric, magnetic, chemical, and nuclear, and their sum constitutes the stored energy of a system. In the absence of electricity, magnetism, and surface tension, the stored energy of the system is the summation of the internal energy, kinetic energy, and potential energy and is expressed as

$$E = U + E_k + E_p$$

or, on a unit mass basis,

$$e = u + e_k + e_p$$

Distinction should be made between the macroscopic kinetic energy of an object as a whole and the microscopic kinetic energies of its molecules that constitute the sensible internal energy of the object. The kinetic energy of an object is an organized form of energy associated with the orderly motion of all molecules in one direction in a straight path or around axis. In contrast, the kinetic energies of the molecules are completely random and highly disorganized.

2.2 The First Law of Thermodynamics

The conservation of energy principle is found through the long time product-practice of human being and science experiments. It indicates that the energy can be neither created nor destroyed although it can be stored in various forms and can be transferred from one system to another. The first law of thermodynamics, also known as the conservation of energy principle, provides a sound basis for studying the relationship among the various forms of energy and energy interactions.

2.2.1 Some Statements of the First Law of Thermodynamics

Statement 1: Energy can be neither created nor destroyed during a process, it can only change forms.

Statement 2: The perpetual motion machine of the first kind can never be manufactured.

An engine which could provide work transfer without heat transfer would run forever, or, in other words, it would have perpetual motion. Such an engine is referred to as perpetual motion machine of the first kind. According the first law of thermodynamics, the perpetual motion machine of the first kind would never be manufactured.

2.2.2 Energy Balance Relation of the Frist Law of Thermodynamics

The first law of thermodynamics can be expressed as follows: The net change (increase or decrease) in the stored energy of the system during a process is equal to the difference between the total energy entering and the total energy leaving the system during that process. That is

$$\underbrace{E_{\text{in}} - E_{\text{out}}}_{\substack{\text{Net energy transfer} \\ \text{by heat, work, and mass}}} = \underbrace{\Delta E_{\text{system}}}_{\substack{\text{Change in internal, kinetic,} \\ \text{potential etc. energies}}} \tag{2-1}$$

This relation is often referred to as the energy balance and is applicable to any kind of system undergoing any kind of process. The successful use of this relation to solve engineering problems depends on understanding the various forms of energy and recognizing the forms of energy transfer.

It should be notes that the first law of thermodynamics is a far-reaching principle of nature which is induced from the results of many experiments. It cannot be deduced or proved from any other principle of nature. It is entirely empirical.

2.3 The First-Law Relation for Closed Systems

A typical closed system is the expansion or compression of a substance in a cylinder.

2.3.1 Energy Balance for Closed Systems

Consider the gas trapped in the piston cylinder as shown in Figure 2 - 1. The system operates between initial state 1 and final state 2, and both of the two states are equilibrium states. System receives heat Q, and does work W. There are no changes in the kinetic and potential energies. For a closed system, it will be assumed that the effects of gravity and motion are negligible. The energy balance in that case for the closed system is

$$Q-W=\Delta U$$

or

$$Q=\Delta U+W \tag{2-2}$$

where $\Delta U=U_2-U_1$, U_1, U_2 are the internal energy refer respectively to the state 1 and state 2 of the system.

On a unit mass basis

$$q=\Delta u+w \tag{2-3}$$

2.3.2 Various Forms of the First Law Relation for Closed Systems

Various forms of the first law relation for closed systems are given as follow

Differential form

$$\delta Q = dU + \delta W \tag{2-4}$$

$$\delta q = du + \delta w \tag{2-5}$$

Reversible form

$$Q = \Delta U + \int_1^2 p dV \tag{2-6}$$

$$q = \Delta u + \int_1^2 p dv \tag{2-7}$$

Differential, reversible form

$$\delta Q = dU + p dV \tag{2-8}$$

$$\delta q = du + p dv \tag{2-9}$$

2.4 The First-Law Relation for Open Systems

Open system is more important in engineering. For many problems of continuous flow in engineering, the substance needs to flow into or out of the systems continuously, and transfer energies. Hence when we analysis an open system, the following questions should be noted.

① When substance enters or leaves the system, the properties and velocity of the substance at different across-section are different.

② When substance enters the system, the stored energy of the system is increased by an amount equal to the stores energy of the entering substance. The stored energy of the system is decreased whenever substance leaves the system because the substance leaving the system takes some stored energy with it.

③ Besides the work of volume change, there are flow works done on or by the system where substance flows across the system boundary.

2.4.1 Steady Flow

A large number of engineering devices such as turbines, compressors, and nozzles operate for long periods of time under same conditions once the transient start-up period is completed and steady operation is established, and they are classified as steady-flow devices. Processes involving such devices can be represented reasonably well by a somewhat idealized process, called the steady-flow process, which was defined as a process during which a fluid flows through a control volume steadily. That is, the fluid properties can change from point to point within the control volume, but at any point, they remain constant during the entire process.

This definition requires that the following particular conditions be met

① The rate of mass flow into the system is equal to the rate of mass flow out of it, that is, the amount of mass enclosed by the boundary is constant.

② The stored energy of an open system must remain constant in the steady flow conditions.

③ The properties of the fluids crossing the boundary remain constant at each point on the boundary. The flow rate at each section where mass crosses the boundary is constant.

Some examples of steady-flow systems are a section of pipe line, a gas turbine, a welding torch, a carburetor, a boiler and an air-conditioning unit. For cyclically working system with time, the properties at various points within the system or at the system boundary vary cyclically with time, periodically returning to the same values, the flow may be treated as steady flow. For example, the flow through a reciprocating engine can sometimes be treated as steady flow.

2.4.2 Flow Work

Unlike closed system, when a fluid enters or leaves an open system, work must be done in causing fluid to flow into or out of the system; this work is called flow work, and is necessary for maintaining a continuous flow through a control volume.

To obtain a relation for flow work, consider a system as shown in Figure 2-3, the fluid enters the system at section 1-1 and leaves at section 2-2. The fluid element of volume V_1 has a cross-sectional area A_1 and a length dx_1 as it crosses the system boundary at section 1-1. If fluid pressure is p_1, the force acting on this element to push it across the system boundary is p_1A_1. The force acts through a distance dx_1 so that the work done in pushing the element across the system boundary is

$$W_{f1}=p_1A_1dx_1=p_1V_1=p_1v_1m_1$$

This work is called flow work at section 1-1. This is the work done on the system by the fluid outside the system. The flow work per unit mass is obtained by dividing both sides of this equation by mass of the fluid element

$$w_{f1}=p_1v_1$$

In a similar manner, the flow work performed by the system to push an element of fluid out of the system at section 2-2 is

$$W_{f2}=p_2A_2dx_2=p_2V_2=p_2v_2m_2$$

On a unit mass basis, the flow work is

$$w_{f2}=p_2v_2$$

It is interesting that unlike other work quantities, flow work is expressed in terms of properties. In fact, it is the product of two properties p and v of the fluid. However, the product

pv represents energy for flowing fluids only and does not represent any form energy for nonflow (closed) systems.

2.4.3 Enthalpy

When substances enter or leave a system, the flow work and internal energy are also brought into or taken out of the system with the flow of the substances. Because this combination $U+pV$ occurs so frequently, and has a partial significance in some processes, it is given a name, enthalpy, and is represented by the symbol H.

$$H=U+pV \tag{2-10}$$

On a unit mass basis

$$h=u+pv \tag{2-11}$$

where h is called specific enthalpy. The units are J or kJ, and J/kg or kJ/kg for enthalpy and specific enthalpy, respectively.

Enthalpy is a property. Since pressure p, specific volume v, and internal energy u are all properties, then the combination of them is also a property. Since we cannot obtain absolute values of internal energy, we cannot obtain absolute values of enthalpy. Only changes in enthalpy are of importance in engineering.

2.4.4 The First Law Applied to Steady-Flow Open Systems

An open system through which fluid passes under steady-flow conditions is called a steady-flow system. Now we apply the first law to steady-flow system.

Consider a steady-flow system as shown in Figure 2-3. The system has a single inlet and a single outlet. Fluid enters the system at section 1-1 with mass m_1 and velocity c_{f1}. Fluid leaves the system at section 2-2 with mass m_2 and velocity c_{f1}, and $m_1=m_2=m$ for steady-flow system. There are the transfer of work and heat between the system and its surroundings. Net amount of heat Q added to the system, net amount of work is W that excludes flow work done by the system during the same time. Generally, the network W can be approximately think of as the work of shaft done by the system through crankshaft, then $W=W_s$. During a steady flow process, the total energy content of a control volume remains constant, and thus the change in the total energy of the control volume is zero ($\Delta E_{CV}=0$). Therefore, the amount of energy entering the control volume in all forms (by heat, work, and mass) must be equal to the amount of energy leaving it.

During a time interval τ, the energy of entering the system is

$$Q+m\left(u_1+\frac{1}{2}c_{f1}^2+gz_1\right)+mp_1v_1$$

And the energy of leaving the system is

$$W_s+m\left(u_2+\frac{1}{2}c_{f2}^2+gz_1\right)+mp_2v_2$$

Then the energy balance for the steady-flow process reduces to

$$\left[Q+m\left(u_1+\frac{1}{2}c_{f1}^2+gz_1\right)+mp_1v_1\right]-\left[W_s+m\left(u_2+\frac{1}{2}c_{f2}^2+gz_2\right)+mp_2v_2\right]=0$$

Using the definition of enthalpy $h = u + pv$, the steady - flow energy balance equation becomes

$$Q=m\left(h_2+\frac{1}{2}c_{f2}^2+gz_2\right)-m\left(h_1+\frac{1}{2}c_{f1}^2+gz_1\right)+W_s$$

Rearrangement

$$Q=m\Delta h+\frac{1}{2}m\Delta c_f^2+mg\Delta z+W_s$$

or

$$Q=\Delta H+\frac{1}{2}m\Delta c_f^2+mg\Delta z+W_s \tag{2-12}$$

Dividing Equation (2-12) by m gives the energy balance on a unit mass basis as

$$q=\Delta h+\frac{1}{2}\Delta c_f^2+g\Delta z+w_s \tag{2-13}$$

Further analysis the steady-flow energy balance equation, Equation (2-13) can also be written by

$$q-\Delta u=\Delta(pv)+\frac{1}{2}\Delta c_f^2+g\Delta z+w_s \tag{2-14}$$

Comparing Equations (2-3) and (2-14), we have

$$w=\Delta(pv)+\frac{1}{2}\Delta c_f^2+g\Delta z+w_s \tag{2-15}$$

The various terms appearing in the above equations are as follows: Q = heat transfer between the open system and its surroundings. W = work. Many steady-flow devices, such as turbines, compressors, and pumps, transmit work through a shaft, and W simply becomes the shaft work for those devices. $\Delta h=h_2-h_1$. The enthalpy change of a fluid can be determined by the enthalpy values at the exit and inlet states. $\Delta c_f^2=\frac{1}{2}(c_{f2}-c_{f1})$. If the value of kinetic energy is very small compared with the enthalpy values encountered in practice, the kinetic energy term can be neglected. $\Delta z = z_1 - z_2$. The elevation difference between the inlet and exit of most industrial devices such as turbines and compressors is a very small value, and the potential energy term is always neglected for these devices.

2.4.5 Technical Work

In thermodynamics, the summation of energy which increases in kinetic energy, potential energy and work of shaft is called technical work and is represented by the symbol W_t. The definition relation of technical work is

$$W_t=\frac{1}{2}m\Delta c_f^2+mg\Delta z+W_s \tag{2-16}$$

On a unit mass basis

$$w_t=\frac{1}{2}\Delta c_f^2+g\Delta z+w_s \tag{2-17}$$

Technical work is the energy which can be directly utilized in technic. For example, the nozzle in the turbine can produce high velocity of flow by an increase in kinetic energy $\frac{1}{2}(c_{f2}^2-c_{f1}^2)$, the pump can increase the height of water making use of an increase in potential energy $g\Delta z$, and the work of shaft can be done by the turbine. But the flow work is the work that must be done for pushing the fluids into or out of a system, and it cannot be further utilized.

From Equations (2-15) and (2-17), we have

$$w=w_t+\Delta(pv)$$

or

$$w_t=w-\Delta(pv) \tag{2-18}$$

For a reversible processe

$$w=\int_1^2 p\mathrm{d}v$$

So the technical work in the reversible process can be expressed as

$$w_t=\int_1^2 p\mathrm{d}v-\Delta(pv)=\int_1^2 p\mathrm{d}v-\int_1^2 \mathrm{d}(pv)=-\int_1^2 v\mathrm{d}p \tag{2-19}$$

A reversible process described is shown on a $p-v$ diagram in Figure 2-5. On this diagram, the differential area dA is equal to $-vdp$, which is the differential technical work. The total area $12p_2p_11$ on the $p-v$ diagram is $-\int_1^2 v\mathrm{d}p$, and represents the technical work done by the system as it passes from state 1 to state 2 during the process 1-2.

2.4.6 Various Forms of the Steady-Flow Energy Equation

Various forms of the first law relation for steady-flow open systems are given as follow

General

$$Q = \Delta H + W_t \tag{2-20}$$

$$q = \Delta h + w_t \tag{2-21}$$

Differential form

$$\delta Q = dH + \delta W_t \tag{2-22}$$

$$\delta q = dh + \delta w_t \tag{2-23}$$

Reversible form

$$Q = \Delta H - \int_1^2 V dp \tag{2-24}$$

$$q = \Delta h - \int_1^2 v dp \tag{2-25}$$

Differential, reversible form

$$\delta Q = dH - V dp \tag{2-26}$$

$$\delta q = dh - v dp \tag{2-27}$$

2.5 Some Steady-Flow Engineering Devices

In this section steady-state forms of the energy balances are developed and applied to a variety of cases of engineering interest, including heat exchangers, turbines, compressors, throttling valves, and nozzles. The steady-state forms obtained do not apply to the transient startup or shutdown periods of operation of such devices, but only to periods of steady operation. This situation is commonly encountered in engineering.

2.5.1 Heat Exchangers

Heat exchangers are devices where two moving fluid streams exchange heat without mixing. Heat exchangers are widely used in various industries, and they come in various designs. The simplest form of a heat exchanger is a double-tube heat exchanger, as shown in Figure 2-6. It is composed of two concentric pipes of different diameters. One fluid flows in the inner pipe, and the other in the annular space between the two pipes. Heat is transferred from the hot fluid to the cold one through the wall separating them.

Heat exchangers typically involve no work interactions, $w_s = 0$, and changes in kinetic and potential energies are commonly negligibly small. The energy balance associated with heat exchanger depends on how the control volume is selected. For the hot fluid or the cold fluid, the energy balance becomes

$$q = h_2 - h_1 \tag{2-28}$$

2.5.2 Turbines

A turbine is a rotary steady-state machine whose purpose is to produce shaft work at the expense of the pressure of the working fluid, such as steam turbine and gas turbine in steam, gas, or hydroelectric power plants. As the fluid passes through the turbine, work is done against the blades, which are attached to the shaft. As a result, the shaft rotates, and the turbine produces work. Heat transfer from turbines is undesirable and is commonly small, $q = 0$ since they are typically well insulated. Usually, changes in potential energy are also negligible. The fluid velocities encountered in most turbines are very high, and the fluid experiences a significant change in its kinetic energy. However, this change is usually very small relative to the change in enthalpy, and thus it is often disregarded. Then the energy balance equation for turbines becomes

$$w_s = h_1 - h_2 \tag{2-29}$$

2.5.3 Compressors and Pumps

Compressor, as well as pumps and fans, are devices used to increase the pressure of a fluid. Work is supplied to these devices from an external source through a rotating shaft. Therefore, above these devices involve work inputs. Heat transfer is usually small in a rotary compressor, which is a high-volume flow rate machine, and there is not sufficient time to transfer heat from the working fluid, so a rotary compressor process is assumed as adiabatic. Usually, changes in potential energy are also negligible for compressors. The velocities involved in compressor and pump are usually too low to cause any significant change in the kinetic energy. Then the energy balance equation for compressors becomes

$$w_c = -w_s = h_2 - h_1 \tag{2-30}$$

Note that turbines produce work output whereas compressors and pumps require work input.

2.5.4 Throttling Valves

Throttling valves are any kind of flow-restricting devices that cause a significant pressure drop in the fluid, such as ordinary adjustable valves, capillary tubes, and porous plugs as shown in Figure 2-9. Throttling valves are usually small devices, and the flow through them may be assumed to be adiabatic, $q = 0$ since there is neither sufficient time nor large enough area for any effective heat transfer to take place. Throttling valves produce a pressure drop without involving any work, and there is no work done. Consider the flow region between the cross sections 1-1 and 2-2, the changes in potential and kinetic energies are very small enough to be neglected. Then the energy balance equation for throttling valves between steady-state flow region between the cross sections 1-1 and 2-2 becomes

$$h_2 = h_1 \tag{2-31}$$

That is, enthalpy valves at the inlet and exit of a throttling valve are the same. However, the flow process through the throttling valve is non-isenthalpic process.

2.5.5 Nozzles

A nozzle is a device that increases the velocity of a fluid at the expense of pressure. The cross-sectional area of a nozzle decreases in the flow direction for subsonic flows and increases for supersonic flows. The rate of heat transfer between the fluid flowing through a nozzle and its surroundings is usually very small, $q = 0$ since the fluid has high velocities, and thus it does not spend enough time in the device for any significant heat transfer to take place. Nozzles typically involve no work, $w_s = 0$ and any change in potential energy is negligible. But nozzles involve very high velocities, and as a fluid passes through a nozzle, it experiences large changes in its velocity, as shown in Figure 2-10. Therefore, the kinetic energy changes must be accounted in the energy balance equation. Then the energy balance equation for the nozzles reduces to

$$\frac{1}{2}(c_{f2}^2 - c_{f1}^2) = h_1 - h_2 \tag{2-32}$$

第三章　理想气体的性质与热力过程

能量的转换不能孤立地进行，总是在一定的内部条件和外部条件下发生的。热能和机械能之间的转换以工质为媒介，借助于工质在热工设备中的吸热、膨胀做功、放热等热力过程来实现。工质是实现能量转换的内部条件，工质的性质直接影响到能量转换的效果。因此，研究热能和机械能的转换时，除了以热力学第一定律为基础外，还必须研究工质的热力性质。在热机中，多以气态物质为工质，其具有显著的涨缩能力，即气态物质的体积随温度和压力有较大的变化。对气态物质的研究分为理想气体和实际气体，本章主要讨论理想气体。对热力过程的研究实质是研究外部条件对能量转换的影响。实际的热力过程多种多样，且比较复杂。严格来说，都是不可逆的。为使问题简化，工程热力学将各种热工设备中的各种过程近似概括成几种简单的有规律的基本热力过程，即定容、定压、定温和绝热过程，且暂不考虑实际过程中不可逆的耗散而作为可逆过程。这些基本热力过程在理论上可以用比较简单的方法进行分析和计算，且所得结果一般与实际过程相近，通常用来定性地分析与评价热工设备的工作情况。

第一节　理想气体状态方程式

1. 理想气体与实际气体

自然界中实际存在的气体都是实际气体。实际气体的分子持续不断地做不规则的热运动，且分子数目巨大，运动在任何一个方向上都没有明显的优势，宏观上表现为各向同性，压力处处相同、密度一致。气体分子本身具有一定的体积，分子之间存在相互作用力。

在热力学中，为了简化问题，提出了理想气体的概念。从微观上看，理想气体的分子是弹性的、不占据体积的质点，分子之间不存在相互作用力。

实验证明，当实际气体所处的状态为：温度较高、压力较低、比体积较大，即密度较小、离液态较远时，可以忽略其分子本身的体积和分子间的相互作用力，作为理想气体处理。例如，常温常压下，工程上常用的 N_2、H_2、O_2、CO、CO_2、空气等，都可以作为理想气体处理，分析和计算时不会产生很大误差。如果实际气体所处的状态为：温度较低、压力较高、比体积较小，即密度较大，离液态较近时，则不能忽略分子本身的体积和分子间的相互作用力，必须看作是实际气体。例如，蒸汽动力装置中使用的水蒸气、制冷装置中使用的制冷剂蒸气、石油气等，都不能作为理想气体处理。实质上，理想气体是实际气体在压力趋近于零，比体积趋近于无穷大时的极限状态。一种气体能否作为理想气体，完全取决于气体的状态和工程计算要求的精确度，而与过程的性质无关。例如，空气中所含的少量水蒸气，其分压力较低，比体积较大，可看作理想气体；而汽轮机中的水蒸气，因为压力较高，密度较大，离液态不远，则不能看作理想气体。

2. 理想气体状态方程式

(1) 理想气体状态方程式

在工质的热力性质中，压力 p、比体积 v、温度 T 之间的关系具有特别重要的意义。通过大量实验，人们发现理想气体的这三个基本状态参数之间存在着一定的函数关系，可表示为：

$$pv=R_g T \tag{3-1}$$

式(3-1)称为理想气体状态方程式，于 1834 年由法国科学家克拉贝龙(Clapeyron)首先导出，因此也称为克拉贝龙方程式。它描述了理想气体在任一平衡状态时，基本状态参数 p、v、T 之间的关系，只适用于理想气体。需注意状态方程式中各量的单位匹配，式中，p 为气体的绝对压力，单位为 Pa，不能用表压力代替；T 为热力学温度，单位为 K；v 为比体积，单位为 m^3/kg；R_g 为气体常数，单位为 J/(kg · K)，其数值只与气体的种类有关，而与气体所处的状态无关。

(2) 不同物量时理想气体状态方程式

对 1 kg 的理想气体：

$$pv=R_g T$$

对质量为 m 的理想气体：

$$pV=mR_g T \tag{3-2}$$

对 1 mol 的理想气体：

$$pV_m=RT \tag{3-3}$$

对物质的量为 n 的理想气体：

$$pV=nRT \tag{3-4}$$

式中，R 称为摩尔气体常数，单位为 J/(mol · K)。它是既与气体的种类无关，又与气体所处的状态无关的普适衡量，其数值为 $R=8.314$ J/(mol · K)。

摩尔气体常数和气体常数的关系为：

$$R_g=\frac{R}{M}$$

式中，M 为气体的摩尔质量(或相对分子质量)。

例题 3-1：理想气体状态方程式的应用

启动柴油机用的空气瓶，体积 $V=0.3\ \text{m}^3$。其内装有 $p_1=8\ \text{MPa}$、$T_1=303\ \text{K}$ 的压缩空气。启动后，瓶中空气压力降低为 $p_2=4.6\ \text{MPa}$，这时 $T_2=303\ \text{K}$。求用去空气的量(mol)及相当的质量(kg)。

解：根据物质的量为 n 的理想气体状态方程式，空气瓶使用前、后，瓶中空气的状态方程式分别为：

$$p_1V=n_1RT_1 \quad p_2V=n_2RT_2$$

用去空气的量为：

$$\Delta n=n_1-n_2=\frac{(p_1-p_2)V}{RT_1}=\frac{(8\times10^6\ \text{Pa}-4.6\times10^6\ \text{Pa})\times0.3\ \text{m}^3}{8.314\ \text{J}/(\text{mol}\cdot\text{K})\times303\ \text{K}}$$

$$=405\ \text{mol}$$

由附表 2 查得空气的摩尔质量 $M=28.97\times10^{-3}\ \text{kg/mol}$，因此用去空气的质量为：

$$\Delta m=m_1-m_2=M(n_1-n_2)=28.97\times10^{-3}\ \text{kg/mol}\times405\ \text{mol}=11.73\ \text{kg}$$

第二节　理想气体的热容、热力学能、焓和熵

热容是物质的重要热物性参数。应用能量方程式分析热力过程时，常常涉及热量的计算，热力学能、焓，以及熵的变化量的计算，这些都要借助于热容。

1. 热容的定义

物体的温度升高 1 K(或 1℃)所需要的热量称为该物体的热容量，简称热容。用 C 表示，单位为 J/K。如果工质在一个微元过程中吸收热量 δQ，温度升高 $\mathrm{d}T$，则该工质的热容可表示为：

$$C=\frac{\delta Q}{\mathrm{d}T}=\frac{\delta Q}{\mathrm{d}t} \tag{3-5}$$

热容的大小与物质的种类、物质的数量以及经历的过程有关。

单位质量物质的热容称为比热容(质量热容)，用 c 表示，单位为 J/(kg·K)，即：

$$c=\frac{\delta q}{\mathrm{d}T}=\frac{\delta q}{\mathrm{d}t} \tag{3-6}$$

1 mol 物质的热容称为摩尔热容，用 C_{m} 表示，单位为 J/(mol·K)。

标准状况下，1 m³ 物质的热容称为体积热容，用 C_V 表示，单位为 J/(m³·K)。

热容、比热容、摩尔热容以及体积热容之间的关系为：

$$C=mc=nC_{\mathrm{m}}=V_{0}C_{V}$$

热工计算中，尤其在有化学反应或相变反应时，用摩尔热容更为方便。

2. 比定容热容和比定压热容

(1) 比定容热容和比定压热容的定义

热量是过程量，如果工质初、终态相同而经历的过程不同，吸收或放出的热量就不同，工质的比热容也就不同。所以工质的比热容与过程的性质有关。热力过程中，最常见的加热过程是定容过程和定压过程，相应的比热容分别称为比定容热容和比定压热容，它们是两种常用的比热容，分别用 c_V和 c_p表示，定义如下：

$$c_V=\frac{\delta q_V}{\mathrm{d}T} \tag{3-7}$$

$$c_p=\frac{\delta q_p}{\mathrm{d}T} \tag{3-8}$$

式中，δq_V和 δq_p分别代表微元定容过程和微元定压过程中工质与外界交换的热量。

(2) 可逆过程的比定容热容 c_V和比定压热容 c_p

对于微元可逆过程，热力学第一定律的表达式为：

$$\delta q=\mathrm{d}u+p\mathrm{d}v \tag{2-9}$$

$$\delta q=\mathrm{d}h-v\mathrm{d}p \tag{2-27}$$

热力学能和焓是状态参数，$u=f(T,\ v)$，$h=f(T,\ p)$，它们的全微分为：

$$\mathrm{d}u=\left(\frac{\partial u}{\partial T}\right)_V\mathrm{d}T+\left(\frac{\partial u}{\partial v}\right)_T\mathrm{d}v \tag{3-9}$$

$$\mathrm{d}h=\left(\frac{\partial h}{\partial T}\right)_p\mathrm{d}T+\left(\frac{\partial h}{\partial p}\right)_T\mathrm{d}p \tag{3-10}$$

对定容过程，$\mathrm{d}v=0$，由式(3-7)、式(2-9)和式(3-9)，可得：

$$c_V=\frac{\delta q_V}{\mathrm{d}T}=\left(\frac{\partial u}{\partial T}\right)_V \tag{3-11}$$

对定压过程，$\mathrm{d}p=0$，由式(3-8)、式(2-27)和式(3-10)，可得：

$$c_p=\frac{\delta q_p}{\mathrm{d}T}=\left(\frac{\partial h}{\partial T}\right)_p \tag{3-12}$$

由式(3-11)可知，比定容热容 c_V是在体积不变的情况下比热力学能对温度的偏导数，其数值等于在体积不变的情况下物质温度变化 1 K 时比热力学能的变化量。由式(3-12)可知，比定压热容 c_p是在压力不变的情况下比焓对温度的偏导数，其数值等于在压力不变的情况下物质温度升高 1 K 时比焓的变化量。式(3-11)和式(3-12)适用于一切工质的可逆过程。

(3) 理想气体的比定容热容 c_V和比定压热容 c_p

对于理想气体，其分子之间不存在相互作用力，因此理想气体的热力学能仅包含与温度有关的内动能，不包含与比体积有关的内位能。即理想气体的热力学能是温度的单值函数，$u=f(T)$. 由式(3-11)可得理想气体的比定容热容为：

$$c_V=\frac{\mathrm{d}u}{\mathrm{d}T} \tag{3-13}$$

根据焓的定义 $h=u+pv$ 和理想气体状态方程式 $pv=R_gT$，有 $h=u+R_gT$ 可见，理想气体的焓也仅是温度的单值函数，$h=f(T)$. 由式(3-12)可得理想气体的比定压热容为：

$$c_p=\frac{\mathrm{d}h}{\mathrm{d}T} \tag{3-14}$$

式(3-13)、式(3-14)意味着理想气体的 c_V、c_p也仅是温度的函数。

(4) 理想气体的比定容热容 c_V和比定压热容 c_p的关系

对式(3-14)进一步分析，有：

$$c_p=\frac{\mathrm{d}h}{\mathrm{d}T}=\frac{\mathrm{d}(u+R_gT)}{\mathrm{d}T}=\frac{\mathrm{d}u}{\mathrm{d}T}+R_g=c_V+R_g$$

即：

$$c_p-c_V=R_g \tag{3-15}$$

将式(3-15)两边同乘以摩尔质量 M，可得：

$$C_{p,\mathrm{m}}-C_{V,\mathrm{m}}=R \tag{3-16}$$

式中，$C_{p,\mathrm{m}}$、$C_{V,\mathrm{m}}$分别称为摩尔定压热容和摩尔定容热容。式(3-15)、式(3-16)称为迈耶公式。由迈耶公式可见，相同温度下，任意气体的比定压热容总是大于比定容热容，其差值恒等于该种气体的气体常数。从能量守恒的观点分析，气体定容加热时，不对外做膨胀功，所吸收的热量全部用于增加气体本身的热力学能，使气体温度升高。而气体定压加热时，容积增大，所吸收的热量中有一部分转变为机械能对外做出膨胀功。所以相同质量的气体在定压过程中温度同样升高 1 K 时需要比在定容过程中吸收更多的热量。对于不可压缩的流体及固体，比定容热容和比定压热容的数值相等。一般地，比定容热容不易准确测出，通常通过实验测定比定压热容，再由迈耶公式计算比定容热容。

c_p和 c_V的比值称为比热容比，用符号 γ 表示，即：

$$\gamma=\frac{c_p}{c_V}=\frac{C_{p,\mathrm{m}}}{C_{V,\mathrm{m}}} \tag{3-17}$$

比热容比在热力学理论研究和热工计算方面是一个重要参数。由式(3-16)、式(3-17)可得：

$$c_p = \frac{\gamma}{\gamma - 1} R_g \tag{3-18}$$

$$c_V = \frac{1}{\gamma - 1} R_g \tag{3-19}$$

3. 利用理想气体的比热容计算热量

由于理想气体的热力学能和焓仅是温度的单值函数，理想气体的比定容热容和比定压热容也仅是温度的函数。实验表明，理想气体的比热容与温度之间的关系很复杂，一般来说，温度越高，比热容越大。

（1）真实比热容

真实比热容表示某一瞬时温度下的比热容。通常真实比热容与温度的关系可以近似表示成多项式形式，即：

$$c = a_0 + a_1 t + a_2 t^2 + a_3 t^3$$

式中，a_0、a_1、a_2、a_3为常数，与气体的种类和温度有关，可以由实验确定。

有了比热容随温度变化的关系，就可以求出热力过程的热量 q。若每千克理想气体从温度 t_1升高到 t_2，所需要的热量为：

$$q = \int_1^2 c\mathrm{d}t = \int_1^2 (a_0 + a_1 t + a_2 t^2 + a_3 t^3)\,\mathrm{d}t$$

相应地，比定压热容和比定容热容可表示为：

$$c_p = a_p + a_1 t + a_2 t^2 + a_3 t^3 \tag{3-20}$$

$$c_V = a_V + a_1 t + a_2 t^2 + a_3 t^3 \tag{3-21}$$

对定压过程和定容过程，所需要的热量分别为：

$$q_p = \int_{t_1}^{t_2} c_p \mathrm{d}t = \int_{t_1}^{t_2} (a_p + a_1 t + a_2 t^2 + a_3 t^3)\,\mathrm{d}t$$

$$q_V = \int_{t_1}^{t_2} c_V \mathrm{d}t = \int_{t_1}^{t_2} (a_V + a_1 t + a_2 t^2 + a_3 t^3)\,\mathrm{d}t$$

（2）平均比热容

为了工程计算方便，引入了平均比热容的概念。平均比热容是某一温度间隔内比热容的平均值，用$c|_{t_1}^{t_2}$表示，即：

$$c|_{t_1}^{t_2} = \frac{q_{1-2}}{t_2 - t_1} = \frac{\int_{t_1}^{t_2} c\mathrm{d}t}{t_2 - t_1} \tag{3-22}$$

式中，q_{1-2}为每千克气体从温度 t_1升高到 t_2所需要的热量。

气体从温度 t_1升高到 t_2所需要的热量 q_{1-2}等于气体从 0 ℃加热到 t_2所需要的热量 q_{0-2}与从 0 ℃加热到 t_1所需要的热量 q_{0-1}之差，即：

$$q_{1-2}=q_{0-2}-q_{0-1}=\int_0^{t_2}c\mathrm{d}t-\int_0^{t_1}c\mathrm{d}t=c\big|_0^{t_2}t_2-c\big|_0^{t_1}t_1$$

式中，$c\big|_0^{t}$称为从温度 0 ℃到 t 之间的平均比热容，起始温度为 0 ℃，终态温度为 t。由于$c\big|_0^{t}$的下限固定在 0 ℃，因此$c\big|_0^{t}$仅是温度 t 的函数。有了$c\big|_0^{t_1}$、$c\big|_0^{t_2}$，气体的平均比热容$c\big|_{t_1}^{t_2}$又可以表示为：

$$c\big|_{t_1}^{t_2}=\frac{c\big|_0^{t_2}t_2-c\big|_0^{t_1}t_1}{t_2-t_1} \tag{3-23}$$

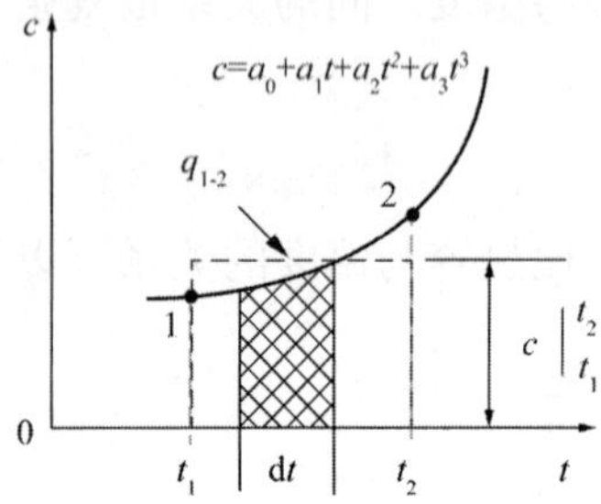

图 3-1 所示为真实比热容随温度变化的关系曲线。气体从温度 t_1 升高到 t_2 所需要的热量 q_{1-2} 为曲线下面的面积 $12t_2t_11$。如果这个面积能够用相同温差下的矩形面积来代替，则该矩形的高度既是平均比热容$c\big|_{t_1}^{t_2}$。

图 3-1　真实比热容和平均比热容

工程上，将常用气体从温度 0 ℃到 t 之间的平均比热容$c\big|_0^{t}$列成表格，以供查用。书中附表 4 和附表 5 提供了一些常用气体从温度 0 ℃到 t 之间的平均比定压热容和平均比定容热容的数值。相应地，对定压过程和定容过程，所需要的热量分别为：

$$q_p=c_p\big|_0^{t_2}t_2-c_p\big|_0^{t_1}t_1 \tag{3-24}$$

$$q_V=c_V\big|_0^{t_2}t_2-c_V\big|_0^{t_1}t_1 \tag{3-25}$$

（3）定值比热容

工程上，一般粗略计算时，若计算要求的精确度不太高，或气体温度在室温附近，且温度变化不太大时，都可以不考虑温度对比热容的影响，将比热容近似作为定值处理，并称之为定值比热容。

根据气体动理论及能量按自由度均分的原则，原子数目相同的气体具有相同的摩尔热容。表 3-1 列举了单原子气体、双原子气体以及多原子气体的定值摩尔热容，其中对多原子气体给出的是实验值。

表 3-1　理想气体的定值摩尔热容和比热容比

	单原子气体($i=3$)	双原子气体($i=5$)	多原子气体($i=7$)
$C_{V,\mathrm{m}}$	$\frac{3}{2}R$	$\frac{5}{2}R$	$\frac{7}{2}R$
$C_{p,\mathrm{m}}$	$\frac{5}{2}R$	$\frac{7}{2}R$	$\frac{9}{2}R$
γ	1.67	1.40	1.29

根据摩尔热容和比热容的关系，可求得：

$$c_p = \frac{C_{p,\mathrm{m}}}{M} \qquad c_V = \frac{C_{V,\mathrm{m}}}{M}$$

因此对定压过程和定容过程，所需要的热量为：

$$q_p = c_p(t_2 - t_1)$$

$$q_V = c_V(t_2 - t_1)$$

实验表明，表3-1中定值比热容的数值只能近似地符合实际。对于单原子气体，如Ar、He、Ne等，在相当大的温度范围内，其数值与实际值基本一致，基本上与温度无关。对于双原子气体，如O_2、N_2、H_2、CO等，只有在常温时，其数值与实际值大致相近，低温或高温时都有明显偏差，不能维持定值。对于多原子气体，如CO_2、H_2O、NH_3、CH_4等，其数值为实验值。

利用不同形式的比热容计算热量，各有优缺点。利用真实比热容，计算精确度高，但不太方便。近年来，借助计算机，利用真实比热容积分求取热量的方法被广泛使用。平均比热容表是考虑比热容随温度而变化的曲线关系，根据比热容精确值编制而成，它得出的是可靠结果。一般来说，利用平均比热容表计算，计算方便，且有足够的精确度。利用定值比热容计算，误差较大，尤其在温度较高时，不宜采用。

4. 理想气体的热力学能和焓

对于任意气体，热力学能和焓是状态参数，是两个独立状态参数的函数。热力学能和焓的变化只与初、终两个状态有关，与所经历的过程无关。

对于理想气体，热力学能和焓仅是温度的单值函数，即：

$$u = f(T)$$

$$h = f(T)$$

理想气体的热力学能和焓的变化只与初、终两个状态的温度有关，与经历的过程及所处的状态无关，其性质如图3-2所示。理想气体的等温线即是等热力学能线、等焓线。由此可以得出一个重要结论：对于理想气体，任何过程的热力学能的变化量都和温度变化相同的定容过程的热力学能的变化量相等；任何过程的焓的变化量都和温度变化相同的定压过程的焓的变化量相等，即：

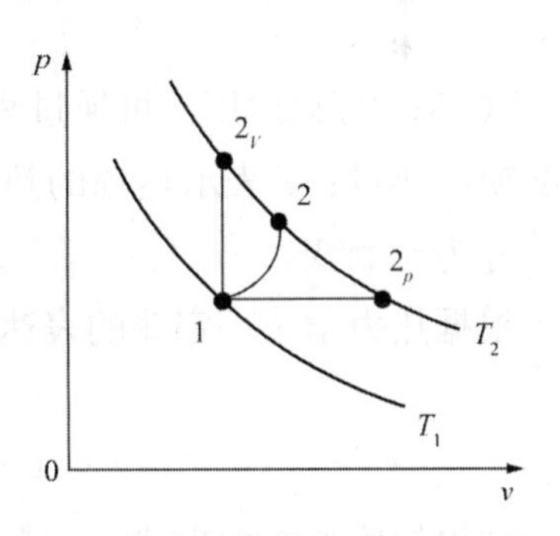

图3-2　理想气体的热力学能、焓的性质

$$\Delta u_{1-2} = \Delta u_{1-2_V} = \Delta u_{1-2_p}$$

$$\Delta h_{1-2} = \Delta h_{1-2_V} = \Delta h_{1-2_p}$$

根据理想气体c_V、c_p的定义，有：

$$\mathrm{d}u = c_V \mathrm{d}T \tag{3-26}$$

$$\mathrm{d}h = c_p \mathrm{d}T \tag{3-27}$$

对式(3-26)、式(3-27)进行积分，可得：

$$\Delta u = \int_1^2 c_V \mathrm{d}T \tag{3-28}$$

$$\Delta h = \int_1^2 c_p \mathrm{d}T \tag{3-29}$$

上述各式适用于理想气体的任何过程。对实际气体，式(3-26)、式(3-28)适用于定容过程，式(3-27)、式(3-29)适用于定压过程。

在进行 Δu、Δh 的计算时，可以根据计算精度要求的不同，选择相应的比热容。

利用真实比热容：

$$\Delta u = \int_1^2 c_V \mathrm{d}T \qquad \Delta h = \int_1^2 c_p \mathrm{d}T$$

利用平均比热容：

$$\Delta u = c_V \big|_{t_1}^{t_2} (t_2 - t_1) = c_V \big|_0^{t_2} t_2 - c_V \big|_0^{t_1} t_1$$

$$\Delta h = c_p \big|_{t_1}^{t_2} (t_2 - t_1) = c_p \big|_0^{t_2} t_2 - c_p \big|_0^{t_1} t_1$$

利用定值比热容：

$$\Delta u = c_V (t_2 - t_1) \qquad \Delta h = c_p (t_2 - t_1)$$

5. 理想气体的熵

热工计算中，熵变的计算具有特别重要的意义。与热力学能和焓一样，在一般的热工计算中，只涉及熵的变化量。

比熵的定义为：

$$\mathrm{d}s = \frac{\delta q}{T} \tag{3-30}$$

式(3-30)只适用于可逆过程。式中，δq 表示单位质量工质在微元可逆过程中与热源交换的热量；T 表示热源的热力学温度；$\mathrm{d}s$ 表示微元可逆过程中单位质量工质的熵变，称为比熵变。

根据热力学第一定律的表达式：

$$\delta q = \mathrm{d}u + p\mathrm{d}v$$

$$\delta q = \mathrm{d}h - v\mathrm{d}p$$

理想气体状态方程式：

$$pv = R_g T$$

以及理想气体的热力学能、焓的变化量的计算式：

$$\mathrm{d}u = c_V \mathrm{d}T$$

$$\mathrm{d}h = c_p \mathrm{d}T$$

由熵的定义式(3-30)，可得：

$$ds=\frac{\delta q}{T}=\frac{du+pdv}{T}=c_V\frac{dT}{T}+R_g\frac{dv}{v}$$

将式(3-30)两边积分，可得：

$$\Delta s=\int_1^2 c_V\frac{dT}{T}+\int_1^2 R_g\frac{dv}{v}$$

当比定容热容 c_V为定值时：

$$\Delta s=c_V\ln\frac{T_2}{T_1}+R_g\ln\frac{v_2}{v_1} \qquad (3-31)$$

同理，可得：

$$\Delta s=c_p\ln\frac{T_2}{T_1}-R_g\ln\frac{p_2}{p_1} \qquad (3-32)$$

$$\Delta s=c_V\ln\frac{p_2}{p_1}+c_p\ln\frac{v_2}{v_1} \qquad (3-33)$$

理想气体的熵是一个状态参数，而不是温度的单值函数，由式(3-31)、式(3-32)、式(3-33)不难看出，理想气体的熵的变化量完全取决于初态和终态，与所经历的过程无关。以上三式适用于理想气体的任何过程，且比定容热容 c_V和比定压热容 c_p为定值。

例题 3-2：利用比热容计算热量

有一锅炉设备的空气预热器，要求每小时加热 3 500 Nm^{3}的空气，使之在 0.11 MPa 的压力下从 25 ℃升高到 250 ℃。试计算每小时预热空气所需供给的热量。

解：根据理想气体状态方程式 $pV_m=q_mR_gT$，空气的质量流量为：

$$q_m=\frac{1.013\,25\times10^5\ \text{Pa}\times3\,500\ \text{m}^3}{287\ \text{J/(kg·K)}\times273.15\ \text{K}}=4.52\times10^3\ \text{kg/h}$$

(1) 利用平均比热容计算热量

由附表 4 查得$c_p\big|_0^{250}=1\,016$ J/(kg·K)，$c_p\big|_0^{25}=1\,005$ J/(kg·K)。则所需供给的热量为：

$$\begin{aligned}Q&=q_mq=q_m(c_p\big|_0^{250}\times t_2-c_p\big|_0^{25}\times t_1)\\&=4.52\times10^3\ \text{kg/h}\times[1\,016\ \text{J/(kg·K)}\times250℃-1\,005\ \text{J/(kg·K)}\times25℃]\\&=1.035\times10^9\ \text{J/h}\end{aligned}$$

(2) 利用定值比热容计算热量

空气的比定压热容为：

$$c_p=\frac{7}{2}R_g=\frac{7}{2}\times287\ \text{J/(kg·K)}=1\,004.5\ \text{J/(kg·K)}$$

则所需供给的热量为：

$$
\begin{aligned}
Q &= q_m q = q_m c_p(t_2-t_1) \\
&= 4.52\times10^3\ \text{kg/h}\times1\ 004.5\ \text{J/(kg}\cdot\text{K)}\times(250\ ℃-25\ ℃) \\
&= 1.021\times10^9\ \text{J/h}
\end{aligned}
$$

总结：在以上两种计算方法中，采用平均比热容计算热量比较准确；采用定值比热容计算热量简单，但精确度不高。在解决实际问题时，采用何种比热容为宜，可根据所要求的精度而定。

例题 3-3：热力学能、焓、熵的变化量的计算

质量为 2 kg 的氧气，初态时 $p_1=1$ MPa、$t_1=600$ ℃。膨胀后终态 $p_2=0.1$ MPa、$t_2=300$ ℃。取定值比热容，计算该膨胀过程中氧气热力学能、焓、以及熵的变化量。

解：氧气为双原子气体，查附表 2，其摩尔质量为 32×10^{-3} kg/mol。

氧气的气体常数为：

$$R_g=\frac{R}{M}=\frac{8.314\times10^3\ \text{J/(mol}\cdot\text{K)}}{32\times10^{-3}\ \text{kg/mol}}=260\ \text{J/(kg}\cdot\text{K)}$$

氧气的比定容热容为：

$$c_V=\frac{5}{2}R_g=\frac{5}{2}\times260\ \text{J/(kg}\cdot\text{K)}=650\ \text{J/(kg}\cdot\text{K)}$$

氧气的比定压热容为：

$$c_p=\frac{7}{2}R_g=\frac{7}{2}\times260\ \text{J/(kg}\cdot\text{K)}=910\ \text{J/(kg}\cdot\text{K)}$$

氧气的热力学能、焓、以及熵的变化量分别为：

$$\Delta U=mc_V(t_2-t_1)=2\ \text{kg}\times650\ \text{J/(kg}\cdot\text{K)}\times(300\ ℃-600\ ℃)=-3.9\times10^5\ \text{J}$$

$$\Delta H=mc_p(t_2-t_1)=2\ \text{kg}\times910\ \text{J/(kg}\cdot\text{K)}\times(300\ ℃-600\ ℃)=-5.46\times10^5\ \text{J}$$

$$
\begin{aligned}
\Delta S &= m\left(c_p\ln\frac{T_2}{T_1}-R_g\ln\frac{p_2}{p_1}\right) \\
&= 2\ \text{kg}\times\left[910\ \text{J/(kg}\cdot\text{K)}\times\ln\frac{(300+273)\ \text{K}}{(600+273)\ \text{K}}-260\ \text{J/(kg}\cdot\text{K)}\times\ln\frac{0.1\ \text{MPa}}{1\ \text{MPa}}\right] \\
&= 432\ \text{J/K}
\end{aligned}
$$

第三节　理想气体的基本热力过程

热工设备中，为了实现热能与机械能的相互转换，或使工质达到预期的状态，总是通过气态工质的吸热、膨胀、放热、压缩等一系列热力过程来实现。不同的热力过程在不同的外部条件下产生，表征着不同的外部条件。研究热力过程的目的就在于了解外部

条件对热能和机械能转换的影响，以便通过有利的外部条件，合理地安排工质的热力过程，达到提高热能和机械能转换效率的目的。

研究热力过程的基本任务是，根据过程进行的条件，确定热力过程中工质状态参数的变化规律，以及分析热力过程中能量转换的关系。分析理想气体热力过程的基本依据主要有：热力学第一定律的表达式、理想气体状态方程式、可逆过程的特征关系式。

工程中，实际的热力过程多种多样，而且往往比较复杂。原因是，其一，各过程都存在着程度不同的不可逆性；其二，工质的所有状态参数都在变化，很难找出状态参数的变化规律。因此严格来说，实际过程很难用热力学方法来分析。为了便于分析研究，通常对实际过程进行抽象和简化，以便可以在理论上用比较简单的方法进行分析计算；然后借助某些经验系数进行修正，从而可以对热工设备或系统的性能、效果作出合理的评价，同时计算结果与实际情况在量上也相当接近。对实际热力过程简化处理的方法包括，将实际复杂的不可逆过程简化为可逆过程，以及为了突出实际过程中状态参数变化的主要特征，将实际过程近似为具有简单规律的基本热力过程，如定容过程、定压过程、定温过程、以及定熵过程。

本节仅限于分析理想气体的可逆过程。分析的内容和步骤可概括为以下几方面：

① 根据过程的特点，确定过程中状态参数的变化规律，即过程方程式。过程方程式通常用压力和比体积之间的关系式表示，即：

$$p=f(v)$$

② 根据过程方程式和已知参数，确定未知参数。

③ 将过程中状态参数的变化规律表示在 $p-v$ 图和 $T-s$ 图上。直观地表征过程中工质状态参数的变化规律以及能量转换关系。

④ 确定过程中热力学能、焓、以及熵的变化量。

⑤ 确定过程中工质与外界交换的热量、体积变化功、以及技术功等。

1. 定容过程

气体的比体积保持不变的过程称为定容过程。例如，一定量的气体在刚性容器内加热或冷却过程。工程上，某些热工设备中的加热过程是在接近定容的情况下进行的。例如，汽油机中燃料燃烧过程，由于燃烧极为迅速，在活塞还来不及运行的短时间内，气体的温度、压力急剧上升，这样的过程就可以看成定容加热过程。

(1) 过程方程式

$$v=\text{常数} \tag{3-34}$$

(2) 初、终态基本状态参数之间的关系

根据过程方程式和理想气体状态方程式，定容过程中初、终态基本状态参数之间的关系为：

$$v_1=v_2$$

$$\frac{p_2}{p_1}=\frac{T_2}{T_1} \tag{3-35}$$

(3) p–v 图、T–s 图上的表示

由于 v=常数，在 p–v 图上，定容过程线是一条与横坐标 v 轴垂直的直线，如图 3-3(a)所示。定容加热时，工质的压力随温度的升高而增加，如过程 1-2 所示；定容放热时，工质的压力随温度的降低而减小，如过程 1-2′所示。

在 T–s 图上，定容过程的过程曲线形状可用下面的方法确定。

根据理想气体熵变的计算式：

$$ds=c_V\frac{dT}{T}+R_g\frac{dv}{v}$$

对定容过程 $dv=0$，则：

$$ds=c_V\frac{dT}{T}$$

设比定容热容为定值，并积分上式：

$$\int_{s_0}^{s}ds=\int_{T_0}^{T}c_V\frac{dT}{T}$$

积分得：

$$T=T_0e^{(s-s_0)/c_V} \tag{3-36}$$

由此可见，定容过程线在 T–s 图上是一条指数函数曲线，其斜率为 $\left(\frac{\partial T}{\partial s}\right)_V=\frac{T}{c_V}$，斜率为正值，如图 3-3(b)所示。

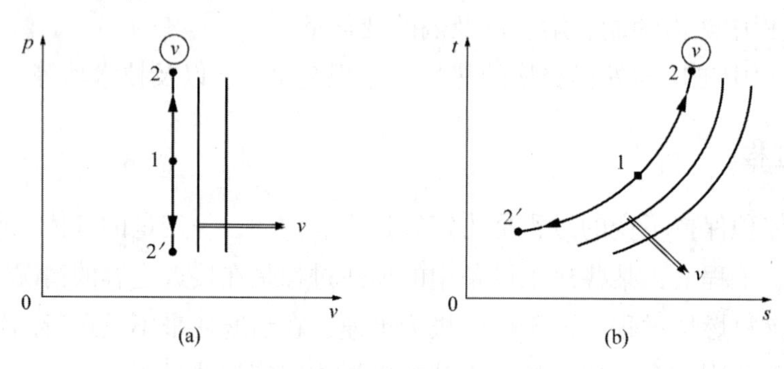

图 3-3　定容过程

(4) 热力学能、焓、以及熵的变化量的计算

对理想气体的定容过程，热力学能、焓的变化可按照下面两式分别计算：

$$\Delta u=\int_1^2 c_V dT$$

$$\Delta h = \int_1^2 c_p \mathrm{d}T$$

以上两式也适用于理想气体的任何热力过程。

定容过程中熵的变化量为：

$$\Delta s = \int_1^2 c_V \frac{\mathrm{d}T}{T}$$

(5) 功量的计算

因为 $\mathrm{d}v=0$，根据可逆过程体积变化功的计算式，定容过程中的体积变化功为：

$$w = \int_1^2 p\mathrm{d}v = 0$$

即定容过程中系统与外界无体积变化功的交换。

根据可逆过程技术功的计算式，定容过程中的技术功为：

$$w_t = -\int_1^2 v\mathrm{d}p = v(p_1 - p_2) \tag{3-37}$$

由式(3-37)可知，定容过程的技术功等于流体在入、出口处流动功之差。压力降低时技术功为正，系统对外做技术功；反之，压力增加时技术功为负，外界对系统做技术功。

(6) 热量的计算

根据热力学第一定律，定容过程中单位质量工质吸收或放出的热量为：

$$q = w + \Delta u = \Delta u = \int_1^2 c_V \mathrm{d}T \tag{3-38}$$

由式(3-38)可知，定容过程中由于系统与外界无体积变化功的交换，工质吸收的热量全部用于增加工质的热力学能。可见定容吸热过程中，工质虽然没有对外做膨胀功，但工质的温度和压力升高后，其做功能力得到提高，是热转换为功的准备阶段。定容过程的特点可概括为：工质定容吸热时升温、增压；或工质定容放热时降温、减压。

2. 定压过程

气体的压力保持不变的过程称为定压过程。例如，工程上使用的加热器、冷却器、燃烧器、锅炉等很多热工设备都是在接近定压的情况下工作的。

(1) 过程方程式

$$p = \text{常数} \tag{3-39}$$

(2) 初、终态基本状态参数之间的关系

根据过程方程式和理想气体状态方程式，定压过程中初、终态基本状态参数之间的关系为：

$$p_1 = p_2$$

$$\frac{v_2}{v_1}=\frac{T_2}{T_1} \tag{3-40}$$

(3) $p-v$ 图、$T-s$ 图上的表示

由于p=常数，在$p-v$图上，定压过程线是一条平行于横坐标v轴的直线，如图3-4(a)所示。定压加热时，工质的温度升高、体积增大、向外膨胀，如过程1-2所示；定压放热时，工质的温度降低、体积减小、被压缩，如过程1-2′所示。

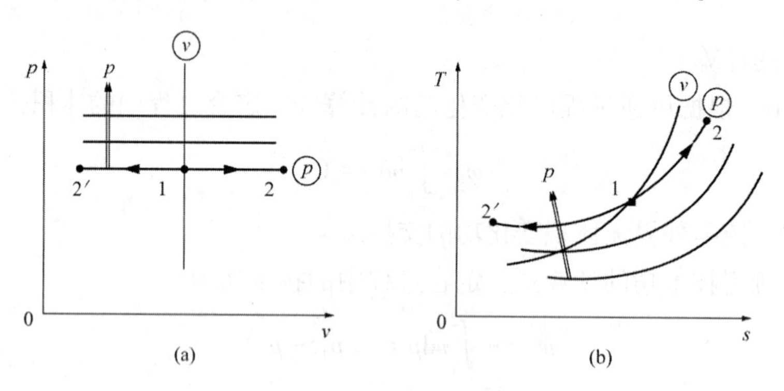

图3-4　定压过程

在$T-s$图上，定压过程的过程曲线形状可用下面的方法确定。

根据理想气体熵变的计算式：

$$\mathrm{d}s=c_p\frac{\mathrm{d}T}{T}-R_g\frac{\mathrm{d}p}{p}$$

对定压过程 $\mathrm{d}p=0$，则：

$$\mathrm{d}s=c_p\frac{\mathrm{d}T}{T}$$

设比定压热容为定值，并积分上式：

$$\int_{s_0}^{s}\mathrm{d}s=\int_{T_0}^{T}c_p\frac{\mathrm{d}T}{T}$$

积分得：

$$T=T_0\mathrm{e}^{(s-s_0)/c_p} \tag{3-41}$$

由此可见，定压过程线在$T-s$图上也是一条指数函数曲线，其斜率为$\left(\frac{\partial T}{\partial s}\right)_p=\frac{T}{c_p}$，斜率为正值，如图3-4(b)所示。

在$T-s$图上，定压过程线和定容过程线同为指数曲线，二者的斜率分别为：

$$\left(\frac{\partial T}{\partial s}\right)_p=\frac{T}{c_p}\qquad 和 \qquad \left(\frac{\partial T}{\partial s}\right)_V=\frac{T}{c_V}$$

因为在相同温度下，$c_p>c_V$，因此定容过程线的斜率必定大于定压过程线的斜率。如果从同一初态出发，定压过程线和定容过程线的相对位置如图3-4所示。

（4）热力学能、焓、以及熵的变化量的计算

对理想气体的定压过程，热力学能、焓的变化仍可按照下面两式分别计算：

$$\Delta u = \int_1^2 c_V \mathrm{d}T$$

$$\Delta h = \int_1^2 c_p \mathrm{d}T$$

定压过程中熵的变化量为：

$$\Delta s = \int_1^2 c_p \frac{\mathrm{d}T}{T}$$

（5）功量的计算

因为 p = 常数，根据可逆过程体积变化功的计算式，定压过程中的体积变化功为：

$$w = \int_1^2 p\mathrm{d}v = p(v_2 - v_1) \tag{3-42}$$

即定压过程中气体对外所做的体积变化功没有对外输出，完全用于流体入、出口处流动功的增加。

因为 $\mathrm{d}p = 0$，根据可逆过程技术功的计算式，定压过程中的技术功为：

$$w_{\mathrm{t}} = -\int_1^2 v\mathrm{d}p = 0$$

即定压过程中系统与外界无技术功交换。

（6）热量的计算

根据热力学第一定律，定压过程中单位质量工质吸收或放出的热量为：

$$q = w_{\mathrm{t}} + \Delta h = \Delta h = \int_1^2 c_p \mathrm{d}T \tag{3-43}$$

由式(3-43)可知，定压过程中工质吸收或放出的热量等于其焓的变化。定压过程的特点可概括为：工质定压吸热时，升温、膨胀；或工质定压放热时，降温、被压缩。

3. 定温过程

气体的温度保持不变的过程称为定温过程。例如，活塞式压气机中，若气缸套的冷却效果非常理想，压缩过程中气体的温度几乎不升高，这样的过程就可以看成定温加热过程。

（1）过程方程式

定温过程中，T= 常数。根据理想气体状态方程式，理想气体定温过程的过程方程式可表示为：

$$pv = 常数 \tag{3-44}$$

（2）初、终态基本状态参数之间的关系

根据过程方程式和理想气体状态方程式，定温过程中初、终态基本状态参数之间的

关系为：

$$T_1 = T_2$$

$$\frac{p_2}{p_1} = \frac{v_1}{v_2} \tag{3-45}$$

(3) p-v 图、T-s 图上的表示

由于 pv=常数，在 p-v 图上，定温过程线是一条等边双曲线，且有$\left(\frac{\partial p}{\partial v}\right)_T = -\frac{p}{v}$，如图 3-5(a)所示。

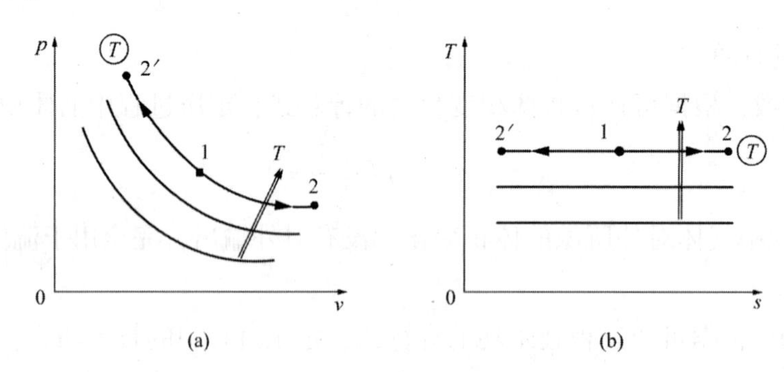

图 3-5　定温过程

在 T-s 图上，定温过程线是一条平行于横坐标 s 轴的水平线，如图 3-5(b)所示。工质定温吸热时，熵增，膨胀对外做功，如过程 1-2 所示；工质定温放热时，熵减、外界压缩工质，对工质做功，如过程 1-2′所示。

(4) 热力学能、焓、以及熵的变化量的计算

对理想气体的定温过程，$dT=0$，因此 $\Delta u=0$、$\Delta h=0$。

定温过程中熵的变化量为：

$$\Delta s = R_g \ln \frac{v_2}{v_1} = R_g \ln \frac{p_1}{p_2}$$

(5) 功量的计算

根据可逆过程体积变化功的计算式，定温过程中的体积变化功为：

$$w = \int_1^2 p dv = \int_1^2 R_g T \frac{dv}{v} = R_g T \ln \frac{v_2}{v_1} = R_g T \ln \frac{p_1}{p_2} \tag{3-46}$$

根据可逆过程技术功的计算式，定温过程中的技术功为：

$$w_t = -\int_1^2 v dp = -\int_1^2 R_g T \frac{dp}{p} = R_g T \ln \frac{p_1}{p_2} \tag{3-47}$$

由此可见，$w=w_t$，这说明，定温过程中体积变化功与技术功在数值上相等。

(6) 热量的计算

根据热力学第一定律：

$$q=\Delta u+w$$

$$q=\Delta h+w_{t}$$

由于定温过程中 $\Delta u=0$、$\Delta h=0$，则：

$$q=w=w_{t}=R_{g}T\ln\frac{v_{2}}{v_{1}}=R_{g}T\ln\frac{p_{1}}{p_{2}} \tag{3-48}$$

由式(3-48)可知，理想气体定温膨胀时，加入的热量全部用于对外做功。反之，定温压缩时，外界所消耗的功，全部转换为热，并对外放出。

根据可逆过程熵的定义式，定温过程中的热量又可用下式计算：

$$q=\int_{1}^{2}T\mathrm{d}s=T(s_{2}-s_{1}) \tag{3-49}$$

值得注意的是，定温过程中的比热容 $c=\frac{\delta q}{\mathrm{d}T}\to\infty$，故 $q=\int_{1}^{2}c\mathrm{d}T$ 不能用来计算定温过程中的热量。定温过程的特点可概括为：工质定温吸热时，膨胀对外做功，压力降低；工质定温放热时，被压缩，压力升高。

4. 定熵过程

气体与外界没有热量交换的过程称为绝热过程。例如，汽轮机和燃气轮机喷管中的膨胀过程，即可看作绝热过程。可逆绝热过程即是定熵过程。

(1) 过程方程式

$$pv^{\kappa}=常数 \tag{3-50}$$

定熵过程的过程方程式可以通过下面过程推导得出。

对于绝热过程 $\delta q=0$，$q=0$。对于可逆绝热过程，根据熵的定义，有：

$$\mathrm{d}s=\frac{\delta q}{T}=0$$

再根据理想气体熵变的微分式：

$$\mathrm{d}s=c_{V}\frac{\mathrm{d}p}{p}+c_{p}\frac{\mathrm{d}v}{v}$$

可得可逆绝热过程中：

$$c_{V}\frac{\mathrm{d}p}{p}+c_{p}\frac{\mathrm{d}v}{v}=0$$

即：

$$\frac{\mathrm{d}p}{p}+\gamma\frac{\mathrm{d}v}{v}=0$$

假设比热容比 γ 为定值，积分上式，可得：

$$\ln p+\gamma\ln v=常数$$

即：

$$pv^{\gamma}=常数$$

理想气体的比热容比 γ，在可逆绝热过程中又称为绝热指数，用 κ 表示。因此可逆绝热过程的过程方程式为：

$$pv^{\kappa}=\text{常数}$$

若不考虑绝热指数随温度的变化，对各种理想气体，单原子气体 $\kappa=1.67$；双原子气体 $\kappa=1.4$；多原子气体 $\kappa=1.29$。

（2）初、终态基本状态参数之间的关系

根据过程方程式 $pv^{\kappa}=$常数和理想气体状态方程式，定熵过程中初、终态基本状态参数之间的关系为：

$$\frac{p_2}{p_1}=\left(\frac{v_1}{v_2}\right)^{\kappa} \tag{3-51}$$

若将 $p=\dfrac{R_gT}{v}$代入过程方程式，可得 $Tv^{\kappa-1}=$常数，即：

$$\frac{T_2}{T_1}=\left(\frac{v_1}{v_2}\right)^{\kappa-1} \tag{3-52}$$

若将 $v=\dfrac{R_gT}{p}$代入过程方程式，可得 $Tp^{\frac{1-\kappa}{\kappa}}=$常数，即：

$$\frac{T_2}{T_1}=\left(\frac{p_2}{p_1}\right)^{\frac{\kappa-1}{\kappa}} \tag{3-53}$$

（3）$p-v$ 图、$T-s$ 图上的表示

由于 $pv^{\kappa}=$常数，在 $p-v$ 图上，定熵过程线是一条高次双曲线，且有$\left(\dfrac{\partial p}{\partial v}\right)_s=-\kappa\dfrac{p}{v}$，如图 3-6(a)所示。工质定熵膨胀时，降温、降压，如过程 1-2 所示；工质定熵压缩时，升温、升压，如过程 1-2′所示。

在 $p-v$ 图上，定温过程线的斜率为$\left(\dfrac{\partial p}{\partial v}\right)_T=-\dfrac{p}{v}$，由于 $\kappa>1$，因此定熵过程线斜率的绝对值大于定温过程线斜率的绝对值。

在 $T-s$ 图上，定熵过程线是一条垂直于横坐标 s 轴的直线，如图 3-6(b)所示。

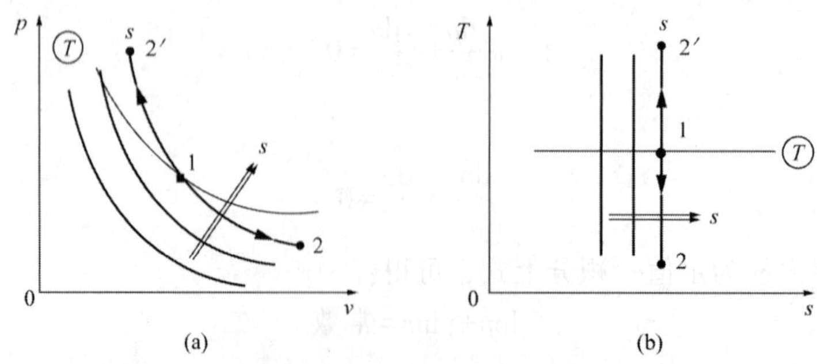

图 3-6　定熵过程

(4) 热力学能、焓、以及熵的变化量的计算

对理想气体的定熵过程，热力学能、焓的变化量仍可按照下面两式计算：

$$\Delta u=\int_1^2 c_V \mathrm{d}T$$

$$\Delta h=\int_1^2 c_p \mathrm{d}T$$

定熵过程中熵的变化量为：

$$\Delta s=0$$

(5) 功量的计算

根据热力学第一定律，对于任何工质的绝热过程，体积变化功为：

$$w=-\Delta u$$

对于理想气体的绝热过程，比定容热容为常数时，体积变化功为：

$$w=c_V(T_1-T_2)=\frac{1}{\kappa-1}R_g(T_1-T_2)$$

对于理想气体的定熵过程，体积变化功为：

$$w=\frac{R_g T_1}{\kappa-1}\left[1-\left(\frac{p_2}{p_1}\right)^{\frac{\kappa-1}{\kappa}}\right] \tag{3-54}$$

同理，对于理想气体的定熵过程，技术功为：

$$w_t=\frac{\kappa}{\kappa-1}R_g T_1\left[1-\left(\frac{p_2}{p_1}\right)^{\frac{\kappa-1}{\kappa}}\right] \tag{3-55}$$

对比式(3-54)和式(3-55)，可得：

$$w_t=\kappa w \tag{3-56}$$

即定熵过程中的技术功是体积变化功的 κ 倍。

(6) 热量的计算

$$q=0$$

绝热过程中，气体与外界无热量交换，过程功来自于工质本身的能量转换。定熵过程的特点可概括为：工质定熵膨胀时，降压、降温；工质定熵压缩时，升压、升温。

第四节　理想气体的多变过程

前面介绍的定容、定压、定温、以及定熵这四种基本热力过程，在热力分析和计算中起着非常重要的作用。四种基本热力过程的共同特点是，在热力过程中工质的某一个状态参数保持不变，或者与外界无热量交换。实际的热力过程是多种多样的，工质的所有状态参数都或多或少会发生变化，并且与外界会有热量交换。因此在研究实际热力过

程时，就需要用一种比基本热力过程更具一般化的，但仍依据一定规律变化的过程来分析。

1. 多变过程的过程方程式

通过研究发现，许多热力过程可以近似地用下面的关系式描述：

$$pv^n = 常数 \tag{3-57}$$

满足这一规律的过程称为多变过程。式(3-57)即为多变过程的过程方程式，式中，n 称为多变指数。

多变指数 n 是实数，理论上介于$-\infty$到$+\infty$之间。不同的多变过程，具有不同的 n 值，相应的多变过程可以有无穷多种。四种基本热力过程可视为多变过程的特例，其中：

$n=0$ 时，$pv^0=p=$常数，为定压过程。

$n=1$ 时，$pv=$常数，为定温过程。

$n=\kappa$ 时，$pv^\kappa=$常数，为定熵过程。

$n\to\pm\infty$ 时，$pv^\infty=$常数，即 $v=$常数，为定容过程。

对于多变指数 n 值变化的实际热力过程，若 n 值变化范围不大，则可用一个不变的平均多变指数近似地代替变化的 n 值。对于一些复杂的实际热力过程，若 n 值变化范围较大，则可将实际热力过程分为几段，每一段近似认为 n 值不变，再加以分析。

2. 多变过程中基本状态参数的变化规律

将多变过程与定熵过程的过程方程式进行比较，可以发现，两者的过程方程式形式相同，所不同的仅仅是指数值。如果将绝热指数 κ 替换为多变指数 n，定熵过程中初、终态基本状态参数之间的关系式就可用于多变过程，即：

$$\frac{p_2}{p_1}=\left(\frac{v_1}{v_2}\right)^n \quad 或 \quad pv^n=常数 \tag{3-58}$$

$$\frac{T_2}{T_1}=\left(\frac{v_1}{v_2}\right)^{n-1} \quad 或 \quad Tv^{n-1}=常数 \tag{3-59}$$

$$\frac{T_2}{T_1}=\left(\frac{p_2}{p_1}\right)^{\frac{n-1}{n}} \quad 或 \quad Tp^{\frac{1-n}{n}}=常数 \tag{3-60}$$

3. *p-v* 图、*T-s* 图上的表示

在 $p-v$ 图和 $T-s$ 图上，可逆的多变过程线是一条任意的双曲线，过程线的相对位置取决于 n 值。n 值不同的多变过程表现出不同的过程特征。

(1) $p-v$ 图

在 $p-v$ 图上，多变过程线的斜率为：

$$\left(\frac{\partial p}{\partial v}\right)_n=-n\frac{p}{v}$$

如果从同一初态出发，其 p、v 值相同，过程线的斜率取决于 n 值。当 $n>0$ 时，$\frac{\mathrm{d}p}{\mathrm{d}v}<0$，即 $\mathrm{d}p$ 与 $\mathrm{d}v$ 符号相反，说明压缩工质时，压力升高，体积减小；而工质膨胀时，压力降低，体积增大。热工设备中的多变过程多为这种情况。

四种基本热力过程的斜率分别为：

$n=0$ 时，$\left(\frac{\partial p}{\partial v}\right)_p=0$，定压线为一条水平线。

$n=1$ 时，$\left(\frac{\partial p}{\partial v}\right)_T=-\frac{p}{v}<0$，定温线为一条斜率为负的等边双曲线。

$n=\kappa$ 时，$\left(\frac{\partial p}{\partial v}\right)_s=-\kappa\frac{p}{v}<0$，定熵线为一条高次双曲线，其斜率的绝对值大于定温线。

$n\to\pm\infty$ 时，$\left(\frac{\partial p}{\partial v}\right)_V\to\infty$，定容线为一条垂直线。

在 $p-v$ 图上，通过同一初态的四条基本热力过程线如图 3-7(a)所示。多变过程线的分布规律为，从定容线出发，n 值由 $-\infty\to0\to1\to\kappa\to+\infty$，沿顺时针方向递增。

(2) $T-s$ 图上的表示

在 $T-s$ 图上，多变过程的斜率为：

$$\left(\frac{\partial T}{\partial s}\right)_n=\frac{T}{c_n}$$

式中，c_n 称为多变比热容，$c_n=\frac{n-\kappa}{n-1}c_V$。随着 n 值的不同，c_n 可以是正数(工质吸热温度升高、工质放热温度降低)，也可以是负数(工质吸热温度降低、工质放热温度升高)，也可以是0(绝热过程)，也可以是无穷大(定温过程)。

四个基本热力过程的斜率和比热容分别为：

当 $n=0$ 时，$c_n=\kappa c_V=c_p$，$\left(\frac{\partial T}{\partial s}\right)_p=\frac{T}{c_p}>0$，定压线为一条斜率为正的指数曲线。

当 $n=1$ 时，$c_n\to\infty$，$\left(\frac{\partial T}{\partial s}\right)_T=0$，定温线为一条水平线。

当 $n=\kappa$ 时，$c_n=0$，$\left(\frac{\partial T}{\partial s}\right)_s\to\infty$，定熵线为一条垂直线。

当 $n\to\pm\infty$ 时，$c_n=c_V$，$\left(\frac{\partial T}{\partial s}\right)_V=\frac{T}{c_V}>0$，定容线为一条斜率为正的指数曲线，且从同一状态出发，定容线的斜率大于定压线的斜率。

在 $T-s$ 图上，通过同一初态的四条基本热力过程线如图 3-7(b)所示。多变过程线的分布规律为，仍然从定容线出发，n 值由 $-\infty \to 0 \to 1 \to \kappa \to +\infty$，沿顺时针方向递增。

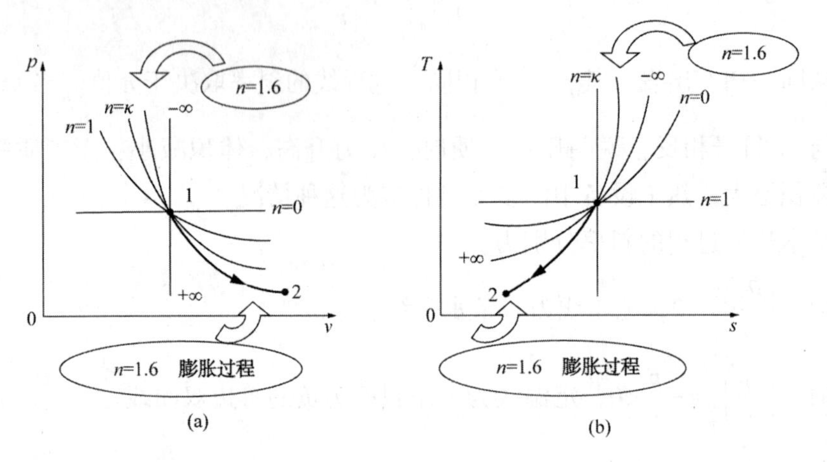

图 3-7 多变过程

在 p-v 图和 T-s 图上绘制一条多变过程线的方法和过程如下：

首先确定 n 值。根据 n 值，就可以确定该多变过程的大致方位；然后根据多变过程的特点，比如吸热或者放热，膨胀或者被压缩等，就可以确定过程的具体方位。例如，对于 $\kappa=1.4$ 的某种气体，按 $n=1.6$ 的多变过程膨胀工作时，在坐标图上的表示如过程 1-2，可见，该过程膨胀对外做功、工质放热、降温、降压。

4. 热力学能、焓、以及熵的变化量的计算

多变过程中热力学能、焓的变化量仍可按照下面两式计算：

$$\Delta u = \int_1^2 c_V \mathrm{d}T$$

$$\Delta h = \int_1^2 c_p \mathrm{d}T$$

多变过程中熵的变化量为：

$$\Delta s = \int_1^2 c_V \frac{\mathrm{d}T}{T} + R_g \ln \frac{v_2}{v_1}$$

$$\Delta s = \int_1^2 c_p \frac{\mathrm{d}T}{T} - R_g \ln \frac{p_2}{p_1}$$

$$\Delta s = \int_1^2 c_V \frac{\mathrm{d}p}{p} + \int_1^2 c_p \frac{\mathrm{d}v}{v}$$

5. 功量的计算

(1) 体积变化功

$$w = \int_1^2 p \mathrm{d}v$$

当 $n \neq 1$ 时，将 $p=p_1v_1^n/v^n$ 代入上式，积分后可得：

$$w=\frac{1}{n-1}(p_1v_1-p_2v_2)=\frac{1}{n-1}R_g(T_1-T_2) \tag{3-61}$$

当 $n \neq 0$，且 $n \neq 1$ 时，式(3-61)可进一步表示为：

$$w=\frac{1}{n-1}R_gT_1\left[1-\left(\frac{p_2}{p_1}\right)^{\frac{n-1}{n}}\right] \tag{3-62}$$

(2) 技术功

$$w_t=-\int_1^2 v\mathrm{d}p$$

将过程方程式 pv^n = 常数微分，可得 $v\mathrm{d}p=-np\mathrm{d}v$。当 $n \neq \infty$ 时，代入上式可得：

$$w_t=\int_1^2 np\mathrm{d}v=n\int_1^2 p\mathrm{d}v=nw \tag{3-63}$$

这说明多变过程的技术功是体积变化功的 n 倍。

6. 热量的计算

当 $n=1$ 时，为定温过程，由热力学第一定律可得：

$$q=w$$

当 $n \neq 1$ 时，令比热容为定值，则：

$$q=\Delta u+w=c_V(T_2-T_1)+\frac{1}{n-1}R_g(T_1-T_2)=\left(c_V-\frac{R_g}{n-1}\right)(T_2-T_1) \tag{3-64}$$

将 $c_V=\frac{R_g}{\kappa-1}$ 代入上式，可得：

$$q=\frac{n-\kappa}{n-1}c_V(T_2-T_1)=c_n(T_2-T_1) \tag{3-65}$$

多变过程的特性可借助坐标图进行分析。多变过程线在 $p-v$ 图和 $T-s$ 图上的位置确定后，可直接观察 p、v、$T(u$、$h)$、s 等参数的变化趋势，以及过程中能量的传递方向。

过程功的正负以定容线为分界线。多变过程线的位置在通过同一初态的定容线的右侧时，$\mathrm{d}v>0$，$w>0$，工质膨胀对外做功；反之，$\mathrm{d}v<0$，$w<0$，工质被压缩，外界对工质做功。

热量的正负以定熵线为分界线。多变过程线的位置在通过同一初态的定熵线的右侧时，$\mathrm{d}s>0$，$q>0$，工质吸热；反之，$\mathrm{d}s<0$，$q<0$，工质放热。

理想气体热力学能、焓的增减以定温线为分界线。多变过程线的位置在通过同一初态的定温线的上方时，工质升温，$\Delta u>0$，$\Delta h>0$；反之，工质降温，$\Delta u<0$，$\Delta h<0$。

技术功的正负以定压线为分界线。多变过程线的位置在通过同一初态的定压线的上方时，$\mathrm{d}p>0$，$w_t<0$，外界对工质做技术功；反之，$\mathrm{d}p<0$，$w_t>0$，工质对外做技术功。

例题 3-4：定容过程和定压过程

1 kg 空气，初始状态为 $p_1=0.1$ MPa、$t_1=100$ ℃，分别经过定容过程 $1-2_V$ 和定压过程 $1-2_p$ 加热到同样温度 $t_2=400$ ℃。设 $c_V=0.717$ kJ/(kg·K)，$c_p=1.004$ kJ/(kg·K)，试求：① 两过程的终态压力和比体积；② 两过程的 Δu、Δh、Δs、q、w 以及 w_t。

解：空气的气体常数：

$$R_g=c_p-c_V=1.004\ \text{kJ/(kg·K)}-0.717\ \text{kJ/(kg·K)}$$
$$=0.287\ \text{kJ/(kg·K)}=287\ \text{J/(kg·K)}$$

初态的比体积：

$$v_1=\frac{R_gT_1}{p_1}=\frac{287\ \text{J/(kg·K)}\times(100+273)\text{K}}{0.1\times10^6\ \text{Pa}}=1.070\ 5\ \text{m}^3/\text{kg}$$

（1）定容过程

终态比体积：

$$v_{2_v}=v_1=1.070\ 5\ \text{m}^3/\text{kg}$$

终态压力：

$$p_{2_v}=\frac{T_2}{T_1}p_1=\frac{(400+273)\text{K}}{(100+273)\text{K}}\times0.1\times10^6\ \text{Pa}=0.180\ 4\times10^6\ \text{Pa}$$

热力学能的变化：

$$\Delta u_{1-2_v}=c_V(t_2-t_1)=0.717\ \text{kJ/(kg·K)}\times(400\ ℃-100\ ℃)=215.1\ \text{kJ/kg}$$

焓的变化：

$$\Delta h_{1-2_v}=c_p(t_2-t_1)=1.004\ \text{kJ/(kg·K)}\times(400\ ℃-100\ ℃)=301.2\ \text{kJ/kg}$$

熵的变化：

$$\Delta s_{1-2_v}=c_V\ln\frac{T_2}{T_1}=0.717\ \text{kJ/(kg·K)}\times\ln\frac{(400+273)\text{K}}{(100+273)\text{K}}=0.423\ 1\ \text{kJ/(kg·K)}$$

热量：

$$q=\Delta u_{1-2_v}=c_V(t_2-t_1)=215.1\ \text{kJ/kg}$$

膨胀功：

$$w=0$$

技术功：

$$w_t=q-\Delta h_{1-2_v}=215.1\ \text{kJ/kg}-301.2\ \text{kJ/kg}=-86.1\ \text{kJ/kg}$$

（2）定压过程

终态比体积：

$$v_{2_p}=\frac{T_2}{T_1}v_1=\frac{(400+273)\text{K}}{(100+273)\text{K}}\times1.070\ 5\ \text{m}^3/\text{kg}=1.931\ 5\ \text{m}^3/\text{kg}$$

终态压力：

$$p_{2_p}=p_1=0.1\times10^6\ \text{Pa}$$

热力学能的变化：

$$\Delta u_{1-2_p}=c_V(t_2-t_1)=0.717\ \text{kJ/(kg}\cdot\text{K)}\times(400\ ℃-100\ ℃)=215.1\ \text{kJ/kg}$$

焓的变化：

$$\Delta h_{1-2_p}=c_p(t_2-t_1)=1.004\ \text{kJ/(kg}\cdot\text{K)}\times(400℃-100℃)=301.2\ \text{kJ/kg}$$

熵的变化：

$$\Delta s_{1-2_p}=c_p\ln\frac{T_2}{T_1}=1.004\ \text{kJ/(kg}\cdot\text{K)}\times\ln\frac{(400+273)\ \text{K}}{(100+273)\ \text{K}}=0.5925\ \text{kJ/(kg}\cdot\text{K)}$$

热量：

$$q=\Delta h_{1-2_p}=c_p(t_2-t_1)=301.2\ \text{kJ/kg}$$

膨胀功：

$$w=q-\Delta u_{1-2_p}=301.2\ \text{kJ/kg}-215.1\ \text{kJ/kg}=86.1\ \text{kJ/kg}$$

技术功：

$$w_t=0$$

总结：①理想气体的热力学能和焓是温度的单值函数，由于定容过程和定压过程中初、终态温度相同，故两过程中热力学能的变化量、焓的变化量相同。②在 $p-v$ 图和 $T-s$ 图上绘制定容过程线 $1-2_V$ 和定压过程线 $1-2_p$，如图 3-8 所示。

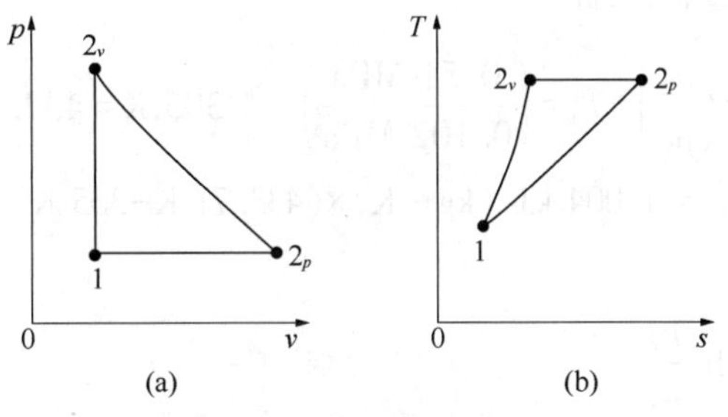

图 3-8　例题 3-4 附图

例题 3-5：定温过程、定熵过程和多变过程计算

空气以 $q_m=0.012$ kg/s 的质量流量稳定流过压缩机，入口压力 $p_1=0.102$ MPa、温度 $T_1=305$ K；出口压力 $p_2=0.51$ MPa，然后进入储气罐。试求 1 kg 空气的焓变 Δh、熵变 Δs、压缩机的技术功率 P_t 以及每小时散热量 Q。设空气分别按①定温过程压缩；②定熵过程压缩；③$n=1.28$ 的多变过程压缩，比热容取定值。

解：空气是双原子气体 $\kappa=1.4$，比定容热容 $c_V=\frac{5}{2}R_g=0.717\ \text{kJ/(kg}\cdot\text{K)}$，比定压热容 $c_p=\frac{7}{2}R_g=1.004\ \text{kJ/(kg}\cdot\text{K)}$

① 定温压缩过程

终态温度 $T_{2_T}=T_1=305\ \mathrm{K}$

焓变 $\Delta h_T=0$

熵变 $\Delta s_T=-R_g\ln\dfrac{p_2}{p_1}=-0.287\ \mathrm{kJ/(kg\cdot K)}\times\ln\dfrac{0.51\ \mathrm{MPa}}{0.102\ \mathrm{MPa}}=-0.461\,9\ \mathrm{kJ/(kg\cdot K)}$

技术功：

$$w_{t,T}=-R_gT_1\ln\frac{p_2}{p_1}=-0.287\ \mathrm{kJ/(kg\cdot K)}\times305\ \mathrm{K}\times\ln\frac{0.51\ \mathrm{MPa}}{0.102\ \mathrm{MPa}}=-140.88\ \mathrm{kJ/kg}$$

技术功率 $P_{t,T}=|q_mw_{t,T}|=0.012\ \mathrm{kg/s}\times140.88\ \mathrm{kJ/kg}=1.69\ \mathrm{kW}$

散热量 $q_T=w_{t,T}=-140.88\ \mathrm{kJ/kg}$

每小时散热量 $Q_T=q_mq_T=0.012\ \mathrm{kg/s}\times3\,600\ \mathrm{s/h}\times(-140.88)\ \mathrm{kJ/kg}=-6\,086.0\ \mathrm{kJ/h}$

② 定熵压缩过程

终态温度 $T_{2_s}=\left(\dfrac{p_2}{p_1}\right)^{\frac{\kappa-1}{\kappa}}T_1=\left(\dfrac{0.51\ \mathrm{MPa}}{0.102\ \mathrm{MPa}}\right)^{\frac{1.4-1}{1.4}}\times305\ \mathrm{K}=483.1\ \mathrm{K}$

焓变 $\Delta h_s=c_p(T_2-T_1)=1.004\ \mathrm{kJ/(kg\cdot K)}\times(483.1\ \mathrm{K}-305\ \mathrm{K})=178.81\ \mathrm{kJ/kg}$

熵变 $\Delta s_s=0$

技术功 $w_{t,s}=-\Delta h_s=178.81\ \mathrm{kJ/kg}$

技术功率 $P_{t,s}=|q_mw_{t,s}|=0.012\ \mathrm{kg/s}\times178.87\ \mathrm{kJ/kg}=2.15\ \mathrm{kW}$

散热量 $q_s=0$

每小时散热量 $Q_s=q_mq_s=0$

③ $n=1.28$ 的多变过程压缩

终态温度 $T_{2_n}=\left(\dfrac{p_2}{p_1}\right)^{\frac{n-1}{n}}T_1=\left(\dfrac{0.51\ \mathrm{MPa}}{0.102\ \mathrm{MPa}}\right)^{\frac{1.28-1}{1.28}}\times305\ \mathrm{K}=433.71\ \mathrm{K}$

焓变 $\Delta h_n=c_p(T_2-T_1)=1.004\ \mathrm{kJ/(kg\cdot K)}\times(433.71\ \mathrm{K}-305\ \mathrm{K})=129.22\ \mathrm{kJ/kg}$

熵变：

$$\begin{aligned}\Delta s_n&=c_p\ln\frac{T_2}{T_1}-R_g\ln\frac{p_2}{p_1}\\&=1.004\ \mathrm{kJ/(kg\cdot K)}\times\ln\frac{433.71\ \mathrm{K}}{305\ \mathrm{K}}-0.287\ \mathrm{kJ/(kg\cdot K)}\times\ln\frac{0.51\ \mathrm{MPa}}{0.102\ \mathrm{MPa}}\\&=-0.108\,4\ \mathrm{kJ/(kg\cdot K)}\end{aligned}$$

技术功：

$$\begin{aligned}w_{t,n}&=\frac{n}{n-1}R_gT_1\left[1-\left(\frac{p_2}{p_1}\right)^{\frac{n-1}{n}}\right]\\&=\frac{1.28}{1.28-1}\times0.287\ \mathrm{kJ/(kg\cdot K)}\times305\ \mathrm{K}\times\left[1-\left(\frac{0.51\ \mathrm{MPa}}{0.102\ \mathrm{MPa}}\right)^{\frac{1.28-1}{1.28}}\right]\\&=-168.87\ \mathrm{kJ/kg}\end{aligned}$$

技术功率　$P_{t,n}=|q_m w_{t,n}|=0.012\ \text{kg/s}\times168.87\ \text{kJ/kg}=2.03\ \text{kW}$

散热量　$q_n=\Delta h_n+w_{t,n}=129.22\ \text{kJ/kg}+(-168.87)\ \text{kJ/kg}=-39.65\ \text{kJ/kg}$

每小时散热量

$$Q_n=q_m q_n=0.012\ \text{kg/s}\times3\ 600\ \text{s/h}\times(-39.65)\ \text{kJ/kg}=-1\ 712.88\ \text{kJ/h}$$

总结：技术功为负值表示压缩机耗功，压缩机消耗功率的大小习惯上取绝对值。热量为负值表示压缩过程中气体向外界放出热量。

习　题

1. 如果某种工质的状态方程式遵循 $pv=R_g T$，那么这种工质的比热容、热力学能、以及焓都仅是温度的函数吗？

2. 对于某种确定的理想气体，(c_p-c_V)以及 c_p/c_V是否在任何温度下都等于一个常数？

3. 如果比热容是温度 t 的单值函数，当 $t_2>t_1$时，比较平均比热容$c|_0^{t_1}$、$c|_0^{t_2}$、$c|_{t_1}^{t_2}$的数值大小。

4. 理想气体的热力学能和焓是温度的单值函数，理想气体的熵也是温度的单值函数吗？

5. 对于理想气体的任何热力过程，下列两组公式是否都适用：

（1）$\Delta u=c_V(t_2-t_1)$，$\Delta h=c_p(t_2-t_1)$

（2）$q=\Delta u=c_V(t_2-t_1)$，$q=\Delta h=c_p(t_2-t_1)$

6. 理想气体经绝热节流后，其温度、压力、比体积、热力学能、焓、以及熵分别如何变化？

7. 有人认为，由理想气体组成的封闭系统吸热后其温度必定增加，这种说法是否正确？哪一种状态参数必定增加？

8. 在 $p-v$ 图上，当温度和比熵增加时，分别说明定温线和定熵线移动的方向。

9. 在 $T-s$ 图上，当比体积和压力增加时，分别说明定容线和定压线移动的方向。

10. 将满足空气下列要求的多变过程表示在 $p-v$ 图和 $T-s$ 图上：

（1）空气升温、升压、又放热的过程；

（2）$n=1.3$ 的压缩过程，并判断 q、w、Δu 的正负。

11. 在 $T-s$ 图上，如何将理想气体两状态间的热力学能和焓的变化量表示出来？

12. 在 $T-s$ 图上，如何表示绝热过程的技术功和膨胀功？

13. 理想气体从同一初态膨胀到同一终态比体积，定温膨胀与绝热膨胀相比，哪个过程做功多？若为压缩过程，结果又如何？

14. 体积为0.027 m^3的刚性储气筒，装有压力为7×10^5 Pa，温度为20 ℃的空气。储气筒上装有排气阀，压力达到 8.75×10^5 Pa 时就开启，压力降到 8.4×10^5 Pa 时才关闭。若由于外界加热的原因，造成阀门开启，问：

（1）当阀门开启时，筒内温度为多少？

（2）因加热而失掉多少空气？设筒内空气温度在排气过程中保持不变。

15. 有一储气罐体积 $V=1$ m^3，罐内原有空气温度 $t_1=17$ ℃，表压力 $p_{e,1}=0.05$ MPa。现用空气压缩机向罐内充气，空气压缩机每分钟从大气中吸入温度 $t_0=17$ ℃、压力 $p_b=750$ mmHg 的空气 0.2 m^3。试计算经过多长时间储气罐内的空气温度 $t_2=50$ ℃、压力 $p_2=0.7$ MPa？

16. 有一刚性绝热气缸，被一导热的无摩擦的活塞分成 A、B 两部分，两部分储有同种理想气体。最初活塞被固定在某一位置处，A 侧气体状态为 0.4 MPa、30 ℃、0.5 kg；B 侧气体状态为 0.12 MPa、30 ℃、0.5 kg。然后放开活塞任其自由移动，最后两侧达到平衡。设比热容为定值，试求：

（1）平衡时的温度(℃)；

（2）平衡时的压力(MPa)。

17. 某种理想气体，比热容比 $r=1.35$，气体常数 $R_g=260.28$ J/(kg·K)，由初态 $p_1=1.05\times10^5$ Pa、$t_1=25$ ℃，经历一压缩过程至终态 $p_2=4.2\times10^5$ Pa、$t_2=200$ ℃。求每千克气体的热力学能和熵的变化量。

18. 某种理想气体由初态 $p_1=0.517$ MPa、$V_1=0.142$ m^3，经历一热力过程至终态 $p_2=0.172$ MPa、$V_2=0.274$ m^3，过程中气体的焓变 $\Delta H=-65.4$ kJ。已知其比定容热容 $c_V=1.4$ kJ/(kg·K)，求：

（1）气体热力学能的变化量 ΔU；

（2）气体的比定压热容 c_p。

19. 某种理想气体在定压过程中吸收热量 3 349 kJ，设 $c_V=0.741$ kJ/(kg·K)，$R_g=0.297$ kJ/(kg·K)，求其热力学能的变化量以及对外所做的功。

20. 某种理想气体的摩尔质量为 29×10^{-3} kg/mol，由 $t_1=320$ ℃定容加热到 $t_2=940$ ℃。若过程中热力学能的变化量 $\Delta u=700$ kJ/kg，求其焓和熵的变化量。

21. 空气在气缸中由初始状态 $t_1=30$ ℃、$p_1=0.15$ MPa 进行如下过程：(1)定压吸热膨胀，温度升高到 207 ℃；(2)先定温膨胀，然后再经过定容过程使其压力增加到 0.15 MPa，温度升高到 207 ℃。试将上述两种过程表示在 p-v 图和 T-s 图上，并计算两种过程中的膨胀功和热量；热力学能、焓、以及熵的变化量。

22. 质量为 6 kg 的空气，由同一初态 $p_1=0.3$ MPa、$t_1=30$ ℃经历不同过程膨胀到同一终压 $p_2=0.1$ MPa。经历的过程分别为(1)定温过程；(2)定熵过程；(3)$n=1.2$ 的多变过程。试比较不同过程中空气终温、对外所做的膨胀功以及交换的热量，并在 p-v 图和 T-s 图上表示上述三种过程。

23. 有一氧气瓶的体积为 0.04 m^3，盛有 $p_1=147.1\times10^5$ Pa、$t_1=20$ ℃的空气。

(1) 若开启阀门，使压力迅速下降到 $p_2=73.55\times10^5$ Pa，求此时氧气的温度 t_2和所放出的氧气质量 Δm；

(2) 阀门关闭后，瓶内氧气的温度和压力将怎样变化？

(3) 若开启阀门，放气极为缓慢，以致瓶内气体与外界随时处于热平衡，当压力从 147.1×10^5 Pa 下降到 73.55×10^5 Pa 时，所放出的氧气质量较第一种情况是多，还是少？

24. 1 kmol 的理想气体，从初态 $p_1=0.5$ MPa、$T_1=340$ K 绝热膨胀到原来体积的 3 倍。已知气体的 $C_{p,\mathrm{m}}=33.44$ J/(mol·K)、$C_{V,\mathrm{m}}=25.12$ J/(mol·K)。试确定在下述两种情况下气体的终温、熵的变化量，以及对外所做的功，并将过程表示在 p–v 图和 T–s 图上。

(1) 可逆绝热膨胀过程；

(2) 向真空自由膨胀过程。

25. 质量为 5 kg 的二氧化碳气体在多变过程中吸收热量 1 400 kJ，其容积增大至原来容积的 10 倍，压力降低为原来压力的 1/6。求二氧化碳气体所做的膨胀功和技术功；热力学能、焓以及熵的变化量。按定值比热容计算。

26. 质量为 1 kg 的理想气体经过可逆多变过程，温度由 400 ℃降低到 100 ℃，压力降低为原来压力的 1/6。已知该过程的膨胀功为 200 kJ，吸热量为 40 kJ，设比热容为定值。求该气体的 c_V及 c_p。

27. 空气的容积 $V_1=2$ m^3，由 $p_1=0.2$ MPa、$t_1=40$ ℃压缩到 $p_2=1$ MPa，$V_2=0.5$ m^3。求该过程的多变指数、压缩功以及气体与外界交换的热量。设空气的比热容 $c_V=0.717$ kJ/(kg·K)，气体常数 $R_g=0.287$ kJ/(kg·K)。

28. 习题图 1 中气缸活塞系统的气缸壁和活塞均由刚性绝热材料制成，A 侧为 N_2，B 侧为 O_2。初始时两侧温度、压力、体积均相等，$T_{A_1}=T_{B_1}=300$ K、$p_{A_1}=p_{B_1}=0.1$ MPa、$V_{A_1}=V_{B_1}=0.5$ m^3。活塞可在气缸内无摩擦地自由移动。A 侧安装电加热器，电加热器通电后缓慢地对 A 侧 N_2加热，直至 $p_{A_2}=0.22$ MPa。设 N_2和 O_2均为理想气体，按定值比热容计算，求：

(1) 终态时，A 侧 N_2、B 侧 O_2的温度和体积；

(2) 过程中 A 侧 N_2、B 侧 O_2的熵变；

(3) 电加热器加入的热量 Q 以及 A 侧 N_2对 B 侧 O_2做出的过程功；

(4) 在 p–v 图和 T–s 图上大致表示 A 侧 N_2、B 侧 O_2所进行的热力过程。

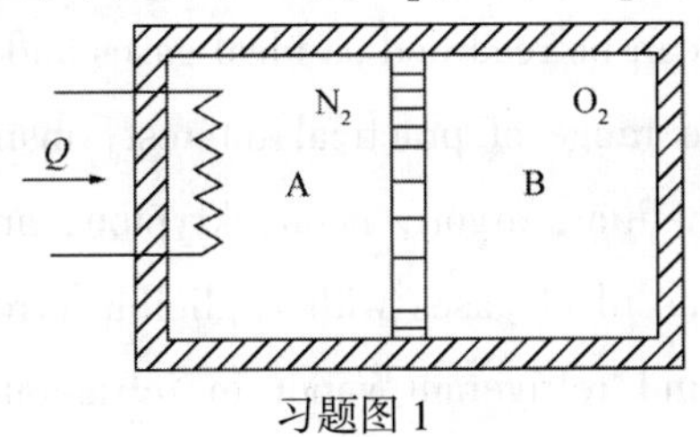

习题图 1

Chapter 3 The Properties of Ideal Gas and Ideal-Gas Processes

Systems of engineering interest often involve substances in the gas (vapor) phase. Accordingly, evaluation of the properties of gases is important. The gases can be divided into two groups: ideal gas and real gas for studying. The hypothetical substance ideal gas and the ideal-gas equation of state are discussed in this chapter. Processes encountered in engineering are of many varieties. Some are complex, some are relatively simple. It is necessary for one first to acquire the ability to analyze simple processes before he can acquire the ability to analyze complex processes. Four basic simple processes: isochoric process, isobaric process, isothermal process, and reversible adiabatic process are presented in this chapter.

3.1 Ideal-Gas Equation of State

3.1.1 Ideal Gas and Real Gas

All gases in nature are real gases. Gas molecules move about at random, continually colliding with each other and the walls of the container they are in. There is attraction among molecules of real gases, and cannot neglect the volume of molecules.

An ideal gas is an imaginary substance that obeys these conditions: the molecules of the ideal gas have no volume, and there is no attraction among molecules of ideal gas.

At low pressures and high temperatures, the density of the gas decreases, and the gas behaves as an ideal gas under these conditions. Experience shows as long as the gases are at pressure well below their critical pressures and at temperature well above their critical temperatures, many real gases can be regarded as ideal gases and it is enough accurate for many engineering calculations. In the range of practical interest, many familiar gases such as air, nitrogen, oxygen, hydrogen, helium, argon, neon, krypton, and even heavier gases such as carbon dioxide can be treated as ideal gases with negligible error. Dense gases such as water vapor in steam power plants and refrigerant vapor in refrigerators, however, should not be treated as ideal gases.

3.1.2 Ideal-Gas Equation of State

(1) Ideal-Gas Equation of State

An equation that expresses the relationship among pressure, specific volume, and temperature of a substance is called an equation of state. Experience shows that gases, particularly those of low molar mass at low pressure and relatively high temperature, can often be represented by a very simple equation of state

$$pv=R_gT \tag{3-1}$$

This relation is known as the ideal-gas equation of state, or simply the ideal-gas relation. Where R_g is called the gas constant, it is a different constant for each gas and has units such as kJ/(kg · K). p is the absolute pressure, T is the absolute temperature, and v is the specific volume. A gas that obeys the ideal-gas equation of state is called an ideal gas.

(2) Several Different Forms of the Ideal-Gas Equation of State

On a unit mass basis

$$pv=R_gT$$

For m kg mass

$$pV=mR_gT \tag{3-2}$$

On a unit mass basis

$$pV_m=RT \tag{3-3}$$

For n molars

$$pV=nRT \tag{3-4}$$

where R is the universal gas constant, which has the same value for all gases, and its value is $R=8.314$ kJ/(kmol · K). M is the molar mass (also called molecular weight) of the gas.

$$R_g=\frac{R}{M}$$

3.2 Specific Heat Capacity of Ideal Gases

The specific heat is a property that will enable us to compare the energy storage capabilities of various substances.

3.2.1 Definition of Heat Capacity

Heat capacity is defined as the energy required to raise the temperature of a substance by one degree. It is denoted by C , and its unit is J/K. Thus

$$C = \frac{\delta Q}{dT} = \frac{\delta Q}{dt} \tag{3-5}$$

The heat capacity depends on the substance and its quantity, and how the process is executed. On a unit mass basis, it is called the specified heat, which is denoted by c , and its unit is J/(kg · K).

$$c = \frac{\delta q}{dT} = \frac{\delta q}{dt} \tag{3-6}$$

3.2.2 The Specific Heat Capacities at Constant Volume and at Constant Pressure

(1) c_V and c_p

Heat is a transient quantity. The heat received or rejected of the system will be different when the substance precedes different processes, even though the states of initial and final are the same, so different process will have different specific heat capacity.

In thermodynamics, we are interested in two kinds of specific heats: specific heat capacity at constant volume c_V and specific heat capacity at constant pressure c_p.

The specific heat capacity at constant volume is defined as the energy required to raise the temperature of the unit mass of a substance by one degree as the volume is maintained constant.

The specific heat capacity at constant pressure is defined as the energy required to raise the temperature of the unit mass of a substance by one degree as the pressure is maintained constant. That is

$$c_V = \frac{\delta q_V}{dT} \tag{3-7}$$

$$c_p = \frac{\delta q_p}{dT} \tag{3-8}$$

where the suffix V means that the process is being considered while holding the volume constant. Similar the suffix p.

(2) c_V and c_p in Reversible Process

According the energy balance relations of the first law of thermodynamics

$$\delta q = du + p dv \tag{2-9}$$

$$\delta q = \mathrm{d}h - v\mathrm{d}p \tag{2-27}$$

For any substance, the internal energy and enthalpy are properties, $u=f(T,\ v)$, $h=f(T,\ p)$, then

$$\mathrm{d}u = \left(\frac{\partial u}{\partial T}\right)_V \mathrm{d}T + \left(\frac{\partial u}{\partial v}\right)_T \mathrm{d}v \tag{3-9}$$

$$\mathrm{d}h = \left(\frac{\partial h}{\partial T}\right)_p \mathrm{d}T + \left(\frac{\partial h}{\partial p}\right)_T \mathrm{d}p \tag{3-10}$$

Consider the process of volume constant, $\mathrm{d}v=0$, then

$$c_V = \frac{\delta q_V}{\mathrm{d}T} = \left(\frac{\partial u}{\partial T}\right)_V \tag{3-11}$$

Also consider the process of pressure constant, $\mathrm{d}p=0$, then

$$c_p = \frac{\delta q_p}{\mathrm{d}T} = \left(\frac{\partial h}{\partial T}\right)_p \tag{3-12}$$

These two relationships are valid for both ideal gases and real gases. c_r can be defined as the change in the internal energy of a substance per unit change in temperature at constant volume. Likewise, c_p can be defined as the change in the enthalpy of a substance per unit change in temperature at constant pressure.

(3) c_V and c_p of Ideal Gases

For an ideal gas, the distances between molecules are so great that the gravitational forces among them are negligible small. There is no appreciable change in the potential energy of the molecules. So the internal energy of an ideal gas is a function of temperature, $u=f(T)$. From the definition of enthalpy and ideal-gas equation of state, there is $h=u+pv=u+R_g T$, that means the enthalpy of an ideal gas is also a function of temperature, $h=f(T)$. Thus c_V and c_p of ideal gases can be expressed as

$$c_V = \frac{\mathrm{d}u}{\mathrm{d}T} \tag{3-13}$$

$$c_p = \frac{\mathrm{d}h}{\mathrm{d}T} \tag{3-14}$$

Because the internal energy and enthalpy of an ideal gas are functions of temperature only, it also follows that the constant-volume and constant-pressure specific heats are also functions of temperature only.

(4) The Relationship of c_V and c_p of Ideal Gases

Further analysis of Equation (3-14), we have

$$c_p = \frac{\mathrm{d}h}{\mathrm{d}T} = \frac{\mathrm{d}(u+R_g T)}{\mathrm{d}T} = \frac{\mathrm{d}u}{\mathrm{d}T} + R_g = c_V + R_g$$

Thus

$$c_p - c_V = R_g \tag{3-15}$$

The molar mass M is timed for both left and right sides of above equation, then

$$C_{p,m} - C_{V,m} = R \tag{3-16}$$

Equctions (3-15) and (3-16) are called Mayer's formulas. The specific heat at constant pressure c_p is always greater than c_V because at constant pressure the system is allowed to expand and the energy for this expansion work must also be supplied to the system. Mayer's formulas is an important nelationship for ideal gases since it enable us to determine c_v form a knowledge of c_p and the gas constant R_g.

The specific heat ratio $\frac{c_p}{c_V}$ is designated by γ

$$\gamma = \frac{c_p}{c_V} = \frac{C_{p,m}}{C_{V,m}} \tag{3-17}$$

For an ideal gas, the specific heat rations γ is also a function of temperature only. Combining $c_p - c_V = R_g$ and the specific heat ratio γ, there are

$$c_p = \frac{\gamma}{\gamma - 1} R_g \tag{3-18}$$

$$c_V = \frac{1}{\gamma - 1} R_g \tag{3-19}$$

3.2.3 The Calculation of Heat by Specific Heat Capacity

We have known the internal energy and enthalpy of ideal gases are functions of temperature only, and c_V and c_p of ideal gases are also the functions of temperature only. Experience shows the relationship between specific heat capacity of ideal gases and temperature is very complex. Generally speaking, the specific heat capacity will increase with the increase of temperature. The amount of heat always be calculated making use of specific heat capacity.

(1) The Real Specific Heat Capacity

The relationship between the real specific heat capacity and temperature always be described as the polynomial expression. That is

$$c = a_0 + a_1 t + a_2 t^2 + a_3 t^3$$

where a_0, a_1, a_2, a_3 are constants, different gas has different coefficient value.

Accordingly

$$c_p = a_p + a_1 t + a_2 t^2 + a_3 t^3 \tag{3-20}$$

$$c_V = a_V + a_1 t + a_2 t^2 + a_3 t^3 \tag{3-21}$$

For heat

$$q = \int_1^2 c\mathrm{d}t = \int_1^2 (a_0 + a_1 t + a_2 t^2 + a_3 t^3)\mathrm{d}t$$

and

$$q_p = \int_{t_1}^{t_2} c_p \mathrm{d}t = \int_{t_1}^{t_2} (a_p + a_1 t + a_2 t^2 + a_3 t^3)\mathrm{d}t$$

$$q_V = \int_{t_1}^{t_2} c_V \mathrm{d}t = \int_{t_1}^{t_2} (a_V + a_1 t + a_2 t^2 + a_3 t^3)\mathrm{d}t$$

(2) The Mean Specific Heat

For a given temperature interval, the mean specific heat is defined as

$$c\Big|_{t_1}^{t_2} = \frac{q_{1-2}}{t_2 - t_1} = \frac{\int_{t_1}^{t_2} c\mathrm{d}t}{t_2 - t_1} \tag{3-22}$$

The geometrical meaning of the mean specific heat is shown in Figure 3-1. If the area $12t_2 t_1 1$ below the process curve 1-2 is equal to the area of rectangle, the height value of rectangle is the value of mean specific heat $c\big|_{t_1}^{t_2}$.

From Figure 3-1, we see the area $12t_2t_11$ below the curve 1-2 is equal to the amount of heat q_{1-2}, and q_{1-2} can be expressed by

$$q_{1-2} = q_{0-2} - q_{0-1} = \int_0^{t_2} c\mathrm{d}t - \int_0^{t_1} c\mathrm{d}t = c\Big|_0^{t_2} t_2 - c\Big|_0^{t_1} t_1 \tag{3-23}$$

where $c\big|_0^t$ is called the mean specific heat when the temperatures change from Celsius 0 ℃ to t ℃. For heat, accordingly

$$q_p = c_p\Big|_0^{t_2} t_2 - c_p\Big|_0^{t_1} t_1 \tag{3-24}$$

$$q_V = c_V\Big|_0^{t_2} t_2 - c_V\Big|_0^{t_1} t_1 \tag{3-25}$$

In engineering, the values of mean specific heat for different gas have been charted (Table 4 and Table 5).

(3) Fixed Value Specific Heat

In the cursory calculation of specific heat capacity, if the precision required is not strict or the range of change in temperature is not big, the effect of temperature to specific heat capacity can be negligible and the specific heat capacity can be treated as fixed value.

According the principles of equipartation of energy and molecular motion, the gases of having the same amount of atomics have the same value of molar specific heat capacity.

The molar specific heats of the monatomic molecules, diatomic molecules, and polyatomic molecules are listed in Table 3-1.

The specific heat capacities at constant volume and at constant pressure can be obtained by

$$c_p = \frac{C_{p,\mathrm{m}}}{M} \qquad c_V = \frac{C_{V,\mathrm{m}}}{M}$$

The heat at conseant-volume and constant-pressure processes, respectively, are

$$q_p = c_p(t_2 - t_1)$$

$$q_V = c_V(t_2 - t_1)$$

3.2.4 The Internal Energy and Enthalpy of Ideal Gases

For real gases, the internal energy and enthalpy are properties, and generally depend on two independent properties.

For ideal gases, the internal energy and enthalpy are functions of temperature only.

$$u = f(T)$$

$$h = f(T)$$

Then, the differential changes in the internal energy and enthalpy for an ideal gas can be expressed as

$$\mathrm{d}u = c_V \mathrm{d}T \tag{3-26}$$

$$\mathrm{d}h = c_p \mathrm{d}T \tag{3-27}$$

The change in internal energy and enthalpy for an ideal gas during a process from state 1 to state 2 are determined by integrating these equations:

$$\Delta u = \int_1^2 c_V \mathrm{d}T \tag{3-28}$$

$$\Delta h = \int_1^2 c_p \mathrm{d}T \tag{3-29}$$

The above equations are valid for all processes of ideal gases, or processes of constant volume to $\Delta u = \int_1^2 c_V \mathrm{d}T$ and processes of constant pressure to $\Delta h = \int_1^2 c_p\ \mathrm{d}T$ for real gases.

Let us look at $p-v$ diagram for an ideal gas shown in Figure 3-2, we can conclude that, as long as the temperature is a constant, the internal energy and enthalpy are constants. The constant temperature lines are also lines of constant internal energy and enthalpy, therefore $u_2 = u_{2_v} = u_{2p}$ and $h_2 = h_{2_v} = h_{2p}$ based on the same temperature. No matter what path is followed by an ideal gas between a state 1 and any state at a temperature T_2, the change in internal energy per unit mass is given by $\int_1^2 c_V \mathrm{d}T$ and

$$\Delta u_{1\text{-}2} = \Delta u_{1\text{-}2_v} = \Delta u_{1\text{-}2_p}$$

The change in enthalpy per unit mass is given by $\int_1^2 c_p \mathrm{d}T$ and

$$\Delta h_{1\text{-}2} = \Delta h_{1\text{-}2_v} = \Delta h_{1\text{-}2_p}$$

3.2.5 The Entropy of Ideal Gases

In the calculation of thermodynamic problems, the calculation of entropy change has special significance. Just as the calculation of internal energy and enthalpy, only the change in entropy is concerned.

Entropy change in reversible process can be defined as

$$dS=\frac{\delta Q}{T}$$

On a unit mass basis

$$ds=\frac{\delta q}{T} \tag{3-30}$$

where δq is the heat transferred for per unit mass of substance with a heat source during a differential, reversible process. T is the thermodynamic absolute temperature of the heat source. ds is entropy change for per unit mass of substance during the differential, reversible process.

According the first law of thermodynamics

$$\delta q=du+pdv$$

$$\delta q=dh-vdp$$

and the ideal-gas equation of state

$$pv=R_g T$$

Also the expressions of internal energy change, enthalpy change for ideal gases

$$du = c_V dT$$

$$dh = c_p dT$$

Substituting the expressions shown above in the definition of entropy

$$ds = \frac{\delta q}{T} = \frac{du + pdv}{T} = c_V \frac{dT}{T} + R_g \frac{dv}{v}$$

Integrating above equations, and assume c_V = constant, hence

$$\Delta s=c_V\ln\frac{T_2}{T_1}+R_g\ln\frac{v_2}{v_1} \tag{3-31}$$

Similarly, we also have

$$\Delta s=c_p\ln\frac{T_2}{T_1}-R_g\ln\frac{p_2}{p_1} \tag{3-32}$$

$$\Delta s=c_V\ln\frac{p_2}{p_1}+c_p\ln\frac{v_2}{v_1} \tag{3-33}$$

Entropy is a property. The entropy of an ideal gas is not a function of temperature alone.

The entropy change of an ideal gas depends only on the states of initial and final, no matter what path between these two states. It should be noted that for any given change of state from p_1, v_1, T_1 to p_2, v_2, T_2, each of the Equation (3-31), (3-32), or (3-32) will give the same result. The choice of equation is a matter of convenience only. Equations (3-31), (3-32), and (3-33), are valid for any process of ideal gases, both reversible and irreversible.

3.3 Basic Thermal Processes of Ideal Gases

Processes encountered in engineering are of many varieties. Some are complex, some are relatively simple. In many cases, however, even a complex process may be reduced to a simple one or broken up into a set of simple process through the use of fairly reasonable assumptions or idealizations. Consequently, it is necessary for one first to acquire the ability to analyze simple processes before he can acquire the ability to analyze complex processes.

3.3.1 The Constant-Volume Process (Isochoric)

This is a process carried out such that the volume remains constant throughout the process. It is often referred to as an isometric or isochoric process.

(1) The Law for a Constant-Volume Process

$$v = \text{constant} \tag{3-34}$$

(2) Relationship between the Initial and Final States

According $pv = R_g T$ and $v = \text{constant}$, we have

$$v_1 = v_2$$

$$\frac{p_2}{p_1} = \frac{T_2}{T_1} \tag{3-35}$$

(3) The $p-v$ and $T-s$ Diagrams

In $p-v$ diagram, the process appears as a vertical straight line, as shown in Fig 3-3(a). For process 1-2, heat is added into the system, and the pressure increases with the increase of the temperature. For process 1-2', heat is rejected from the system.

In $T-s$ diagram, the shape of the curve of the constant-volume process is exponential shape curve, and its slope is $\left(\frac{\partial T}{\partial s}\right)_V = \frac{T}{c_V} > 0$.

(4) The Changes in Internal Energy, Enthalpy, and Entropy

$$\Delta u = \int_1^2 c_V \mathrm{d}T$$

$$\Delta h = \int_1^2 c_p \mathrm{d}T$$

$$\Delta s = \int_1^2 c_V \frac{\mathrm{d}T}{T}$$

(5) Work

Since there is no change of volume in a constant-volume process, the moving boundary work (expansion or compression) is

$$w = \int_1^2 p\mathrm{d}v = 0$$

The technical work in a revesible constant-volume process is expressed as

$$w_t = -\int_1^2 v\mathrm{d}p = v(p_1 - p_2) \tag{3-37}$$

(6) Heat

$$q = w + \Delta u = \Delta u = \int_1^2 c_V \mathrm{d}T \tag{3-38}$$

3.3.2 The Constant-Pressure Process (Isobaric)

This is a process carried out such that the pressure remains constant throughout the process. It is often referred to as an isobaric or isopiestic process.

(1) The Law for a Constant-Pressure Process

$$p = \text{constant} \tag{3-39}$$

(2) Relationship between the Initial and Final States

According $pv = R_g T$ and $p=$constant, we have

$$p_1 = p_2$$

$$\frac{v_2}{v_1} = \frac{T_2}{T_1} \tag{3-40}$$

(3) The $p-v$ and $T-s$ Diagrams

In $p-v$ diagram, the process appears as a horizontal straight line, as shown in Figure 3-4 (a). For process 1 - 2, system expands and the work is done by the system on its surroundings. The volume increases with the increase of the temperature. For process 1 - 2', system is compressed.

In $T-s$ diagram, the shape of the curve of the constant-pressure process is also exponential shape curve, and its slope is $\left(\frac{\partial T}{\partial s}\right)_p = \frac{T}{c_p} > 0$.

Contrast $\left(\frac{\partial T}{\partial s}\right)_V = \frac{T}{c_V} > 0$ and $\left(\frac{\partial T}{\partial s}\right)_p = \frac{T}{c_p} > 0$, and picture these two processes curves of constant-volume process and constant-pressure process in the same $T-s$ diagram as shown in Figure 3-4(b). The slope of constant-volume is bigger than that of constant-pressure process.

(4) The Changes in Internal Energy, Enthalpy, and Entropy

$$\Delta u = \int_1^2 c_V \mathrm{d}T$$

$$\Delta h = \int_1^2 c_p \mathrm{d}T$$

$$\Delta s = \int_1^2 c_p \frac{\mathrm{d}T}{T}$$

(5) Work

The moving bourdary work in a reversible constant-pressare process is expressed as

$$w = \int_1^2 p\mathrm{d}v = p(v_2 - v_1) \tag{3-42}$$

Since there is no change of pressure in a constant-pressure process, the technical work is

$$w_t = -\int_1^2 v\mathrm{d}p = 0$$

(6) Heat

$$q = w_t + \Delta h = \Delta h = \int_1^2 c_p \mathrm{d}T \tag{3-43}$$

3.3.3 The Isothermal Process (Hyperbolic)

An isothermal process is defined as a process carried out such that the temperature remains constant throughout the process.

(1) The Law for an Isothermal Process

$$pv = \text{constant} \tag{3-44}$$

(2) Relationships between the Initial and Final States

According $pv = R_g T$ and T = constant, we have

$$T_1 = T_2$$

$$\frac{p_2}{p_1} = \frac{v_1}{v_2}$$

(3) The $p-v$ and $T-s$ Diagrams

In $p-v$ diagram, it appears as a rectangular hyperbola, so sometimes the isothermal process is also called the hyperbolic process. The slope of the curve is $\left(\frac{\partial p}{\partial v}\right)_T = -\frac{p}{v}$. For process 1-2, the substance expands and work is done by the system. For process 1-2', the substance is compressed and work is done on the system, as shown in Figure 3-5(a).

In $T-s$ diagram, it appears as a horizontal line. For process 1-2, the entropy increases and substance receives heat. For process 1-2', the entropy decreases and substance rejects heat as shown in Figure 3-5(b).

(4) The Changes in Internal Energy, Enthalpy, and Entropy

For ideal gases, if $dT=0$, $\Delta u=0$, and $\Delta h=0$. The change in entropy is

$$\Delta s=R_g\ln\frac{v_2}{v_1}=R_g\ln\frac{p_1}{p_2}$$

(5) Work

The moving boundary Work in a reversible isothermal process is expressed as

$$w=\int_1^2 p\mathrm{d}v=\int_1^2 R_g T\frac{\mathrm{d}v}{v}=R_g T\ln\frac{v_2}{v_1}=R_g T\ln\frac{p_1}{p_2} \tag{3-46}$$

The technical work in a reversible isothermal process is expressed as

$$w_t=-\int_1^2 v\mathrm{d}p=-\int_1^2 R_g T\frac{\mathrm{d}p}{p}=R_g T\ln\frac{p_1}{p_2} \tag{3-47}$$

From Equations (3-46) and (3-47), we can see that the moving boundary work during an isothermal process is equal to the technical work, $w=w_t$.

(6) Heat

Applying the first law of thermodynamics to an isothermal process, the heat becomes

$$q=w=w_t=R_g T\ln\frac{v_2}{v_1}=R_g T\ln\frac{p_1}{p_2} \tag{3-48}$$

That is, it follows that during an isothermal expansion all the heat transferred is converted into external work. Conversely, during an isothermal compression, all the work done on the gas is rejected by the gas as heat transfer.

Applying the definition of entropy to an isothermal process, the heat can also be expressed as

$$q=\int_1^2 T\mathrm{d}s=T(s_2-s_1) \tag{3-49}$$

3.3.4 The Adiabatic Process

If a process is carried out in a system such that there is no heat transferred into or out of the system, then the process is said to be adiabatic.

Such a process is not really possible in practice although it can be closely approached. If a system is sufficiently thermally insulated, heat transfer can be considered as negligible and the process within the system can be considered as being adiabatic. Alternatively, if a process is carried out with sufficient rapidity, such as the process of expansion in the adjustable, there will be little time for heat transfer, and it can be considered as being effectively adiabatic.

(1) The Law for a Reversible, Adiabatic Process

$$pv^{\kappa}=\text{constant} \tag{3-50}$$

where κ is called adiabatic index, and the reversible, adiabatic process is also called isentropic process.

If we assume the specific heat and ratio of the specific heat are fixed values, which no change with the temperature in thermal calculation. For monatomic gases, $\kappa = 1.67$; for diatomic gases, $\kappa=1.4$; and for polyatomic gases, $\kappa=1.29$.

(2) Relationships between the Initial and Final States

According to the law of the isentropic process, we have

$$\frac{p_2}{p_1}=\left(\frac{v_1}{v_2}\right)^{\kappa} \tag{3-51}$$

Combining the equations of state $p=\frac{R_g T}{v}$, or $v=\frac{R_g T}{p}$ and $pv^{\kappa}=\text{constant}$, the Equation (3-51) becomes

$$\frac{T_2}{T_1}=\left(\frac{v_1}{v_2}\right)^{\kappa-1} \tag{3-52}$$

and

$$\frac{T_2}{T_1}=\left(\frac{p_2}{p_1}\right)^{\frac{\kappa-1}{\kappa}} \tag{3-53}$$

(3) *The* $p-v$ and $T-s$ Diagrams

In $p-v$ diagram, the isentropic process appears as a hyperbola with the slope of the curve is $\left(\frac{\partial p}{\partial v}\right)_s = -\kappa\frac{p}{v}$. For process 1 - 2, the substance expands, and temperature and pressure decrease. For process 1 - 2', the substance is compressed, and temperature and pressure increase, as shown in Figure 3-6(a).

In $T-s$ diagram, it appears as a vertical line, as shown in Figure 3-6(b).

(4) The Changes in Internal Energy, Enthalpy, and Entropy

$$\Delta u = \int_1^2 c_V \mathrm{d}T$$

$$\Delta h = \int_1^2 c_p \mathrm{d}T$$

$$\mathrm{d}s=0$$

(5) Work

For ideal gases, the moving boundary work in a reversible adiabatic process is expressed as

$$w=\frac{R_g T_1}{\kappa-1}\left[1-\left(\frac{p_2}{p_1}\right)^{\frac{\kappa-1}{\kappa}}\right] \tag{3-54}$$

In a similar manner, the technical work is expressed as

$$w_t = \frac{\kappa}{\kappa - 1} R_g T_1 \left[1 - \left(\frac{p_2}{p_1} \right)^{\frac{\kappa-1}{\kappa}} \right] \tag{3-55}$$

From Equations (3-54) and (3-55), we can see that the technical work and moving boundary work in a reversible adiabatic process are related by,

$$w_t = \kappa w \tag{3-56}$$

(6) Heat

$$q = 0$$

3.4 The Polytropic Process of an Ideal Gas

3.4.1 The Law of the Polytropic Process

When a gas undergoes a reversible process in which there is heat transfer, the process frequently takes place in such a manner that pv^n is a constant. A process having this relution between pressure and volume is called a polytropic process, that is

$$pv^n = \text{constant} \tag{3-57}$$

where the value of n is called the polytropic exponent. Different polytropic process has different polytropic exponent, and n is a constant for each process.

In theory, the range of the value of the index n is from $-\infty$ to $+\infty$, accordingly, the number of the process is infinite. The four basic thermodynamics processes are the particular cases of the polytropic processes.

$n = 0$, $pv^0 = p = \text{constant}$, constant-pressure process

$n = 1$, $pv = \text{constant}$, constant-temperature process

$n = \kappa$, $pv^\kappa = \text{constant}$, constant-entropy process

$n \to \pm\infty$, $pv^\infty = \text{constant}$, that is $v = \text{constant}$, constant-volume process

3.4.2 Relationships between the Initial and Final States

From Equation (3-57) and the ideal-gas equation of state, the following relations can be written for a polytropic process

$$\frac{p_2}{p_1} = \left(\frac{v_1}{v_2} \right)^n \quad or\ pv^n = \text{constant} \tag{3-58}$$

$$\frac{T_2}{T_1} = \left(\frac{v_1}{v_2} \right)^{n-1} \quad or\ Tv^{n-1} = \text{constant} \tag{3-59}$$

$$\frac{T_2}{T_1}=\left(\frac{p_2}{p_1}\right)^{\frac{n-1}{n}} \quad or \quad T\,p^{\frac{1-n}{n}}=\text{constant} \tag{3-60}$$

3. 4. 3 The p–v and T–s Diagrams

(1) The p–v Diagram

In p–v diagram, the slope of the polytropic process is

$$\left(\frac{\partial p}{\partial v}\right)_n=-n\frac{p}{v}$$

The polytropic processes for various values of n are shown in Figure 3–7(a) on p–v diagram. The values of index n, starting from constant–volume process line, increase clockwise from $-\infty$, 0, 1, κ, to $+\infty$.

(2) The T–s Diagram

In T–s diagram, the slope of the polytropic process is

$$\left(\frac{\partial T}{\partial s}\right)_n=\frac{T}{c_n}$$

where c_n is called the polytropic specific heat capacity, $c_n=\frac{n-\kappa}{n-1}c_V$. The polytropic processes for various values of n are shown in Figure 3–7(b) on T–s diagram.

3. 4. 4 The Changes in Internal Energy, Enthalpy, and Entropy

The changes in the internal energy and enthalpy for an ideal gas during a polytropic process can be expressed as

$$\Delta u=\int_1^2 c_V\mathrm{d}T$$

$$\Delta h=\int_1^2 c_p\mathrm{d}T$$

The entropy changs for an ideal gas during a polytropic process can be expressed as

$$\Delta s=\int_1^2 c_V\frac{\mathrm{d}T}{T}+R_g\ln\frac{v_2}{v_1}$$

$$\Delta s=\int_1^2 c_p\frac{\mathrm{d}T}{T}-R_g\ln\frac{p_2}{p_1}$$

$$\Delta s=\int_1^2 c_V\frac{\mathrm{d}p}{p}+\int_1^2 c_p\frac{\mathrm{d}v}{v}$$

3.4.5 Work

(1) Moving Boundary Work

$$w = \int_1^2 p\mathrm{d}v$$

When $n \neq 1$, replacing p by $p_1 v_1^n / v^n$, and integrating above equation, which yield

$$w = \frac{1}{n-1}(p_1 v_1 - p_2 v_2) = \frac{1}{n-1} R_g (T_1 - T_2) \tag{3-61}$$

When $n \neq 0$, and $n \neq 1$

$$w = \frac{1}{n-1} R_g T_1 \left[1 - \left(\frac{p_2}{p_1} \right)^{\frac{n-1}{n}} \right] \tag{3-62}$$

(2) Technical Work

$$w_t = -\int_1^2 v\mathrm{d}p$$

When $n \neq \infty$, from the law for the polytropic process $pv^n = \text{constant}$, we have

$$w_t = \int_1^2 np\mathrm{d}v = n \int_1^2 p\mathrm{d}v = nw \tag{3-63}$$

3.4.6 Heat

When $n = 1$, the process becomes the constant-temperature process, that is

$$q = w$$

When $n \neq 1$ and assume $c_n = \text{constant}$, we have

$$q = \Delta u + w = c_V (T_2 - T_1) + \frac{1}{n-1} R_g (T_1 - T_2) = \left(c_V - \frac{R_g}{n-1} \right) (T_2 - T_1) \tag{3-64}$$

Using the expression $c_V = \dfrac{R_g}{\kappa - 1}$, the above equation becomes

$$q = \frac{n - \kappa}{n - 1} c_V (T_2 - T_1) = c_n (T_2 - T_1) \tag{3-65}$$

第四章 热力学第二定律

热力学第一定律阐明了热能和机械能以及其他形式的能量在传递或转换过程中“数量”上的守恒关系，并指出热能具有和其他形式能量相同的能的“普遍属性”。但是，它并没有涉及不同形式的能量存在“质量”的差别。实践证明，任何一个已经完成的热力过程或是正在进行的热力过程，无一例外地遵循热力学第一定律。然而，大量事实证明，满足热力学第一定律的过程并不都能实现。例如，人们知道热量可以自发地由高温物体传递到低温物体，机械能可以全部转换为热能，但从未见过低温物体自动冷却，而将热量传递给高温物体；以及热源自动冷却，而使重物升高。之所以如此，是因为这些违背了能量在品位(质量)上必然下降的客观规律。

热力学第二定律正是从能量的品位上，揭示了不同形式的能量在相互转换过程中，总是在“质量”上必然降低(能量贬值)的客观规律。从而指出了在热能转换为功的能力上，或者说在能量的“质量”上，热能和其他形式的能量相比其品位较低的特点。正是由于热能和其他形式能量具有的不同能的“特殊属性”，涉及热现象的过程就明显呈现出具有一定的方向、条件和限度的特点。热力学第二定律就是解决与热现象有关的过程进行的方向、条件和限度等问题的规律。其中，最根本的是方向问题。

热力学第一定律和热力学第二定律是两个相互独立的基本定律，它们共同构成了热力学的理论基础。

第一节 热力学第二定律

1. 自发过程的方向性

所谓自发过程就是不需要任何外界条件的作用而自动进行的过程。实践证明，自然界的一切自发过程都具有方向性。例如，热量自发地由高温物体传向低温物体，水自动地由高处向低处流动，热气体具有自动上升的趋势，电流自动地由高电势流向低电势等。自发过程只能自发地向一个方向进行，相反的过程则不能自发进行。

机械能通过摩擦转换为热能、有限温差传热、自由膨胀以及混合等过程均为自发过程，是在有限势差(温度差、压力差和浓度差)作用下进行的不可逆过程。不可逆性是自发过程的重要特征和属性。自发过程的反向过程，即是非自发过程。要使非自发过程得以实现，必需一定的补充条件，付出一定的代价。

2. 热力学第二定律的表述

热力学第二定律揭示了自然界中一切热过程进行的方向、条件和限度。由于自然界中热过程的种类较多，针对各类具体问题，热力学第二定律的表述形式也很多。下面介绍三种最基本的表述形式。

① 克劳修斯表述：不可能将热从低温物体传至高温物体而不引起其他变化。

这是从热量传递的角度表述的热力学第二定律，由德国数学和物理学家克劳修斯(Dodolf Clausius)于1850年提出。它指明，热量只能自发地由高温物体传向低温物体。反之，热量由低温物体传至高温物体是一个非自发过程。它的实现必须花费一定的代价。例如通过热泵装置，以消耗一定的机械能为代价，即以机械能转换为热能这一自发过程为补偿过程，将热量由低温物体传至高温物体。

② 开尔文-普朗克表述：不可能从单一热源取热，并使之全部转换为功而不产生其他影响。

这是从热功转换的角度表述的热力学第二定律。1824年法国工程师卡诺(Sadi Carnot)提出了热能转换为机械能的根本条件："凡是有温度差的地方都能产生动力"。后来，随着蒸汽机的出现，人们在提高蒸汽机热效率的研究中认识到：要使热能连续不断地转换为机械能至少需要两个(或两个以上)温度不同的热源，即高温热源和低温热源。只有一个热源的热能动力装置是无法工作的。1851年英国物理学家开尔文(Lord Kelvin)，1897年德国物理学家普朗克(Max Planck)，先后发表了内容相同的表述，称之为开尔文-普朗克表述。这一表述指明，功转换为热的过程是自发过程，反之，由高温热源提供热量，将热转换为功的过程是非自发过程。它的实现必须要花费一定的代价，即还必须要有低温热源，把一部分来自高温热源的热量传递给低温热源这一自发过程作为补偿过程，实现将热转换为功。

③ 第二类永动机是不可能制造出来的。

历史上曾有人设想制造一台机器，其利用大气、海水作为单一热源，将大气、海水中取之不尽的热能转换为功，维持它永远转动。这种从单一热源取热并使之全部转换为功的热机称为第二类永动机。它虽然不违反热力学第一定律，但却违反了热力学第二定律。

热力学第二定律的上述几种表述，各自从不同的角度反映了热过程的方向性。实质上是统一的、等效的。如果违反了其中一种表述，也必然违反了另一种表述。

热力学第二定律和热力学第一定律一样，都是根据无数实践经验得出的经验性定律，具有广泛的适用性和高度的可靠性，都没法用数学方法严密地推导出来。一切实际过程都必须同时遵守热力学第一定律和热力学第二定律，违反其中任何一条定律的过程都是不可能实现的。一个热力过程能不能发生，由热力学第二定律决定，而一个正在进行或发生完成的热力过程，必须满足热力学第一定律，能量的数量是守恒的。

第二节　卡诺循环和卡诺定理

1. 正向循环和逆向循环

工质从某一初始状态出发，经过一系列状态变化，重新回复到初始状态的全部过程称为热力循环，简称循环。全部过程都是由可逆过程组成的循环，称为可逆循环。可逆循环在坐标图中用闭合实线表示。如果循环中有部分过程或全部过程是不可逆的，则该循环称为不可逆循环。不可逆循环中的不可逆过程用虚线表示。

根据循环所产生的效果及进行方向的不同，循环可分为正向循环和逆向循环。

（1）正向循环

正向循环又称为热动力循环，是将热能转换为机械能的循环。所有的热机，例如蒸汽轮机，内燃机，燃气轮机等都是按照正向循环工作的。

1）p–v 图、T–s 图上的表示

在 p–v 图和 T–s 图上，正向循环都是按照顺时针方向进行的，如图 4–1 所示。

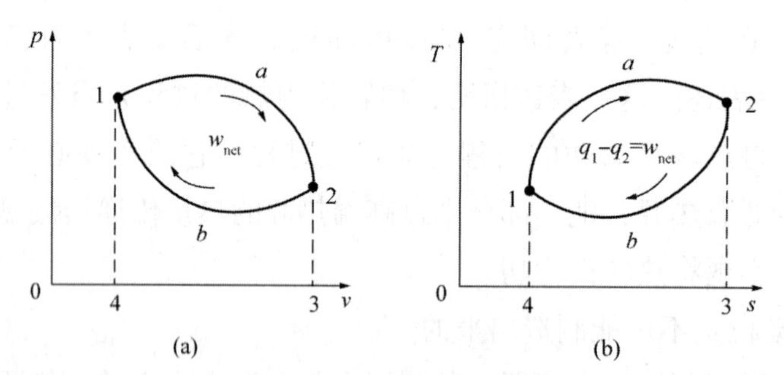

图 4–1　正向循环示意图

根据热力学第一定律，经过一个正向循环后，工质回到初态，状态参数没有发生变化，$\oint du = 0$，因此

$$\oint \delta q = \oint \delta w$$

即

$$q_1 - q_2 = w_{net}$$

对全部质量的工质，有

$$Q_1 - Q_2 = w_{net}$$

正向循环的总效果是：工质从高温热源吸收的热量 Q_1 一部分转换为机械能，对外做出净功 W_{net}，另一部分传递给了低温热源 Q_2，将部分热量传递给低温热源是热能连续不断地转换为机械能所必要的补充条件。

2）热效率

正向循环的热经济性用热效率来衡量。循环的热效率定义为循环所做的净功 w_{net}（收益）与循环的吸热量 q_1（代价）之比，用 η_t表示，即：

$$\eta_t = \frac{w_{net}}{q_1} = \frac{q_1 - q_2}{q_1} = 1 - \frac{q_2}{q_1} \tag{4-1}$$

热效率 η_t说明循环中的吸热量被有效利用的程度。显然，η_t总是小于 1 的。η_t愈大，即吸收相同的热量时对外所做的净功愈多，循环的热经济性就愈好。式(4-1)是计算热效率的最基本公式，适用于各类正向循环，包括可逆循环和不可逆循环。

（2）逆向循环

逆向循环主要用于制冷装置和热泵的工作循环，是消耗外界提供的功量将热量从低温物体传递到高温物体的循环。

1）p-v 图、T-s 图上的表示

在 p-v 图和 T-s 图上，逆向循环都是按照逆时针方向进行的，如图 4-2 所示。

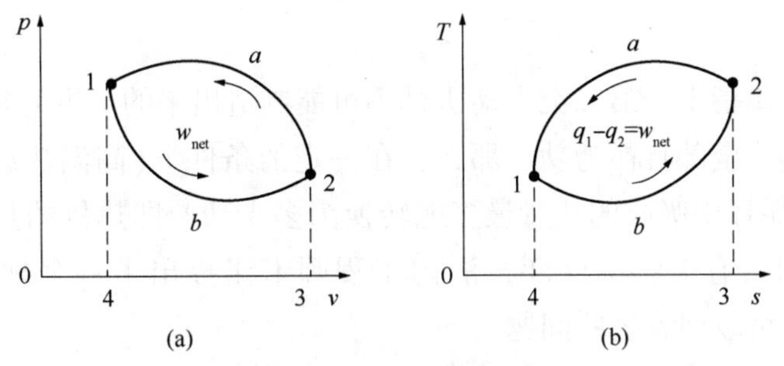

图 4-2　逆向循环示意图

根据热力学第一定律，经过一个逆向循环后，$\oint du = 0$，因此

$$\oint \delta q = \oint \delta w$$

即

$$q_1 - q_2 = w_{net}$$

对全部质量的工质，有：

$$Q_1 - Q_2 = W_{net}$$

通过逆向循环，可以将热量 Q_2从低温热源传递到高温热源，但必须消耗功，外界

对系统做净功 W_{net}，这部分功将转换为热量，连同 Q_2一起传递给高温热源 Q_1。消耗功是将热量从低温热源传递到高温热源所必要的补充条件。

2）工作系数

逆向循环的热经济性通常用工作系统 COP 来评价。工作系数是逆向循环的收益与代价之比。制冷装置和热泵都是按照逆向循环工作的，但它们的用途不同。制冷装置的用途是将热量从低温热源(冷藏室)取出，排向高温热源(大气)，维持低温热源的低温。例如食品储藏和夏季空调制冷。热泵的用途是从低温热源(大气)吸取热量，传递到高温热源(室内)，以达到供热的目的，例如冬季空调供热。

制冷装置循环的工作系数称为制冷系数，用 ε 表示：

$$\varepsilon=\frac{q_2}{w_{net}}=\frac{q_2}{q_1-q_2} \tag{4-2}$$

热泵循环的工作系数称为供热系数，用 ε'表示：

$$\varepsilon'=\frac{q_1}{w_{net}}=\frac{q_1}{q_1-q_2} \tag{4-3}$$

比较式(4-2)和式(4-3)可知：

$$\varepsilon' = \varepsilon + 1$$

可见，供热系数 ε'总是大于 1 的，而制冷系数 ε 可以大于 1、等于 1 或小于 1，在一般制冷条件下 $\varepsilon>1$。ε 和 ε'愈大，表明逆向循环的热经济性愈好。

2. 卡诺循环

热力学第二定律指出：第二类永动机是不可能制造出来的。也就是说，任何热机都不可能将吸收的热量全部转换为功。那么，在一定的条件下(高温热源、低温热源的温度一定时)，热机循环中吸收的热量最多能转换为多少功？即热机的热效率最大能达到多少？它与哪些因素有关？1824 年，法国工程师卡诺提出了一个理想的热机工作循环——卡诺循环，可以回答这些问题。

(1) 卡诺循环的组成

卡诺循环是工作在温度分别为 T_1和 T_2两个恒温热源之间的正向循环，它由两个可逆定温过程和两个可逆绝热过程组成。

卡诺循环在 $p-v$ 图和 $T-s$ 图上的表示如图 4-3 所示，图中：

1-2 为可逆定温吸热过程，单位质量的工质从高温恒温热源 T_1吸收热量 q_1；

2-3 为可逆绝热膨胀过程，工质温度从 T_1降低到 T_2；

3-4 为可逆定温放热过程，单位质量工质向低温恒温热源 T_2放出热量 q_2；

4-1 为可逆绝热压缩过程，工质温度从 T_2升高到 T_1，并完成一个循环。

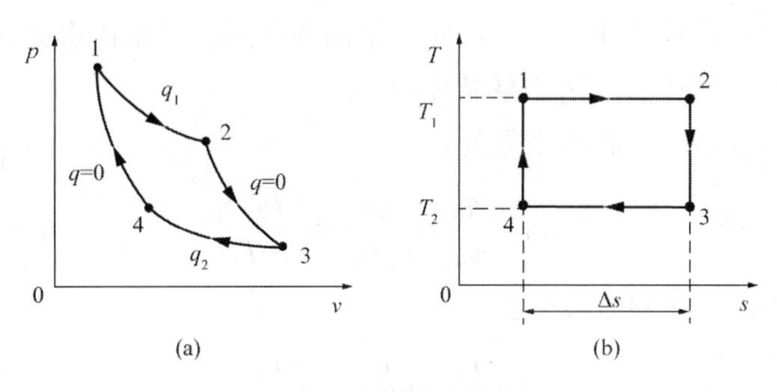

图 4-3　卡诺循环示意图

（2）卡诺循环的热效率 η_C

任意热机循环的热效率可表示为：

$$\eta_t=\frac{w_{net}}{q_1}=1-\frac{q_2}{q_1}$$

对于卡诺循环，由 $T-s$ 图可以确定 $q_1=T_1\Delta s$，$q_2=T_2\Delta s$，可得卡诺循环的热效率 η_C为：

$$\eta_C=1-\frac{q_2}{q_1}=1-\frac{T_2\Delta s}{T_1\Delta s}=1-\frac{T_2}{T_1} \tag{4-4}$$

分析卡诺循环热效率 η_C公式，可以得到以下几点重要结论：

① η_C只取决于高温恒温热源的温度 T_1和低温恒温热源的温度 T_2，与工质的性质无关。

② 提高高温恒温热源温度 T_1，或降低低温恒温热源温度 T_2，都可以提高 η_C。

③ η_C总是小于 1 的，不可能等于 1。因为 $T_1\to\infty$ 或 $T_2=0$ K 都是不可能的。这说明热机循环中，从高温热源吸收的热量不可能全部转换为功(机械能)。

④ 当 $T_1=T_2$时，$\eta_C=0$。这说明没有温差存在的体系，不可能将热能转换为机械能。单一热源的热机，即第二类永动机是不可能制造出来的。

卡诺循环是一个理想循环。实际循环不可能在定温下进行热量交换。此外，还存在摩擦等不可逆损失，以及由于工质性质的不同，都使得实际循环不能完全按照卡诺循环工作。虽然卡诺循环不能付诸实现，但它的提出在热力学的发展上具有重大意义。首先，它奠定了热力学第二定律的理论基础，从理论上确定了热机循环中实现功热转换的条件。第二，它指出了提高热效率的方向和一定温差范围内热能转换为功的最大限度，是研究热机性能不可缺少的准绳。

3. 卡诺制冷装置循环和卡诺热泵循环

按照与卡诺循环相同的路线而沿逆向进行的循环，称为逆向卡诺循环。逆向卡诺循环中，各过程的功和热量的计算式与正向卡诺循环相同，只是传递方向相反。逆向卡诺循环有卡诺制冷装置循环和卡诺热泵循环两种。

对卡诺制冷装置循环，制冷系数为：

$$\varepsilon_C=\frac{q_2}{w_{net}}=\frac{q_2}{q_1-q_2}=\frac{T_2}{T_1-T_2} \tag{4-5}$$

对卡诺热泵循环，供热系数为：

$$\varepsilon'_C=\frac{q_1}{w_{net}}=\frac{q_1}{q_1-q_2}=\frac{T_1}{T_1-T_2} \tag{4-6}$$

逆向卡诺循环是理想的、热经济性最高的制冷装置循环和热泵循环。由于种种困难，实际的制冷装置和热泵难以按照逆向卡诺循环工作。但逆向卡诺循环具有极为重要的理论价值，它为提高制冷装置和热泵的热经济性指出了方向，尽量减少循环中的不可逆因素是提高循环热经济性的重要方法。

4. 卡诺定理

卡诺在对热机效率进行深入研究的基础上，提出了著名的卡诺定理。卡诺定理包括卡诺定理一和卡诺定理二，分别表述如下：

定理一：在相同的高温热源和相同的低温热源之间工作的一切可逆热机具有相同的热效率，与工质的性质无关。

定理二：在相同的高温热源和相同的低温热源之间工作的一切不可逆热机的热效率都小于可逆热机的热效率。

例题 4-1：热机热效率和卡诺循环热效率

某热机工作在 $T_1=2\ 000$ K 和 $T_2=300$ K 的两热源之间，问该热机能否实现对外做功 1 200 kJ，向低温热源放热 800 kJ。

解：根据热力学第一定律，热机由高温热源吸收的热量为：

$$Q_1=W+Q_2=1\ 200\ \text{kJ}+800\ \text{kJ}=2\ 000\ \text{kJ}$$

则热机的热效率为：

$$\eta_t=\frac{W}{Q_1}=\frac{1\ 200\ \text{kJ}}{2\ 000\ \text{kJ}}=0.60$$

又在 T_1、T_2 两热源间工作的卡诺循环的热效率为：

$$\eta_C=1-\frac{T_2}{T_1}=1-\frac{300\ \text{K}}{2\ 000\ \text{K}}=0.85$$

由于 $\eta_C>\eta_t$，由卡诺定理二可知，该热机可以实现，是不可逆热机。

第三节 熵

在分析热力过程的方向性时，希望有与热力学第二定律的表述等效的数学判据。熵是与热力学第二定律紧密相关的状态参数，是判断实际过程能否实现、过程进行的方向、是否可逆的判据。在过程不可逆程度的度量、热力学第二定律的量化方面具有至关重要的作用。

1. 熵的导出

熵是在热力学第二定律的基础上导出的状态参数。热力学第二定律有不同的表述形式，状态参数熵的导出也有不同的方法。本节介绍一种传统的熵的导出方法。

对于卡诺循环，设高温恒温热源和低温恒温热源的温度分别为 T_1 和 T_2，卡诺循环的热效率为：

$$\eta_C = 1-\frac{Q_2}{Q_1} = 1-\frac{T_2}{T_1}$$

整理得：

$$\frac{Q_2}{T_2}=\frac{Q_1}{T_1}$$

式中，Q_1，Q_2 为绝对值，如果改为代数值，注意到 Q_1 为工质从高温热源吸收的热量，数值为正；Q_2 为工质向低温热源放出的热量，数值为负，则上式可写成：

$$\frac{Q_1}{T_1}+\frac{Q_2}{T_2}=0 \tag{4-7}$$

由式(4-7)可知，在卡诺循环中，工质与热源交换的热量除以热源的热力学温度所得商的代数和等于零。根据卡诺定理一，对于在相同的高温恒温热源 T_1 和低温恒温热源 T_2 之间工作的一切可逆热机，也可得出以上结论。

对于任意可逆循环 1*A*2*B*1，如图 4-4 所示，为了保证循环可逆，需要有与工质温度变化相对应的无穷多个热源。如果用一组可逆绝热过程线将该可逆循环分割成许多个微元循环，则每一个微元循环都可看作由两个可逆绝热过程和两个微元过程组成，例如微元可逆循环 *abcda*。当微元循环的数目很大，即绝热过程线间隔很小时，微元过程 *ab*、*cd* 就接近于定温过程，此时微元循环 *abcda* 就可看作是一个微元卡诺循环。

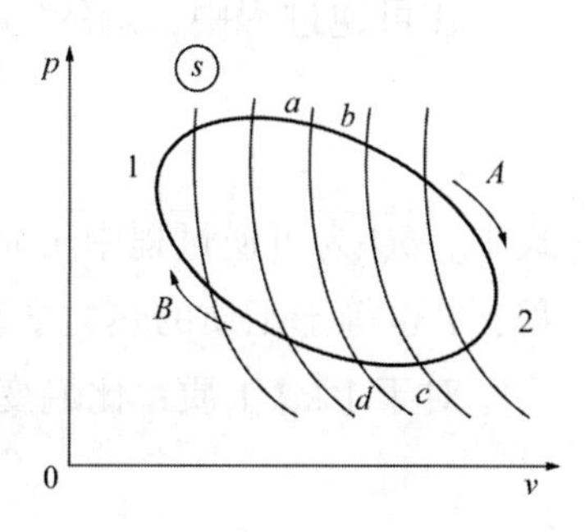

图 4-4 熵的导出示意图

对每一个微元卡诺循环，如果工质在温度 T_1 下吸收热量 δQ_1，在温度 T_2 下放出热量 δQ_2，则根据式(4-7)，可得：

$$\frac{\delta Q_1}{T_1}+\frac{\delta Q_2}{T_2}=0 \tag{4-8}$$

对全部循环积分求和，可得：

$$\int_{1A2}\frac{\delta Q_1}{T_1}+\int_{2B1}\frac{\delta Q_2}{T_2}=0$$

式中，δQ_1、δQ_2 代表微元循环中工质与热源交换的热量，且采用代数值，吸热为正，放热为负，可以统一用 δQ 表示。T_1、T_2 代表换热时的热源温度，统一用 T 表示，则上式可表示为：

$$\int_{1A2}\frac{\delta Q}{T}+\int_{2B1}\frac{\delta Q}{T}=0 \tag{4-9}$$

即：

$$\oint\frac{\delta Q}{T}=0 \tag{4-10}$$

式(4-10)称为克劳修斯积分等式。它表明，工质经历任意一个可逆循环后，$\frac{\delta Q}{T}$ 沿整个循环的积分为零。

由式(4-9)还可得出：

$$\int_{1A2}\frac{\delta Q}{T}=\int_{1B2}\frac{\delta Q}{T}$$

该式表明工质从状态 1 变化到状态 2 时，$\frac{\delta Q}{T}$ 的积分与积分路径无关。根据状态参数的性质可以断定，$\frac{\delta Q}{T}$ 一定是某一状态参数的全微分。1865 年，克劳修斯将这一状态参数定义为熵，用符号 S 表示。

在可逆过程中，熵的定义为：

$$dS=\frac{\delta Q}{T} \tag{4-11}$$

式中，δQ 为可逆过程中工质与热源交换的热量，T 为热源的热力学温度。由于是可逆过程，T 也等于工质的热力学温度。

对于 1 kg 工质，比熵变为：

$$ds=\frac{\delta q}{T} \tag{4-12}$$

熵的定义式(4-11)、式(4-12)仅适用于可逆过程。熵的单位为 J/K，比熵为 J/(kg·

K)。比熵是状态参数，熵的变化只与过程的初、终态有关，只要初、终态确定，熵变就完全确定，与过程是否可逆无关。

对于理想气体，熵的变化量可按第三章中的式(3-31)、式(3-32)、式(3-33)进行计算。对于固体或液体，由于其压缩性很小，则过程中 $dV\approx 0$，且一般情况下，$c_p=c_V=c$，熵变可表示为：

$$dS=\frac{\delta Q}{T}=\frac{mc\mathrm{d}T}{T} \tag{4-13}$$

令比热容为定值，则：

$$\Delta S=mc\ln\frac{T_2}{T_1} \tag{4-14}$$

如果有相变过程出现，例如固体溶解、液体汽化、蒸汽凝结或凝固等，在定压加热的相变过程中，工质的温度 T_s 保持不变，这时整个过程中熵的变化量可以分段计算。例如，质量为 1 kg 的液体由温度 T_1 定压加热至温度为 T_2 的蒸气($T_2>T_1$)，汽化潜热为 γ，则过程中熵的变化量 Δs 等于液体的熵变 Δs_1、汽化过程的熵变 $\Delta s_{1,v}$，以及蒸气的熵变 Δs_v 之和，即：

$$\Delta s=\Delta s_1+\Delta s_{1,v}+\Delta s_v=c_{p,1}\ln\frac{T_s}{T_1}+\frac{\gamma}{T_s}+c_{p,v}\ln\frac{T_2}{T_s} \tag{4-15}$$

2. 克劳修斯积分不等式

根据卡诺定理二，在相同的高温恒温热源 T_1 和低温恒温热源 T_2 之间工作的一切不可逆热机的热效率小于可逆热机的热效率，即：

$$1-\frac{Q_2}{Q_1}<1-\frac{T_2}{T_1}$$

整理得：

$$\frac{Q_2}{T_2}>\frac{Q_1}{T_1}$$

同理，Q_1，Q_2 采用代数值，则有：

$$\frac{Q_1}{T_1}+\frac{Q_2}{T_2}<0 \tag{4-16}$$

由式(4-16)可知，在相同的高温恒温热源和低温恒温热源之间工作的不可逆循环中，工质与热源交换的热量除以热源的热力学温度所得商的代数和小于零。

对于任意不可逆循环，按照与推导克劳修斯积分等式相同的方法，即用无数条可逆绝热过程线将不可逆循环分割成无数个微元不可逆循环，则对其中任意一个微元不可逆循环，有：

$$\frac{\delta Q_1}{T_1}+\frac{\delta Q_2}{T_2}<0 \tag{4-17}$$

对整个不可逆循环积分，可得：

$$\int_{1A2}\frac{\delta Q_1}{T_1}+\int_{2B1}\frac{\delta Q_2}{T_2}<0$$

统一用 δQ 表示工质与热源交换的热量，T 表示热源温度，则有：

$$\int_{1A2}\frac{\delta Q}{T}+\int_{2B1}\frac{\delta Q}{T}<0 \tag{4-18}$$

即：

$$\oint\frac{\delta Q}{T}<0 \tag{4-19}$$

式(4-19)称为克劳修斯积分不等式。它表明，工质经历任意一个不可逆循环后，$\frac{\delta Q}{T}$沿整个循环的积分小于0。综合克劳修斯积分等式 $\oint\frac{\delta Q}{T}=0$，有：

$$\oint\frac{\delta Q}{T}\leqslant 0 \tag{4-20}$$

式(4-20)是热力学第二定律的数学表达式之一，可以判断一个循环能否进行，可逆进行或不可逆进行。若 $\oint\frac{\delta Q}{T}<0$，为不可逆循环；若 $\oint\frac{\delta Q}{T}=0$，为可逆循环；若 $\oint\frac{\delta Q}{T}>0$，为不可能进行的循环。

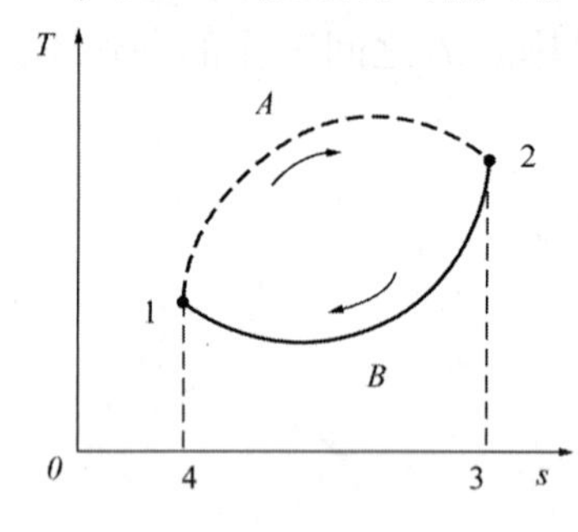

图 4-5　不可逆过程熵的变化

3. 不可逆过程熵的变化

考察一个不可逆循环 $1A2B1$，由不可逆过程 $1-A-2$ 和可逆过程 $2-B-1$ 组成，如图 4-5 所示。依据克劳修斯积分不等式(4-19)，循环有：

$$\oint\frac{\delta Q}{T}<0$$

或表示为：

$$\int_{1A2}\frac{\delta Q}{T}+\int_{2B1}\frac{\delta Q}{T}<0 \tag{4-21}$$

因为 $2-B-1$ 为可逆过程，根据式(4-11)，可得

$$\int_{2B1}\frac{\delta Q}{T}=S_1-S_2$$

代入式(4-21)，有：

$$\int_{1A2}\frac{\delta Q}{T}+(S_1-S_2)<0$$

即：

$$S_2 - S_1 > \int_{1A2} \frac{\delta Q}{T} \tag{4-22}$$

若假设 1-A-2 为可逆过程，则：

$$S_2 - S_1 = \int_{1A2} \frac{\delta Q}{T} \tag{4-23}$$

综合式(4-22)、式(4-23)，对于任意热力过程，有：

$$S_2 - S_1 \geqslant \int_1^2 \frac{\delta Q}{T} \tag{4-24}$$

对于任意微元过程，可写成：

$$\mathrm{d}S \geqslant \frac{\delta Q}{T} \tag{4-25}$$

式(4-24)，式(4-25)是热力学第二定律的又一个数学表达式，可以判断一个热力过程(或微元过程)能否进行，可逆进行或不可逆进行。若 $\mathrm{d}S > \frac{\delta Q}{T}$，为不可逆过程；若 $\mathrm{d}S = \frac{\delta Q}{T}$，为可逆过程；若 $\mathrm{d}S < \frac{\delta Q}{T}$，为不可能进行的过程。

4. 闭口系统的熵方程

分析不可逆过程中熵的变化 $\mathrm{d}S > \frac{\delta Q}{T}$，可知 $\mathrm{d}S$ 与 $\frac{\delta Q}{T}$ 二者差别愈大，偏离可逆过程愈远，即过程的不可逆性愈大。令：

$$\mathrm{d}S = \frac{\delta Q}{T} + \mathrm{d}S_\mathrm{g}$$

并令 $\mathrm{d}S_\mathrm{f} = \frac{\delta Q}{T}$，则有：

$$\mathrm{d}S = \mathrm{d}S_\mathrm{f} + \mathrm{d}S_\mathrm{g} \tag{4-26}$$

或表示为：

$$\Delta S = \Delta S_\mathrm{f} + \Delta S_\mathrm{g} \tag{4-27}$$

式(4-26)、式(4-27)称为闭口系统的熵方程，普遍适用于闭口系统的各种过程。式中：

① $\mathrm{d}S_\mathrm{f}$ 称为熵流。熵流表示由于系统与外界之间交换热量而引起的熵变。吸热时，$\mathrm{d}S_\mathrm{f}>0$；放热时，$\mathrm{d}S_\mathrm{f}<0$；绝热时，$\mathrm{d}S_\mathrm{f}=0$。

② $\mathrm{d}S_\mathrm{g}$ 称为熵产。熵产表示由于过程中存在不可逆因素(温差传热、摩擦等)引起的熵的增加。对于可逆过程，$\mathrm{d}S_\mathrm{g}=0$；对于不可逆过程，$\mathrm{d}S_\mathrm{g}>0$；熵产 $\mathrm{d}S_\mathrm{g}$ 不可能为负值。过程中不可逆性愈大，熵产也愈大。因此，熵产是过程不可逆程度的度量。熵产只可能为正值，极限情况下(可逆过程)为零。

例题 4-2：利用克劳修斯积分式判断循环

有一台循环装置，工作在温度为 800 K 和 300 K 的两个恒温热源之间。已知工质与高温热源交换的热量为 3 000 kJ，对外所做的净功量为 2 400 kJ。试判断该装置能否成为热机？能否成为制冷机？

解：根据热力学第一定律，可得：

$$Q_2 = Q_1 - W = 3\ 000\ \text{kJ} - 2\ 400\ \text{kJ} = 600\ \text{kJ}$$

① 判断能否成为热机，根据克劳修斯积分式：

$$\oint \frac{\delta Q}{T} = \frac{Q_1}{T_1} + \frac{Q_2}{T_2} = \frac{3\ 000\ \text{kJ}}{800\ \text{K}} + \frac{-600\ \text{kJ}}{300\ \text{K}} = 1.75\ \text{kJ/K} > 0$$

故该循环装置不可能成为热机。

② 判断能否成为制冷机，根据克劳修斯积分式：

$$\oint \frac{\delta Q}{T} = \frac{Q_1}{T_1} + \frac{Q_2}{T_2} = \frac{-3\ 000\ \text{kJ}}{800\ \text{K}} + \frac{600\ \text{kJ}}{300\ \text{K}} = -1.75\ \text{kJ/K} < 0$$

故该循环装置可以成为制冷机。

例题 4-3：利用熵变判断过程

空气初态时压力 $p_1 = 0.1$ MPa、温度 $t_1 = 15$ ℃，在压缩机中被绝热压缩到 $p_2 = 0.5$ MPa,若终态时温度分别为①150 ℃；②217 ℃，问这两个过程是否可行？是否可逆？设空气的气体常数 $R_g = 0.287$ kJ/(kg · K)，比热容 $c_p = 1.005$ kJ/(kg · K)。

解：根据绝热过程中 $\Delta s \geqslant 0$ 判断。

① 终态温度 $t_2 = 150$ ℃时，空气的熵变为：

$$\begin{aligned}\Delta s &= c_p \ln \frac{T_2}{T_1} - R_g \ln \frac{p_2}{p_1} \\ &= 1.005\ \text{kJ/(kg·K)} \times \ln \frac{423\ \text{K}}{288\ \text{K}} - 0.287\ \text{kJ/(kg·K)} \times \ln \frac{0.5\ \text{MPa}}{0.1\ \text{MPa}} \\ &= -0.075\ 6\ \text{kJ/(kg·K)} < 0\end{aligned}$$

由于绝热过程中工质的熵变小于零的过程是不可能实现的，故该过程不可行。

② 终态温度 $t_2 = 217$ ℃时，空气的熵变为：

$$\begin{aligned}\Delta s &= c_p \ln \frac{T_2}{T_1} - R_g \ln \frac{p_2}{p_1} \\ &= 1.005\ \text{kJ/(kg·K)} \times \ln \frac{490\ \text{K}}{288\ \text{K}} - 0.287\ \text{kJ/(kg·K)} \times \ln \frac{0.5\ \text{MPa}}{0.1\ \text{MPa}} \\ &= 0.072\ 2\ \text{kJ/(kg·K)} > 0\end{aligned}$$

故该过程可行，是不可逆绝热压缩过程。

例题 4-4：熵变、熵流、熵产的计算

某种气体初态时比体积 $v_1 = 0.062\ 5\ \text{m}^3/\text{kg}$、温度 $T_1 = 540$ K，经过不可逆绝热膨胀过程后，终态时比体积 $v_2 = 0.187\ 5\ \text{m}^3/\text{kg}$、温度降 $\Delta T = 30$ K。已知该气体的气体常数

$R_g=0.432\ \text{kJ/(kg·K)}$，比热容 $c_V=1.257\ \text{kJ/(kg·K)}$。试求 1 kg 该气体在不可逆绝热过程中的熵变 Δs、熵流 Δs_f、以及熵产 Δs_g。

解：首先计算气体的熵变：

$$\Delta s=c_V\ln\frac{T_2}{T_1}+R_g\ln\frac{v_2}{v_1}$$

$$=1.257\ \text{kJ/(kg·K)}\times\ln\frac{510\ \text{K}}{540\ \text{K}}+0.432\ \text{kJ/(kg·K)}\times\ln\frac{0.187\ 5\ \text{m}^3/\text{kg}}{0.062\ 5\ \text{m}^3/\text{kg}}$$

$$=0.403\ \text{kJ/(kg·K)}$$

由于过程为不可逆绝热过程，$q=0$，故熵流 $\Delta s_f=0$。

根据闭口系统熵方程，熵产为：

$$\Delta s_g=\Delta s-\Delta s_f=0.403\ \text{kJ/(kg·K)}$$

可见不可逆绝热过程中熵的增加完全来源于不可逆因素引起的熵产。

第四节　孤立系统熵增原理

1. 孤立系统熵增原理

任何一个热力系统，无论闭口系统、开口系统、绝热系统或非绝热系统，总可以将该系统连同与其相互作用的一切物体组成一个复合系统。该复合系统不再与外界有任何形式的能量交换和物质交换，即是一个孤立系统。

对于孤立系统，其熵变为：

$$\mathrm{d}S_{iso}=\mathrm{d}S_f+\mathrm{d}S_g=\mathrm{d}S_g\geqslant 0$$

即：

$$\mathrm{d}S_{iso}\geqslant 0 \tag{4-28}$$

式(4-28)称为孤立系统熵增原理。它指出孤立系统的熵只能增大，或者不变，绝不能减小。孤立系统内部进行的一切实际过程都朝着使系统的熵增加的方向进行。在极限情况下(可逆过程)，系统的熵维持不变。任何使孤立系统的熵减小的过程都是不可能发生的。

孤立系统熵增原理是热力学第二定律的又一个数学表达式，可以判断一个热力过程进行的方向、条件和限度。若 $\mathrm{d}S_{iso}>0$，为不可逆过程；若 $\mathrm{d}S_{iso}=0$，为可逆过程；若 $\mathrm{d}S_{iso}<0$，为不可能进行的过程。孤立系统熵增原理也可用于判断循环。

孤立系统熵增原理只适用于孤立系统。对于非孤立系统或孤立系统中的某一个物体，它们在过程中可以吸热，也可以放热，所以它们的熵既可能增大、不变，也可能减小。

2. 做功能力的损失

(1) 系统(或工质)的做功能力

当工质的热力状态与环境之间存在热力不平衡时，例如当工质的温度高于环境温度，压力高于环境压力时，工质就具有做出有用功的能力。

系统(或工质)的做功能力，是指在给定的环境条件下，系统从给定初始状态达到与环境热力平衡时可能做出的最大有用功。通常将环境温度 T_0 作为衡量做功能力的基准温度。

实践指出，任何过程只要有不可逆因素存在，就将造成系统做功能力的损失，而不可逆过程进行的结果又将使包含该系统在内的孤立系统的熵增加，这说明孤立系统的熵增与做功能力的损失存在着密切联系。

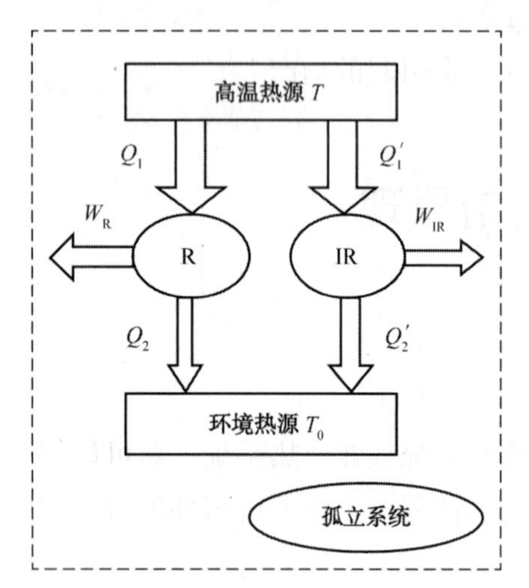

图 4-6 做功能力的损失推导示意图

(2) 做功能力的损失

假设在温度为 T 的高温热源与温度为 T_0 的环境之间同时工作着可逆热机 R 和不可逆热机 IR，如图 4-6 所示。两热机各自与热源交换热量，并对外输出功。

由卡诺定理二可知，$\eta_{t,R}>\eta_{t,IR}$，即：

$$\frac{W_R}{Q_1}>\frac{W_{IR}}{Q_1'}$$

令两热机从高温热源 T 吸收的热量相同，即 $Q_1=Q_1'$，则有：

$$W_R>W_{IR}$$

于是，由于不可逆引起的做功能力的损失为：

$$I=W_R-W_{IR}=(Q_1-Q_2)-(Q_1'-Q_2')=Q_2'-Q_2 \tag{4-29}$$

若将高温热源 T、环境 T_0、可逆热机 R、不可逆热机 IR，以及功源一起看作一个孤立系统，则经过一个工作循环后，孤立系统的熵增为：

$$\Delta S_{iso}=\Delta S_T+\Delta S_{T_0}+\Delta S_R+\Delta S_{IR}+\Delta S_W$$

其中，$\Delta S_R=0$、$\Delta S_{IR}=0$、$\Delta S_W=0$，因此：

$$\Delta S_{iso}=\Delta S_T+\Delta S_{T_0}=\left(-\frac{Q_1}{T}-\frac{Q_1'}{T}\right)+\left(\frac{Q_2}{T_0}+\frac{Q_2'}{T_0}\right)$$

根据卡诺定理，对于可逆热机 R，有$\frac{Q_1}{T}=\frac{Q_2}{T_0}$，并考虑到 $Q_1=Q_1'$，则：

$$\Delta S_{iso}=\frac{Q_2'}{T_0}-\frac{Q_2}{T_0} \tag{4-30}$$

综合式(4-29)和式(4-30)，可得：

$$I=T_0\Delta S_{iso} \tag{4-31}$$

由式(4-31)可知，当环境的热力学温度 T_0 确定后，做功能力的损失与孤立系统的熵增成正比，所以孤立系统的熵增是衡量系统做功能力损失的尺度。式(4-31)适用于计算任何不可逆因素引起的系统做功能力的损失。

例题 4-5：孤立系统熵增原理的应用

气体在气缸中被压缩，气体的热力学能变化为 45 kJ/kg，熵变为 −0.289 kJ/(kg·K)，压缩过程中外界对气体做功 165 kJ/kg，气体只与环境交换热量，环境温度为 300 K。问该过程能否实现？

解：选取气缸中气体和环境组成孤立系统，孤立系统的熵增为：

$$\Delta s_{iso}=\Delta s_{gas}+\Delta s_{surr}$$

由热力学第一定律，计算气体与环境交换的热量：

$$q=\Delta u+w=45\ \text{kJ/kg}-165\ \text{kJ/kg}=-120\ \text{kJ/kg}$$

热量 q 为负值，表示气体放热，即环境吸热，环境的吸热量 $q_{surr}=120$ kJ/kg，则环境的熵变为：

$$\Delta s_{surr}=\frac{q_{surr}}{T_{surr}}=\frac{120\ \text{kJ/kg}}{300\ \text{K}}=0.4\ \text{kJ/(kg·K)}$$

因此孤立系统的熵增为：

$$\Delta s_{iso}=\Delta s_{gas}+\Delta s_{surr}=-0.289\ \text{kJ/(kg·K)}+0.4\ \text{kJ/(kg·K)}=0.111\ \text{kJ/(kg·K)}>0$$

故该过程可以实现，是不可逆过程。

注意：应用孤立系统熵增原理计算每一个物体的熵变时，必须以该物体为主体确定热量的正负和熵变的正负。该物体吸热，热量为正；该物体放热，热量为负。

例题 4-6：做功能力的损失

有一个气缸，初始时空气的压力 $p_1=0.5$ MPa，$t_1=327$ ℃，经过绝热膨胀过程后空气的压力 $p_2=0.1$ MPa，$t_2=117$ ℃。已知环境温度为 27 ℃，空气的气体常数 $R_g=0.287$ kJ/(kg·K)，比热容 $c_p=1.004$ kJ/(kg·K)，试求该过程中空气做功能力的损失。

解：计算过程中空气的熵变：

$$\begin{aligned}\Delta s&=c_p\ln\frac{T_2}{T_1}-R_g\ln\frac{p_2}{p_1}\\&=1.004\ \text{kJ/(kg·K)}\times\ln\frac{390\ \text{K}}{600\ \text{K}}-0.287\ \text{kJ/(kg·K)}\times\ln\frac{0.1\ \text{MPa}}{0.5\ \text{MPa}}\\&=0.029\ 56\ \text{kJ/(kg·K)}\end{aligned}$$

已知该过程为绝热过程，由于气体的熵变大于零，故过程为不可逆过程。因为过程中空气与环境无热交换，因而环境的熵变为零。选取空气和环境为孤立系统。可见孤立系统的熵变即是空气的熵变。则空气做功能力的损失为：

$$I=T_0\Delta s=300\ \text{K}\times0.029\ 56\ \text{kJ/(kg·K)}=8.87\ \text{kJ/kg}$$

习　题

1. 自发过程是不可逆过程，非自发过程必为可逆过程，这一说法是否正确？

2. 热力学第二定律可否表述为“机械能可以全部转换为热能，而热能不可能全部转换为机械能。”

3. 循环的热效率公式 $\eta_t = 1-\dfrac{q_2}{q_1}$ 和 $\eta_t = 1-\dfrac{T_2}{T_1}$ 有何区别？各适用什么场合？

4. 下列说法是否正确？为什么？

（1）循环净功愈大，则热效率愈高；

（2）不可逆循环的热效率一定小于可逆循环的热效率；

（3）熵增大的过程为不可逆过程；

（4）若工质从同一初态分别经历可逆过程和不可逆过程到达同一终态，则不可逆过程的熵变必大于可逆过程的熵变；

（5）自然界的过程都是朝着熵增的方向进行的，因此熵减小的过程不可能实现；

（6）工质被加热时熵一定增大，放热时熵一定减小。

5. 如果工质从同一初态出发，分别经历可逆绝热过程和不可逆绝热过程膨胀到相同的终压力，两过程终态的熵哪个大？对外做的功哪个大？试用 T-s 图进行分析。

6. 如果工质从同一初态出发，分别经历可逆定压过程和不可逆定压过程，从同一热源吸收了相同的热量，工质终态的熵是否相同？为什么？

7. 如果工质由初态经历一个不可逆绝热过程膨胀到终态，问工质能否经历一个绝热过程回复到初态？

8. 某一闭口系统经历一不可逆过程后对外做功 10 kJ，同时放出热量 5 kJ，问系统的熵变是正、是负、还是不能确定？

9. 某可逆热机工作在温度为 150 ℃的高温热源和温度为 10 ℃的低温热源之间，试求：

（1）热机的热效率为多少？

（2）当热机输出的功为 2.7 kJ 时，从高温热源吸收的热量和向低温热源放出的热量分别为多少？

（3）如果将该热机逆向作为热泵运行在两热源之间，热泵的供热系数为多少？当工质从温度为 10 ℃的低温热源吸收 4.5 kJ/s 的热量时，需要输入的功率为多少？

10. 两台卡诺热机 A、B 串联工作。其中 A 热机从温度为 627 ℃的热源吸热，向温度为 T 的热源放热；B 热机从温度为 T 的热源吸取 A 热机放出的热量，并向温度为 27

℃的冷源放热。在下述情况下计算热源 T 的温度：

（1）两台热机输出功相等；

（2）两台热机热效率相等。

11. 用一台可逆热机输出的功驱动一台可逆制冷机。在热机循环中，工质从温度 $T_H=204$ ℃的高温热源吸热，向温度 $T_0=32$ ℃的低温热源放热；在制冷机中，工质从 $T_L=-29$ ℃的冷藏室吸热，向温度为 T_0 的热源放热。试求制冷机从冷藏室吸取的热量 Q_L 与热机从高温热源吸收的热量 Q_H 之比？

12. 某热机在温度分别为 600 ℃和 40 ℃的两个恒温热源之间工作，并用该热机带动一台制冷机，制冷机在温度为 40 ℃和-18 ℃的两个恒温热源之间工作。当温度为 600 ℃的热源提供给热机 2 100 kJ 的热量时，用热机带动制冷机联合运行并有 370 kJ 的功输出。如果热机的热效率为可逆热机的 40%，制冷机的制冷系数为可逆制冷机的 40%，试求温度为 40 ℃的热源共得到多少热量？

13. 将 1 kmol 理想气体在 400 K 下从 0.1 MPa 缓慢地定温压缩到 1.0 MPa，试计算下列三种情况下此过程气体的熵变、热源的熵变以及总熵变：

（1）过程无摩擦，热源温度为 400 K；

（2）过程无摩擦，热源温度为 300 K；

（3）过程有摩擦，比可逆压缩多消耗 20%的功，热源温度为 300 K。

14. 两质量相同、比热容相同（为常数）的物体 A 和 B，初始温度各为 T_A 和 T_B，用它们作为高温热源和低温热源，使可逆热机在其间工作，直至两物体温度相等为止，试求：

（1）平衡时的温度 T_m；

（2）可逆热机的总功量；

（3）如果两物体直接进行热交换直至温度相等，求平衡温度 T_m 以及两物体的总熵变。

15. 有两个容器，A 容器体积 $V_A=3\ m^3$，内有 $p=0.7$ MPa，$t=17$ ℃的空气，B 容器体积 $V_B=1\ m^3$，为真空。现将两容器连通，让 A 容器的空气流入 B 容器直至两容器压力相同。若整个过程中空气与外界无热交换，试计算过程前、后空气的温度、压力、热力学能以及熵的变化。

16. 一绝热容器内盛有空气，被一导热活塞分成两部分。初始时活塞被销钉固定，左、右两部分的体积为 $V_1=V_2=0.001\ m^3$，温度均为 300 K，左侧压力 $p_1=2\times10^5$ Pa，右侧压力 $p_2=1\times10^5$ Pa。突然拔掉销钉，活塞移动直至达到新的平衡。试求平衡时左、右两部分的体积以及整个容器内空气的熵变。

17. 将质量为 2 kg、温度为 300 ℃的铅，投入盛有质量为 4 kg、温度为 15 ℃的水的绝热容器中，最后达到热平衡。试求此过程中铅的熵变、水的熵变，以及系统的总熵变。已知铅和水的比热容分别为 $c_{Pb}=0.13$ kJ/(kg·K)、$c_{H_2O}=4.186\ 8$ kJ/(kg·K)。

18. 某绝热刚性容器内盛有 1 kg 的空气，初温 $T_1=300$ K。现用一搅拌器扰动气体，搅拌停止后，空气终温 $T_2=350$ K。试问该过程是否可能？是否可逆？空气熵变的计算式为 $\Delta s=0.716\ln\frac{T_2}{T_1}+0.287\ln\frac{v_2}{v_1}$。

19. 某人设计了一台热机，热机循环时，分别从温度为 $T_1=800$ K、$T_2=500$ K 的两个高温热源吸热 $Q_1=1\ 500$ kJ、$Q_2=500$ kJ，向温度为 $T_3=300$ K 的环境冷源放热 Q_3。问：

（1）若要求热机做出循环净功 $W_{net}=1\ 000$ kJ，该循环能否实现？

（2）最大循环净功 $W_{net,max}$ 为多少？

20. 闭口系统经历某一过程后，熵增为 25 kJ/K，从 300 K 的恒温热源吸热 8 000 kJ，试问此过程可逆、不可逆、还是不可能？

21. 燃气经过燃气轮机时由 0.8 MPa、420 ℃绝热膨胀到 0.1 MPa、130 ℃。设比热容 $c_p=1.01$ kJ/(kg·K)、$c_V=0.732$ kJ/(kg·K)。问该过程能否实现？是否可逆？

22. 质量为 0.25 kg 的 CO 在闭口系统中由 $p_1=0.25$ MPa、$t_1=120$ ℃膨胀到 $p_2=0.125$ MPa、$t_2=25$ ℃，做出膨胀功 $W=8.0$ kJ。已知环境温度 $t_0=25$ ℃，CO 的气体常数 $R_g=0.297$ kJ/(kg·K)，比热容 $c_V=0.747$ kJ/(kg·K)，试求：

（1）系统和环境交换的热量；

（2）判断该过程是否可逆？

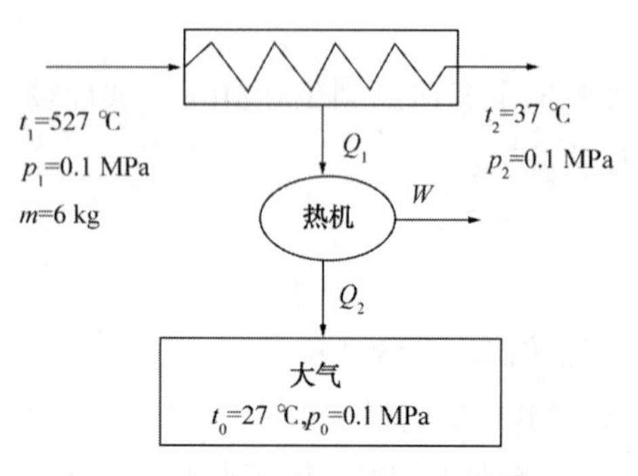

习题图 1

23. 习题图 1 所示为一烟气余热回收方案图。烟气的质量 $m=6$ kg，流入、流出换热器的温度和压力，大气环境的温度和压力如图所示。设烟气比热容 $c_p=1\ 400$ J/(kg·K)、$c_V=1\ 000$ J/(kg·K)，求：

（1）烟气流经换热器时传给热机中工质的热量 Q_1；

（2）热机排给大气的最小热量 $Q_{2,min}$；

（3）热机输出的最大功 W_{max}。

24. 气体在气缸中被压缩，压缩过程中外界对气体做功 200 kJ/kg，气体的热力学能变化为 60 kJ/kg，熵变为 −0.274 kJ/(kg·K)，气体与温度为 20 ℃的环境发生热交换。试确定每压缩 1 kg 气体时的熵产。

25. 空气稳定地流过压气机，从 $p_1=0.1$ MPa、$t_1=17$ ℃被绝热压缩到 $p_2=0.4$ MPa。若忽略进、出口动能和位能的变化，压缩过程所耗轴功为 180 kJ/kg，环境温度为 17 ℃，试计算 1 kg 空气在压气过程中做功能力的损失。

26. 一热机工作在温度为 $T_1=2\ 000$ K 的高温热源和温度为 $T_2=300$ K 的环境热源之间。若热机由高温热源吸收的热量为 2.5×10^6 kJ/s，对外输出功量为 1.0×10^6 kJ/s，试计算热机做功能力的损失为多少？

Chapter 4 The Second Law of Thermodynamics

The first law of thermodynamics is known as the law of conservation of energy. The energy is neither created nor destroyed but only change in form. It expresses a quantitative relationship between heat and work and makes possible the definition of stored energy. But the first law does not limit the extent of any energy conversion nor indicate whether any particular process is possible or not.

Any processes, which have occurred or are occurring, must obey to the first law undoubtedly. Yet experience shows that at least one type of desirable energy conversion—heat to work cannot be carried out completely. Furthermore, certain processes that would in no way violate the first law cannot occur.

For instance, the heat can transfer automatically from the higher-temperature body to the lower-temperature body, and the work can be converted completely into heat, but such processes, the lower-temperature body decreases its temperature automatically to transfer heat to the higher-temperature body, and energy reservoir cools itself automatically to lift the weight, cannot occur.

Why? Because of the direction of energy transport is always from a high energy value to a low energy value. The energy at a high temperature is more valuable than energy at a low temperature, and the heat is in a lower energy quality level compare with other energy. So the processes relating to the heat must have these characteristic: direction, condition and extent, and this is just the limitation of the first law of thermodynamics.

The second law of thermodynamics gives the direction, condition, and extent of a energy-transfer process, and the basic problem is the direction.

4.1 The Second Law of Thermodynamics

4.1.1 The Direction of the Spontaneous Processes

The spontaneous processes are the processes that can automatically occur and don't need any other conditions.

All the spontaneous processes are irreversible, that means a reversible process must therefore involve no friction, heat transfer across a finite temperature difference, free expansion, mixing and inelastic deformation. If a process is a spontaneous process, then the reverse process is impossible to make both the system and the surroundings to their initial states.

4.1.2 The Second Law of Thermodynamics

The second law of thermodynamics is a law which determines the direction, condition, and extent of an energy-transfer process. This law has been stated in many different forms. If any one of the statements of the second law is accepted as a postulate, all the other statements can then be proved from this stating point.

Two of the well-known statements of the second law of thermodynamics are known as the Clausius statement and the Kelvin-Planck statement.

(1) The Clausius Statement

It is impossible for any device to operate in such a manner that it produces no effect other than the transfer of heat from a lower-temperature body to a higer-temperature body.

The Clausius statement is sometimes given as: heat cannot, of itself, pass from a cold body to a hot one.

This statement was presented in 1850 by Clausius, a German mathematical physicist. It does not say that it is impossible to transfer heat from a lower-temperature body to a higher-temperature body. Instead, this is exactly what a refrigerator does if it receives an energy input, usually in the form of work. The "no effect" mentioned in the Clausius statement of the second law includes effects within the system itself. It is possible to build and operate a device which will absorb heat from a lower-temperature body, reject heat to a higher-temperature body, and produce no other effect in the surroundings. However, this device will itself experience an effect and be in a different state at the conclusion of the process from the one it was in at the beginning. The Clausius statement is related to refrigerators or heat pumps. It simply states that a refrigerator cannot operate unless its compressor is driven by an external power source.

(2) The Kelvin-Planck Statement

It is impossible for any device operating in a cycle to absorb heat from a single energy reservoir and produce an equivalent amount of work.

This statement is related to the heat engine. It states that work can be done by the transfer of heat only if there are two temperature levels, and heat is transferred from the high -

temperature body to the heat engine and also from the heat engine to the low-temperature body.

(3) A perpetual-motion machine of the second kind is impossible

Note that, a perpetual-motion machine of the first kind violates the first law by operating in a cycle and producing a greater net work than the net amount of heat put into machine. A perpetual-motion machine of the second kind violates the second law by producing work while operating cyclically and exchanging heat only with bodies at a single fixed temperature.

The Clausius and Kelvin-Planck statements of the second law are entirely equivalent to each other in their consequences, and either statement can be used as the expression of the second law of thermodynamics. Any device that violates the Kelvin-Planck statement also violates the Clausius statement, and vice versa.

Like the first law of thermodynamics, the second law of thermodynamics is based on experimental observations. To date, no experiment has been conducted that contradicts the second law, and this should be taken as sufficient proof of its validity. A process cannot take place unless it satisfies both the first and second laws of thermodynamics.

4.2 Carnot Cycle and Carnot Principles

4.2.1 Heat Engine Cycles and Refrigerator Cycles

(1) Heat Engine Cycles

A heat engine may be defined as a device that operates in a thermodynamic cycle and does a certain amount of net positive work through the transfer of heat from a high-temperature body to a low-temperature body. Heat engines usually involve a fluid to and from which heat is transferred while undergoing a cycle. This fluid is called the working fluid.

Consider a heat engine undergoing a cycle, the change in intenal energy $\oint du = 0$, and therefore the net work output of the system is also equal to the net heat transfer to the system.

$$\oint \delta q = \oint \delta w$$

That is

$$q_1 - q_2 = w_{net}$$

For heat engines, the desired output is the net work output w_{net}, and the required input is the amount of heat q_1 supplied to the working fluid. The fraction of the heat input that is converted to net work is a measure of the performance of the heat engine and is called the thermal efficiency η_t

$$\eta_t = \frac{w_{net}}{q_1} = 1 - \frac{q_2}{q_1} \tag{4-1}$$

Thermal efficiency is a measure of how efficiency a heat engine converts the heat that it receives to work, and its value is always less than unity. The more η_t, the more the fraction of the heat input that is converted to net work output.

(2) Refrigerator and Heat Pump Cycles

The reverse cycle of heat engine, that is, the transfer of heat from a low-temperature body to a high-temperature one requires special devices called refrigerators. Refrigerators, like heat engines, are cyclic devices. The working fluid used in the refrigeration cycle is called a refrigerant.

The efficiency of a refrigerator is expressed in terms of the coefficient of performance, denoted by COP. The objective of a refrigerator is to remove heat q_2 from the refrigerated space. To accomplish this objective, it requires a work input of w_{net}. Then the COP of the refrigerator, which is also called refrigerated coefficient with the symbol ε, can be expressed as

$$\varepsilon = \frac{q_2}{w_{net}} = \frac{q_2}{q_1 - q_2} \tag{4-2}$$

Notice that the value of ε can be greater than unity. That is, the amount of heat removed from the refrigerated space can be greater than the amount of work input. This is in contrast to the thermal efficiency, which can never be greater than 1.

Another device that transfers heat from a low-temperature body to a high-temperature one is the heat pump. Refrigerators and heat pumps operate on the same cycle but differ in their objectives. The objective of a refrigerator is to maintain the refrigerated space at a low temperature by removing heat from it. The objective of a heat pump, however, is to maintain a heated space at a high temperature.

The measure of performance of a heat pump is also expressed in terms of the coefficient of performance, and is called pump heat coefficient, denoted by ε'

$$\varepsilon' = \frac{\varepsilon_1}{w_{net}} = \frac{q_1}{q_1 - q_2} \tag{4-3}$$

A comparison of Equations (4-2) and (4-3) reveals that

$$\varepsilon' = \varepsilon + 1$$

This relation implies that the coefficient of performance of a heat pump is always greater than unity since ε is a positive quantity.

4.2.2 The Carnot Cycle

The second law of thermodynamics tells us that not all heat may be converted into work, and it is impossible that the thermal efficiency of the engine is 100%. Then, what is the maximum thermal efficiency of the engine? What factors influence the efficiency? In 1824, French engineer, Sadi Carnot published reflection on the motive power of fire, depicted an ideal cycle of engine, can answer these questions.

(1) The Processes of Carnot Cycle

Carnot cycle, the best known reversible cycle, is proposed by Sadi Carnot. The theoretical heat engine that operates on the Carnot cycle is called the Carnot heat engine. The Carnot cycle is composed of four reversible processes, two reversible isothermal processes and two reversible adiabatic (or isentropic) processes. The four reversible processes that make up the Carnot cycle are as follows:

Reversible isothermal expansion (Process 1-2, T_1=constant), The gas with temperature T_1 absorbs heat from a heat source with temperature T_1. The gas is allowed to expand slowly. The amount of heat transferred to the gas during this process is q_1 on a unit mass basis.

Reversible adiabatic expansion (Process 2-3, temperature drops from T_1 to T_2). The gas continues to expand slowly, doing work on the surroundings until its temperature drops from T_1 to T_2.

Reversible isothermal compression (Process 3-4, T_1=constant). The gas is compressed, and heat is transferred from the gas to the sink. During the process, the temperature difference between the gas and the sink is extremely close to zero, so the process can be considered as the reversible process. The amount of heat rejected from the gas during this process is q_2 on a unit mass basis.

Reversible adiabatic compression(Process 4-1, temperature rises from T_2 to T_1). The gas is compressed in a reversible manner, and returns to its initial state. The temperature rises from T_2 to T_2 during this reversible adiabatic compression process, which completes the cycle.

The $p-v$ and $T-s$ diagrams of Carnot cycle are shown in Figure 4-3.

(2) Carnot Efficiency η_C

The thermal efficiency of any heat engine, reversible or irreversible, can be expressed as

$$\eta_t = \frac{w_{net}}{q_1} = 1 - \frac{q_2}{q_1}$$

For Carnot cycle, it is obviously that $q_1 = T_1 \Delta s$, and $q_2 = T_2 \Delta s$ in terms of $T-s$ diagram. Hence

$$\eta_C = 1 - \frac{q_2}{q_1} = 1 - \frac{T_2 \Delta s}{T_1 \Delta s} = 1 - \frac{T_2}{T_1}$$

Some important conclusions of Carnot engine efficiency are:

① η_C is dependent only on the absolute temperature of the heat supplied and the heat rejected, is not related to the properties of substances.

② The higher the temperature of the steam entering the engine and the lower the temperature of the steam leaving the engine, the greater the engine's work output, and the more efficient of Carnot engine.

③ It is impossible for $T_1 \to \infty$, or $T_2 = 0$, so $\eta_C < 1$. That means, in the cycle of engine, the heat received from the high temperature reservoir cannot convert into work completely.

④ If $T_1 = T_2$, then $\eta_C = 0$. That means, if there is not temperature difference in a system, the heat cannot be transmitted into work. So a perpetual-motion machine of the second kind is impossible.

Carnot cycle is an ideal cycle, and it is the most efficient cycle operating between specified temperature limits. For an actual heat engine, there are always some temperature differences exist between the heat reservoirs and the actual heat engine, and there are always some irreversible lost such as friction, or use different substance with different properties. So the actual heat engine cannot operate on the Carnot engine. Even though the Carnot cycle cannot be achieved in reality, the efficiency of actual cycles can be improved by attempting to approximate the Carnot cycle more closely.

Carnot cycle and its efficiency have significant in the developing of thermodynamics. It tells us how to increase the efficiency of kinds of heat engine, that is try to increase the receive heat temperature and decrease the reject heat temperature (always surrounding temperature).

4.2.3 The Reversed Carnot Cycle

The reversed Carnot cycle has all the same processes as the power-producing Carnot engine cycle, but the cycle operates in the counterclockwise, and the direction of any heat and work interactions are reversed. A refrigerator or a heat pump that operates on the reversed Carnot cycle is called a Carnot refrigerator, or a Carnot heat pump.

The coefficient of performance for a Carnot refrigerators is

$$\varepsilon_C = \frac{q_2}{w_{net}} = \frac{q_2}{q_1 - q_2} = \frac{T_2}{T_1 - T_2} \tag{4-5}$$

The coefficient of performance for a Carnot heat pump is

$$\varepsilon'_C = \frac{q_1}{w_{net}} = \frac{q_1}{q_1 - q_2} = \frac{T_1}{T_1 - T_2} \tag{4-6}$$

4.2.4 The Carnot Principles

Based on the study of heat engine efficiency, Carnot draws two valuable conclusions to the thermal efficiency of reversible and irreversible heat engines, and they are known as the Carnot principles, expressed as follows:

① The efficiencies of all reversible heat engines operating between the same two reservoirs are the same.

② The efficiency of an irreversible heat engine is always less than the efficiency of a reversible one operating between the same two reservoirs.

These two statements can be proved by demonstrating that the violation of either statement results in the violation of the second law of thermodynamics.

4.3 Entropy

The second law of thermodynamics can also lead to the definition of a very useful property, entropy S. The property entropy often provides a means of determining if a process is reversible, irreversible, or even impossible.

4.3.1 Derivation of Entropy

The Carnot principle 1 states that the efficiencies of all reversible heat engines operating between the same two reservoirs are the same. Consider a reversible heat engine cycle. The efficiency of this reversible heat engine cycle becomes.

$$\eta_C = 1 - \frac{Q_2}{Q_1} = 1 - \frac{T_2}{T_1}$$

Which can be rearranged as

$$\frac{Q_2}{T_2} = \frac{Q_1}{T_1}$$

where Q_1 and Q_2 are absolute values. Actually the heat rejected Q_2 should be opposite in sign to the heat added Q_1; hence, by using the sign convention of positive for heat absorbed and negative for heat rejected, the proceeding equation becomes

$$\frac{Q_1}{T_1} + \frac{Q_2}{T_2} = 0 \tag{4-7}$$

Consider a reversible cycle 1A2B1, as shown in Figure 4-4. Replace the original cycle

1A2B1 by a series of reversible adiabatic lines. The total cycle can be connected to a number of Carnot cycles. For a differential Carnot cycle abcda

$$\frac{\delta Q_1}{T_1}+\frac{\delta Q_2}{T_2}=0 \tag{4-8}$$

Integral the preceding relation for the whole cycle

$$\int_{1A2}\frac{\delta Q_1}{T_1}+\int_{2B1}\frac{\delta Q_2}{T_2}=0$$

Employ Q to represent heat transfer and T the absolute temperature at which the heat is transferred. Then the preceding relation becomes

$$\int_{1A2}\frac{\delta Q}{T}+\int_{2B1}\frac{\delta Q}{T}=0 \tag{4-9}$$

That is

$$\oint\frac{\delta Q}{T}=0 \tag{4-10}$$

This equation is called Clausius equality, which states that the cyclic intergral of $\oint\frac{\delta Q}{T}$ is always equal to zero for all reversible cycles.

Equation (4-9) yields

$$\int_{1A2}\frac{\delta Q}{T}=\int_{1B2}\frac{\delta Q}{T}$$

This indicates that the value of $\frac{\delta Q}{T}$ is not a function of the system path, but depends only on the system states and not the process path, and thus it is a property. Therefore, the quantity $\frac{\delta Q}{T}$ must represent a property in the differential form. In 1865, Clausius named this property "entropy", denoted by the symbol S.

$$dS=\frac{\delta Q}{T} \tag{4-11}$$

On a unit mass basis

$$ds=\frac{\delta q}{T} \tag{4-12}$$

Equations (4-11) and (4-12) only can be applied in a reversible process. Entropy S is an extensive property of a system and sometimes is referred to as total entropy, and has the unit J/K. Entropy per unit mass s is an intensive property, and has the unit J/(kg · K). Note that the Entropy is a property. Entropy change depends only on the initial and final states, does not depends on a particular system path.

4.3.2 Clausius Inequality

From Carnot principle 2, all irreversible heat engines have a less efficiency than that of all reversible heat engines when working between the same two constant temperature heat reservoirs. That is

$$1-\frac{Q_2}{Q_1}<1-\frac{T_2}{T_1}$$

Which can be rearranged as

$$\frac{Q_2}{T_2}>\frac{Q_1}{T_1}$$

Using the sign convention of positive for heat absorbed and negative for heat rejected, then

$$\frac{Q_1}{T_1}+\frac{Q_2}{T_2}<0 \tag{4-16}$$

Equation (4-16) shows that, in an irreversible heat engine cycle when working the same two constant temperature heat reservoirs, the cyclic summation of $\frac{Q}{T}$ is less than zero.

Now consider a irreversible cycle, we use a series of reversible adiabatic lines divide the original irreversible cycle. The irreversible cycle can be represented by a series of differential irreversible cycles. For a differential irreversible cycle in it,

$$\frac{\delta Q_1}{T_1}+\frac{\delta Q_2}{T_2}<0 \tag{4-17}$$

Iutegral the preceding relation for the whole irreversible cycle

$$\int_{1A2}\frac{\delta Q_1}{T_1}+\int_{2B1}\frac{\delta Q_2}{T_2}<0$$

Employ Q to represent heat transfer and T the absolute temperature at which the heat is transferred. Then the preceding relation becomes

$$\int_{1A2}\frac{\delta Q}{T}+\int_{2B1}\frac{\delta Q}{T}<0 \tag{4-18}$$

That is

$$\oint\frac{\delta Q}{T}<0 \tag{4-19}$$

which is called Clausius inequality. It shows that, for an irreversible cycle, the cyclic integral of $\frac{\delta Q}{T}$ is always less than zero. Combined with Clausius equality $\oint\frac{\delta Q}{T}=0$, and therefore

$$\oint\frac{\delta Q}{T}\leqslant 0 \tag{4-20}$$

This inequality is valid for all thermodynamic cycles, which can judge a cycle is reversible, or irreversible, or cannot happen, including the refrigeration cycles. If $\oint \frac{\delta Q}{T} < 0$, the cycle is an irreversible cycle; $\oint \frac{\delta Q}{T} = 0$, reversible cycle; $\oint \frac{\delta Q}{T} > 0$, cannot happen.

4.3.3 Entropy Change in the Irreversible Process

Consider an irreversible cycle 1A2B1 that is made up of two processes: process 1-A-2, which is irreversible, and process 2-B-1, which is reversible, as shown in Figure 4-5. From the Clausius inequality,

$$\oint \frac{\delta Q}{T} < 0$$

or

$$\int_{1A2} \frac{\delta Q}{T} + \int_{2B1} \frac{\delta Q}{T} < 0 \tag{4-21}$$

For the reversible process 2-B-1

$$\int_{2B1} \frac{\delta Q}{T} = S_1 - S_2$$

Replacing $\int_{2B1} \frac{\delta Q}{T}$ by (S_1-S_2) in equation (4-21), yielding

$$\int_{1A2} \frac{\delta Q}{T} + (S_1 - S_2) < 0$$

Which can be rearranged as

$$S_2 - S_1 > \int_{1A2} \frac{\delta Q}{T} \tag{4-22}$$

If 1-A-2 is a reversible process,

$$S_2 - S_1 = \int_{1A2} \frac{\delta Q}{T} \tag{4-23}$$

Combine Equations (4-22) and (4-23). Then, for any thermodynamic process, we have

$$S_2 - S_1 \geqslant \int_1^2 \frac{\delta Q}{T} \tag{4-24}$$

It can also be expressed in differential form as

$$dS \geqslant \frac{\delta Q}{T} \tag{4-25}$$

where the equality holds for a reversible process and the inequality for an irreversible process.

The entropy change relation $dS \geqslant \frac{\delta Q}{T}$ is valid for all thermodynamic processes, which can judge a process is reversible, or irreversible, or cannot happen. If $dS>\frac{\delta Q}{T}$, the process is an irreversible process; If $dS=\frac{\delta Q}{T}$, reversible process; If $dS<\frac{\delta Q}{T}$, cannot happen.

4.3.4 The Entropy Equation for Closed Systems

The entropy change of a system during a differential irreversible process $dS>\frac{\delta Q}{T}$ shows that, some entropy is generated or created during an irreversible process, and this generation is due entirely to the presence of irreversibilities. It can be changed to equality by including an entropy production term dS_g.

$$dS=\frac{\delta Q}{T}+dS_g$$

At the same time, we define, $dS_f=\frac{\delta Q}{T}$, then

$$dS=dS_f+dS_g \tag{4-26}$$

or

$$\Delta S=\Delta S_f+\Delta S_g \tag{4-27}$$

Equations (4-26) and (4-27) are called entropy equation of closed systems, and it can be applied to any processes and any cycles of closed systems.

① The part of entropy change ΔS_f, which is called entropy flow, is caused by heat transfer between the system and surroundings. If the system receives heat, $\Delta S_f>0$; If rejects heat, $\Delta S_f<0$; If the system is an adiabatic system, $\Delta S_f=0$.

② The part of entropy change ΔS_g, which is called entropy generation, is caused by internal irreversibility (such as friction, heat transfer across a finite temperature difference). For a reversible process, $\Delta S_g=0$; For an irreversible process, $\Delta S_g>0$; and the process can never as that , $\Delta S_g<0$.

The entropy generation can be used to judge the extent of an irreversible process. The more value of the entropy genenration, the more irreversibility of a process, and it can never to less than zero.

4.4 The Increase of Entropy Principle

4.4.1 The Increase of Entropy Principle

An isolated system has already been defined as a system which in no way interacts with its surroundings. Therefore, every isolated system is (at least) an adiabatic closed system. So

$$dS_{iso}=dS_f+dS_g=dS_g\geqslant 0$$

Simply

$$dS_{iso}\geqslant 0 \tag{4-28}$$

Equation (4-28) is called the increase of entropy principle. The increase of entropy principle indicates: the entropy of an isolated system during a process always increases or, in the limiting case of a reversible process, remains constant. In other words, it never decreases.

The increase of entrapy principle serves as a criterion in determining whether a process is reversible, irreversible, or impossible. If $\Delta S_{iso}>0$, the process is an irreversible process; if $\Delta S_{iso}=0$, reversible process; if $\Delta S_{iso}<0$, impossible process.

The increase of entropy principle does not imply that the entropy of a system enclosed in an isolated system cannot decrease. The entropy change of a system enclosed in an isolated system can be positive, negative, or zero during a process, but for the whole isolated system, the summation of entropy change of all systems enclosed in an isolated system during a process always increases, or, in the limiting case of reversible process, remains constant.

4.4.2 Lost Opportunity to Do Work

The work output is maximized when the process between two specified states is executed in a reversible manner. Reversible work is defined as the maximum amount of useful work that can be produced as a system undergoes a process between the specified initial and final environment states, denoted by W_{rev}. In a reversible work analysis, the initial state is any state of a system, and the finial state is in the dead state. At the dead state, the system is at the temperature and pressure of its environments.

Any difference between the reversible work W_{rev} and the useful work W_{irrev} is due to the irreversibilities present during the process, and this difference is called irreversibility I. It is expressed as

$$I=W_{rev}-W_{irrev}$$

Irreversibility can be viewed as the wasted work or the lost opportunity to do work. It represents the energy that could have been converted to work but was not. The smaller the irreversibility associated with a process, the greater the work that is produced. The performance of a system can be improved by minimizing the irreversibility associated with it.

The irreversibility and the entropy change of an isolated system are associated with the irreversible process. The relation of the irreversibility and the entropy increase of the isolated system can be expressed as

$$I=T_0\Delta S_{iso} \tag{4-31}$$

第五章　水蒸气

工程上用的气态物质可以分为两类：气体和蒸气，两者之间并无严格界限。蒸气泛指刚刚脱离液态或比较接近液态的气态物质，而且在工作过程中有物质集态的变化，例如蒸气在被冷却或被压缩时，很容易变回液态。一般来说，蒸气分子间的距离较小，分子间的作用力及分子本身的体积都不能忽略，故蒸气一般不能作为理想气体处理。

热力工程中常以各种物质的蒸气为工质，并利用工质的相变来完成能量的贮存、传递以及转换等任务。常用的蒸气有水蒸气、氨蒸气以及氟利昂蒸气等。水蒸气是热力发动机中最早广泛应用的工质。由于水蒸气容易获得、耗资少、无毒无味、比热容大、传热好、有良好的膨胀和载热性能、不污染环境，至今仍是热力系统中应用的主要工质。例如热电厂以水蒸气为工质完成能量的转换、用水蒸气作为热源加热供热网路中的循环水、空调工程中用水蒸气对空气进行加热或加湿等。

工程计算中，由于水蒸气不能按理想气体处理，其状态方程式、比热容的函数关系以及有关热力性质的各种经验公式都比较复杂，不宜直接应用于工程计算。为此，研究编制出水蒸气的热力性质图和表，供工程计算时查用。这些图和表是多年来采用理论分析与实验相结合的方法，在综合大量可靠数据，得出复杂的水蒸气物性方程的基础上编制而成的。现在还可以借助计算机对水蒸气的物性及热力过程作高精度的计算。

各种物质的蒸气，在物理性质上虽各不相同，但其在热力性质的变化规律上是类似的。本章以水蒸气为例，对水蒸气的热力性质及热力过程进行讨论，对其他物质的蒸气具有普遍的指导意义。

第一节　水蒸气的定压产生过程

1. 水蒸气定压产生过程的三个阶段

工程上所用的水蒸气，通常是在锅炉中对水定压加热产生的。水稳定地流过锅炉时的定压吸热过程，与水在闭口系统中的定压吸热过程是相当的。下面以活塞式气缸中水蒸气的定压产生过程为例进行分析。

假设气缸中盛有 1 kg 温度为 t 的水。在水面上有一个可以移动的活塞，活塞上施加

一定的压力 p（不同实验序号下维持恒定压力），在容器底部对水进行加热，如图 5-1 所示。水蒸气的定压产生过程一般可以分为以下三个阶段。

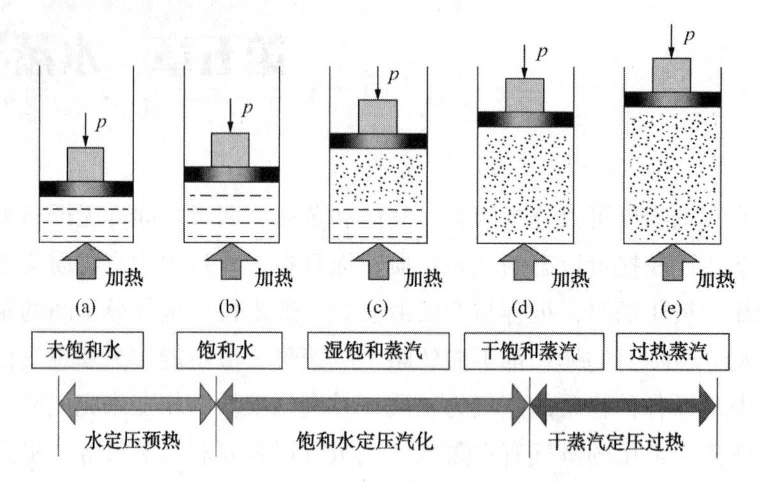

图 5-1　水蒸气定压产生过程示意图

（1）水定压预热阶段

假设容器中水在初始状态时的压力为 p，温度为 t。若此时水温 t 低于与压力 p 对应的饱和温度 t_s，即 $t<t_s(p)$，水称为未饱和水，如图 5-1（a）所示。对未饱和水加热，水的温度逐渐升高，比体积略有增加。当水的温度升高到与压力 p 对应的饱和温度 t_s时，水达到饱和状态，成为饱和水，如图 5-1（b）所示。饱和水的参数用在相应参数上方加一撇表示，如 v'、h'和 s'分别表示饱和水的比体积、比焓和比熵。水在定压下从未饱和水状态加热到饱和水状态的过程称为水的定压预热阶段，同压力下饱和水温度与未饱和水温度之差称为过冷度，预热阶段未饱和水吸收的热量称为液体热，用 q_l表示。

（2）饱和水定压汽化阶段

对饱和水继续加热，水开始汽化（沸腾），不断地变为蒸汽，这时水温保持饱和温度不变，容器内气、液两相共存，饱和蒸汽和饱和水的混合物称为湿饱和蒸汽，简称湿蒸汽，如图 5-1（c）所示。湿蒸汽的温度和压力是两个互相依赖的参数，其比体积随蒸汽量的增多而迅速增大。对湿蒸汽继续加热，水量逐渐减少，蒸汽量逐渐增加，直至水全部转变为蒸汽，这时的蒸汽称为干饱和蒸汽，简称干蒸汽，如图 5-1（d）所示。干饱和蒸汽的参数用在相应参数上方加两撇表示，如 v''、h''和 s''分别表示干饱和蒸汽的比体积、比焓和比熵。从饱和水状态加热到干饱和蒸汽状态的过程称为饱和水的定压汽化阶段，吸收的热量称为汽化潜热，用 γ 表示。

湿蒸汽的成分用干度 x 表示，定义为湿蒸汽中所含有的干饱和蒸汽的质量分数，即：

$$x=\frac{m_v}{m_w+m_v} \tag{5-1}$$

式中，m_v、m_w分别表示湿蒸汽中所含的干饱和蒸汽、饱和水的质量。干度的数值介于0~1之间，显然，饱和水的干度 $x=0$，干饱和蒸汽的干度 $x=1$。

（3）干饱和蒸汽定压过热阶段

对干饱和蒸汽继续加热，蒸汽的温度又开始上升，比体积继续增大。这时的蒸汽温度 t 大于该压力 p 对应的饱和温度 t_s，即 $t>t_s(p)$，蒸汽称为过热蒸汽，如图 5-1(e)所示。从干饱和蒸汽状态加热到过热蒸汽状态的过程称为干饱和蒸汽的定压过热阶段，过热蒸汽温度与同压力下饱和温度之差称为过热度，过热阶段蒸汽吸收的热量称为过热热，用 q_{sup}表示。

综上所述，水蒸气的定压产生过程经历了预热、汽化和过热三个阶段，其状态先后经历了未饱和水、饱和水、湿饱和蒸汽、干饱和蒸汽和过热蒸汽五种状态，水蒸气定压产生过程中所需的热量 q 为：

$$q=q_1+\gamma+q_{sup} \tag{5-2}$$

2. 水蒸气定压产生过程在 p–v 图和 T–s 图上的表示

（1）某一压力下水蒸气定压产生过程在 p–v 图和 T–s 图上的表示

在某一压力下，水由未饱和水定压加热为过热蒸汽的过程可以在 p–v 图和 T–s 图上表示。

在 p–v 图上，如图 5-2(a)所示，水蒸气的定压产生过程线是一条水平线 $abcda$。其中，a–b、b–d，d–e 分别为定压预热、定压汽化和定压过热三个不同阶段。a、b、c、d、e 点分别表示未饱和水、饱和水、湿蒸汽、干饱和蒸汽和过热蒸汽这五种状态。

在 T–s 图上，如图 5-2(b)所示，对应的定压产生过程线 $abcda$ 分为三段。其中，a–b为定压预热阶段，水的温度升高，熵值增大，过程线向右上方倾斜。b–d 为定压汽化阶段，水的压力和温度保持不变，熵值增大，过程线为一条水平线。d–e 为定压过热阶段，水蒸气的温度又开始升高，熵值继续增加，过程线向右上方倾斜。水蒸气定压产生过程中所吸收的总热量用 T–s 图上过程线 $abcda$ 下面的面积表示。

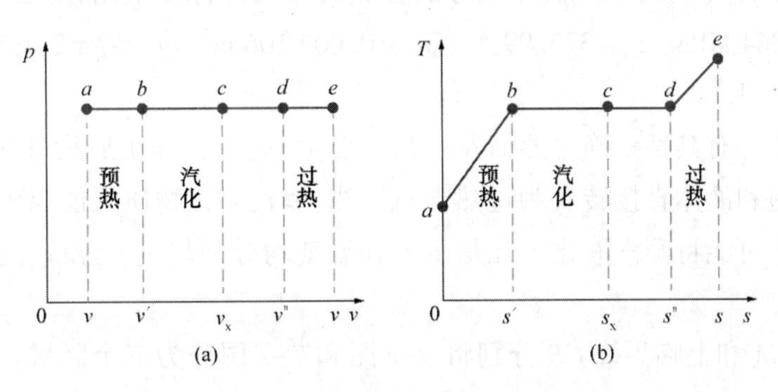

图 5-2　某一压力下水蒸气的定压产生过程

(2) 不同压力下水蒸气定压产生过程在 p–v 图和 T–s 图上的表示

将不同压力下水蒸气的定压产生过程表示在同一个 p–v 图和 T–s 图上，并将不同压力下对应的状态点连接起来，如图 5-3 所示。

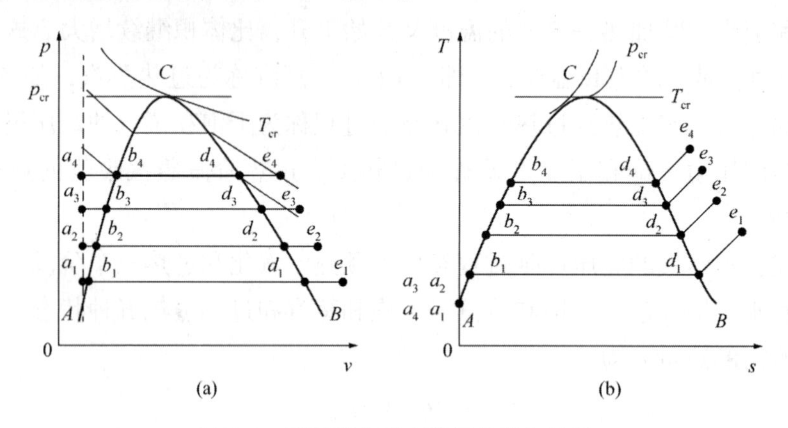

图 5-3　不同压力下水蒸气的产生过程

图中，$a_1a_2a_3\cdots$线是不同压力下初始温度 t 时水的状态点连接而成的线，在 p–v 图上，$a_1a_2a_3\cdots$线近乎一条垂直线。这是因为低温时的水几乎不可压缩，压力升高，比体积基本不变。$b_1b_2b_3\cdots$线称为饱和水线，是连接不同压力下饱和水的状态点所得的曲线，又称为下临界线。水受热膨胀的影响大于压缩的影响，压力和温度都升高时，v'和 s'都增大，故饱和水线向右方倾斜。$d_1d_2d_3\cdots$线称为干饱和蒸汽线，是连接不同压力下的干饱和蒸汽状态点所得的曲线，又称为上临界线。水蒸气受热膨胀的影响小于压缩的影响，压力升高时，v''和 s''均减小，故干饱和蒸汽线向左上方倾斜。

随着压力的增加，饱和水和干饱和蒸汽两点之间的距离逐渐缩短，$(v''-v')$和$(s''-s')$的值逐渐减小，汽化潜热也逐渐减小。当压力增加到某一临界值时，饱和水和干饱和蒸汽不仅具有相同的压力和比体积，而且还具有相同的温度和熵，汽化潜热为零。这时饱和水和干饱和蒸汽之间的差异已完全消失，这种特殊的状态称为临界状态，对应状态点称为临界点，用 C 表示。临界状态的各热力参数都标注下角标“cr”。水的临界参数为：$p_{cr}=22.064$ MPa、$t_{cr}=373.99$ ℃、$v_{cr}=0.003\ 106\ \mathrm{m^3/kg}$、$h_{cr}=2\ 085.9$ kJ/kg、$s_{cr}=4.409\ 2$ kJ/(kg·K)。

任何纯物质都有其唯一确定的临界状态。当 $p\geqslant p_{cr}$时，等压加热过程不存在汽化阶段，物质由未饱和液体直接转变为过热蒸汽。当 $t\geqslant t_{cr}$时，物质只能以气态存在，无论压力多大，都不可能将蒸汽液化。凡是压力和温度均分别超过 p_{cr}和 t_{cr}的蒸汽称为超临界蒸汽。

下临界线 CA 和上临界线 CB 分别将 p–v 图和 T–s 图分为三个区域：下临界线左方区域为未饱和水区(液相区)；上、下临界线之间的区域为湿蒸汽区(气液两相区)；上临界线右方区域为过热蒸汽区(气相区)。

综上所述，水蒸气的定压产生过程在 p-v 图和 T-s 图上有，一点：临界点；两线：下临界线和上临界线；三区：液相区、气液两相区、气相区；五态：未饱和水、饱和水、湿蒸汽、干饱和蒸汽、过热蒸汽状态。

第二节　水与水蒸气表

水蒸气的性质与理想气体差别很大。对于理想气体，其状态参数 p、v、T 之间的关系满足理想气体状态方程式 $pv=R_gT$；u、h 是温度的单值函数，Δu、Δh、Δs 可根据热力过程的特点利用公式计算出来。对于水和水蒸气，其状态参数 p、v、T 之间的关系不满足理想气体状态方程式 $pv\neq R_gT$；且 u、h 也不是温度的单值函数，数学表达式的形式很复杂。为了便于工程计算，通常将不同温度和不同压力下的未饱和水、饱和水、干饱和蒸汽和过热蒸汽的 p、v、t、h、s 等各种状态参数绘制成表，利用水与水蒸气表可以很容易地确定水与水蒸气的状态参数。对热力学能，可按 $u=h-pv$ 计算。

1. 零点的确定

水和水蒸气的 u、h、s 在热工计算中不必求出绝对值，仅需要求出变化量，故可任意确定基准点。根据国际水蒸气会议的规定，水与水蒸气表选取水的三相点(即固、液、气三相共存状态)时液相水的热力学能为零、熵为零，在三相点时液相水的状态参数分别为：$t=0.01$ ℃、$p=611.659$ Pa、$v=0.001\ 000\ 21$ m^3/kg、$u=0$ kJ/kg、$s=0$ kJ/(kg·K)。根据焓的定义，三相点时液相水的焓值为：

$$\begin{aligned} h &= u+pv \\ &= 0\ \text{kJ/kg}+611.659\ \text{Pa}\times 0.001\ 000\ 21\ \text{m}^3/\text{kg} \\ &= 0.000\ 61\ \text{kJ/kg}\approx 0\ \text{kJ/kg} \end{aligned}$$

2. 水与水蒸气表

水与水蒸气表有两种，一种是饱和水与饱和水蒸气表，另一种是未饱和水与过热水蒸气表。

(1) 饱和水与饱和水蒸气表

为了使用方便，饱和水与饱和水蒸气表又分为以温度为序和以压力为序两种，分别见附表 7 和附表 8。在以温度为序的饱和水与饱和水蒸气表中，列出了与不同温度对应的饱和压力 p_s；而在以压力为序的饱和水与饱和水蒸气表中，列出了与不同压力对应的饱和温度 t_s。两种表都列出了饱和水和干饱和蒸汽的比体积 v'、v''，焓 h'、h''，以及熵 s'、s''；同时还列出了每千克饱和水蒸发为同温度下的干饱和蒸汽时所需要的汽化潜热

γ，显然 $\gamma = h'' - h'$。

对于饱和水和干饱和蒸汽状态，只要知道压力和温度中的任何一个参数，就可以从饱和水与饱和水蒸气表中直接查得其他参数。

对于湿蒸汽状态，其温度为对应于 p_s 的饱和温度 t_s。此时温度和压力是互相依赖的两个参数，而不是互相独立的两个参数，故此时仅知道 p_s 或 t_s 不能确定其状态，还必须知道它的干度 x。

设 1 kg 湿蒸汽是由 x kg 干饱和蒸汽和 $(1-x)$ kg 饱和水混合而成的，因此 1 kg 湿蒸汽的各有关参数就等于 x kg 干饱和蒸汽的相应参数和 $(1-x)$ kg 饱和水的相应参数之和，即：

$$v_x = xv'' + (1-x)v' = v' + x(v'' - v') \tag{5-3}$$

$$h_x = xh'' + (1-x)h' = h' + x(h'' - h') \tag{5-4}$$

$$s_x = xs'' + (1-x)s' = s' + x(s'' - s') \tag{5-5}$$

比热力学能 u 一般不列入表中，可按焓的定义 $h = u + pv$ 求得，即 $u = h - pv$。饱和水与饱和水蒸气表中，h 的单位为 kJ/kg、压力的单位为 MPa，计算时要注意单位的统一。

(2) 未饱和水与过热水蒸气表

未饱和水与过热水蒸气表见附表 9，表中分别以温度和压力作为列和行，列出了对应状态下的比体积 v、焓 h 以及熵 s 值。表中的粗黑线是未饱和水和过热蒸汽状态的分界线，表中粗黑线以上为未饱和水的参数，粗黑线以下为过热蒸汽的参数。

对于未饱和水和过热蒸汽状态，已知任意两个状态参数就可以确定该状态下的其他状态参数。

对于以上三种水与水蒸汽表中没有列出的状态，可以通过直线内插法求得。

利用水与水蒸气表确定蒸汽的状态虽然准确度高，但往往需要内插。此外，从水与水蒸气表上不能直接查得湿蒸汽的参数。如果根据表中的数据制成状态图，则将克服以上不足，尤其对水蒸气的热力过程进行分析计算时，图比表更直观方便。其中应用最广泛的水蒸气热力性质图是 h-s 图。有关水蒸气的图可参考有关书籍进一步学习。

例题 5-1：利用水与水蒸气表确定水和水蒸气的状态

利用水与水蒸气表确定下列各点所处的状态：

(1) $t = 45$ ℃，$v = 0.001\,009\,93$ m^3/kg；

(2) $t = 200$ ℃，$x = 0.9$；

(3) $p = 0.5$ MPa，$t = 165$ ℃。

解：(1) $t = 45$ ℃，$v = 0.001\,009\,93$ m^3/kg

由已知温度 $t = 45$ ℃，查饱和水与饱和水蒸气表附表 7，可得 $v = 0.001\,009\,93$ m^3/kg，可知该状态为饱和水状态，且该状态下，$p_s = 0.01$ MPa、$h = 188.42$ kJ/kg、$s = 0.638\,6$ kJ/(kg·K)。

（2）$t=200\ ^\circ\mathrm{C}$，$x=0.9$

由干度 $x=0.9$，可知该状态为湿蒸汽状态，查饱和水与饱和水蒸气表附表 7，可得：

$h'=852.34\ \mathrm{kJ/kg}$、$h''=2\ 792.47\ \mathrm{kJ/kg}$；$s'=2.330\ 7\ \mathrm{kJ/(kg\cdot K)}$、$s''=6.431\ 2\ \mathrm{kJ/(kg\cdot K)}$

因此：

$$h_x=xh''+(1-x)h'=0.9\times2\ 792.47\ \mathrm{kJ/kg}+(1-0.9)\times852.34\ \mathrm{kJ/kg}$$
$$=2\ 598.5\ \mathrm{kJ/kg}$$

$$s_x=xs''+(1-x)s'=0.9\times6.431\ 2\ \mathrm{kJ/(kg\cdot K)}+(1-0.9)\times2.330\ 7\ \mathrm{kJ/(kg\cdot K)}$$
$$=6.021\ 2\ \mathrm{kJ/(kg\cdot K)}$$

（3）$p=0.5\ \mathrm{MPa}$，$t=165\ ^\circ\mathrm{C}$

由饱和水与饱和水蒸气表附表 8 可知，$p=0.5\ \mathrm{MPa}$ 时，$t_s=151.867\ ^\circ\mathrm{C}$，由于 $t>t_s$，可知该状态为过热蒸气状态。根据 $p=0.5\ \mathrm{MPa}$，$t=165\ ^\circ\mathrm{C}$，查未饱和水与过热水蒸气表附表 9，可得：

$p=0.5\ \mathrm{MPa}$，$t=160\ ^\circ\mathrm{C}$ 时，$h=2\ 767.2\ \mathrm{kJ/kg}$、$s=6.864\ 7\ \mathrm{kJ/(kg\cdot K)}$；

$p=0.5\ \mathrm{MPa}$，$t=170\ ^\circ\mathrm{C}$ 时，$h=2\ 789.6\ \mathrm{kJ/kg}$、$s=6.916\ 0\ \mathrm{kJ/(kg\cdot K)}$。

对于 $p=0.5\ \mathrm{MPa}$，$t=165\ ^\circ\mathrm{C}$，可按直线内插法求得焓值和熵值，为：

$h=2\ 778.7\ \mathrm{kJ/kg}$、$s=6.890\ 4\ \mathrm{kJ/(kg\cdot K)}$。

总结：如何判断水蒸气的状态？可按下列方法判断。

（1）已知压力 p 和温度 t 时

首先根据饱和水与饱和水蒸气表，确定与压力 p 对应的饱和温度 t_s：

若 $t<t_s$，为未饱和水状态。

若 $t=t_s$，为饱和水、湿蒸汽或干饱和蒸汽状态。还需要知道干度 x。

若 $t>t_s$，为过热蒸汽状态。

（2）已知压力 p（或温度 t），以及比体积 v（或焓 h、或熵 s）时

首先根据饱和水与饱和水蒸气表，确定压力 p 时饱和水的比体积 v'、干饱和蒸汽的比体积 v''：

若 $v<v'$，为未饱和水状态。

若 $v=v'$，为饱和水状态。

若 $v'<v<v''$，为湿蒸汽状态。

若 $v=v''$，为干饱和蒸汽状态。

若 $v>v''$，为过热蒸汽状态。

第三节　水蒸气的基本热力过程

水蒸气的基本热力过程有定容、定压、定温和定熵四种过程，其中定压过程和定熵过程最为常见和重要。例如，水在锅炉中的加热汽化过程、乏汽在冷凝器中的凝结过程、给水在回热器中的预热过程(或抽气在回热器中的冷却冷凝过程)等都是定压过程。而蒸汽在汽轮机中的膨胀做功过程、水蒸气在喷管中的流动过程等都是绝热过程。如果不考虑喷管内的摩擦损失，则过程为可逆绝热过程，即定熵过程。

分析水蒸气热力过程的目的和任务，一是确定工质初态、终态的参数，了解过程中工质状态的变化规律；二是确定过程中工质与外界交换的功量和热量。

利用水蒸气表具体分析计算时，一般按下列步骤进行：

1）根据初态的两个已知参数，通常为(p、t)、(p、x)或(t、x)，从水蒸气表中查得初态的其他参数值。

2）根据过程特点和终态的一个参数值，确定终态，再从水蒸气表中查得终态的其他参数值。

3）根据已求得的初、终态参数，结合过程特点，应用热力学第一定律和热力学第二定律，计算过程中工质与外界交换的功量和热量。

例题 5-2：水蒸气定压加热过程

水在 $p_1=10$ MPa，$t_1=220$ ℃的状态下进入锅炉，定压加热至 $t_2=550$ ℃生成水蒸气流出锅炉，求每千克水在锅炉中吸收的热量。

解：由 $p_1=10$ MPa，查饱和水与饱和水蒸气表附表 8，可得与 p_1 对应的饱和蒸汽温度 $t_s=311.037$℃，因此 $t_1=220$ ℃时为未饱和水状态，$t_2=550$ ℃时为过热蒸汽状态。查未饱和水与过热水蒸气表附表 9，可得：

$p_1=10$ MPa、$t_1=220$ ℃时，$h_1=945.71$ kJ/kg；

$p_1=10$ MPa、$t_2=550$ ℃时，$h_2=3\,499.1$ kJ/kg。

因此每千克水在锅炉中的吸热量为：

$q=\Delta h=h_2-h_1=3\,499.1\text{ kJ/kg}-945.71\text{ kJ/kg}=2\,553.39\text{ kJ/kg}$

例题 5-3：水蒸气可逆绝热膨胀过程

水蒸气在汽轮机内由 $p_1=1$ MPa、$t_1=300$ ℃可逆绝热膨胀至 $p_2=0.1$ MPa，求每千克水蒸气在汽轮机中所做的膨胀功和技术功。

解：确定初态参数：由 $p_1=1$ MPa、$t_1=300$ ℃，可知水蒸气为过热蒸汽状态，查未饱和水与过热水蒸气表附表 9，可得：

$p_1=1$ MPa、$t_1=300$ ℃时，$v_1=0.257\,93\text{ m}^3/\text{kg}$、$h_1=3\,050.4$ kJ/kg、$s_1=7.121\,6$ kJ/(kg·K)、$u_1=h_1-p_1v_1=3\,050.4\text{ kJ/kg}-1\times10^6\text{ Pa}\times0.257\,93\text{ m}^3/\text{kg}=27\,952.47\text{ kJ/kg}$

确定终态参数：由 $p_2=0.1\ \mathrm{MPa}$、$s_2=s_1=7.121\ 6\ \mathrm{kJ/(kg\cdot K)}$，可知水蒸气为湿蒸汽状态，如图 5-4 所示，查饱和水与饱和水蒸气表附表 8，可得：

$p_2=0.1\ \mathrm{MPa}$ 时，饱和水 $v'=0.001\ 043\ 1\ \mathrm{m^3/kg}$、$h'=417.52\ \mathrm{kJ/kg}$、$s'=1.302\ 8\ \mathrm{kJ/(kg\cdot K)}$；饱和蒸汽 $v''=1.694\ 3\ \mathrm{m^3/kg}$、$h''=2\ 675\ 1\ \mathrm{kJ/kg}$、$s''=7.358\ 9\ \mathrm{kJ/(kg\cdot K)}$。

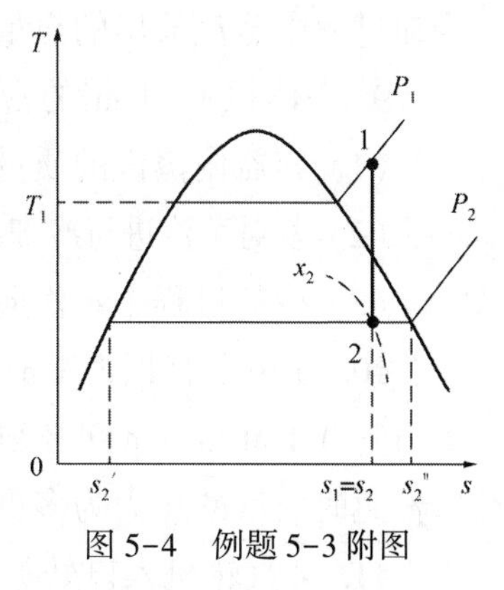

图 5-4　例题 5-3 附图

因此湿蒸汽的干度：

$$x=\frac{s_2-s'}{s''-s'}=\frac{(7.121\ 6-1.302\ 8)\mathrm{kJ/(kg\cdot K)}}{(7.358\ 9-1.302\ 8)\mathrm{kJ/(kg\cdot K)}}=0.960\ 8$$

焓：

$$h_2=xh''+(1-x)h'=0.960\ 8\times267\ 5.1\mathrm{kJ/kg}+(1-0.960\ 8)\times417.52\ \mathrm{kJ/kg}$$
$$=258\ 6.6\ \mathrm{kJ/kg}$$

比体积：

$$v_2=xv''+(1-x)v'=0.960\ 8\times0.001\ 043\ 1\mathrm{m^3/kg}+(1-0.960\ 8)\times1.694\ 3\ \mathrm{m^3/kg}$$
$$=1.627\ 9\ \mathrm{m^3/kg}$$

热力学能

$$u_2=h_2-p_2v_2=2\ 586.6\ \mathrm{kJ/kg}-0.1\times10^6\ \mathrm{Pa}\times1.627\ 9\ \mathrm{m^3/kg}=2\ 423.8\ \mathrm{kJ/kg}$$

因此每千克水蒸气在汽轮机中所作的膨胀功和技术功为：

$$w=u_1-u_2=279\ 2.47\ \mathrm{kJ/kg}-242\ 3.8\ \mathrm{kJ/kg}=368.67\ \mathrm{kJ/kg}$$
$$w_t=h_1-h_2=3\ 050.4\ \mathrm{kJ/kg}-2\ 586.6\ \mathrm{kJ/kg}=463.8\ \mathrm{kJ/kg}$$

习　题

1. 是否存在 0 ℃或低于 0 ℃的水蒸气？是否存在高于 400 ℃的水？为什么？

2. 沸腾状态的水总是烫手的，这种说法是否正确？为什么？

3. 在临界点上，饱和液体的焓一定等于干饱和蒸汽的焓，这种说法是否正确？为什么？

4. 某液体的温度为 T，若其压力大于与温度 T 对应的饱和压力，则该液体一定处于未饱和液体状态？试判断是否正确？

5. 压力为 25 MPa 的水蒸气的汽化过程是否存在？为什么？

6. 锅炉内产生的水蒸气在定温过程中是否满足 $q=w$ 的关系？为什么？

7. 关系式 $\mathrm{d}h=c_p\mathrm{d}T$ 适用于任何工质的定压过程。水蒸气定压汽化过程中 $\mathrm{d}T=0$，由此得出结论：水定压汽化时 $\mathrm{d}h=c_p\mathrm{d}T=0$，此结论是否正确？为什么？

8. 某容器内盛有 0.5 kg、温度 $t=120$ ℃的干饱和蒸汽，在定容下冷却至 80 ℃，求冷却过程中蒸汽放出的热量。

9. 一体积 $V=1\ m^3$的密闭容器内盛有压力 $p_1=0.35$ MPa 的干饱和蒸汽，问：

（1）容器内蒸汽的质量为多少？

（2）若对蒸汽进行冷却，当压力降低到 $p_2=0.2$ MPa 时，容器内的蒸汽处于什么状态？

（3）冷却过程中蒸汽向外传出的热量为多少？

10. 在一个容积为 1 m^3的刚性容器内有 0.03 m^3的饱和水和 0.97 m^3的干饱和蒸汽，压力为 0.1 MPa。试问必须加入多少热量才能使容器内的饱和水刚好汽化为干饱和蒸汽？此时蒸汽的压力为多少？

11. 某汽轮机入口处蒸汽参数为 $p_1=1.3$ MPa、$t_1=350$ ℃，出口处蒸汽参数为 $p_1=0.005$ MPa。假设蒸汽在汽轮机内进行可逆绝热膨胀过程，忽略进、出口动能差，求：

（1）出口处排气的温度和干度；

（2）每千克蒸汽流经汽轮机时所做的轴功。

12. 蒸汽在压力 $p_1=1.5$ MPa、干度 $x_1=0.95$ 状态下进入过热器，被定压加热成为过热蒸汽后进入汽轮机。在汽轮机内经历可逆绝热膨胀过程后，在压力 $p_3=0.005$ MPa、干度 $x_3=0.90$ 状态下流出汽轮机。求每千克蒸汽在过热器内吸收的热量。

13. 将 1 kg、$p_1=0.6$ MPa、$t_1=200$ ℃的水蒸气在定压条件下加热至 $t_2=300$ ℃，求此定压加热过程中加入的热量和热力学能的变化。若将水蒸气再在汽缸中绝热膨胀至 $p_3=0.05$ MPa，求此膨胀过程中所做的功。

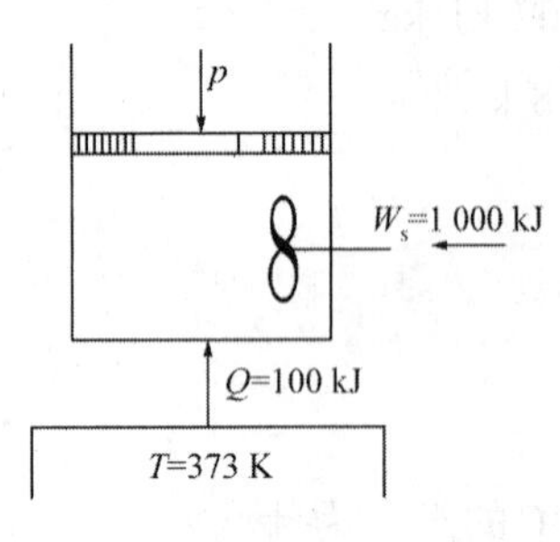

习题图 1

14. 竖直放置的汽缸活塞系统内装有 100 kg 的水，初温 $t=27$ ℃。外界通过搅拌器向系统输入 $W_s=1\ 000$ kJ 的功，同时有温度为 373 K 的热源向系统内的水传热 100 kJ，如习题图 1 所示。若过程中水维持定压 $p=0.1$ MPa，且水的比热容 $c_p=4.187$ kJ/(kg·K)。求：

（1）过程中水的熵变、热源的熵变；

（2）整个系统做功能力的损失。设环境温度 $T_0=300$ K。

15. 有一台蒸汽锅炉，利用烟气定压放热来加热锅炉给水以产生过热蒸气。烟气定压放热时，温度由 1 500 ℃降低到 250 ℃。锅炉给水状态为 $p_1=9.0$ MPa、$t_1=30$ ℃，被定压加热汽化后生成过热蒸汽，过热蒸汽状态为 $p_2=9.0$ MPa、$t_2=450$ ℃。设烟气可近似看作空气，比热容 $c_p=1.078\ 9$ kJ/(kg·K)。试求：

（1）每生产 1 kg 过热蒸汽所需要的烟气量为多少？

（2）生产 1 kg 过热蒸汽时烟气的熵变和过热蒸汽的熵变；

（3）将烟气和过热蒸汽作为孤立系统，生产 1 kg 过热蒸汽时孤立系统的总熵变；

（4）过程中做功能力的损失。设环境温度$t_0=15$ ℃。

Chapter 5 Water Vapor

There are two kinds of different gas substance used in engineering, gas and vapor. Gas, such as hydrogen, oxygen, as well as air, can be treated as an ideal gas in the thermodynamic analysis. They are usually far away from liquid and maintain gas behavior at the atmosphere. However, Vapor, such as water vapor, ammonia, Freon vapor. cannot be treated as an ideal gas, which is usually not far away from liquid and often experiences phase change during the process. As a kind of working substance, water vapor has many characteristics, includes: it is an earliest used substance in engineering, it is easy to obtain, abundance in source, no poison and smell, great in specific heat, easy to transfer heat, good in dispensability and heat transfer, and no pollution to the environment.

In engineering analysis and calculations, the properties of water and water vapor are usually obtained by using the charts and tables of water vapor. As a familiar substance, water is used to demonstrate the thermodynamic properties in the thermodynamic analysis and calculation in this chapter. Remember, however, that all actual gases exhibit the same thermodynamic behavior.

5.1 The Product Process of Water Vapor

5.1.1 Three Stages of the Water Vapor Production

Consider a piston-cylinder device containing liquid water 1 kg at 0.01℃ and 1 atm pressure shown in Figure 5-1. Under this condition, water exists in the liquid phase, and it is called a compressed liquid, or a subcooled liquid. Heat is now transferred to the water, and water will evaporate to water vapor at the end. Observe the change processes from water to water vapor at constant pressure, there are three stages of the water vapor production: the water be warmed up at constant pressure, the saturated water evaporate at constant pressure, and the saturated vapor over heat at constant pressure.

(1) The Water Be Warmed up at Constant Pressure

For the subcooled liquid, its temperature is less than the saturated temperature at this pressure, $t<t_s(p)$. When the heat is transferred to the water, its temperature rises. The liquid water expands slightly, and so its specific volume increases. During the expansion process, the piston moves up slightly. The pressure in the cylinder remains constant at the 1 atm during this process since it depends on the outside barometric pressure and the weight of the piston, both of which are constant. As more heat is transferred, the temperature keeps rising until it reaches the saturated temperature corresponding to this pressure. At this point water is still a liquid, but any heat addition will cause some of the liquid to vaporize. A liquid that is about to vaporize is called a saturated liquid. This stage that subcooled water is converted into saturated water at constant pressure is called the warmed-up of water, The heat required is called liquid heat, denoted by q_l.

(2) The Saturated Water Evaporate at Constant Pressure

Once boiling starts, the water is going from liquid to vapor, and the temperature stops rising until the liquid is completely vaporized. That is the temperature will remain constant during entire phase-change process if the pressure is held constant. The liquid and vapor phases coexist in equilibrium in the cylinder, and the substance at this state is called a saturated liquid - vapor mixture. During a phase change process, pressure and temperature are obviously dependent properties.

During a boling process, the specific volume increases sharply because of the water vaporized, and the quantity of liquid decrease and vapor increase. As more heat is transferred, the vaporization process continues until the last drop of liquid is vaporized. At this point, the entire cylinder is filled with vapor that is on the borderline of the liquid phase. The vapor that is about to condense is called the saturated vapor. This stage that saturated water is converted into saturated vapor at constant pressure is called the saturated water evaporate, and the heat required during the phase-change process is called latent heat, represented by γ.

During a vaporization process, a substance exists as part liquid and part vapor. That is, it is a mixture of saturated liquid and saturated vapor. This property can be defined by a new property called the quality x as the ratio of the mass of vapor to the total mass of the mixture:

$$x=\frac{m_v}{m_w+m_v} \tag{5-1}$$

where m_v and m_w are the masses of saturated vapor and saturated liquid, respectively. Quality has significant for saturated mixture only. It has no meaning in the compressed liquid or superheated vapor regions. Its value is between 0 and 1, at saturated liquid state $x=0$, and at saturated vapor state, $x=1$.

(3) The Saturated Vapor over Heat at Constant Pressure

Once the phase-change process is completed, the water goes into a single-phase region again, and further transfer of heat results in an increase in both the temperature and the specific volume. The vapor has a temperature greater than the saturation temperature corresponding to this constant pressure, $t>t_s(p)$, and the vapor that is not a saturated vapor is called a superheated vapor. This stage that saturated vapor is converted into superheated vapor is called the saturated vapor over heat, and the heat required during this process is overheat heat, denoted by q_{sur}.

For the whole process that the subcooled water is converted into the superheat vapor at constant pressure, the total heat required for the whole process can be expressed as

$$q=q_1+\gamma+q_{sur} \tag{5-2}$$

5.1.2 The *p*–*v* Diagram and *T*–*s* Diagram for Phase-Change Processes

The variations of properties during phase-change processes are best studied and understood with the help of property diagrams. The phase-change process of water at 1 atm pressure was ploted on a $p-v$ and $T-s$ diagrams in Figure 5-2. When the process is repeated for other pressure, similar paths are obtained for the phase-change processes. Connecting the saturated liquid and the saturated vapor states by a curve, The $p-v$ and $T-s$ diagrams of water are obtained, as shown in Figure 5-3. The saturated liquid states in Figure 5-3 can be connected by a line called the saturated liquid line, and saturated vapor states in the same figure can be connected by another line, called the saturated vapor line.

As the pressure is increased further and further, the horizontal line that connects the saturated liquid and saturated vapor states becomes shorter and shorter, and it becomes a point when these two lines meet. This point is called the critical point, and it is defined as the point at which the saturated liquid and saturated vapor states are identical. The temperature, pressure, and specific volume of a substance at the critical point are called, respectively, the critical temperature t_{cr}, critical pressure p_{cr}, and critical specific volume v_{cr}, The critical-point properties of water are $p_{cr}=22.064$ MPa、$t_{cr}=373.99$ ℃、$v_{cr}=0.003\,106$ m^3/kg、$h_{cr}=2\,085.9$ kJ/kg、$s_{cr}=4.409\,2$ kJ/(kg·K).

At pressures above the critical pressure, there is not distinct phase-change process. Instead, the specific volume of the substance continually increases, and at all times there is only one phase present. Eventually, it resembles a vapor, but we can never tell when the change has occurred. Above the critical state, there is no line that separates the subcooled liquid region and the superheated vapor region. However, it is customary to refer to the substance as subcooled liquid at temperature below the critical temperature and as superheated vapor at temperatures above the critical temperature.

All the subcooled liquid states are located in the region to the left of the saturated liquid line, called the subcooled liquid region. All the superheated vapor states are located to the right of the saturated vapor line, called the superheated vapor region. In these two regions, the substance exists in a single phase, a liquid or a vapor. All the states that involve both phases in equilibrium are located under the dome, called the saturated liquid-vapor mixture region, or the wet region.

From the $p-v$ and $T-s$ diagrams of water vapor at phase-change processes, we can conclude the evaporate process of water in this way: one point, critical point; two lines, saturated liquid line and saturated vapor line; three regions, subcooled liquid region, wet vapor region, and superheated vapor region; and five states, subcooled liquid, saturated liquid, wet vapor, saturated vapor, and superheated vapor.

5.2 Property Tables for Water and Water Vapor States

For most actual substance, the relationships among thermodynamic properties are too complex to be expressed by simple equations. Therefore, properties are frequently presented in the form of tables.

5.2.1 The Prescription of Zero Point

It is not necessary to calculate the absolute value of internal energy, enthalpy, and entropy of water and water vapor, because of converting of the change value only. So we can confirm any state as the zero point. According to the prescription of international vapor conference, in the tables of vapor, the internal energy and entropy of satrated liquid at the triple point (The state of solid-liquid-vapor equilibrium) are assigned zero values. The state at the triple point is, $t=0.01$℃、$p=611.659$ Pa、$v=0.001\ 000\ 21\ m^3/kg$、$u=0$ kJ/kg、$s=0$ kJ/(kg·K), then

$$\begin{aligned} h &= u+pv \\ &= 0\ \text{kJ/kg}+611.659\ \text{Pa}\times 0.001\ 000\ 21\ \text{m}^3/\text{kg} \\ &= 0.000\ 61\ \text{kJ/kg}\approx 0\ \text{kJ/kg} \end{aligned}$$

5.2.2 Property Tables for Water and Water Vapor States

For each substance, the thermodynamic properties are listed in more than one table. In fact, a separated table is prepared for each region of interest such as the compressed liquid, superheated vapor, and saturated regions.

(1) Property Tables for Saturated Liquid and Saturated Vapor States

There are two property tables for the saturated liquid and saturated vapor, both of them can determine the state of saturated steam. The properties of saturated liquid and saturated vapor for water are listed in Tables 7 and 8. Both tables give the same information. The only difference is that in Table 7 properties are listed under temperature and in Table 8 under pressure.

The superscript ′ is used to denote properties of a saturated liquid, and the superscript ″ to denote the properties of saturated vapor. The subscript x is used to denote the properties of saturated liquid-vapor mixture.

In these two tables, according to temperature t, we can obtain the pressure p, specific volume v', v'', enthalpy h', h'', entropy s', s'', and latent heat of vaporization γ; or according to pressure p, we can obtain the temperature t, specific volume v', v'', enthalpy h', h'', entropy s', s'', and latent heat of vaporization γ, which is $r=h''-h'$.

Consider a saturated liquid-vapor mixture of 1 kg with saturated liquid $(1-x)$ kg and saturated vapor x kg. The properties of saturated water-vapor mixture can be obtained by

$$v_x=xv''+(1-x)v'=v'+x(v''-v') \tag{5-3}$$

$$h_x=xh''+(1-x)h'=h'+x(h''-h') \tag{5-4}$$

$$s_x=xs''+(1-x)s'=s'+x(s''-s') \tag{5-5}$$

The internal energy u is frequently not listed, but it can always be determined from $u=h-pv$.

(2) Property Tables for Subcooled Liquid and Superheated Vapor States

When a substance exists as subcooled liquid or as superheated vapor, the subcooled liquid region or superheated vapor region is a single-phase region, and the temperature and pressure are no longer dependent properties. The subcooled liquid and superheated vapor exist in these regions must be defined by two independent properties before the state can be determined. Usually one of these two properties is the pressure, and another one is the temperature. The properties of subcooled liquid and superheated vapor states are listed in Table 9. In Table 9, the properties of subcooled liquid is in the region of above black line, and the properties of superheated vapor is in the region below of the black line.

The use of steam tables to determine properties

① In the case of the temperature t and pressure p are given

First go to the saturation table and determine the saturation temperature value at the given pressure $t_s(p)$

If $t<t_s$, the state is subcooled water.

If $t=t_s$, the state is saturated water, or wet vapor, or saturated vapor.

If $t>t_s$, the state is superheated vapor.

② In the case of one property of pressure p or temperature t, and another property of volume v (or enthalpy h, or entropy s) are given

First go to the saturation table and determine the v' and v'' values at the given temperature,

If $v<v'$, the state is subcooled water.

If $v=v'$, the state is saturated water.

If $v'<v<v''$, the state is wet vapor.

If $v=v''$, the state is saturated vapor.

If $v>v''$, the state is superheated vapor.

5.3 Basis Thermodynamic Processes of Water Vapor

There are four basis Thermodynamic processes of water vapor: constant-volume process, constant-pressure process, constant-temperature process, and constant-entropy process. Above the four basis thermal processes, the constant-pressure and constant-entropy processes are more important.

The purpose to analysis the process of water vapor is to determine the states of initial and final, and calculate the heat and work.

The method and steps for analysis are:

Step 1, according to two given properties of initial state, usually (p, t), or (p, x), or (t, x) are given, determine other properties at initial state.

Step 2, according to the character of this process, and one property of the final state, determine the final states; further determine all other properties of the final state.

Step 3, determine or calculate q, w, w_t, Δu, and Δh.

第六章 湿空气

湿空气是指含有水蒸气的空气，完全不含有水蒸气的空气称为干空气。

由于自然界中江河湖海里的水会蒸发汽化，所以空气中总含有一些水蒸气，但因其含量极少，且含量的变化也不大，故往往可以忽略水蒸气的影响，将湿空气近似作为干空气处理。但是对于某些场合，例如干燥过程、空气调节、水冷却，以及精密仪器仪表和电绝缘的防湿等对空气中的水蒸气含量特别敏感的领域，则必须考虑空气中水蒸气的影响。因此有必要对湿空气的热力性质、参数的确定以及湿空气的工程应用等做专门研究。

分析湿空气时，可作如下假设：

(1)湿空气可以看作理想气体混合物

湿空气是由干空气和水蒸气组成的混合物。其中干空气看作一个整体，且可以视为理想气体。一般情况下，湿空气中水蒸气的分压力很小，如果湿空气来自环境大气，水蒸气的分压力只有 0.003~0.004 MPa，且大多处于过热状态，所以其比体积 v 很大，分子间的距离足够远，可以作为理想气体处理。因此湿空气可以看作理想气体混合物。

(2)湿空气遵循道尔顿分压力定律 $p=p_v+p_a$

即湿空气的总压力 p 等于水蒸气的分压力 p_v 与干空气的分压力 p_a 之和。如果湿空气来自环境大气，则湿空气的总压力 p 即为大气压力 p_b，即 $p_b=p_v+p_a$。

(3)湿空气是定组元变成分的混合气体

湿空气与一般理想气体混合物不同，湿空气中的水蒸气可能部分凝结，其含量或成分会随之变化，而干空气的含量或成分在过程中恒定不变。因此湿空气是定组元变成分的混合气体。

第一节 饱和湿空气与未饱和湿空气

1. 未饱和湿空气与饱和湿空气

湿空气中的水蒸气，由于其含量的不同(即分压力有高有低)以及温度的不同，可以处于过热状态或者饱和状态。根据湿空气中所含水蒸气的状态是否饱和，或者根据湿空气是否具有吸收水分的能力，可分为未饱和湿空气与饱和湿空气两种。

(1) 未饱和湿空气

由干空气和过热蒸汽组成的湿空气称为未饱和湿空气。

设湿空气的温度为 T，当其所含的水蒸气的分压力 p_v 低于温度 T 所对应的饱和压力 p_s，即 $p_v<p_s(T)$ 时，水蒸气处于过热状态，如图 6-1 中点 A 所示。

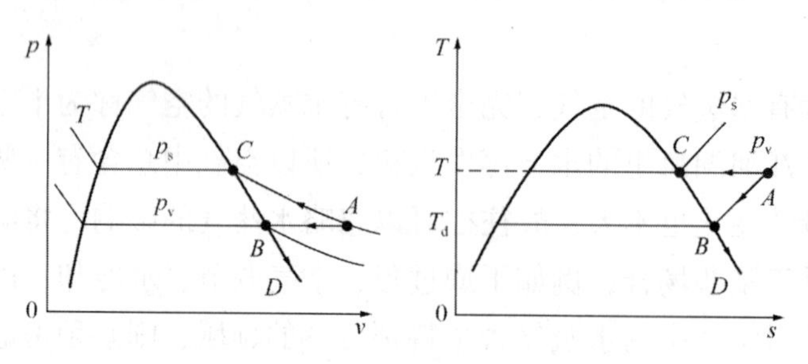

图 6-1　未饱和湿空气与饱和湿空气

“未饱和”的含义可以理解为：水蒸气的分压力 p_v 尚未达到湿空气的温度 T 所对应的饱和压力 p_s，即 $p_v<p_{v,max}=p_s(T)$，此时水蒸气的密度 $\rho_v=1/v_v$ 小于温度 T 所对应的干饱和蒸汽的密度 $\rho''=1/v''$，即 $\rho_v<\rho''(v_v>v'')$。在该温度下，湿空气中的水蒸气含量尚未达到最大值，湿空气尚未饱和，还具有吸收水分的能力。

(2) 饱和湿空气

由干空气和饱和水蒸气组成的湿空气称为饱和湿空气。

“饱和”的含义可以理解为：此时水蒸气的分压力 $p_v=p_{v,max}=p_s(T)$，达到了最大值。在该温度下，湿空气已经不可能再吸收水分，因此就其吸收水分而言，湿空气已经饱和了，或称其吸收水蒸气的能力已经达到极限。此时若再加入水蒸气，水蒸气将凝结为水滴析出。

下面分析如何将未饱和湿空气转变为饱和湿空气，可以通过两种途径实现：

① 保持湿空气的温度 T 不变，增加湿空气中的水蒸气含量，即增加湿空气中水蒸气的分压力 p_v，当 $p_v=p_{v,max}=p_s(T)$ 时，如图 6-1 所示，点 A 向点 C 移动，直至到达点 C，未饱和湿空气转变为饱和湿空气。

② 保持湿空气中的水蒸气含量不变，即水蒸气的分压力 p_v 保持不变，而逐渐降低湿空气的温度 T，如图 6-1 所示，点 A 将沿着等压线 $A-B$ 向点 B 移动，直至到达点 B 时，过热蒸汽转变为干饱和蒸汽，相应的未饱和湿空气转变为饱和湿空气。

2. 露点温度

保持湿空气中水蒸气的分压力 p_v 不变，对饱和湿空气冷却降温，则其中的部分水蒸气将凝结为水，这种现象称为结露现象。结露在初秋早晨的草地上最为常见。水缸表面的水珠、玻璃窗上的水汽、夏季自来水管外表面的水滴等都是结露现象。

湿空气中水蒸气的分压力 p_v 所对应的饱和温度称为露点温度，简称露点，用 T_d 表示。

对露点温度的几点说明：

① 露点温度是湿空气中水蒸气的分压力 p_v 所对应的饱和温度，即 $T_d=f(p_v)$。

② 确定露点温度，可利用饱和水蒸气表或湿空气表由 p_v 查得 T_d，也可以利用湿度计或露点仪测量。

③ 达到露点温度后，若继续对湿空气冷却，部分水蒸气将会凝结成水滴析出，水蒸气的状态将沿着饱和蒸汽线变化，如图 6-1 中由点 B 向点 D 变化，此时湿空气温度降低，水蒸气的分压力也随之降低，这一过程称为冷却去湿过程。

④ 若露点温度 $T_d< 0$ ℃，就会出现结霜，因此测定露点还可以预报是否会有霜冻出现。

第二节 相对湿度和含湿量

湿空气的湿度是指湿空气中的水蒸气含量。在一定温度下，湿空气中水蒸气的分压力大小可以反映湿空气中水蒸气含量的多少。在对湿空气的热力过程进行分析和计算时，水蒸气含量还可以用相对湿度和含湿量来表示。

1. 绝对湿度

绝对湿度是指单位体积的湿空气中所含水蒸气的质量。

对于湿空气，$V=V_v=V_a$，则绝对湿度就是湿空气中水蒸气的密度 ρ_v，即：

$$\rho_v=\frac{m_v}{V}=\frac{m_v}{V_v} \tag{6-1}$$

根据理想气体状态方程式：

$$p_vV_v=m_vR_{g,v}T$$

则有：

$$\rho_v=\frac{p_v}{R_{g,v}T} \tag{6-2}$$

当湿空气的温度 T 一定时，绝对湿度随湿空气中水蒸气的分压力 p_v 的增加而增大，当水蒸气的分压力 p_v 达到湿空气温度 T 所对应的饱和压力时，即 $p_v=p_{v,max}=p_s(T)$ 时，绝对湿度达到最大值。即：

$$\rho_s=\frac{p_s}{R_{g,v}T} \tag{6-3}$$

对绝对湿度的几点说明：

① 绝对湿度是描述湿空气中水蒸气含量多少的状态参数，即$\rho_v=f(p_v, T)$。饱和湿空气时水蒸气的分压力达到最大值，$\rho_s=f(T)$，仅是温度的函数。

② 具有相同绝对湿度的湿空气，由于所处的温度不同，吸湿能力也就有所不同，所以绝对湿度的大小还不能完全说明湿空气吸收水分的能力，即不能说明湿空气的干燥或潮湿程度。

2. 相对湿度

相对湿度是湿空气的绝对湿度ρ_v与同温度下湿空气的最大绝对湿度，即饱和湿空气的绝对湿度ρ_s之比，用φ表示，即：

$$\varphi=\frac{\rho_v}{\rho_s} \tag{6-4}$$

根据理想气体状态方程式：

$$\frac{p_v}{\rho_v}=R_{g,v}T, \qquad \frac{p_s}{\rho_s}=R_{g,v}T$$

可得：

$$\varphi=\frac{\rho_v}{\rho_s}=\frac{p_v}{p_s} \tag{6-5}$$

对相对湿度的几点说明：

① 相对湿度φ的数值范围为0~1。φ值愈小，说明湿空气中水蒸气偏离饱和状态愈远，空气愈干燥，吸收水分的能力愈强。反之，φ值愈大，则湿空气中水蒸气愈接近饱和状态，湿空气愈潮湿，吸收水分的能力愈弱。

② $\varphi=0$时，对应于干空气；$\varphi=1$时，对应于饱和湿空气，湿空气不再具有吸收水分的能力。

③ 无论温度如何，φ值的大小直接反映了湿空气吸收水分的能力。同时，它也反映了湿空气中水蒸气含量接近饱和的程度，故又称为饱和度。

3. 含湿量

以湿空气为工作介质的某些过程，例如干燥、吸湿等过程中，湿空气中的干空气作为载热体或载湿体，它的质量是恒定的，而湿空气中水蒸气的质量会有变化。因此，湿空气的一些状态参数，例如湿空气的含湿量、焓等，都是以单位质量干空气为基准的，这样在分析和计算上都较为方便。

含湿量是指湿空气中与单位质量干空气共存的水蒸气的质量，用d表示，单位为kg（水蒸气）/kg（干空气），即：

$$d=\frac{m_{v}}{m_{a}}=\frac{\rho_{v}}{\rho_{a}} \tag{6-6}$$

根据理想气体状态方程式，有：

$$m_{v}=\frac{p_{v}V}{R_{g,v}T}, \quad m_{a}=\frac{p_{a}V}{R_{g,a}T}$$

即是：

$$\rho_{v}=\frac{p_{v}}{R_{g,v}T}, \quad \rho_{a}=\frac{p_{a}}{R_{g,a}T}$$

其中，$R_{g,v}=461.5$ J/(kg·K)，$R_{g,a}=287$ J/(kg·K)，且有 $p=p_{v}+p_{a}$，代入式(6-6)中，有：

$$d=0.622\frac{p_{v}}{p_{a}}=0.622\frac{p_{v}}{p-p_{v}} \tag{6-7}$$

对含湿量的几点说明：

① 当湿空气的总压力 p 一定时，含湿量 d 只取决于水蒸气的分压力 p_{v}，即 $d=f(p_{v})$，且随着 p_{v} 的升高而增加。

② 若将 $p_{v}=\varphi p_{s}$ 代入式(6-7)中，则有：

$$d=0.622\frac{\varphi p_{s}}{p-\varphi p_{s}} \tag{6-8}$$

其中，$p_{s}=f(T)$，则当湿空气的总压力 p 一定时，含湿量 $d=f(\varphi, T)$。

③ d 和 φ 的区别：φ 表示湿空气中的水蒸气接近饱和的程度，可以反映出一定温度下，湿空气的潮湿程度和吸收水分的能力，但不能反映湿空气中水蒸气含量的多少。而 d 可以表示湿空气中的水蒸气含量，但不能直接反映湿空气的潮湿程度和吸收水分的能力。

④ 要确定湿空气的状态，除需要知道湿空气的总压力 p、温度 T 外，还需要知道湿空气中的水蒸气含量，即需要知道 ρ_{v}、φ、d、p_{v}、t_{d} 中的任一个。

4. 湿空气的焓

湿空气的焓等于干空气的焓与水蒸气的焓之和，即：

$$H=m_{a}h_{a}+m_{v}h_{v}$$

湿空气的比焓通常以单位质量的干空气为基准计算，即：

$$h=\frac{H}{m_{a}}=h_{a}+\frac{m_{v}}{m_{a}}h_{v}=h_{a}+dh_{v} \tag{6-9}$$

式中，h 的单位为 kJ/kg(干空气)。工程上常取 0 ℃时干空气的焓值为零，且认为湿空气中干空气和水蒸气的比热容为常数，通常选取干空气的比定压热容 $c_{p,a}=1.005$ kJ/(kg·

K)，水蒸气的比定压热容 $c_{p,v}=1.842\ kJ/(kg\cdot K)$，则温度为 t 的干空气的比焓：

$$h_a=c_{p,a}t=1.005t$$

水蒸气的比焓按照经验公式计算：

$$h_v=2\ 501+1.842t$$

将 h_a、h_v 代入式(6-9)中，可得湿空气的焓的计算公式为：

$$h=h_a+dh_v=1.005t+d(2\ 501+1.842t) \tag{6-10}$$

式中，2 501 是 0 ℃时饱和水蒸气的焓值。

例题 6-1：湿空气中水蒸气分压力、露点温度、相对湿度、含湿量之间的关系

一房间的容积为 50 m^3，室内空气温度为 30 ℃，相对湿度为 60%，大气压力为 0.101 3 MPa。试求：湿空气的露点温度、含湿量、干空气的质量、水蒸气的质量以及湿空气的焓值。

解：由附表 7 饱和水与饱和水蒸气表，查得，$t=30$ ℃时，$p_s=4\ 241$ Pa，则水蒸气分压力：

$$p_v=\varphi p_s=0.6\times 4\ 241\ \text{Pa}=2\ 544.6\ \text{Pa}$$

湿空气的露点温度即为此分压力所对应的饱和温度，即 $t_d=f(p_v)$，由附表 8，可得：

$$t_d=f(p_v)=21.38\ ℃$$

含湿量：

$$d=0.622\frac{p_v}{p-p_v}=0.622\times\frac{2\ 544.6\ \text{Pa}}{101\ 300\ \text{Pa}-2\ 544.6\ \text{Pa}}=0.016\ \text{kg(水蒸气)/kg(干空气)}$$

干空气的分压力和质量：

$$p_a=p-p_v=101\ 300\ \text{Pa}-2\ 544.6\ \text{Pa}=98\ 755.4\ \text{Pa}$$

$$m_a=\frac{p_aV}{R_{g,a}T}=\frac{98\ 755.4\ \text{Pa}\times 50\ \text{m}^3}{287\ \text{J/(kg}\cdot\text{K)}\times(30+273)\text{K}}=56.78\ \text{kg}$$

水蒸气的质量：

$$m_v=dm_a=0.016\ \text{kg(水蒸气)/kg(干空气)}\times 56.78\ \text{kg(干空气)}=0.91\ \text{kg}$$

湿空气的比焓和总焓：

$$\begin{aligned}h&=h_a+dh_v\\&=1.005t+d(2\ 501+1.842t)\\&=1.005\times 30+0.016\times(2\ 501+1.842\times 30)=71.05\ [\text{kg/kg(干空气)}]\end{aligned}$$

$$H=m_ah=56.78\ \text{kg(干空气)}\times 71.05\ \text{kJ/kg(干空气)}=4\ 034.2\ \text{kJ}$$

习　题

1. 什么是未饱和湿空气？什么是饱和湿空气？如何将未饱和湿空气转变为饱和湿空气？

2. 什么是湿空气的露点温度？解释结露、结霜现象，并说明它们发生的条件。

3. 什么是绝对湿度、相对湿度、含湿量？它们之间有什么关系？

4. 下列说法是否正确？为什么？

(1)$\varphi=0$ 时，空气中完全没有水蒸气；$\varphi=1$ 时，空气中全部都是水蒸气。

(2)湿空气的相对湿度愈大，含湿量愈高。

(3)湿空气的含湿量一定时，温度愈高，空气愈干燥，其吸湿能力愈强。

5. 同一地区，阴雨天的大气压力比晴朗天的大气压力低，为什么？

6. 同一地区，冬天的大气压力总比夏天的大气压力高，为什么？

7. 两种湿空气的压力和相对湿度相同时，温度高的湿空气含湿量大？还是温度低的湿空气含湿量大？为什么？

8. 湿空气的温度 $t=50$ ℃，相对湿度 $\varphi=0.50$。试求其绝对湿度及水蒸气的分压力。

9. 测得大气的相对湿度 $\varphi=0.60$、$t=25$ ℃，已知大气压力为 0.1 MPa，试求大气的含湿量和水蒸气的分压力。

10. 某储气筒内装有压缩氮气，压力 $p_1=3.0$ MPa，当地大气温度 $t_0=27$ ℃，压力 $p_0=100$ kPa，相对湿度 $\varphi=0.60$。现打开储气筒气体进行绝热膨胀，试问压力为多少时，储气筒表面开始出现露滴？假设筒表面温度与筒内气体温度相同。

11. 已知湿空气的压力 $p=0.1$ MPa、温度 $t=18$ ℃、露点 $t_d=5$ ℃。试求：

(1) 其绝对湿度、相对湿度以及含湿量是多少？

(2) 如果将湿空气加热到 40 ℃，其绝对湿度、相对湿度以及含湿量各是多少？

Chapter 6 Air–Water–Vapor Mixture

Air is a mixture of nitrogen, oxygen, and small amount of some other gases. Air in the atmosphere normally contains some water vapor and is referred to as atmospheric air. By contrast, air that contains no water vapor is called dry air. Air is often treated as a mixture of water vapor and dry air since the composition of dry air remains relatively constant, but the amount of water vapor changes as a result of condensation and evaporation from oceans, lakes, rivers, showers, and even the human body.

The properties of air–water–vapor mixture are important in many industrial processes, such as those in the paper and textile industries that require close control of the vapor content of the atmosphere as well as its temperature. They are also important in the air conditioning of buildings for comfort and in the design of cooling towers for use in heat–removal system.

Before discuss the air–water–vapor mixture, we make the following assumptions:

① Air–water–vapor mixture may be treated as an ideal gas mixture. Dry air can be treated as an ideal gas. In general, the air–water–vapor mixture encountered in many engineering problems usually exists under such a low pressure that the water vapor may be treated as an ideal gas. Then the air–water–vapor mixture can be treated as an ideal–gas mixture.

② The air–water–vapor mixture obeys to the Dalton's law of partial pressure whose pressure p is the sum of the partial pressure p_v of dry air and that of water vapor p_a. the pressure of the mixture p is given as $p=p_v+p_a$.

③ The composition of dry air remains relatively constant, but the amount of water vapor changes.

6.1 The Saturated Air and Unsaturated Air

The thermodynamic state of the vapor in an air–water–vapor mixture is fixed by its partial pressure and temperature. Under ordinary condition, it is a superheated vapor. If the partial pressure of the water vapor corresponds to the saturation pressure of water at the mixture temperature, the mixture is said to be saturated.

6.1.1 The Saturated Air and Unsaturated Air

Saturated air is a mixture of dry air and saturated water vapor. Unsaturated air is a mixture of dry air and superheated vapor.

If the amount of the water vapor is increased at constant temperature T of the mixture, the partial pressure of the water vapor will be increased. When the partial pressure of the water vapor is equal to the saturation pressure of water at the mixture temperature $p_v = p_{v,max} = p_s(T)$, as shown in Figure 6-1. the unsaturated air will be changed into the saturated air. In Figure 6-1, superheated vapor state point A will be moved into the saturated vapor state point C at constant mixture temperature.

If an unsaturated air is cooled at constant pressure, the mixture will eventually reach the saturation temperature corresponding to the partial pressure of the water vapor, the unsaturated air will be changed into the saturated air. As shown in Figure 6-1, the state point A will be moved toward the state point B, which is the saturated vapor at constant partial pressure.

6.1.2 The Dew-Point Temperature

As the atmospheric air cools at constant pressure, the vapor pressure remains constant, as shown in Figure 6-1. Let the vapor in the air undergoes a constant pressure cooling process, the state of vapor changes along this constant pressure line until it reaches the saturated vapor line. At this point, the atmospheric air becomes saturated air. If the temperature drops any further, some vapor condenses out, and this is the beginning of dew formation. The temperature at this point is the dew-point temperature.

The dew-point temperature T_d is defined as the temperature at which condensation begins when the air is cooled at constant pressure. In other words, the dew-point temperature is the saturation temperature of the vapor corresponding to its partial pressure in the mixture. At this temperature, the vapor starts to condense, resulting in the formation of liquid droplets or dew. If the temperature of the vapor drops any further, the amount of the vapor in the air decreases, which results in a decrease in vapor pressure. The air remains saturated during the condensation process and thus follows a path of the saturated vapor line with the temperature decreasing.

6.2 The Relative Humidity and Specific Humidity

The moisture of the air-water-vapor mixture can be described in a number of ways: the partial pressure of the vapor in the air, the absolute humidity, the relative humidity, and specific humidity and so on.

6.2.1 The Absolute Humidity

The absolute humidity ρ_v is defined as the mass of vapor in the per unit volume of the air–water–vapor mixture. That is

$$\rho_v = \frac{m_v}{V} = \frac{m_v}{V_v} \tag{6-1}$$

From an ideal–gas equation of state,

$$p_v V_v = m_v R_{g,v} T$$

Therefore

$$\rho_v = \frac{p_v}{R_{g,v} T} \tag{6-2}$$

For saturated air, the partial pressure of the vapor reaches a maximum value, $p_v = p_{v,max} = p_s(T)$, and so the absolute humidity of the air reaches a maximum value. That is

$$\rho_s = \frac{p_s}{R_{g,v} T} \tag{6-3}$$

6.2.2 The Relative Humidity

The amount of water vapor diffused through the dry air in an air–water–vapor mixture may vary from partially nothing to that necessary for saturation conditions. As an indication of the degree of saturation of the mixture the term relative humidity is employed.

Relative humidity φ is defined as the ratio of the absolute humidity of the air–water–vapor mixture to the maximum absolute humidity of the mixture at the same temperature. That is

$$\varphi = \frac{\rho_v}{\rho_s} \tag{6-4}$$

On the basis of ideal–gas behavior

$$\frac{p_v}{\rho_v} = R_{g,v} T, \quad \frac{p_s}{\rho_s} = R_{g,v} T$$

The relative humidity may also be given as

$$\varphi = \frac{\rho_v}{\rho_s} = \frac{p_v}{p_s} \tag{6-5}$$

Notice that relative humidity pertains only to the vapor in atmospheric air. It is independent of the pressure and density of the dry air in the mixture. It is independent of the barometric pressure.

The relative humidity φ ranges from 0 to 1, 0 for dry air, and 1 for saturated air.

6.2.3 Specific Humidity

Specific humidity, also called humidity ratio, is defined as the ratio of the mass of water vapor to the mass of dry air in a given volume of mixture, denoted by d, unit kg water vapor/kg dry air:

$$d=\frac{m_v}{m_a}=\frac{\rho_v}{\rho_a} \tag{6-6}$$

where m_v is the mass of water vapor in a given volume of mixture and m_a is the mass of dry air in the same volume of mixture.

Assuming ideal-gas behavior for both the dry air and the vapor, we have

$$m_v=\frac{p_v V}{R_{g,v}T}, \qquad m_a=\frac{p_a V}{R_{g,a}T}$$

Thus

$$\rho_v=\frac{P_v}{R_{g,v}T}, \qquad \rho_a=\frac{P_a}{R_{g,a}T}$$

where $R_{g,a}=0.287$ kJ/(kg · K) and $R_{g,v}=0.461\ 5$ kJ/(kg · K), and $p=p_v+p_a$. Substituting into the definition of the specific humidity, the specific humidity can also be expressed as

$$d=0.622\frac{p_v}{p_a}=0.622\frac{p_v}{p-p_v} \tag{6-7}$$

Combined $p_v=\varphi p_s$ and Equation (6-7), we have

$$d=0.622\frac{\varphi p_s}{p-\varphi p_s} \tag{6-8}$$

If the total pressure and the specific humidity are constant, the partial pressure of the vapor must also be constant.

6.2.4 Enthalpy of an Air-Water-Vapor Mixture

Atmospheric air is a mixture of dry air and water vapor, and thus the enthalpy of air is expressed in terms of the enthalpies of the dry air and the water vapor. In most practical applications, the amount of dry air in the air-water-vapor mixture remains constant, but the amount of water vapor changes. Therefore, the enthalpy of atmospheric air is expressed per unit mass of dry air instead of per unit mass of the air-water-vapor mixture.

The enthalpy of air-water-vapor mixture is the sum of the enthalpies of dry air and the water vapor. That is

$$H=m_a h_a+m_v h_v$$

The specific enthalpy of a mixture is expressed in the dry air, then

$$h=\frac{H}{m_a}=h_a+\frac{m_v}{m_a}h_v=h_a+dh_v \tag{6-9}$$

where h is specific enthalpy of mixture in kJ/kg (dry air), h_a is specific enthalpy of the dry air in kJ/kg, and h_v is specific enthalpy of water vapor in kJ/kg (water vapor). The enthalpy of dry air at temperature t may be approximated by

$$h_a=c_{p,a}t=1.005t$$

The enthalpy of water vapor h_v may be taken as

$$h_v=2\,501+1.842t$$

Hence the enthalpy of an air-water-vapor mixture may now be given by the following approximate relationship

$$h=h_a+dh_v=1.005t+d(2\,501+1.842t) \tag{6-10}$$

第七章　动力装置循环

将热能转换为机械能的设备称为热能动力装置，简称热机。在热机中，热能连续地转换为机械能是通过工质的热力循环过程实现的。热机的工作循环称为动力循环(或热机循环)。根据工质不同，动力循环可分为蒸汽动力循环和气体动力循环两大类。例如蒸汽机、汽轮机的工作循环属于蒸汽动力循环；内燃机、燃气轮机等的工作循环属于气体动力循环。

分析动力循环的目的是：在热力学基本定律的基础上，分析动力循环能量转换的经济性，即循环的热效率，并寻求提高循环经济性的方法与途径。

工程中各种实际动力循环都是不可逆的，是十分复杂的。分析实际动力循环时，最一般的方法和步骤如下：首先，把各种实际动力循环抽象、简化成可逆理想循环，对理想循环进行定性分析和定量计算，找出影响循环热效率的主要因素，以及提高循环热效率的可能措施，以指导实际循环的改善。然后，进一步考虑各种不可逆因素对实际循环的影响，分析实际循环与理想循环的偏离程度，找出实际损失的部位、大小、原因，引入必要的修正，以达到对实际循环更为真实的描述。

本章主要介绍三种常用的热能动力装置：蒸汽动力装置、活塞式内燃机、燃气轮机装置的工作原理、理想循环、循环热效率以及影响热效率的因素。

第一节　蒸汽动力装置循环

蒸汽动力装置是由锅炉、汽轮机、冷凝器、给水泵等主要热工设备组成的整套装置，以水蒸气为工质，相应的循环称为蒸汽动力装置循环。图 7-1 所示为一简单蒸汽动力装置示意图，其工作过程为：以固体、液体或气体为燃料在锅炉中燃烧，放出热量。水由给水泵加压后送入锅炉，在锅炉中吸收燃料燃烧放出的热量，汽化形成高温高压的过热蒸汽(新蒸汽)，然后进入汽轮机中膨胀做功，做功后的低压蒸汽(乏汽)进入冷凝器，在冷凝器中冷却冷凝成水后，送往给水泵，再由给水泵加压后送

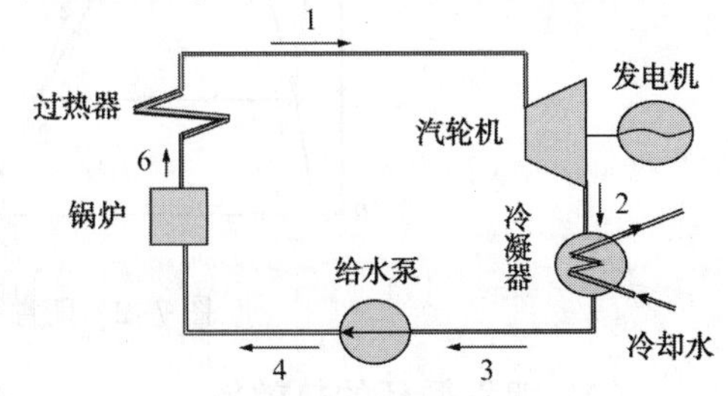

图 7-1　简单蒸汽动力装置示意图

入锅炉，完成一个工作循环。

1. 朗肯循环

朗肯循环是在实际蒸汽动力装置循环的基础上经过简化处理后得到的最简单、最基本的理想蒸汽动力装置循环，是研究所有蒸汽动力装置循环的基础。

（1）朗肯循环

朗肯循环中忽略给水泵、汽轮机中的摩擦和散热；忽略工质在锅炉、冷凝器中的压力变化和传热温差；忽略设备连接管道中的压力降和热交换。整个循环简化为由以下四个可逆过程组成的理想循环：

1）凝结水在给水泵中的可逆绝热压缩过程 3–4

从冷凝器排出的低压饱和水(凝结水)，状态点 3，进入给水泵。在给水泵内经过绝热压缩后压力升高，转变为未饱和水(给水)，状态点 4，排出后送入锅炉。

2）给水在锅炉中的可逆定压加热过程 4–5–6–1

燃料在锅炉内燃烧，放出热量。未饱和水在锅炉内定压吸热，汽化为饱和蒸汽，状态点 6。饱和蒸汽再在过热器内定压吸热成为高温高压的过热蒸汽(新蒸汽)，状态点 1，进入汽轮机。

3）新蒸汽在汽轮机中的可逆绝热膨胀过程 1–2

高温高压的过热蒸汽在汽轮机内可逆绝热膨胀对外做功，做功后成为低温低压的湿饱和蒸汽(乏汽)，状态点 2，被送入冷凝器。

4）乏汽在冷凝器中的可逆定压放热过程 2–3

从汽轮机排出的做过功的湿饱和蒸汽在冷凝器内向冷却水放热，可逆定压冷却冷凝。这个过程既是定压过程也是定温过程。冷凝后成为饱和水，状态点 3，送入给水泵，完成一个工作循环。

朗肯循环的 p–v 图、T–s 图表示如图 7–2 所示。

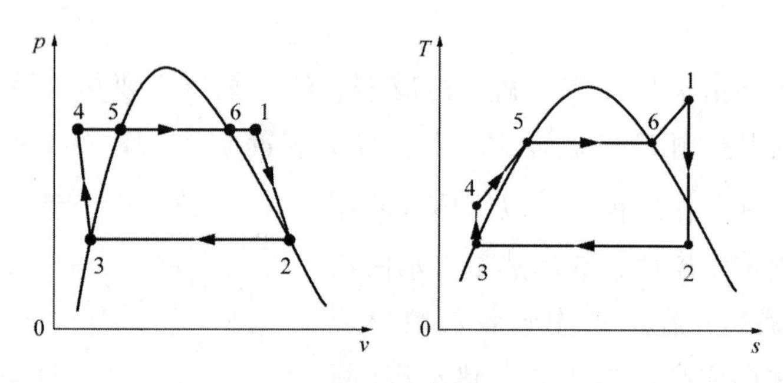

图 7–2　朗肯循环的 p–v 图、T–s 图表示

（2）朗肯循环的热效率

在朗肯循环中，新蒸汽在汽轮机中可逆绝热膨胀做功，对 1 kg 新蒸汽，对外做出

的功为：

$$w_{t,1-2}=h_1-h_2$$

乏汽在冷凝器中向冷却水定压放热，放热量为：

$$q_2=h_2-h_3$$

凝结水流经给水泵，在给水泵中被可逆绝热压缩，消耗的功为：

$$w_{p,3-4}=h_4-h_3$$

给水在锅炉中可逆定压吸热，吸热量为：

$$q_1=h_1-h_4$$

完成一个工作循环后，循环净功量为：

$$w_{net}=w_{t,1-2}-w_{p,3-4}=(h_1-h_2)-(h_4-h_3)$$

根据热效率定义，朗肯循环的热效率为：

$$\eta_t=\frac{w_{net}}{q_1}=\frac{(h_1-h_2)-(h_4-h_3)}{h_1-h_4} \tag{7-1}$$

由于水的压缩性很小，水的比体积又比水蒸气的比体积小得多，因此给水泵消耗的功与汽轮机做出的功相比甚小，一般情况下可以忽略不计，即 $w_{p,3-4}\approx 0$，因而 $h_3\approx h_4$。则式(7-1)可以简化为：

$$\eta_t=\frac{h_1-h_2}{h_1-h_4}=\frac{h_1-h_2}{h_1-h_3} \tag{7-2}$$

(3) 蒸汽参数对朗肯循环热效率的影响

由式(7-2)可知，朗肯循环的热效率 η_t 取决于汽轮机入口新蒸汽的焓 h_1、乏汽的焓 h_2 以及凝结水的焓 h_3。分析朗肯循环的 p-v 图和 T-s 图可以看出，汽轮机入口新蒸汽的焓 h_1 取决于新蒸汽的压力 p_1(初压)与温度 t_1(初温)；而乏汽的焓 h_3 与 p_1、t_1 以及乏汽的压力 p_2(背压)有关；h_3 是与 p_2 对应的饱和水的焓。由此可见，朗肯循环的热效率 η_t 与新蒸汽的压力 p_1、温度 t_1 以及乏汽的压力 p_2 有关。

运用 T-s 图，研究蒸汽参数对朗肯循环热效率的影响极为方便。在 T-s 图上，可将朗肯循环折合成熵变相等、吸(放)热量相同、热效率相同的卡诺循环，如图 7-3 所示，其中吸热平均温度 $\overline{T_1}$ 为：

$$\overline{T_1}=\frac{q_1}{s_1-s_4} \tag{7-3}$$

式中，$\Delta s=s_1-s_4$ 为工质吸收热量 q_1 引起的熵变。

放热平均温度 $\overline{T_2}$ 就是压力 p_2 对应的饱和温度 T_2。于是朗肯循环的热效率可以用等效卡诺循环的热效率表示：

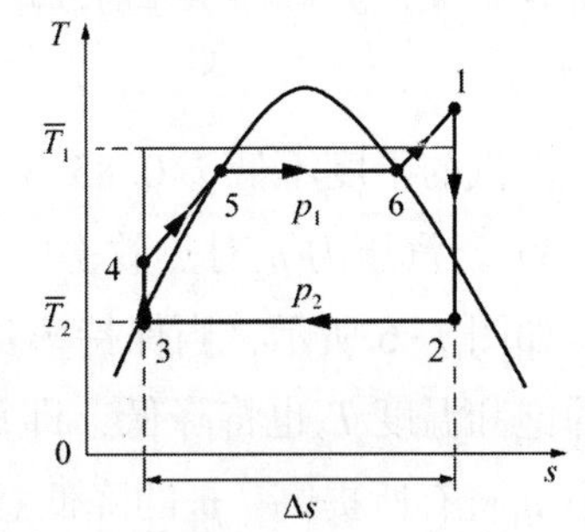

图 7-3　朗肯循环与等效卡诺循环

$$\eta_t=\frac{h_1-h_2}{h_1-h_3}=1-\frac{\overline{T_2}}{\overline{T_1}}=1-\frac{T_2}{\overline{T_1}} \tag{7-4}$$

由式(7-4)可知，提高吸热平均温度$\overline{T_1}$或降低放热平均温度$\overline{T_2}$都可以提高朗肯循环的热效率。

下面分析蒸汽参数变化对朗肯循环热效率的影响。

1）蒸汽初温 T_1对热效率的影响

如图 7-4 所示，当保持蒸汽的初压 p_1、背压 p_2不变时，将蒸汽初温 T_1提高到 $T_{1'}$，循环的吸热平均温度提高，放热平均温度保持不变，因此循环热效率 η_t提高。由图 7-4 还可看出，提高 T_1可使汽轮机出口的乏汽干度比原来有所增加，即 $x_{2'}>x_2$，这对提高汽轮机相对内效率和延长汽轮机的使用寿命都有利。但是，T_1越高，对锅炉的过热器及汽轮机的高压部位所使用金属的耐热及强度要求也越高，需采用耐热合金钢(如镍铬钢、铬钼钢等)。在目前的火力发电厂中，最高初温一般在 550 ℃左右。

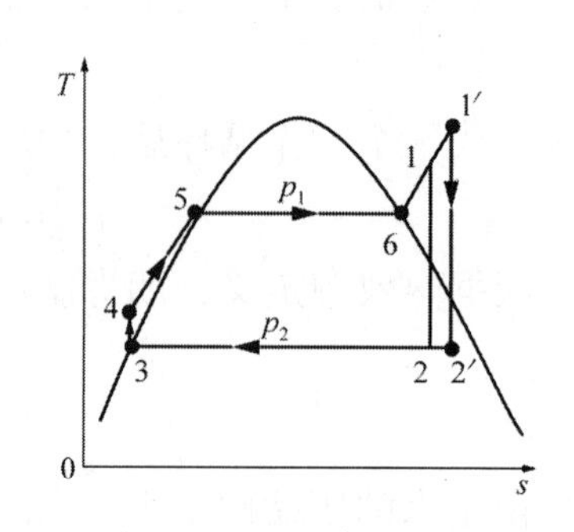

图 7-4　蒸汽初温对热效率的影响

2）蒸汽初压 p_1对热效率的影响

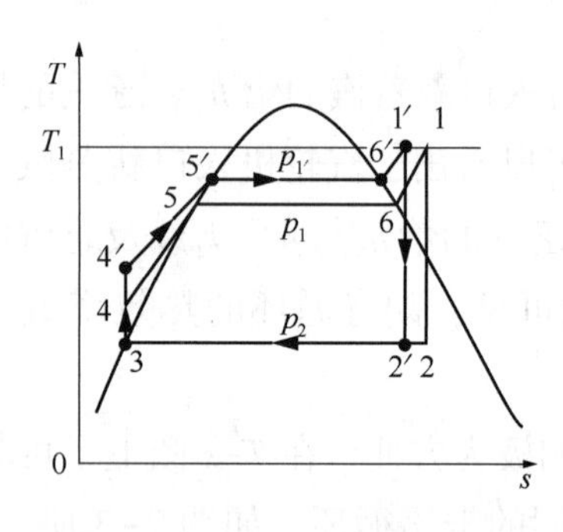

图 7-5　蒸汽初压对热效率的影响

如图 7-5 所示，当保持蒸汽的初温 T_1、背压 p_2不变时，将蒸汽初压 p_1提高到 $p_{1'}$，循环的吸热平均温度提高，放热平均温度保持不变，因此循环热效率 η_t提高。但是，随着 p_1的提高，汽轮机出口乏汽的干度迅速减小，即 $x_{2'}<x_2$，乏汽中所含的水分增加，这将引起汽轮机内部的摩擦损失增加，内部效率降低；此外，当水分超过一定限度时，将会冲击和侵蚀汽轮机最后几级叶片，甚至引起叶片振动，影响其使用寿命。工程上，通常在提高蒸汽初压的同时提高蒸汽初温，以保证乏汽的干度不低于 0. 85~0. 88。

3）乏汽压力 p_2对热效率的影响

如图 7-6 所示，当保持蒸汽的初压 p_1、初温 T_1不变时，降低乏汽压力 p_2，与之对应的饱和温度 T_2也将降低，即放热温度降低，而吸热平均温度变化很小，因此循环热效率 η_t将有所提高。p_2的降低意味着冷凝器内饱和温度 t_2的降低，而 t_2必定高于冷却介质温度(通常是环境温度)。因此 p_2的降低将会受到冷凝器中冷却介质温度的限制，而不能任意降低。p_2最低只能降低到 0.003 5～0.005 MPa，相应的饱和温度 t_2约为 27～33 ℃。

根据以上分析，可以得出如下结论：

① 为了提高蒸汽动力装置循环的热效率，应尽可能提高蒸汽的初压和初温，并降低乏汽压力。但提高蒸汽的初温，将受到现有的耐高温高强度合金的限制；提高蒸汽的初压，会使汽轮机出口处乏汽干度降低，影响汽轮机的安全使用及寿命；而降低乏汽压力则受到环境温度的限制。

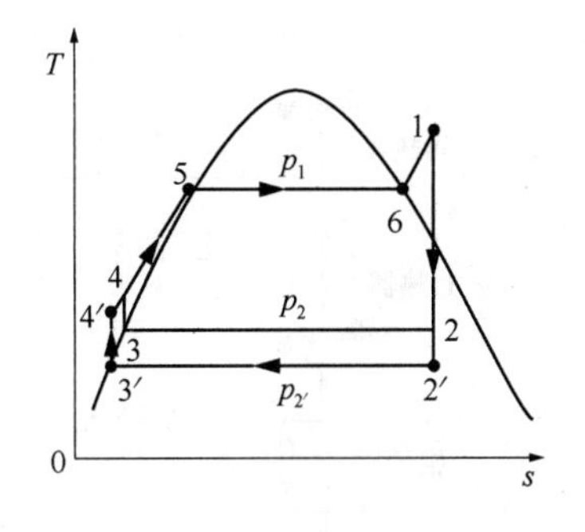

图 7-6 乏汽压力对热效率的影响

② 为进一步提高蒸汽动力装置循环的热效率，在采用上述措施的同时，可以在朗肯循环的基础上加以改进，形成新的蒸汽动力装置循环，例如再热循环、回热循环等。

2. 再热循环

提高蒸汽的初压力，可以提高朗肯循环的热效率，但如果蒸汽的初温度不能同时提高，则汽轮机出口处乏汽的干度会降低，影响汽轮机的安全运行。因此，为了提高蒸汽的初压力，又不致使乏汽的干度过低，常采用蒸汽中间再过热的方法。

（1）再热循环

所谓蒸汽中间再过热，就是将汽轮机(高压)中膨胀到某一中间压力的蒸汽全部引出，导入锅炉的再热器中再次加热，然后再回到汽轮机(低压)中继续膨胀做功到乏汽压力。有蒸汽中间再过热的循环称为蒸汽再热循环，简称再热循环。

如图 7-7 所示为一次再热循环系统示意图，其 T-s 图如图 7-8 所示。工作过程为：水蒸气在锅炉中沿过程线 4-5-6-1 吸收燃料燃烧放出的热量后，转变为过热蒸汽，状态点 1。进入高压汽轮机中沿过程线 1-7 膨胀做功到某一中间压力，状态点 7。然后全部抽出并导入锅炉中的再热器，沿过程线 7-1′使之再加热，状态点 1′。再导入低压汽轮机中沿过程线 1′-2′继续膨胀做功到终压力，状态点 2′。然后进入冷凝器中沿过程线 2′-3 冷却冷凝为冷凝水，状态点 3。再经过给水泵沿过程线 3-4 加压送至锅炉，状态点 4，完成一个工作循环。可以看出，蒸汽经中间再过热以后，乏汽干度明显提高。避免了由于提高蒸汽初压力 p_1对循环带来的不利影响。

再热循环的主要目的在于提高蒸汽的干度，以便在初温度限制下可以采用更高的初压力，从而提高循环的热效率。

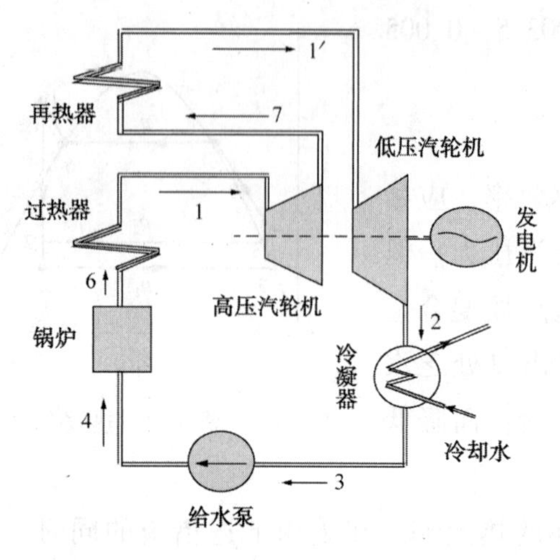

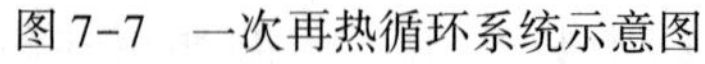
图 7-7　一次再热循环系统示意图

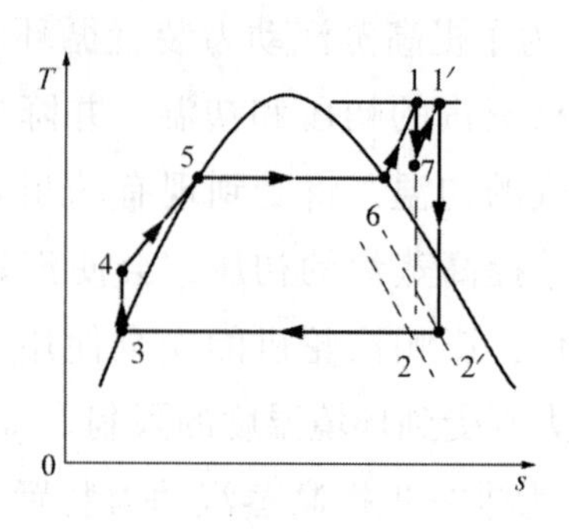

图 7-8　一次再热循环 T-s 图

（2）再热循环的热效率

一次再热循环中，工质吸收的总热量为水蒸气在锅炉中吸收的热量以及在再热器中吸收的热量之和，对 1 kg 的水蒸气，有：

$$q_1=(h_1-h_4)+(h_{1'}-h_7)$$

对外放热量为乏汽在冷凝器中向冷却介质放出的热量：

$$q_2=h_{2'}-h_3$$

因此，一次再热循环的热效率为：

$$\eta_t=\frac{q_1-q_2}{q_1}=\frac{(h_1-h_4)+(h_{1'}-h_7)-(h_{2'}-h_3)}{(h_1-h_4)+(h_{1'}-h_7)} \tag{7-5}$$

3. 回热循环

朗肯循环热效率不高的主要原因是：锅炉给水的温度太低，从而造成锅炉加热过程中的吸热平均温度不高，从而热效率不高。蒸汽动力装置的锅炉给水是冷凝器中的冷凝水，其温度接近环境温度，流经给水泵加压后成为低温的未饱和水。为提高锅炉低温给水的温度，可以采用回热的方法。

（1）回热循环

所谓回热，是指从汽轮机的适当部位抽出部分已经做过功的，但压力尚不太低的少量蒸汽，用来加热进入锅炉之前的低温给水，这样不仅可以使得锅炉给水的温度提高，吸热平均温度提高，循环热效率提高，而且还可以降低蒸汽在冷凝器中的放热量。有给水回热的循环称为蒸汽回热循环，简称回热循环。

如图 7-9 所示为一次抽汽回热循环系统示意图，其 T-s 图如图 7-10 所示。工作过程为：设 1 kg 压力为 p_1 的新蒸汽进入汽轮机，沿过程线 1-7 膨胀做功到某一中间压力，状态点 7，然后抽出 α kg(α<1) 蒸汽引入回热加热器中。在汽轮机中剩余(1-α) kg 蒸汽沿过程线 7-2 继续膨胀做功直至乏汽压力 p_2，状态点 2，然后进入冷凝器沿过程线 2-3 被冷凝为饱和水，状态点 3。再经凝结水泵沿过程线 3-4 升压后送入回热加热器，状态点 4。在回热加热器中，α kg 的抽汽沿过程线 7-8-9 凝结放出潜热，而(1-α)kg 的凝结水沿过程线 4-9 吸收抽汽放出的热量并与之混合成为抽汽压力下的 1 kg 饱和水，状态点 9。最后经给水泵沿过程线 9-10 加压后，状态点 10，进入锅炉沿过程线 10-5-6-1 吸热、汽化、过热成为新蒸汽，完成一个循环。

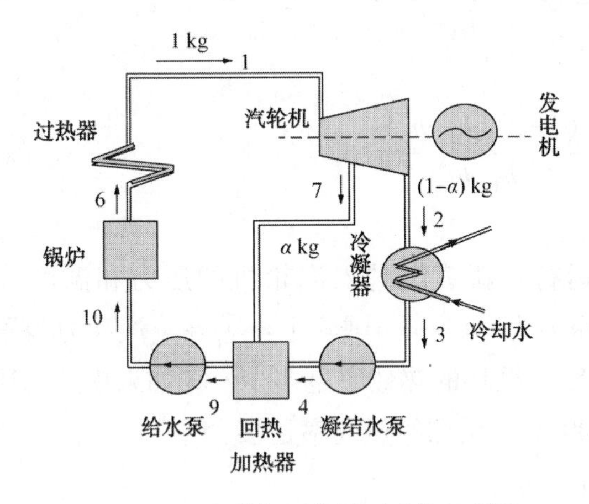

图 7-9　一次抽气回热循环系统示意图

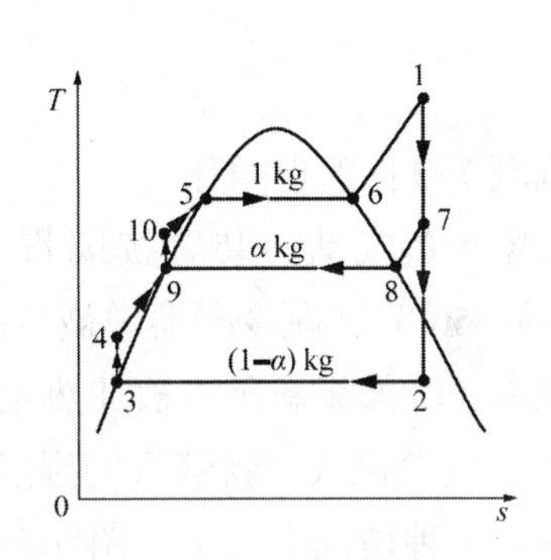

图 7-10　一次抽气回热循环 T-s 图

(2) 抽汽量及循环热效率

1) 抽汽量 α

回热循环计算中，首先要确定抽汽量 α。抽汽量 α 的大小可以由回热加热器的热平衡方程式和质量守恒式确定。假设不考虑回热加热器中的热量损失，在回热加热器中，α kg 抽汽放出的热量等于(1-α) kg 凝结水吸收的热量，其热平衡方程式为：

$$\alpha(h_7-h_9)=(1-\alpha)(h_9-h_4)$$

则：

$$\alpha=\frac{h_9-h_4}{h_7-h_4}$$

若忽略凝结水泵做功，则 $h_3\approx h_4$，抽汽量为：

$$\alpha=\frac{h_9-h_3}{h_7-h_3} \tag{7-6}$$

显然，h_9要比 h_7小得多，因此抽汽量 α 的数值很小。

2) 循环热效率

一次抽汽回热循环中，工质吸收的热量为水蒸气在锅炉中吸收的热量，对 1 kg 工质，有：

$$q_1=h_1-h_{10}$$

对外放出的热量为$(1-\alpha)$ kg 工质在冷凝器中向冷却介质放出的热量，即：

$$q_2=(1-\alpha)(h_2-h_3)$$

工质在汽轮机中对外所做的功为：

$$w=\alpha(h_1-h_7)+(1-\alpha)(h_1-h_2)$$

因此，循环的热效率为：

$$\eta_t=1-\frac{q_2}{q_1}=1-\frac{(1-\alpha)(h_2-h_3)}{h_1-h_{10}}$$

考虑到$h_9\approx h_{10}$，则：

$$\eta_t=1-\frac{(1-\alpha)(h_2-h_3)}{h_1-h_9} \tag{7-7}$$

例题 7-1：朗肯循环

考察一蒸汽动力装置按朗肯循环运行。新蒸汽进入汽轮机的压力和温度分别为 3 MPa和 350 ℃，在冷凝器中被冷凝的压力为 10 kPa。试确定：①该蒸汽动力装置循环的热效率；②如果新蒸汽被加热至 600 ℃，循环的热效率是多少？③如果锅炉的压力为 15 MPa，汽轮机入口新蒸汽的温度是 600 ℃，循环的热效率是多少？

解：三种情况下的 T-s 图如图 7-11 所示。

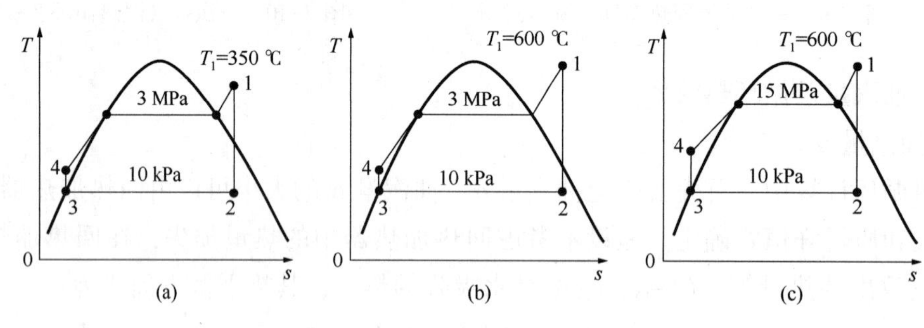

图 7-11　例题 7-1 附图

① 新蒸汽的压力和温度分别为 3 MPa 和 350 ℃，冷凝压力为 10 kPa 时：

状态点 1：

$$p_1=3\ \text{MPa}\quad T_1=350\ ℃$$

$$h_1=3\ 115.3\ \text{kJ/kg}\quad s_1=6.742\ 8\ \text{kJ/(kg·K)}$$

状态点 2：

$$p_2=10\ \text{kPa}\quad s_2=s_1$$

$$x_2=\frac{s_2-s_{2f}}{s_{2g}-s_{2f}}=\frac{6.742\ 8-0.649\ 3}{8.150\ 2-0.649\ 3}=0.812\ 4$$

$$h_2=x_2h_{2g}+(1-x_2)h_{2f}=0.812\ 4\times 2\ 584.63+(1-0.812\ 4)\times 191.83=2\ 135.7\ \text{kJ/kg}$$

状态点 3：

$$p_3=10\ \text{kPa}$$

$$h_3=191.83\ \text{kJ/kg}\quad v_3=0.001\ 01\ \text{m}^3/\text{kg}$$

状态点 4：　$p_4 = 3\ \text{MPa} \quad s_4 = s_3$

$$w_{3\text{-}4} = v_3(p_4 - p_3) = 0.001\,01\ \text{m}^3/\text{kg} \times (3\,000 - 10)\ \text{kPa} = 3.02\ \text{kJ/kg}$$

$$h_4 = h_3 + w_{3\text{-}4} = 191.83 + 3.02 = 194.85(\text{kJ/kg})$$

因此循环中的吸热量和放热量分别为：

$$q_1 = h_1 - h_4 = 3\,115.3 - 194.85 = 2\,920.5(\text{kJ/kg})$$

$$q_2 = h_2 - h_3 = 2\,135.7 - 191.83 = 1\,943.9(\text{kJ/kg})$$

循环的热效率为：

$$\eta_t = \left(1 - \frac{q_2}{q_1}\right) \times 100\% = \left(1 - \frac{1\,943.9}{2\,920.5}\right) \times 100\% = 33.5\%$$

② 如果新蒸汽的温度提高到 600 ℃，新蒸汽的压力和冷凝压力保持不变，则状态点 3 和 4 的状态保持不变：

状态点 1：　$p_1 = 3\ \text{MPa} \quad T_1 = 600\ ℃$

$$h_1 = 3\,682.3\ \text{kJ/kg}$$

状态点 2：　$p_2 = 10\ \text{kPa},\ s_2 = s_1$

$$x_2 = 0.914 \quad h_2 = 2\,379.9\ \text{kJ/kg}$$

此时循环的吸热量和放热量分别为：

$$q_1 = h_1 - h_4 = 3\,682.3 - 194.85 = 3\,487.5(\text{kJ/kg})$$

$$q_2 = h_2 - h_3 = 2\,379.9 - 191.83 = 2\,188.1(\text{kJ/kg})$$

循环的热效率为：

$$\eta_t = \left(1 - \frac{q_2}{q_1}\right) \times 100\% = \left(1 - \frac{2\,188.1}{3\,487.5}\right) \times 100\% = 37.3\%$$

由此可见，在新蒸汽的压力和终压保持不变时，提高新蒸汽的温度，可使循环的热效率有所提高。

③ 如果在新蒸汽的温度提高到 600 ℃的基础上，锅炉压力提高到 15 MPa，冷凝压力保持不变，则状态点 3 的状态保持不变。

状态点 1：　$p_1 = 15\ \text{MPa} \quad T_1 = 600\ ℃$

$$h_1 = 3\,582.3\ \text{kJ/kg}$$

状态点 2：　$p_2 = 10\ \text{kPa} \quad s_2 = s_1$

$$x_2 = 0.804 \quad h_2 = 2\,114.9\ \text{kJ/kg}$$

状态点 4：　$p_4 = 15\ \text{MPa} \quad s_4 = s_3$

$$h_4 = 206.97\ \text{kJ/kg}$$

此时循环的吸热量和放热量分别为：

$$q_1 = h_1 - h_4 = 3\,582.3 - 206.97 = 3\,375.3(\text{kJ/kg})$$

$$q_2 = h_2 - h_3 = 2\,114.9 - 191.83 = 1\,923.1(\text{kJ/kg})$$

循环的热效率为：

$$\eta_t=\left(1-\frac{q_2}{q_1}\right)\times100\%=\left(1-\frac{1\ 923.1}{3\ 375.3}\right)\times100\%=43.0\%$$

由此可见，在冷凝压力保持不变时，提高新蒸汽的压力和温度，可使循环的热效率有所提高。

第二节　活塞式内燃机循环

活塞式内燃机一般都是往复式的，其最主要的组成部分是气缸和活塞。工质的吸入、压缩、燃烧、膨胀和排气都在气缸内进行。

根据使用的燃料不同，活塞式内燃机分为汽油机、柴油机、煤气机等。由于使用的燃料不同，燃烧方法和燃料供给系统等方面有所差别，点火方式也不同。

按照点火方式不同，内燃机分为点燃式和压燃式两大类。点燃式内燃机吸气时吸入的气体是燃料和空气的混合物，经过压缩后，由电火花点火燃烧；而压燃式内燃机吸入的气体仅仅是空气，经过压缩后使空气温度上升到燃料自燃的温度，而后喷入燃料燃烧。

按照完成一个工作循环后活塞所经历的冲程数不同，内燃机又分为四冲程内燃机和二冲程内燃机。四冲程是进气、压缩、燃烧及膨胀、排气四个冲程完成一个工作循环；二冲程是进气、压缩、燃烧、膨胀和排气共用两个冲程完成一个工作循环。汽油机、煤气机一般是点燃式四冲程内燃机，而柴油机一般是压燃式四冲程内燃机。

1. 活塞式内燃机的实际循环和理想循环

下面以四冲程柴油机为例介绍内燃机的工作原理和循环过程。

(1)实际循环

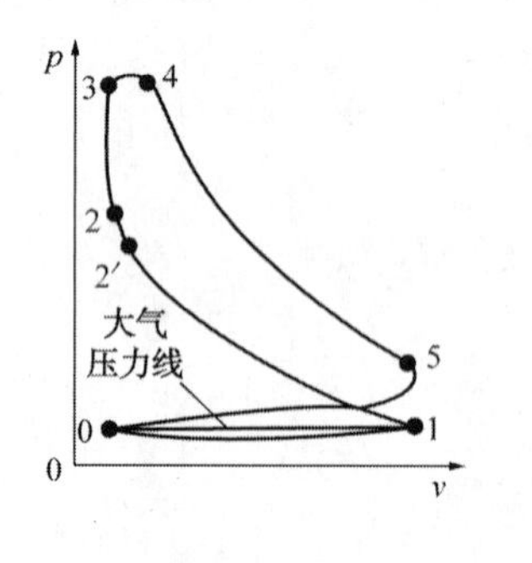

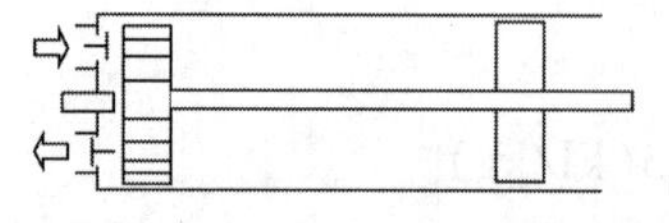

图 7-12　四冲程柴油机实际示功图

四冲程柴油机的每个工作循环有四个冲程，即每个工作循环活塞在气缸内往返两次。图 7-12 是用示功器在柴油机上绘制出的示功图，从图中可以看到活塞式内燃机实际工作时，气缸内工质的压力与容积的变化情况。

柴油机工作循环的四个冲程分别为：

1）进气冲程 0-1

进气阀开启，活塞从气缸上死点下行，吸入空气。由于进气阀的节流作用，吸入气缸内的气体压力略低于大气压力。直至活塞到达下死点 1 时，进气阀关闭。吸气冲程是气缸内气体数量增加，热力状态没有变化的机械输送过程。

2) 压缩冲程 1-2

活塞由下死点 1 上行，消耗外功压缩空气，当上行至上死点 2 前的点 2′时，空气的压力可达 3~5 MPa，温度达 600~800 ℃，大大超过了柴油的自燃温度(3 MPa 时柴油的自燃温度约为 205 ℃)。

这时柴油经高压雾化喷嘴喷入气缸，由于喷入的柴油燃烧需有一个滞燃期，加上柴油机的转速较高，因此柴油实际上是在活塞运行接近上死点 2 时才开始燃烧。由于空气与气缸壁的热交换(缸壁夹层有冷却水)，所以压缩过程为放热压缩过程。

3) 动力冲程 2-3-4-5

空气压缩终了，活塞到达上死点 2 时，气缸内已有相当数量的柴油，这部分柴油遇高温空气迅猛燃烧，压力迅速上升至 5~9 MPa，而活塞在上死点 2 附近向下移动甚微，所以这一燃烧过程接近定容过程，如图 7-12 中过程 2-3 所示。然后活塞由点 3 开始下行，此时喷油和燃烧继续进行，气缸内气体的压力变化很小，这段燃烧过程接近定压过程，如图 7-12 中过程 3-4 所示。活塞到达点 4 时喷油结束，此时气体温度可达 1 700~1 800 ℃。高温高压气体沿过程 4-5 膨胀做功，同时向冷却水放热，压力、温度下降，活塞到达点 5 时气体的压力下降到 0.3~0.5 MPa，温度为 500 ℃左右。

4) 排气冲程 5-0

活塞运行到点 5 时，排气阀打开，部分废气排入大气，气缸内气体的压力迅速下降，而活塞移动甚微，接近于定容降压过程。当气体压力降至略高于大气压力时，活塞开始上行，将气缸中剩余气体排出，完成排气过程 5-0，至此完成一个实际循环。排气冲程也是一个机械输送过程。

(2) 理想循环

上述柴油机的实际循环是开式、不可逆循环，并且是不连续的，过程中工质的质量和成分也在不断变化。这种复杂的不可逆循环给分析计算带来很大困难。为了便于理论分析，需要对实际循环加以合理的抽象和简化，忽略一些次要因素，将实际循环理想化。具体做法如下：

① 忽略实际过程中进、排气阀的节流损失，认为进、排气压力相同，等于大气压力。吸入的新鲜空气与排出的废气状态相同，进气过程中工质对活塞做的功与排气过程中活塞对工质做的功互相抵消。不计吸气和排气过程，将开式循环抽象为在气缸内进行的封闭循环。

② 忽略喷入的油量，假设工质是化学成分不变、比热容为常数的理想气体，近似看作是空气。

③ 忽略工质、活塞、气缸壁之间的热交换及摩擦阻力，认为工质的膨胀和压缩过

程都是可逆绝热过程。

④ 将燃料定容燃烧和定压燃烧加热工质的过程，简化为工质从高温热源可逆定容和定压吸热的过程。将排气放热过程简化为工质向低温热源可逆定容放热过程。

⑤ 忽略工质动能、位能的变化。

经过上述抽象和简化后，可将柴油机的实际不可逆循环转化为以空气为工质的理想可逆循环，如图 7-13 所示。理想循环由五个热力过程组成，分别为：可逆绝热压缩过程 1-2，可逆定容加热过程 2-3，可逆定压加热过程 3-4，可逆绝热膨胀过程 4-5，可逆定容放热过程 5-1。由于燃烧过程主要由定容加热和定压加热两个过程组成，因此该循环称为混合加热循环，又称为萨巴德(Sabathe)循环。

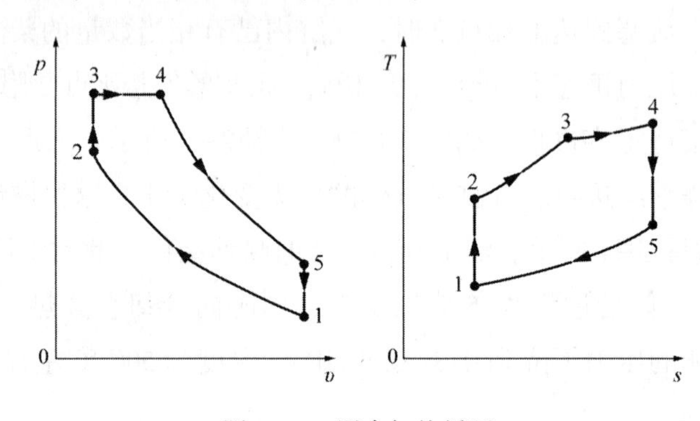

图 7-13　混合加热循环

2. 活塞式内燃机理想循环的热效率

活塞式内燃机循环的热效率，常用循环特性参数来表示，表示循环特性的参数有：

① 压缩比 $\varepsilon=v_1/v_2$，表示压缩过程中工质体积被压缩的程度。

② 升压比 $\lambda=p_3/p_2$，表示定容加热过程中工质压力升高的程度。

③ 预胀比 $\rho=v_4/v_3$，表示定压加热过程中工质体积膨胀的程度。

(1) 混合加热循环

在混合加热循环中，单位质量工质从高温热源吸收的热量 q_1 为定容加热过程 2-3 和定压加热过程 3-4 中吸收的热量之和，即：

$$q_1=q_{2-3}+q_{3-4}=c_V(T_3-T_2)+c_p(T_4-T_3)$$

单位质量工质向低温热源放出的热量 q_2 为定容放热过程 5-1 中放出的热量：

$$q_2=q_{5-1}=c_V(T_5-T_1)$$

因此，循环的热效率为：

$$\eta_t=1-\frac{q_2}{q_1}=1-\frac{c_V(T_5-T_1)}{c_V(T_3-T_2)+c_p(T_4-T_3)}=1-\frac{T_5-T_1}{(T_3-T_2)+\kappa(T_4-T_3)} \tag{7-8}$$

由可逆绝热压缩过程 1-2，有：

$$T_2=T_1\left(\frac{v_2}{v_1}\right)^{\kappa-1}=T_1\varepsilon^{\kappa-1}$$

由可逆定容加热过程2-3，有：

$$T_3=T_2\frac{p_2}{p_3}=T_2\lambda=T_1\varepsilon^{\kappa-1}\lambda$$

由可逆定压加热过程3-4，有：

$$T_4=T_3\frac{v_1}{v_2}=T_3\rho=T_1\varepsilon^{\kappa-1}\lambda\rho$$

由可逆绝热膨胀过程4-5，有：

$$T_5=T_4\left(\frac{v_4}{v_5}\right)^{\kappa-1}=T_4\left(\frac{\rho v_3}{v_1}\right)^{\kappa-1}=T_4\left(\frac{\rho v_2}{v_1}\right)^{\kappa-1}=T_1\lambda\rho^{\kappa}$$

将以上各温度代入式(7-8)中，得：

$$\eta_t=1-\frac{T_1(\lambda\rho^{\kappa}-1)}{T_1\varepsilon^{\kappa-1}[(\lambda-1)+\kappa\lambda(\rho-1)]}=1-\frac{\lambda\rho^{\kappa}-1}{\varepsilon^{\kappa-1}[(\lambda-1)+\kappa\lambda(\rho-1)]}\tag{7-9}$$

由式(7-9)可知，混合加热循环的热效率与压缩比ε、升压比λ和预胀比ρ有关，当压缩比ε增加、升压比λ增加以及预胀比ρ减少时，都会使混合加热循环的热效率提高。

(2) 定容加热循环

当预胀比$\rho=1$时，图7-13中的状态点4和3重合为一点，混合加热循环转变为定容加热循环，如图7-14所示，这一循环又称为奥图(Otto)循环，它是汽油机和柴油机的理想循环。在汽油机中，吸气过程吸入的是汽油与空气的混合物，经活塞压缩到上死点时由火花塞点火而迅速燃烧。燃烧过程中，活塞位移极小，可以认为是定容加热过程，不再有边燃烧边膨胀的定压加热过程。根据$\rho=1$，由式(7-9)，可得定容加热循环的热效率：

$$\eta_t=1-\frac{1}{\varepsilon^{\kappa-1}}\tag{7-10}$$

可见，定容加热循环的热效率只与压缩比ε有关，随压缩比ε的增大而提高。

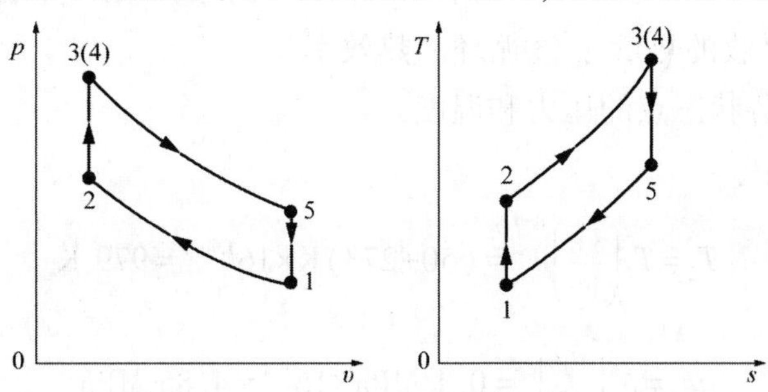

图7-14　定容加热循环

(3) 定压加热循环

当升压比 $\lambda=1$ 时，图 7-13 中的状态点 3 和 2 重合为一点，混合加热循环转变为定压加热循环，如图 7-15 所示，这一循环又称为狄塞尔(Diesel)循环，早期的低速柴油机就是这种情况。柴油喷入气缸燃烧的同时，活塞向下移动，气缸内的压力变化较小，接近于在定压下燃烧。根据 $\lambda=1$，由式(7-9)，可得定压加热循环的热效率为：

$$\eta_t=1-\frac{\rho^{\kappa-1}}{\varepsilon^{\kappa-1}\kappa(\rho-1)} \tag{7-11}$$

可见，定压加热循环的热效率与压缩比 ε 和预胀比 ρ 有关，随压缩比 ε 的增大而提高，随预胀比 ρ 的增大而降低。目前这种循环的柴油机已被混合加热循环柴油机所代替。

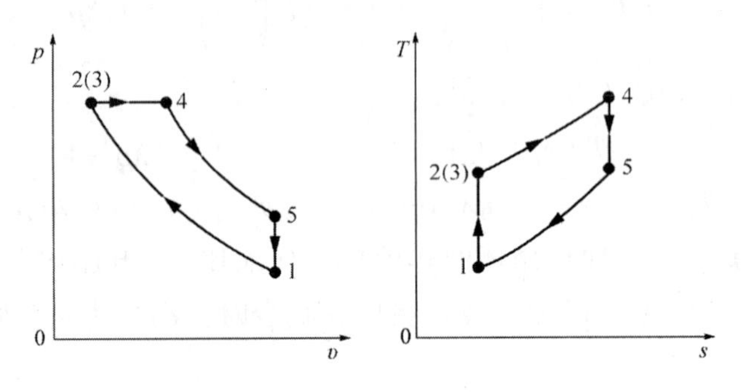

图 7-15　定压加热循环

各种热能动力装置都有它各自的特点，因此有其一定的适用场合。与蒸汽动力装置相比，内燃机结构紧凑、重量轻、体积小、管理方便，是一种轻便、有较高热效率的热机。被广泛用于各种汽车、拖拉机、地质钻探机械、土建施工机械、船舶、舰艇及铁路机车等方面。其中柴油机比较适用于作为功率较大和固定场合的发动机，而汽油机比较适用于轻便和间断操作的场合。

例题 7-2：内燃机热效率计算

一内燃机的混合加热循环如图 7-13 所示，初始参数为 $p_1=0.1$ MPa，$t_1=50$ ℃，最高压力为 $p_3=7.0$ MPa。空气的压缩比 $\varepsilon=v_1/v_2=16$，其定压过程的吸热量与定容过程的吸热量相等。设 $c_V=0.717$ kJ/(kg·K)，$\kappa=1.4$，试求：①循环中各状态点的压力和温度；②循环过程中吸收的热量；③循环的热效率。

解：① 循环中各状态点的压力和温度

定熵过程 1-2 中：

$$T_2=T_1\left(\frac{v_1}{v_2}\right)^{\kappa-1}=(50+273)\text{ K}\times16^{1.4-1}=979\text{ K}$$

$$p_2=p_1\left(\frac{v_1}{v_2}\right)^{\kappa}=0.1\text{ MPa}\times16^{1.4}=4.85\text{ MPa}$$

定容过程 2-3 中：

$$p_3=7.0\ \text{MPa}$$

$$T_3=T_2\frac{p_3}{p_2}=979\ \text{K}\times\frac{7\ \text{MPa}}{4.85\ \text{MPa}}=1\ 413\ \text{K}$$

定压过程 3-4 中：

$$p_4=p_3=7.0\ \text{MPa}$$

由已知定压过程的吸热量与定容过程的吸热量相等，有：

$$c_V(T_3-T_2)=c_p(T_4-T_3)$$

$$T_4=\frac{c_V(T_3-T_2)}{c_p}+T_3=\frac{0.717\ \text{kJ/(kg}\cdot\text{K)}\times(1\ 413-979)\text{K}}{1.004\ \text{kJ/(kg}\cdot\text{K)}}+1\ 413\ \text{K}=1\ 723\ \text{K}$$

定熵过程 4-5 中：

$$T_5=T_4\left(\frac{v_4}{v_5}\right)^{\kappa-1}=T_4\left(\frac{v_2}{v_1}\cdot\frac{v_4}{v_2}\right)^{\kappa-1}=T_4\left(\frac{v_2}{v_1}\cdot\frac{v_4}{v_3}\right)^{\kappa-1}=T_4\left(\frac{1}{\varepsilon}\cdot\frac{T_4}{T_3}\right)^{\kappa-1}$$

$$=1\ 723\ \text{K}\times\left(\frac{1}{16}\times\frac{1\ 723\ \text{K}}{1\ 413\ \text{K}}\right)^{1.4-1}=615\ \text{K}$$

$$p_5=p_1\left(\frac{T_2}{T_1}\right)=0.1\ \text{MPa}\times\frac{615\ \text{K}}{323\ \text{K}}=0.19\ \text{MPa}$$

② 循环过程中吸收的热量

$$q=q_{2-3}+q_{3-4}=2q_{2-3}=2c_V(T_3-T_2)$$

$$=2\times0.717\ \text{kJ/(kg}\cdot\text{K)}\times(1\ 413-979)\text{K}=622.3\ \text{kJ/kg}$$

③ 循环的热效率

循环过程中放出的热量为：

$$q_{5-1}=c_V(T_5-T_1)=0.717\ \text{kJ/(kg}\cdot\text{K)}\times(615-323)\text{K}=209.4\ \text{kJ/kg}$$

热效率为：

$$\eta_t=\left(1-\frac{q_{5-1}}{q}\right)\times100\%=\left(1-\frac{209.4\ \text{kJ/kg}}{622.3\ \text{kJ/kg}}\right)\times100\%=66.4\%$$

第三节　燃气轮机装置循环

燃气轮机装置也是一种以空气和燃气为工质的热能动力装置。主要由压气机、燃烧室和燃气轮机三个基本部分组成，图 7-16 所示为其系统简图。与内燃机循环中各个过程都在气缸内进行不同，燃气轮机装置循环中，压气、燃烧和膨胀过

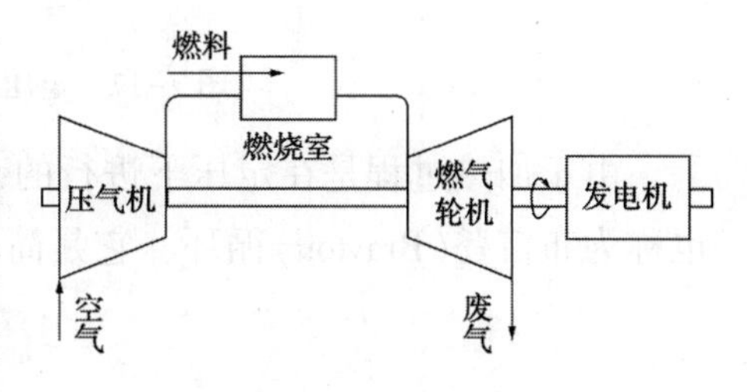

图 7-16　燃气轮机装置示意图

程分别在压气机、燃烧室和燃气轮机中进行。

1. 燃气轮机装置的理想循环

如图 7-16 所示，燃气轮机装置的工作过程如下：首先，压气机由大气中吸入空气并进行压缩。空气被压缩到一定压力后送入燃烧室，同时燃油泵连续地将燃料油喷入燃烧室，与压缩空气混合，在定压下燃烧，产生的燃气温度通常可高达 1 800～2 300 K。高温、高压的燃气与来自燃烧室夹层通道的压缩空气混合，温度降低到适当数值后进入燃气轮机中膨胀，推动叶轮输出轴功。做功后的废气则排入大气，并在大气中放热冷却，从而完成一个循环。

燃气轮机的实际循环是开式、不可逆循环。为了对循环进行热力分析和计算，首先对实际循环进行理想化假设：

① 假设工质是比热容为定值的理想气体，其成分近似看作是空气，且忽略喷入燃料的质量。

② 工质经历的所有过程都是可逆过程。

③ 在压气机和燃气轮机中，工质向外散热极少，理想化为绝热过程。

④ 燃烧室中，忽略流动阻力引起的压降损失，燃烧时压力变化不大，理想化为定压加热过程。

⑤ 燃气轮机排出的废气和压气机吸入的空气都接近大气压力，放热过程近似为定压放热过程。

在以上假设条件下，燃气轮机装置循环可简化为由以下四个过程组成的可逆循环：空气在压气机中的可逆绝热压缩过程 1-2；工质在燃烧室中的可逆定压加热过程 2-3；工质在燃气轮机中的可逆绝热膨胀过程 3-4；工质在大气中的可逆定压放热过程 4-1。理想循环的 p-v 图、T-s 图表示如图 7-17 所示。

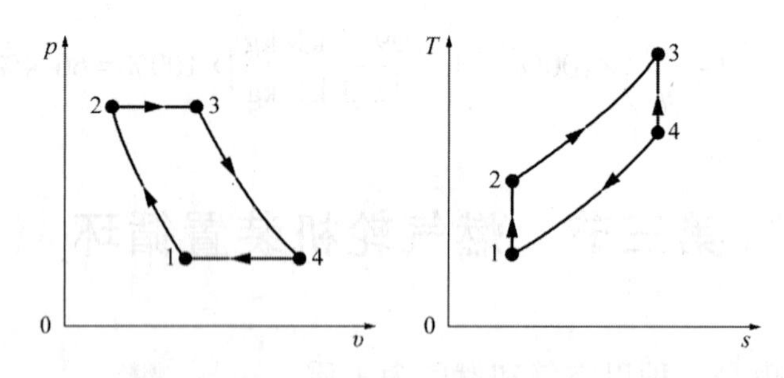

图 7-17 定压加热燃气轮机装置的理想循环

由于加热过程是在定压下进行的，所以上述循环称为定压加热燃气轮机装置循环，也称为布雷登(Brayton)循环，它是简单燃气轮机装置的理想循环。

2. 燃气轮机装置理想循环的热效率

理想循环中，单位质量工质在燃烧室内定压吸收的热量为：

$$q_1=c_p(T_3-T_2)$$

工质在大气中定压放出的热量为：

$$q_2=c_p(T_4-T_1)$$

因此，循环的热效率为：

$$\eta_t=1-\frac{q_2}{q_1}=1-\frac{c_p(T_4-T_1)}{c_p(T_3-T_2)}=1-\frac{T_1\left(\dfrac{T_4}{T_1}-1\right)}{T_2\left(\dfrac{T_3}{T_2}-1\right)}$$

对于可逆绝热压缩过程 1-2 和可逆绝热膨胀过程 3-4，有：

$$\frac{T_2}{T_1}=\left(\frac{p_2}{p_1}\right)^{\frac{\kappa-1}{\kappa}},\quad \frac{T_3}{T_4}=\left(\frac{p_3}{p_4}\right)^{\frac{\kappa-1}{\kappa}}$$

又有：

$$p_2=p_3,\quad p_1=p_4$$

因此：

$$\frac{T_2}{T_1}=\frac{T_3}{T_4}\quad 或\quad \frac{T_4}{T_1}=\frac{T_3}{T_2}$$

令 $p_2/p_1=\pi$，π 称为工质的增压比，表示循环的最高压力与最低压力之比，则理想循环的热效率为：

$$\eta_t=1-\frac{T_1}{T_2}=1-\frac{1}{\pi^{\frac{\kappa-1}{\kappa}}} \tag{7-12}$$

燃气轮机装置出现在蒸汽动力装置和活塞式内燃机之后，它是一种旋转式的热能动力装置，直接用燃气作为工质，不需要像蒸汽动力装置那样从燃气到工质的庞大换热设备，也没有内燃机那样的往复运动机构以及由此引起的不平衡惯性力。它可以采用很高的转速，而且工作过程是连续的，因此它可以在质量和尺寸都很小的情况下发出很大的功率，也可以制成大功率的动力装置。由于其运转平稳、力矩均匀、结构紧凑轻巧、管理简便、启动迅速，特别适用于航空发动机，也广泛用作汽车、舰船及电站的动力装置。

例题 7-3：燃气轮机装置循环热效率的计算

某燃气轮机装置定压加热理想循环中，工质视为空气。空气进入压气机时的压力为 0.1 MPa，温度为 17 ℃。循环增压比 $\pi=6.2$。燃气轮机进口温度为 597 ℃，循环的 $p-v$ 图、$T-s$ 图如图 7-17 所示。若空气的比热容 $c_p=1.004$ kJ/(kg·K)，$\kappa=1.4$。试计算该理想循环的热效率。

解：理想循环中，各状态点的状态参数分别为：

点 1：

$$p_1 = 0.1\ \text{MPa} \qquad T_1 = 27+273 = 290\ \text{K}$$

$$v_1 = \frac{R_g T_1}{p_1} = \frac{0.287\times10^3\ \text{J/(kg}\cdot\text{K)}\times290\ \text{K}}{0.1\times10^6\ \text{Pa}} = 0.8323\ \text{m}^3/\text{kg}$$

点 2：

$$p_2 = \pi p_1 = 6.2\times0.1\ \text{MPa} = 0.62\ \text{MPa}$$

$$\frac{T_2}{T_1} = \pi^{\frac{\kappa-1}{\kappa}} \qquad T_2 = T_1\pi^{\frac{\kappa-1}{\kappa}} = 290\ \text{K}\times6.2^{\frac{1.4-1}{1.4}} = 488.4\ \text{K}$$

$$v_2 = \frac{R_g T_2}{p_2} = \frac{0.287\times10^3\ \text{J/(kg}\cdot\text{K)}\times488.4\ \text{K}}{0.62\times10^6\ \text{Pa}} = 0.2260\ \text{m}^3/\text{kg}$$

点 3：

$$p_3 = p_2 = 0.62\ \text{MPa} \qquad T_3 = 597+273 = 870\ \text{K}$$

$$v_3 = \frac{R_g T_3}{p_3} = \frac{0.287\times10^3\ \text{J/(kg}\cdot\text{K)}\times870\ \text{K}}{0.62\times10^6\ \text{Pa}} = 0.4027\ \text{m}^3/\text{kg}$$

点 4：

$$p_4 = p_1 = 0.1\ \text{MPa}$$

$$T_4 = \frac{T_3}{\pi^{\frac{\kappa-1}{\kappa}}} = \frac{870\ \text{K}}{6.2^{\frac{1.4-1}{1.4}}} = 516.6\ \text{K}$$

$$v_4 = \frac{R_g T_4}{p_4} = \frac{0.287\times10^3\ \text{J/(kg}\cdot\text{K)}\times516.6\ \text{K}}{0.1\times10^6\ \text{Pa}} = 1.482\ \text{m}^3/\text{kg}$$

压气机消耗的功 w_C 和燃气轮机做出的功 w_T 分别为：

$$w_C = c_p(T_2-T_1) = 1.004\ \text{kJ/(kg}\cdot\text{K)}\times(488.4-290)\ \text{K} = 199.2\ \text{kJ/kg}$$

$$w_T = c_p(T_3-T_4) = 1.004\ \text{kJ/(kg}\cdot\text{K)}\times(870-516.6)\ \text{K} = 354.8\ \text{kJ/kg}$$

循环的吸热量 q_1 和放热量 q_2 分别为：

$$q_1 = c_p(T_3-T_2) = 1.004\ \text{kJ/(kg}\cdot\text{K)}\times(870-488.4)\ \text{K} = 383.1\ \text{kJ/kg}$$

$$q_2 = c_p(T_4-T_1) = 1.004\ \text{kJ/(kg}\cdot\text{K)}\times(516.6-290)\ \text{K} = 227.5\ \text{kJ/kg}$$

则循环的热效率为：

$$\eta_t = \frac{w}{q_1} = \frac{155.6\ \text{kJ/kg}}{383.1\ \text{kJ/kg}}\times100\% = 40.62\%$$

或：

$$\eta_t = 1-\frac{1}{\pi^{\frac{\kappa-1}{\kappa}}} = 1-\frac{1}{6.2^{\frac{1.4-1}{1.4}}} = 40.62\%$$

习　题

1. 提高朗肯循环热效率的方法有哪些？

2. 什么是再热循环？再热循环的目的是什么？

3. 什么是回热循环？回热循环的目的是什么？

4. 什么是萨巴德循环？萨巴德循环的热效率与哪些因素有关？

5. 什么是奥图循环？奥图循环的热效率与哪些因素有关？

6. 什么是狄塞尔循环？狄塞尔循环的热效率与哪些因素有关？

7. 柴油机的热效率为什么通常总是大于汽油机的热效率？

8. 燃气轮机装置循环与内燃机循环相比有何优点？为什么前者的热效率低于后者？

9. 试述动力装置循环的共同特点。

10. 某朗肯循环，新蒸汽的参数为 $p_1=4$ MPa、$t_1=400$ ℃，乏汽压力 $p_2=4$ kPa。试计算此循环的循环净功、加热量、热效率以及乏汽干度。若 $t_1=550$ ℃，p_1、p_2不变，以上各参数为多少？

11. 某蒸汽动力装置，汽轮机入口蒸汽的参数为 $p_1=13$ MPa、$t_1=535$ ℃，在汽轮机内膨胀做功至干饱和蒸汽后被送入再热器，在定压下重新加热到535 ℃，再进入汽轮机后半部继续膨胀至乏汽压力 7 kPa。如果蒸汽流量为 200 t/h，忽略泵功，试计算汽轮机的轴功，循环热效率以及乏汽干度。

12. 某蒸汽动力装置采用一次抽气回热循环，汽轮机入口新蒸汽的参数为 $p_1=10$ MPa、$t_1=400$ ℃，冷凝器压力 $p_2=0.05$ MPa。当蒸汽膨胀至2 MPa时，1 kg蒸汽中抽出 α kg蒸汽进入混合式加热器，定压放热以加热来自冷凝器的$(1-\alpha)$ kg冷凝水，使其成为抽气压力下的饱和水，并经水泵加压后送回锅炉。求此循环的热效率以及1 kg工质所做的轴功。

13. 一压缩比为6的奥图循环，进气状态为 $p_1=100$ kPa、$T_1=400$ K，在定容过程中吸热540 kJ/kg，空气的质量流量为100 kg/h。已知 $\kappa=1.4$、$c_V=0.71$ kJ/(kg·K)，试求输出功率及循环热效率。

14. 某内燃机混合加热循环，吸气量为2 600 kJ/kg，其中定容过程与定压过程的吸热量各占一半，压缩比 $\varepsilon=14$，压缩过程的初始状态为 $p_1=100$ kPa、$t_1=27$ ℃，试计算输出净功及循环热效率。

15. 一内燃机混合加热循环，已知 $p_1=0.1$ MPa、$t_1=27$ ℃、$\varepsilon=16$、$\lambda=1.5$，循环加热量 $q_1=1\ 298$ kJ/kg，工质可视为空气，比热容为定值，求循环热效率及循环最高压力。若保持 ε 和 q_1不变，而将定容增压比 λ 分别提高到1.75与2.25，试求这两种情况下循环的热效率。

16. 某燃气轮机的进气状态为 $p_1 = 0.1$ MPa、$t_1 = 22$ ℃，循环增压比 $\pi = 8$，工质为空气，比热容为常数，定压吸热后的温度为 600 ℃，试计算压气机所消耗的轴功，燃气轮机所做的轴功、燃气轮机装置输出的净功及循环热效率。

17. 某燃气轮机装置的进气状态为 $p_1 = 0.1$ MPa、$t_1 = 27$ ℃，循环增压比 $\pi = 4$，在燃烧室中的加热量为 333 kJ/kg，经绝热膨胀到 0.1 MPa。设比热容为定值，试求循环的最高温度及循环的热效率。

Chapter 7 Power Cycles

The devices or systems used to produce a net power output are often called heat engines, and the thermodynamic cycles they operate on are called power cycles. The power cycles can also be categorized as gas cycles and vapor cycles, depending on the phase of the working fluid. In gas cycles, the working fluid remains in the gaseous phase throughout the entire cycle, whereas in vapor cycles the working fluid exists in the vapor phase during one part of the cycle and in the liquid phase during another part.

The purpose to analyze the power cycles is to obtain the thermal efficieneies of thermodynamic cycles and find the methods to improve performance. The cycles encountered in actual devices are difficult to analyze because of the presence of complicating effects, such as friction. The cycles discussed in this chapter are somewhat idealized, but they still retain the general characteristics of the actual cycles they represent. The conclusions reached from the analysis of ideal cycles are also applicable to actual cycles.

In this chapter, various power cycles, such as vapor power cycles, cycles in reciprocating engine, ideal cycle for gas-turbine engines are analyzed under some simplifying assumption.

7.1 The Vapor Power Plant Cycles

A schematic diagram of a vapor power plant is shown in Figure 7-1, which consists of boiler, turbine, condenser, and pump. The vapor power plant use water as working fluid. The boiler is a large heat exchanger where the heat originating from combustion of fossil fuel is transferred to the water essentially at constant pressure. The water absorbs heat and becomes superheated vapor. High pressure superheated vapor leaves the boiler, and enters the turbine. The superheated vapor expands in the turbine, and does work, which enables the turbine to drive the electric generator. The vapor, now at low pressure, exits the turbine and enters the condenser, where heat is transferred from the vapor to the cooling water. The pressure of the condensate leaving the condenser is increased in the pump, then the water enters the boiler completing a cycle.

7.1.1 Rankine Cycle

(1) Rankine Cycle

The Rankine cycle is an ideal cycle for vapor power cycles, which is named after William John Rankine (1820-1872), a Glasgow university professor. It is a simplest power cycle with four steady-state processes, and does not involve any friction. Therefore, the working fluid does not experience any pressure drop as it flows in pipes or devices such as boiler and condenser. All expansion and compression processes take place in a reversible manner. The pipes connecting the various components of the device are well insulated and heat transfer through them is negligible. The four processes of the Rankine cycle are as follows:

1) Isentropic Compression in a Pump 3-4

Water enters the pump at state 3 as saturated water and is compressed isentropically to the operating pressure of the boiler. The water temperature increases somewhat during this isentropic compression process. Water leaves the pump and enters the boiler at state 4 as subcooled water.

2) Constant Pressure Heat Addition in a Boiler 4-5-6-1

Water enters the boiler at state 4 as the subcooled water and absorbs heat from combustion of fossil fuel. Water leaves the boiler at state 6 as saturated vapor and is further overheated in the super-heater as a superheated vapor at state 1, then enters the turbine.

3) Isentropic Expansion in a Turbine 1-2

The superheated vapor (usually called new vapor) at state 1 enters the turbine, where it expands isentropically and produces work by rotating the shaft connected to an electric generator. The pressure and the temperature of the vapor drop during this expression process to the values at state 2 as saturated water-vapor mixture (usually called exhaust vapor) with a high quality. Then the saturated water-vapor mixture enters the condenser.

4) Constant Pressure Heat Rejection in a Condenser 2-3

Saturated water - vapor mixture at state 2 is condensed at constant pressure in the condenser, which is basically a large heat exchanger, by rejecting heat to a cooling medium such as a cooling water, or atmosphere. Vapor leaves the condenser at state 3 as saturated water and enters the pump, completing the cycle.

The $p-v$ and $T-s$ diagrams of Rankine cycle are shown in Figure 7-2.

(2) The Thermal Efficiency of the Rankine Cycle

All four components associated with the Rankine cycle consisting of pump, boiler, turbine, and condenser are steady-flow devices, and thus all four processes that make up the Rankine cycle can be analyzed as steady - flow processes. The kinetic and potential energy changes of the vapor are usually small relative to the work and heat transfer terms and are therefore usually neglected.

The boiler and the condenser do not involve any work, and the pump and the turbine are isentropic. For per unit mass of water or vapor, the new vapor expands reversible adiabatically in the turbine, and does work

$$w_{t,1-2}=h_1-h_2$$

The exhaust vapor rejects heat to cooling medium in the condenser.

$$q_2=h_2-h_3$$

The condenser water is compressed adiabatically in the pump, and the work done on the system is

$$w_{p,3-4}=h_4-h_3$$

Water receives heat at constant-pressure in the boiler.

$$q_1=h_1-h_4$$

For the total Rankine cycle, the net work is

$$w_{net}=w_{t,1-2}-w_{p,3-4}=(h_1-h_2)-(h_4-h_3)$$

From the definition of thermal efficiency, the thermal efficiency of the Rankine cycle is expressed as

$$\eta_t=\frac{w_{net}}{q_1}=\frac{(h_1-h_2)-(h_4-h_3)}{h_1-h_4} \tag{7-1}$$

The pump term $w_{p,3-4}=h_4-h_3$ is, however, small compared with the other energy quantities and hence it can be sensibly neglected $w_{p,3-4}\approx 0$, that is $h_3\approx h_4$. Now the thermal efficiency of the Rankine cycle is

$$\eta_t=\frac{h_1-h_2}{h_1-h_4}=\frac{h_1-h_2}{h_1-h_3} \tag{7-2}$$

(3) Effect of Pressure and Temperature on the Rankine Cycle

For analyzing the Rankine cycle, it is helpful to think of efficiency as depending on the average temperature at which heat is transferred to the water in the boiler and the average temperature at which heat is rejected from the vapor in the condenser, as shown is Figure 7-3. Hence the efficiency of Rankine cycle can be expressed as

$$\eta_t=\frac{h_1-h_2}{h_1-h_3}=1-\frac{\overline{T}_2}{\overline{T}_1}=1-\frac{T_2}{T_1} \tag{7-4}$$

Any changes that increase the average temperature at which heat is supplied or decreased the average temperature at which heat is rejected will increase the Rankine - cycle efficiency. Now we discuss three ways of accomplishing this for the simple ideal Rankine cycle.

1) Superheating the Vapor to High Temperatures

The average temperature at which heat is transferred to steam can be increased without increasing the boiler pressure by superheating the steam to high temperatures, as shown in Figure 7-4. Both the net work and heat input increase as a result of superheating the steam to a higher temperature. The overall effect is an increase in thermal efficiency, since the average temperature at which heat is added increases. Superheating the steam to higher temperatures decreases the moisture content of the steam at the turbine exit. and it is desirable to the turbine operating safety. The temperature to which steam can be superheated is limited, however, by metallurgical considerations. Presently the highest steam temperature allowed at the turbine inlet is about 550 ℃.

2) Increasing the Boiler Pressure

Increasing the operating pressure of the boiler can increase the average temperature during the heat-addition process, and thus raises the thermal efficiency of the Rankine cycle, as shown in Figure 7-5. Notice that for a fixed turbine inlet temperature, the moisture content of steam at the turbine exit increases, and the quality at the exit turbine decreases. It is highly undesirable in turbine because it decreases the turbine efficiency and erodes the turbine blades. The value of quality leaving the turbine is about 0. 85 to 0. 88 in practice.

3) Lowing the Condenser Pressure

Lowering the operating pressure of the condenser automatically lowers the temperature of the steam, and thus the temperature at which heat is rejected. For comparison purposes, the turbine inlet state is maintained the same, as shown in Figure 7-6. The heat input requirements increase, but this increase is very small. Thus the overall effect of lowering the condenser pressure is an increase in the thermal efficiency of the cycle. However, there is a lower limit on the condenser pressure that can be used. It cannot be lower than the saturation pressure corresponding to the temperature of the cooling medium.

To summarize, we can say that the efficiency of the Rankine cycle can be increased by lowing the exhaust pressure, by increasing the pressure and temperature during heat addition.

7.1.2 Reheat Cycle

Increasing the boiler pressure increases the thermal efficiency of the Rankine cycle, but it also increases the moisture content of the steam at the final stages of the turbine to unacceptable levels. With reheat, a vapor power plant can take advantage of the increased efficiency that results with higher boiler pressures and yet avoid low-quality steam at the turbine exhaust.

(1) Reheat Cycle

In the ideal reheat cycle, the expansion process takes place in two stages. In the first stage corresponding to the high-pressure turbine, steam is expanded isentropically to an intermediate pressure and sent back to the reheater where it is reheated at constant pressure, usually to the inlet temperature of the first turbine stage. Steam then expands isentropically in the second stage corresponding to the low-pressure turbine to the condenser pressure.

The schematic of the single reheat Rankin cycleis shown in Figure 7-7, and the $T-s$ diagram of this cycle is shown in Figure 7-8.

The purpose of the reheat cycle is to increase the quality of the turbine exhaust. It is evident from the $T-s$ diagram that there is very little gain in efficiency from reheating the steam, because the average temperature at which heat is supplied is not greatly changed. The chief advantage is in decreasing to a safe value the moisture content in the low-pressure stages of the turbine.

(2) The Efficiency of the Reheat Cycle

In the reheat cycle, heat is added to the steam at two places: in the boiler with process 4-5-6-1, and in the reheater with process 7-1′. For per unit mass steam, the heat supplied to the steam in boiler and in reheater is

$$q_1=(h_1-h_4)+(h_{1'}-h_7)$$

The heat is rejected from the exhaust steam to the cooling medium in the condenser

$$q_2=h_2{}'-h_3$$

The efficiency of reheat cycle is therefore

$$\eta_t=\frac{q_1-q_2}{q_1}=\frac{(h_1-h_4)+(h_{1'}-h_7)-(h_{2'}-h_3)}{(h_1-h_4)+(h_{1'}-h_7)} \tag{7-5}$$

7.1.3 Regenerative Cycle

The $T-s$ diagram of the Rankine cycle reveals that the inlet temperature at state 4 of the boiler is a relatively low temperature. This lowers the average heat-addition temperature and thus the cycle efficiency. To remedy this shortcoming, regeneration is used to raise the temperature of the water leaving the pump before it enters the boiler.

(1) Regenerative Cycle

In the regenerative cycle, the steam extracted from the turbine mixes with the feedwater exiting the pump in a feedwater heater, and thus the water temperature at the inlet state of the boiler increases. Regeneration not only increases the average addition heat temperature, and improves the cycle efficiency, but also decreases the heat rejection in the condenser.

The schematic diagram and the associated $T-s$ diagram for a single-stage regenerative cycle are shown in Figures 7-9 and 7-10.

(2) The Efficiency of the Regenerative Cycle

1) The Extraction Fraction

Consider a control volume around the open feedwater heater, as shown in Figure 7-9, the energy equation with no external heat transfer and no work becomes

$$\alpha(h_7-h_9)=(1-\alpha)(h_9-h_4)$$

Hence

$$\alpha=\frac{h_9-h_4}{h_7-h_4}$$

Neglecte the work done by the condensate pump, $h_3 \approx h_4$, then the extraction fraction becomes

$$\alpha=\frac{h_9-h_3}{h_7-h_3} \tag{7-6}$$

2) The Efficiency of the Regenerative Cycle

In the single-stage regenerative cycle, water absorbs heat from the combustion of fossil fuel in the boiler, and heat added is

$$q_1=h_1-h_{10}$$

The steam of $(1-\alpha)$ kg rejects heat in the condenser.

$$q_2=(1-\alpha)(h_2-h_3)$$

The superheated vapor does work in the turbine, and the work done is

$$w=\alpha(h_1-h_7)+(1-\alpha)(h_1-h_2)$$

The efficiency of the regenerative cycle is

$$\eta_t=1-\frac{q_2}{q_1}=1-\frac{(1-\alpha)(h_2-h_3)}{h_1-h_{10}}$$

Notice that $h_9 \approx h_{10}$, and thus

$$\eta_t=1-\frac{(1-\alpha)(h_2-h_3)}{h_1-h_9} \tag{7-7}$$

7.2 Cycles for the Reciprocating Engines

Internal combustion engines with piston-cylinder are usually applied to reciprocating engines. Its main components are cylinder and piston. All processes that the working gas undergoes, such as heat addition, compression, combustion, expansion, and exhaustion, occur within reciprocating piston–cylinder arrangement.

Two principle types of reciprocating internal combustion engines are the spark–ignition engine and the compression–ignition engine. In a spark–ignition engine, a mixture of fuel and air is ignited by a spark plug. In a compression–ignition engine, air is compressed to a high enough pressure and temperature that combustion occurs spontaneously when fuel is rejected.

7.2.1 The Cycle of Reciprocating Internal Combustion Engine

Figure 7–12 is a sketch of a reciprocating internal combustion engine consisting of a piston that moves within a cylinder fitted with two valves. The piston reciprocates in the cylinder between two fixed positions called the top dead center that is the position of the piston when it forms the smallest volume in the cylinder and the bottom dead center that is the position of the piston when it forms the largest volume in the cylinder. The distance between the top dead center and the bottom dead center is called the stroke of the engine, which is the largest distance that the piston can travel in one direction. In most spark–ignition engines, the piston executes four complete strokes within the cylinder, and the crankshaft completes two revolutions for each thermodynamic cycle. These engines are called four–stroke internal combustion engines. A diagram for an actual four–stroke spark–ignition engine is shown in Figure 7–12.

(1) Actual Cycle

1) The Intake Stroke 0–1

With the intake valve open, the piston makes an intake stroke to draw a fresh charge into the cylinder.

2) The Compression Stroke 1–2

Both the intake and the exhaust valves are closed, and the piston is at the bottom dead center. During the compression stroke, the piston moves up upward, compressing the air, raising the temperature and pressure of the system. This requires work input from the piston to the cylinder contents.

3) The Power Stroke 2–3–4–5

A power stroke follows the compression stroke. The fuel injection process starts when the piston approaches top dead center and continues during the first part of the power stroke. Therefore, the combustion process in diesel engines takes place over a longer interval. When air is compressed to a temperature that is above the auto ignition temperature of the fuel, combustion starts on contact as the fuel is injected into this hot air. In modern high–speed compression ignition engines, fuel starts to ignite late in the compression stroke, and consequently part of the combustion occurs almost at constant volume. Fuel injection continues until the piston reaches the top dead center, and combustion of the fuel keeps the pressure high well into the expansion stroke. Thus, the entire combustion can better be modeled as the combination of constant-volume and constant-pressure processes. The gas with high pressure and high temperature expands and work is done on the piston as it returns to bottom dead center.

4) The Exhaust Stroke 5-1

The piston executes an exhaust stroke in which the burned gases are purged from the cylinder through the open exhaust valve.

Smaller engines operate on two - stroke cycles. In two - stroke engines, the intake, compression, expansion, and exhaust operations are accomplished in one revolution of the crankshaft.

The actual cycles in reciprocating engines are rather complex. To reduce the analysis to a manageable, some assumptions are utilized for the air-standard cycle:

① The working fluid is air, which always behaves as an ideal gas with constant specific capacity.

② All the processes that make up the cycle are reversible.

③ The combustion process is replaced by a heat-addition process from an external source.

④ The exhaust process is replaced by a heat-rejection process that restores the working fluid to its initial state.

⑤ Neglect the changes of kinetic energy and potential energy.

If the air-standard assumptions are utilized, the actual cycle can be simplified as an ideal cycle, as shown in Figure 7-13. It consists of five reversible processes: isentropic compression 1-2, constant-volume heat addition 2-3, constant-pressure heat addition 3-4, isentropic expression 4-5, and constant-volume heat rejection 5-1. During the whole cycle, the heat addition occurs in two steps: the constant-volume heat addition and constant-pressure heat addition, and the ideal cycle based on this concept is called the dual cycle, also called the Sabathe cycle.

7.2.2 The Thermal Efficiency of the Reciprocating Internal Combustion Engine Cycle

Some characteristics quantities in the reciprocating internal combustion engine are compression ratio ε, pressure ratio λ, and cutoff ratio ρ.

① Compression ratio ε, the ratio of the maximum volume formed in the cylinder to the minimum volume.

② Pressure ratio λ, pressure ratio of the final state to the initial state in the constant volume heat addition.

③ Cutoff ratio ρ , the specific volume ratio of final state to the initial state in the constant pressure heat addition.

(1) Air-Standard Dual Cycle

During the dual cycle, the total heat addition is the sum of the heat addition at constant-volume heat addition process 2-3 and constant-pressure heat addition process 3-4, and it is expressed as

$$q_1 = q_{2-3} + q_{3-4} = c_V(T_3 - T_2) + c_p(T_4 - T_3)$$

The heat rejection occurs in constant-volume heat rejection process 5-1, and it is expressed as

$$q_2 = q_{5-1} = c_V(T_5 - T_1)$$

Then the thermal efficiency of the dual cycle becomes

$$\eta_t = 1 - \frac{q_2}{q_1} = 1 - \frac{c_V(T_5 - T_1)}{c_V(T_3 - T_2) + c_p(T_4 - T_3)} = 1 - \frac{T_5 - T_1}{(T_3 - T_2) + \kappa(T_4 - T_3)} \tag{7-8}$$

Utilizing the definifion of compression ratio ε and pressure ratio λ, the thermal efficiency of dual cycle reduces to

$$\eta_t = 1 - \frac{\lambda\rho^{\kappa} - 1}{\varepsilon^{\kappa-1}[(\lambda-1)+\kappa\lambda(\rho-1)]} \tag{7-9}$$

The thermal efficiency of the dual cycle is related to the compression ratio ε, pressure ratio λ, the cutoff ratio ρ. It increases as the compression ratio and pressure ratio increase, and decreases as the cutoff ratio decreases.

(2) Air-Standard Otto Cycle

The air-standard Otto cycle is an ideal cycle that assumes the heat addition occurs instantaneously while the piston is at the top dead center and the cutoff ratio $\rho = 1$. The Otto cycle is shown on $p-v$ and $T-s$ diagrams in Figure 7-14. The cycle consists of four reversible processes in series. Process 1-2 is an isentropic compression of the air as the piston moves from bottom dead center to the top dead center. Process 2-3 is a constant volume heat transfer to the air from an external source while the piston is at top dead center. This process is intended to represent the ignition of the fuel air mixture and the subsequent rapid burning. Process 3(4)-5 is an isentropic expansion. The cycle is completed by the constant volume process 5-1 in which heat is rejected from the air while the piston is at bottom dead center. The thermal efficiency of Otto cycle can be expressed as

$$\eta_t = 1 - \frac{1}{\varepsilon^{\kappa-1}} \tag{7-10}$$

The Otto cycle thermal efficiency increases as the compression ratio ε increases.

(3) Air-Standard Diesel Cycle

The air-standard Diesel cycle is an ideal cycle that assumes the heat addition occurs during a constant-pressure process that starts with the piston at top dead center, and the pressure ratio $\lambda = 1$. The Diesel cycle is shown on $p-v$ and $T-s$ diagrams in Figure 7-15. The cycle consists of four reversible processes in series. The process 1-2 is an isentropic compression same as in the Otto cycle. Heat is not transferred to the working fluid at constant volume as in the Otto cycle. However, in the Diesel cycle, heat is transferred to the working fluid at constant pressure 2(3)-4. Process 2(3)-4 also makes up the first part of the power stroke, and the isentropic expansion process 4-5 is the remainder of the power stroke. The cycle is completed by constant volume process 5-1 in which heat is rejected from the air while the piston is at bottom dead center. The thermal efficiency of the Diesel cycle can be expressed as

$$\eta_t = 1 - \frac{\rho^{\kappa-1}}{\varepsilon^{\kappa-1}\kappa(\rho-1)} \tag{7-11}$$

The thermal efficiency of the Diesel cycle is related to the compression ratio ε and the cutoff ratio ρ. It increases as the compression ratio increases, and decreases as the cutoff ratio decreases.

7.3 Cycles for Gas-Turbine Engines

The main components of a gas-turbine engine are compressor, combustion chamber, and turbine. Its working fluids are air and fuel gas, and its schematic diagram is shown in Figure 7-16.

7.3.1 The Ideal Cycles of Gas-Turbine Engines

Gas-turbine engines usually operate on an open cycle, as shown in Figure 7-16. Atmospheric air is continuously drawn into the compressor, where it is compressed to a high pressure. The air then enters the combustion chamber, where it is mixed with fuel and combustion occurs, resulting in combustion products at an elevated temperature. Then the combustion products enter the turbine, where they expand to the atmospheric pressure while producing power. The exhaust gases are subsequently discharged to the surroundings. Part of the turbine work developed is used to drive the compressor, and the remainder is available to generate electricity, or for other purposes.

The actual cycle of gas - turbine engine is open mood, and irreversible cycle. An idealization often used in the study of this cycle is that of the air-standard analysis. In this cycle, some assumptions are always made

① The working fluid is air, which always behaves as an ideal gas with constant specific capacity.

② All the processes that make up the cycle are reversible.

③ The processes in the compressor and the turbine can be idealized as the insulation processes.

④ The combustion process in the combustion chamber is replaced by a comstant-pressure heat-addition process.

⑤ Air drawn in the compressor and gas exhausted from the turbine are nearly close to the atmospheric.

The air-standard Brayton cycle is the ideal cycle for the simple gas turbine. The cycle involves of four reversible processes. Process 1-2 is an isentropic compression process in the compressor. Process 2 - 3 is a constant pressure heat addition process in the combustion chamber. Process 3 - 4 is an isentropic expansion process in the turbine. Process 4 - 1 is a constant pressure heat rejection to the atmospheric air. The $p-v$ and $T-s$ diagrams of the ideal Brayton cycle are shown in Figure 7-17.

7.3.2 The Thermal Efficiency of Ideal Gas-Turbine Cycle

On a unit-mass basis, the heat transfers to the working fluid in the ideal Brayton cycle is

$$q_1 = c_p(T_3 - T_2)$$

The heat transfers from the working fluid is

$$q_2 = c_p(T_4 - T_1)$$

Then the thermal efficiency of the ideal Brayton cycle becomes

$$\eta_t = 1 - \frac{q_2}{q_1} = 1 - \frac{c_p(T_4 - T_1)}{c_p(T_3 - T_2)} = 1 - \frac{T_1\left(\frac{T_4}{T_1} - 1\right)}{T_2\left(\frac{T_3}{T_2} - 1\right)}$$

Combined of the reversible adiabatic compression process 1-2 and expansion processes 3-4, there are

$$\frac{T_2}{T_1} = \left(\frac{p_3}{p_2}\right)^{\frac{\kappa-1}{\kappa}}, \quad \frac{T_3}{T_4} = \left(\frac{p_3}{p_4}\right)^{\frac{\kappa-1}{\kappa}}$$

Define $\pi = \dfrac{p_2}{p_1}$ is the pressure ratio, then the thermal efficiency of the ideal Crayton cycle becomes

$$\eta_t = 1 - \frac{T_1}{T_2} = 1 - \frac{1}{\pi^{\frac{\kappa-1}{\kappa}}} \tag{7-12}$$

The thermal efficiency of an ideal Brayton cycle depends on the pressure ratio π of the gas turbine and the specific heat ratio κ of the working fluid. The thermal efficiency increases with both of these parameters, which is also the case for actual gas turbine.

第八章 热量传递的基本方式

热量是物质运动的一种体现形式。按照热力学第二定律，凡是有温度差的地方，就有热量自发地从高温物体向低温物体传递，或者从同一物体的高温部分向低温部分传递。由于自然界和生产技术中温度差是到处存在的，因此热量传递就成为自然界和生产技术中一种非常普遍的现象。

传热学就是研究由温度差引起的热量传递过程中的基本规律及其应用的科学。

热量传递有三种基本方式：热传导(简称导热)、热对流和热辐射。实际的热量传递过程都是以这三种基本方式进行的，而且大多数情况下都是两种或三种基本方式同时进行。

第一节 热传导

1. 热传导的定义

物体的各部分之间不发生宏观的相对位移时，依靠分子、原子及自由电子等微观粒子的热运动而进行的热量传递现象称为热传导，简称导热。当固体内部温度不均匀时，热量从温度较高的部分传递到温度较低的部分，或者当温度不同的固体相互接触时，热量从高温固体传递到低温固体，这些热量传递现象就是由导热引起的。

把钢棒的一端放在火中，由于钢棒具有良好的导热性能，另一端就会很快地被加热。又如，用手摸冷的东西，感到凉，这就是手的热量传递给冷的物体的结果。以上例子说明，当物体内部或相互接触的物体表面之间存在温度差时，热量就会通过微观粒子的热运动(振动、位移)或碰撞从高温物体传递到低温物体。

导热是物质的一种固有属性。无论是气体、液体或者固体，只要有温度差存在，在接触时就会发生导热现象，只不过它们的导热机理不尽相同。然而，单纯的导热只能发生在密实的固体中。因为在地球引力场的作用下，当有温度差存在时，液体和气体就会发生对流现象，难以保持单纯的导热。

2. 一维稳态导热的傅里叶定律

在日常生活和工业生产中，穿过固体大平壁的导热是最常见，也是最简单的一类导

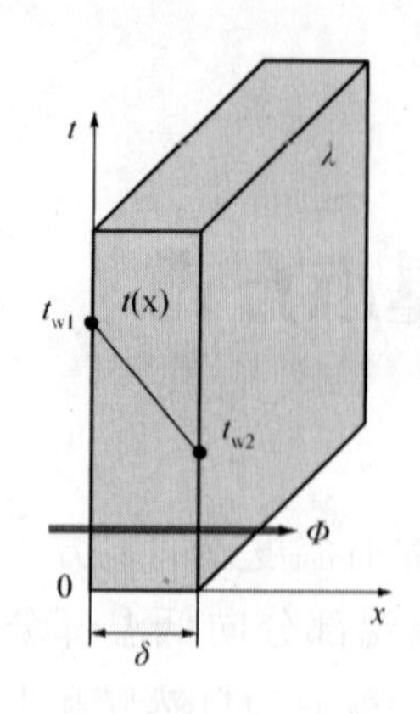

图 8-1 大平壁的一维稳态导热

热问题，例如通过炉墙和房屋墙壁的导热等。如图 8-1 所示，考察一个大平壁，假设大平壁的两个表面分别维持均匀恒定温度，此时可以认为平壁内的温度只沿着垂直于壁面的方向发生变化，并且不随时间变化，热量也只沿着垂直于壁面的方向传递，这样的导热称为一维稳态导热。设热量传递方向为 x 方向，单位时间内传递的热量可以利用一维稳态导热的傅里叶定律来描述：

$$\Phi=-\lambda A\frac{\mathrm{d}t}{\mathrm{d}x}=\lambda A\frac{t_{w1}-t_{w2}}{\delta} \tag{8-1}$$

或：

$$q=-\lambda\frac{\mathrm{d}t}{\mathrm{d}x}=\lambda\frac{t_{w1}-t_{w2}}{\delta} \tag{8-2}$$

式(8-1)、式(8-2)中，Φ 称为热流量，表示单位时间内通过某一给定面积的热量，单位为 W。q 称为热流密度，表示单位时间内通过单位面积的热量，单位为 W/m^2。A 为与热流方向垂直的导热面积，单位为 m^2。dt/dx 表示热流方向上的温度梯度。λ 称为材料的导热系数，单位为 W/(m·K)。式中负号说明热量传递的方向和温度升高的方向相反。

式(8-1)、式(8-2)是法国数学-物理学家约瑟夫·傅里叶(Joseph Fourier)在大量实验基础上得出的，故称为傅里叶定律。傅里叶对热传导的分析研究有很大贡献。傅里叶定律更完备的向量表达式将在下一章作进一步讨论。

导热系数又称为材料的热导率，是物质的热物性参数，其数值大小反映了材料的导热能力。λ 越大，材料的导热能力越强。不同材料的 λ 值不同。即使是同一种材料，λ 值还与温度有关。一般说来，金属材料的导热系数最高，液体次之，气体最小。材料的导热系数一般由实验确定。有关导热系数的进一步内容也将在下一章讨论。

第二节　热对流

1. 热对流和对流换热

热对流是指由于流体的宏观运动而引起的流体各部分之间发生相对位移时，冷、热流体相互掺混所引起的热量传递现象，简称对流。显然，对流只能发生在流体中，是流体内部相互间的热量传递方式，而且必然伴随有导热的作用。

在日常生活和工业生产中，经常遇到流体和它所接触的固体表面之间的热量交换，比如锅炉水管中的水和管壁之间的热量交换、室内空气和暖气片表面及墙壁之间的热量交换等。如图 8-2 所示，当流体流过与之温度不同的物体表面时，由于黏滞作用，紧贴物体表面的流体是静止的，热量传递只能以导热的方式进行。离开物体表面时，流体有宏观运动，热对流将发挥作用，这种流体流过与之温度不同的物体表面时导热和热对流两种基本传热方式共同起作用的热量传递现象称为对流换热，简称对流。

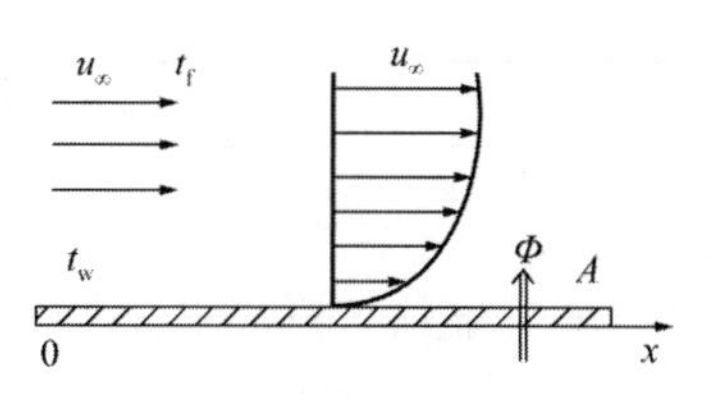

图 8-2　对流换热示意图

2. 牛顿冷却公式

1701 年，牛顿(Isaac Newton)提出了对流换热的基本计算公式，称为牛顿冷却公式，用来表示对流换热的全部效果。

流体被加热时：

$$\Phi=hA(t_w-t_f) \tag{8-3}$$

流体被冷却时：

$$\Phi=hA(t_f-t_w) \tag{8-4}$$

或表示成：

$$\Phi=hA\Delta t \tag{8-5a}$$

$$q=h\Delta t \tag{8-5b}$$

式中，t_w为固体壁面温度，单位为℃；t_f 为流体温度，单位为℃；Δt 为流体和壁面之间的总温差，单位为℃，规定温差永远取正值，以保证对流换热量也总是正值；A 为固体壁面对流换热的表面积，单位为 m^2；h 为对流换热的表面传热系数，习惯上称为表面传热系数，单位为 $W/(m^2 \cdot K)$。

表面传热系数 h 的大小反映了对流换热的强弱，它与换热过程中的很多因素有关，如流体的物性(导热系数、黏度、密度、比热容等)；流体的流态(层流、湍流)，流动的成因(自然对流、强迫对流)，换热表面的形状、尺寸和布置；换热时流体有无相变(沸腾换热、凝结换热)等。研究对流换热的主要目的之一就是确定不同换热条件下表面传热系数的具体表达式，这也是本课程讨论的主要内容。需要指出，表面传热系数不同于导热系数，导热系数是物质的热物性参数，而表面传热系数不是物性参数。

为了在开始学习时对表面传热系数建立一个清晰的数量级概念，表 8-1 中列举了一些对流换热过程中 h 的数值范围。

表 8-1　一些对流换热过程中表面传热系数的数值范围

对流换热问题的类型		表面传热系数/[W/(m²·K)]
空气	自然对流换热	1~10
	强迫对流换热	10~100

续表

对流换热问题的类型		表面传热系数/[W/(m^2·K)]
水	自然对流换热	200~1 000
	强迫对流换热	100~15 000
相变	水沸腾换热	2 500~35 000
	水蒸气凝结换热	5 000~25 000

第三节　热辐射

1. 热辐射的有关概念

辐射是指物体受到某种因素的激发而向外发射辐射能的现象。物体由于某种原因，例如受热、电子碰撞、光照以及化学反应等都会造成物体内部分子、原子及电子的振动，并产生各种能级的跃迁，从而向外发射辐射能。物体由于受热而向外发射辐射能的现象称为热辐射。目前，对辐射现象的解释有两种理论：经典的电磁理论和量子理论。经典的电磁理论认为辐射能是由电磁波传输的能量；量子理论认为，辐射能量是不连续的微观粒子(光子)所携带的能量。光子和电磁波一样以光速进行传播。

任何温度大于0 K的实际物体，都在不断地向外发射热辐射，并且温度越高，发射热辐射的能力越强。同时，又在不断地吸收周围物体投射过来的热辐射。这种物体发射和吸收热辐射的综合结果就造成了物体之间以热辐射方式进行的热量传递现象，称为辐射换热。

热辐射具有以下特点：

① 热辐射可以不依靠媒介，在真空中传递。这是热辐射区别于导热、对流的基本特点。当两个物体被真空隔开时，例如地球与太阳之间，导热与对流都不会发生，但能进行辐射换热。

② 热辐射过程中不仅有能量的传递，而且有能量形式的转换。物体发射热辐射时，其热力学能转换为辐射能。而吸收热辐射时，辐射能又转换为热力学能。这是热辐射区别于导热、对流的另一个特点。

2. 斯忒藩-玻耳兹曼定律

实践表明，物体发射热辐射的能力与温度有关。同一温度下，不同物体发射热辐射的能力也不一样。在研究辐射换热问题时，一种被称为黑体的理想化模型具有非常重要的意义，所谓黑体，是指能将投射到其表面上的所有热辐射全部吸收的物体。黑体吸收热辐射和发射热辐射的能力在同温度物体中是最大的。

黑体在单位时间内发射的热辐射能量可由斯忒藩-玻耳兹曼(Stefan-Boltzmann)定律表示：

$$\Phi = A\sigma T^4 \tag{8-6}$$

式中，T 为黑体的热力学温度，单位为 K；σ 为斯忒藩-玻耳兹曼常数，也称为黑体辐射常数，其值为 5.67×10^{-8} W/(m^2 · K^4)；A 为辐射表面积，单位为 m^2。

所有实际物体的辐射能力都小于同温度下黑体的辐射能力。实际物体的热辐射能量可用式(8-7)计算：

$$\Phi = \varepsilon A\sigma T^4 \tag{8-7}$$

式中，ε 称为物体的发射率，习惯上也称为黑度，其值介于 0 和 1 之间，与物体的种类及表面状态有关。

以上分别介绍了热量传递的三种基本方式：热传导、热对流和热辐射，以及对流换热和辐射换热。实际问题中，热量传递的三种基本方式往往不是单独出现的。例如，蒸汽动力装置中冷凝器的冷却过程，流经冷凝器的蒸汽以凝结换热的方式将热量传至管子外壁，热量再以导热的方式从管子外壁传至管子内壁，最后以对流换热方式传给冷却水。再如，暖气片的散热过程，热量传递的三种基本方式同时存在：暖气片内热水(或蒸汽)与内壁面的对流换热、暖气片的导热、外壁面与周围空气的对流换热以及与房间墙壁、物体之间的辐射换热。这样的例子很多，在分析传热问题时，首先应该弄清楚有哪些传热方式在起作用，然后再按照每一种传热方式的规律进行计算。有时，某一种传热方式虽然存在，但与其他传热方式相比，所起的作用非常小时，往往可以忽略。

第四节　传热过程简介

工业上经常遇到固体壁面两侧流体之间的热量交换。例如，冬季供暖时热量从暖气片中的热水(或蒸汽)传给室内空气的过程；蒸汽动力装置的冷凝器中热量从冷凝器管间的乏汽通过冷凝管传给管内冷却水的过程；电冰箱的冷凝器中热量从管内的制冷剂传给室内空气的过程，等等。在传热学中，这种热量从固体壁面一侧的流体通过固体壁面传递到另一侧流体的过程称为传热过程。

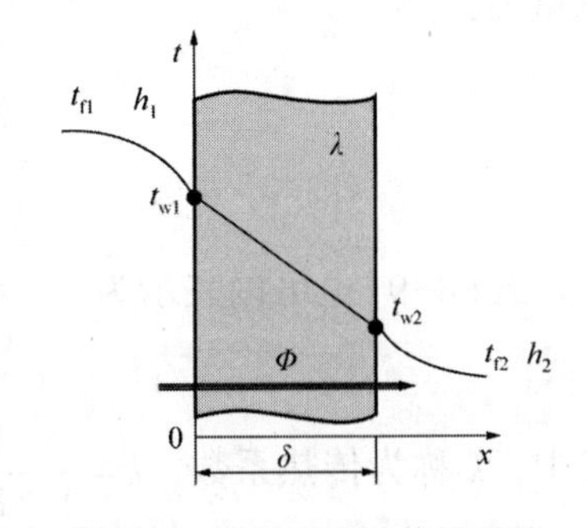

图 8-3　通过平壁的传热过程

这里的“传热过程”并不是泛指的热量传递过程，它有着明确的含义。一般说来，传热过程由三个相互串联的热量传递环节组成，如图 8-3 所示：

① 热量以对流换热的方式从高温流体传递给高温

流体侧壁面，有时还存在高温流体与壁面之间的辐射换热。

② 热量以导热的方式从高温流体侧壁面传递到低温流体侧壁面。

③ 热量以对流换热的方式从低温流体侧壁面传递给低温流体，有时还需要考虑壁面与低温流体以及周围环境之间的辐射换热。

传热过程存在于各种类型的换热设备中，下面以最简单的通过大平壁的一维稳态传热过程为例，对传热过程进行分析。

如图 8-3 所示的大平壁，已知平壁的厚度为 δ，导热系数为 λ，且为常数，平壁左侧远离壁面处的流体温度为 t_{f1}，表面传热系数为 h_1；平壁右侧远离壁面处的流体温度为 t_{f2}，表面传热系数为 h_2，且有 $t_{f1}>t_{f2}$。假设平壁两侧的流体温度及表面传热系数都不随时间变化。显然，这是一个一维稳态传热过程，整个传热过程由三个传热环节串联而成：平壁左侧流体与左侧壁面之间的对流换热，平壁内的导热，平壁右侧壁面与右侧流体之间的对流换热。

对于平壁左侧流体与左侧壁面之间的对流换热，根据牛顿冷却公式(8-4)，有：

$$\Phi=h_1A(t_{f1}-t_{w1})=\frac{t_{f1}-t_{w1}}{\dfrac{1}{h_1A}} \tag{8-8a}$$

对于平壁内的导热，根据傅里叶定律式(8-1)，有：

$$\Phi=\lambda A\frac{t_{w1}-t_{w2}}{\delta}=\frac{t_{w1}-t_{w2}}{\dfrac{\delta}{\lambda A}} \tag{8-8b}$$

对于平壁右侧流体与右侧壁面之间的对流换热，根据牛顿冷却公式(8-3)，有：

$$\Phi=h_2A(t_{w2}-t_{f2})=\frac{t_{w2}-t_{f2}}{\dfrac{1}{h_2A}} \tag{8-8c}$$

在稳态情况下，通过三个传热环节所传递的热量是相同的，即由式(8-8a)、式(8-8b)、式(8-8c)计算得到的热流量 Φ 是相同的，联立以上三式，可得通过大平壁的热流量为：

$$\Phi=\frac{t_{f1}-t_{f2}}{\dfrac{1}{h_1A}+\dfrac{\delta}{\lambda A}+\dfrac{1}{h_2A}} \tag{8-9}$$

式(8-9)也可以表示为：

$$\Phi=Ak(t_{f1}-t_{f2}) \tag{8-10}$$

式中，k 称为传热系数，$k=\dfrac{1}{\dfrac{1}{h_1}+\dfrac{\delta}{\lambda}+\dfrac{1}{h_2}}$，单位为 $W/(m^2 \cdot K)$。传热系数是表征传热过程

强烈程度的标尺，传热过程越强烈，传热系数越大；反之则越小。式(8-10)称为传热方程式，是换热器热工计算的基本公式。

习 题

1. 导热系数、表面传热系数及传热系数的单位各是什么？哪些是物质的物性参数？哪些与过程有关？

2. 在有空调的房间内，夏天和冬天室内温度均控制在 20 ℃，夏天只需要穿衬衫，但冬天穿衬衫会感觉冷，这是为什么？

3. 把热水倒入一玻璃杯后，立即用手抚摸玻璃杯的外表面时没有感到杯子烫手，但如果用筷子快速搅拌热水，那么很快就会感到杯子烫手。试解释这一现象。

4. 当铸件在型砂中冷却凝固时，由于铸件收缩，在铸件表面与砂型间产生气隙，气隙中的空气是停滞的。试问通过气隙有哪几种热量传递方式？

5. 如果水冷壁管内结了一层水垢，而蒸汽参数和热流密度均不变，试问管壁温度与无水垢时相比，是高还是低，为什么？

6. 有一大平板，尺寸分别是，高 3 m、宽 2 m、厚 0.02 m，平板的导热系数为 45 W/(m·K)，两侧表面温度分别为 $t_{w1}=100$ ℃、$t_{w2}=50$ ℃。试计算通过平板的热流量、热流密度。

7. 一炉子的外墙厚 13 cm，总面积为 20 m^2，平均导热系数为 1.04 W/(m·K)，内、外壁面温度分别为 520 ℃和 50 ℃。试计算通过炉墙的热损失。如果所燃用的煤的发热值为 2.09×10^4 kJ/kg，问每天因热损失要用掉多少千克煤？

8. 空气在一根内径为 50 mm、长 2.5 m 的管子内流动并被加热，已知空气的平均温度为 80 ℃，管内对流换热的表面传热系数 $h=70$ W/(m^2·K)，热流密度 $q=5\,000$ W/m^2。试计算管壁温度和热流量。

9. 表面积等于 1 cm^2的集成电路芯片，如果用常规的 20 ℃空气来冷却，表面传热系数最多达到 200 W/(m^2·K)。芯片最高允许工作温度是 85 ℃。问：

(1) 该芯片的耗散功率最高不能超过多少？

(2) 若改用绝缘的液体并采用喷射冷却方式，那么表面传热系数至少可以升高到 3 000 W/(m^2·K)，这时芯片的耗散功率可以允许增加到多少？

10. 一块发射率 $\varepsilon=0.8$ 的钢板，温度为 27 ℃。试计算单位时间内钢板单位面积上所发出的辐射能。

11. 表面积为 0.6 m^2的焊接板式换热器放置在一台大型真空钎焊炉内，如果换热器的温度为20 ℃，表面发射率为0.6，钎焊炉的壁面温度为650 ℃。求换热器的辐射换热量是多少。

12. 有一单层玻璃窗，高 1.2 m，宽 1 m，玻璃厚度 0.3 mm，玻璃的导热系数 $\lambda=1.05\ \mathrm{W/(m\cdot K)}$。室内、外的空气温度分别为 20 ℃和 5 ℃，室内、外空气与玻璃窗壁面之间对流换热的表面传热系数分别为 $h_1=5\ \mathrm{W/(m^2\cdot K)}$ 和 $h_2=20\ \mathrm{W/(m^2\cdot K)}$。试计算通过玻璃窗的散热损失。

13. 对一台氟利昂冷凝器的传热过程作初步测算得到以下数据：管内水的对流换热表面传热系数 $h_1=8\ 700\ \mathrm{W/(m^2\cdot K)}$，管外氟利昂蒸气凝结换热表面传热系数 $h_2=1\ 800\ \mathrm{W/(m^2\cdot K)}$，换热管子壁厚 $\delta=1.5$ mm。管子材料是导热系数 $\lambda=383\ \mathrm{W/(m\cdot K)}$ 的铜。试计算冷凝器的总传热系数。如欲强化换热应从哪个环节入手？

Chapter 8 Basic Modes of Heat Transfer

Heat transfer is the science that seeks to predict the energy transfer that may take place between material bodies as a result of a temperature difference. Thermodynamics teaches that this energy transfer is defined as heat. Whenever there is a temperature difference in a medium or between media, heat transfer must occur. Heat transfer is always from the higher temperature medium to the lower one.

Heat can be transferred in three different modes: conduction, convection, and radiation. In this chapter, we give a brief description of each mode. A detail study of these modes is given in later chapters of this text.

8.1 Conduction

8.1.1 Conduction

Conduction is the transfer of energy from the more energetic particles of a substance to the adjacent less energetic ones as a result of interactions between the particles. When a temperature difference exists in a body or between bodies, experience has shown that there is an energy transfer from the high-temperature region to the low-temperature region of the body or from high-temperature body to low-temperature body. We say that the energy is transferred by conduction.

Conduction can take place in solids, liquids, or gases. However, convection can also take place in liquids or gases due to the effective of gravity field, so pure conduction occurs only in opaque solids.

8.1.2 Fourier's Law of One-Dimensional Steady-State Heat Conduction

Consider a big plate system whose two surface's temperatures don't change with time, as shown in Figure 8-1. It is a one-dimensional steady-state system. Taking the direction of the heat flow is x direction in the rectangular coordinates, the rate of heat transfer can be expressed by the Fourier's law of one-dimensional steady-state. That is

$$\Phi=-\lambda A\frac{\mathrm{d}t}{\mathrm{d}x}=\lambda A\frac{t_{w1}-t_{w2}}{\delta} \tag{8-1}$$

or

$$q=-\lambda\frac{\mathrm{d}t}{\mathrm{d}x}=\lambda\frac{t_{w1}-t_{w2}}{\delta} \tag{8-2}$$

where Φ is the heat-transfer rate, W, q is the heat flux, which is the heat-transfer rate per unit area, $\mathrm{W/m^2}$, and $\mathrm{d}t/\mathrm{d}x$ is the temperature gradient in the direction of the heat flow. λ is called the thermal conductivity of the material, which is a measure of the ability of a material to conduct heat. The heat transfer area A is always normal to the direction of heat transfer, and the minus sign inserted indicates that heat must flow downhill on the temperature scale.

Equations (8-1) and (8-2) are called Fourier's law of heat conduction after the French mathematical physicist Joseph Fourier.

8.2 Heat Convection

8.2.1 Heat Convection and Convection Heat Transfer

Heat convection is the energy transfer caused by the fluid overall movement. It can be happened only in the fluid with the heat transfer of conduction.

Convection heat transfer is the mode of energy transfer between a solid surface and the adjacent liquid or gas that is in motion, and it involves the combined effects of conduction and fluid motion. Consider the heated plate shown in Figure 8-2. There is an energy transfer by heat convection between the cold fluid and hot fluid in the flow field as a result of the temperature difference. Since the velocity of the fluid layer at the wall is zero, the physical mechanism of heat transfer at the wall is a conduction process. We call the whole process convection heat transfer.

8.2.2 Newton's Law of Cooling

To express the overall effect of convection heat transfer, we use Newton's law of cooling, which is first presented by Newton in 1701.

If the fluid is heated

$$\Phi = hA(t_w - t_f) \tag{8-3}$$

If the fluid is cooled

$$\Phi = hA(t_f - t_w) \tag{8-4}$$

or expressed by

$$\Phi = hA\Delta t \tag{8-5a}$$

$$q = h\Delta t \tag{8-5b}$$

where t_w is the temperature of the plate, ℃, and t_f is the temperature of the fluid, ℃. Δt is the overall temperature difference between the wall and fluid, ℃. A is the surface area of the plate, m^2. The quantity h is called the convection heat-transfer coefficient, $W/(m^2 \cdot K)$.

The convection heat transfer coefficient h is not a property of the fluid. It is an experimentally determined parameter whose value depends on all the variables influencing convection such as the thermal properties of the fluid (thermal conductivity, specific heat, density, viscosity, and so on), flow types of the fluid (laminar, or turbulent flow), causes of flow (natural/free, or forced convection), and the surface geometric conditions. Boiling and condensation phenomena are also grouped under the general subject of convection heat transfer. The approximate ranges of convection heat-transfer coefficient are indicated in Table 8-1

Table 8-1 Approximate values of convection heat-transfer coefficients

Types of convection heat transfer		Convection heat transfer coefficient $W/(m^2 \cdot K)$
Air	Natural convection	1~10
	Forced convection	10~100
Water	Natural convection	200~1 000
	Forced convection	100~15 000
Change of phase	Boiling water	2 500~35 000
	Condensation of water vapor	5 000~25 000

8.3 Thermal Radiation

8.3.1 Thermal Radiation and Radiation Heat Transfer

Thermal radiation is the electromagnetic radiation that is propagated by a body as a result of its temperature.

The difference between the rates of radiation emitted by the surface and the radiation absorbed is the net radiation heat transfer. If the rate of radiation absorption is greater than the rate of radiation emission, the surface is said to be gaining energy by radiation. Otherwise, the surface is said to be losing energy by radiation.

In contrast to the mechanisms of conduction and convection, where energy transfer through a material medium is involved, the transfer of energy by radiation does not require the presence of an intervening medium, and thermal radiation may also be transferred through regions where a perfect vacuum exists. All bodies at a temperature above absolute zero emit thermal radiation.

8.3.2 Stefan-Boltzmann Law of Thermal Radiation

An ideal thermal radiator, or blackbody, K, will emit energy at a rate proportional to the fourth power of the absolute temperature of the body and directly proportional to its surface area. Thus

$$\Phi = \sigma A T^4 \tag{8-6}$$

where T is the thermodynamic temperature of the blackbody, K. σ is the proportionality constant and is called the Stefan-Boltzmann constant with the value of 5.669×10^{-8} W/(m^2 · K^4). A is the surface area of the blackbody. The equation above is called the Stefan-Boltzmann law of thermal radiation, and it applies only to blackbodies.

The radiation emitted by all real surfaces is less than the radiation emitted by a blackbody at the same temperature, and is expressed as

$$\Phi = \varepsilon \sigma A T^4 \tag{8-7}$$

where ε is the emissivity of the surface, and its value is in the range $0 \leqslant \varepsilon \leqslant 1$. The property emissivity is a measure of how closely a surface approximates a blackbody for which $\varepsilon = 1$.

8.4 Overall Heat-Transfer Processes

An overall heat transfer process is the process that the energy is transferred from the fluid on one side of the wall to the fluid on another side. There are three necessary sections in the overall heat transfer process: heat is transferred from the hot fluid to the adjacent wall by convection, sometimes involves radiation, then heat is further transferred from the heated wall to the low temperature wall in the solid by conduction, then heat is eventually transferred from the low temperature wall to the fluid around it by convection, and to the environment solid by radiation, as shown in Figure 8-3.

In order to analysis the overall heat transfer process, we consider a big plate with constant thermal conductivity λ and thickness δ. The left side of the plate is the hot fluid with temperature t_{f1} and the convection heat transfer coefficient h_1, and the right side of the plate is the cold fluid with temperature t_{f2} and the convection heat transfer coefficient h_2, and $t_{f1} > t_{f2}$. Assume the temperatures of the left and right side fluids don't change with time, and so the convection heat-transfer coefficients do. Now let's find out the heat transferred from the hot fluid to the cold fluid through the wall.

In the left side of the plate, the mode of heat transferred from the hot fluid to the adjacent wall is convection, and the heat in this section can be expressed by Newton's law of cooling as

$$\Phi = h_1 A(t_{f1} - t_{w1}) = \frac{t_{f1} - t_{w1}}{\dfrac{1}{h_1 A}} \tag{8-8a}$$

The mode of heat transferred from the left side wall to the right side wall is conduction, and the heat in this section can be expressed by Fourier's law as

$$\Phi = \lambda A \frac{t_{w1} - t_{w2}}{\delta} = \frac{t_{w1} - t_{w2}}{\dfrac{\delta}{\lambda A}} \tag{8-8b}$$

The mode of heat transferred from the right side wall to the cold fluid is convection, and the heat in this section can be expressed by Newton's law of cooling as

$$\Phi = h_2 A(t_{w2} - t_{f2}) = \frac{t_{w2} - t_{f2}}{\dfrac{1}{h_2 A}} \tag{8-8c}$$

For steady-state heat transfer process, the heat flow must be the same through all sections, so the heat transfer rate for this steady-state heat transfer process is

$$\Phi = \frac{t_{f1} - t_{f2}}{\dfrac{1}{h_1 A} + \dfrac{\delta}{\lambda A} + \dfrac{1}{h_2 A}} \tag{8-9}$$

Equation (8-9) can also be expressed as

$$\Phi = Ak(t_{f1} - t_{f2}) \tag{8-10}$$

where k is called the overall heat transfer coefficient, $k = \dfrac{1}{\dfrac{1}{h_1} + \dfrac{\delta}{\lambda} + \dfrac{1}{h_2}}$, W/(m^2 · K), and Equation (8 - 10) is called heat - transfer equation. The heat - transfer equation is the fundamental equation in the study and design of heat exchangers.

第九章　导热

导热是物体的各部分之间不发生宏观的相对位移时，依靠物体内部微观粒子的热运动而进行的热量传递现象。导热是物质的一种固有属性，无论固体、液体或者气体，只要有温度差存在，在接触时就会发生导热现象，但是单纯的导热只能发生在密实的固体中。虽然导热的物理机理涉及物体的微观结构和微观粒子的热运动规律，但导热理论主要是在连续介质的假设下，从宏观的角度出发研究导热的基本规律及计算方法。一般情况下，绝大多数的固体、液体以及气体都可以看作是连续介质，但是当分子的平均自由行程与物体的宏观尺寸相比不能忽略时，例如压力降低到一定程度的稀薄气体，就不能看作是连续介质。

第一节　导热基本定律

1. 温度场和温度梯度

(1)温度场

温度差是热量传递的动力，每一种传热方式都和物体的温度密切相关。在某一时刻 τ，物体内所有各点的温度分布称为该物体在 τ 时刻的温度场。温度场可以表示为空间坐标和时间的函数。在直角坐标系中，温度场可表示为：

$$t=f(x,\ y,\ z,\ \tau) \tag{9-1}$$

式中，t 表示温度，x、y、z 为空间直角坐标，τ 为时间。

按照物体内各点的温度是否随时间变化，温度场可分为稳态温度场和非稳态温度场。如果物体内各点的温度均不随时间变化，则该温度场称为稳态温度场，可表示为：

$$t=f(x,\ y,\ z)$$

如果物体内各点的温度不仅随空间坐标变化，还随时间变化，则该温度场称为非稳态温度场。

工程上的热工设备，除启动、停止、加减负荷时可视为非稳态温度场外，大部分时间是在外界影响不变的条件下稳定运行的，此时的温度场可视为稳态温度场。

按照温度在空间三个坐标方向的变化情况，温度场又可分为一维温度场、二维温度场和三维温度场。一维稳态温度场是最简单的一种形式，如图 8-1 所示，两个表面各自保持均匀温度的大平壁内的温度场就是一维稳态温度场，温度分布可表示为 $t=f(x)$。

温度场是标量场。在同一时刻，温度场中温度相同的点连接而成的线(或面)称为等温线(或等温面)。等温面上的任何一条线都是等温线。

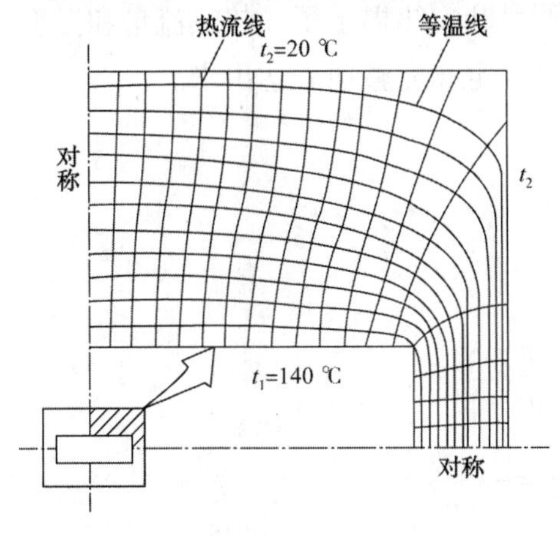

图 9-1　用等温线图表示温度场

由于等温线(或等温面)可以很好地表示出物体内的温度分布状况，所以常用等温线图(或等温面图)来表示物体的温度场。图 9-1 是用等温线图表示温度场的实例。

(2)温度梯度

在温度场中，沿等温面法线方向的温度变化最剧烈，即温度变化率最大。如图 9-2 所示，两等温面之间的温度差 Δt 与其法线方向的距离 Δn 的比值的极限，称为温度梯度，即：

$$\text{grad}\ t=\lim_{\Delta n\to 0}\frac{\Delta t}{\Delta n}=\frac{\partial t}{\partial n}\vec{n} \tag{9-2}$$

式中，$\frac{\partial t}{\partial n}$表示等温面法线方向的温度变化率；$\vec{n}$ 表示等温面法线方向的单位矢量。温度梯度是矢量，其方向沿等温面的法线指向温度升高的方向。

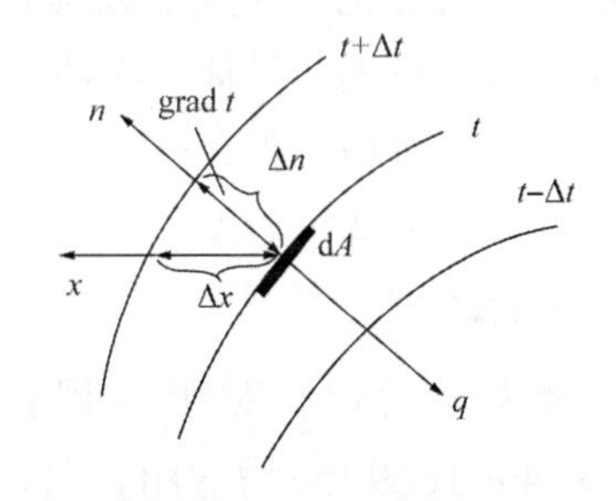

图 9-2　等温线、温度梯度与热流示意图

在直角坐标系中，温度梯度可表示为：

$$\text{grad}\ t=\frac{\partial t}{\partial x}\vec{i}+\frac{\partial t}{\partial y}\vec{j}+\frac{\partial t}{\partial z}\vec{k} \tag{9-3}$$

式中，$\frac{\partial t}{\partial x}$、$\frac{\partial t}{\partial y}$、$\frac{\partial t}{\partial z}$分别为温度在 x、y、z 坐标方向的偏导数；$\vec{i}$、$\vec{j}$、$\vec{k}$ 分别为 x、y、z 坐标方向的单位矢量。

2. 导热基本定律

在导热现象中，单位时间内通过给定截面的热流量与哪些因素有关？如何确定呢？法国数学–物理学家约瑟夫·傅里叶(Josoph · Fourier)在对导热过程进行大量实验研究的基础上，于 1822 年提出了著名的导热基本定律，即傅里叶定律，其数学表达式为：

$$\vec{\Phi}=-\lambda A\text{grad}\ t=-\lambda A\frac{\partial t}{\partial n}\vec{n} \tag{9-4}$$

或用热流密度表示为：

$$\vec{q}=-\lambda \operatorname{grad} t=-\lambda \frac{\partial t}{\partial n}\vec{n} \tag{9-5}$$

式中，负号表示热量传递的方向指向温度降低的方向，即与温度梯度的方向相反。傅里叶定律表明，在导热过程中，单位时间内通过给定截面的热流量，其大小与温度梯度和截面面积成正比；其方向与温度梯度的方向相反。傅里叶定律揭示了导热热流量和温度梯度之间的内在联系，只有采用矢量形式才能把傅里叶定律完整地表达出来。

热流密度的大小为：

$$q=-\lambda \frac{\partial t}{\partial n}$$

在直角坐标系中，由式(9-3)可得：

$$\vec{q}=-\lambda \frac{\partial t}{\partial x}\vec{i}-\lambda \frac{\partial t}{\partial y}\vec{j}-\lambda \frac{\partial t}{\partial z}\vec{k}$$

$$q_x=-\lambda \frac{\partial t}{\partial x},\ q_y=-\lambda \frac{\partial t}{\partial y},\ q_z=-\lambda \frac{\partial t}{\partial z}$$

需要指出，傅里叶定律只适用于各向同性物体。有许多天然和人造材料，其导热系数随方向而变化，导热系数具有最大值和最小值的方向，这类物体称为各向异性物体，例如木材，石墨，晶体，沉积岩，云母以及动植物的肌肉、纤维组织，经过冷冲压处理的金属、层压板、强化纤维板、一些工程塑料等。在各向异性物体中，热流量矢量的方向不仅与温度梯度有关，还与导热系数的方向性有关。因此热流量与温度梯度不一定在同一条直线上。

还需要指出，对于工程技术中的一般稳态和非稳态问题，傅里叶定律表达式(9-4)、式(9-5)均适用。但是对于温度接近 0 K 的导热问题(温室效应)；过程发生的时间极短，与材料本身固有的时间尺度相接近的导热问题(时间效应)，如大功率、短脉冲(脉冲宽度可达 $10^{-12}\sim10^{-15}$ s)激光瞬态加热；以及过程发生的空间尺度极小，与微观粒子的平均自由行程相接近的导热问题(尺度效应)，如厚度为纳米级别的薄膜的导热；傅里叶定律表达式(9-4)、式(9-5)不再适用。

3. 导热系数

(1) 导热系数的定义

导热系数是物质的重要热物性参数，表示该物质导热能力的大小。在很多涉及导热和对流的工程计算问题和传热测试中都是不可缺少的重要参数。导热系数的定义直接由傅里叶定律给出：

$$\lambda=\frac{q}{|\operatorname{grad} t|} \tag{9-6}$$

可见，导热系数在数值上等于温度梯度的绝对值为 1 K/m 时的热流密度值。

工程计算中采用的各种物质的导热系数值都是通过专门实验测定出来的，测定导热系数的方法有稳态法和非稳态法两大类。书后附表12、附表13中摘录了一些工程上常用材料在特定温度下的导热系数值，可供进行一般工程计算时参考。各种材料导热系数的数值差别很大。影响导热系数的因素也较多，主要取决于物质的种类、物质的结构与物理状态，以及温度、湿度、密度等因素。其中温度对导热系数的影响尤为重要，一般来说，所有物质的导热系数都是温度的函数。在工业上和日常生活中常见的温度范围内，绝大多数材料的导热系数都可以近似地表示为温度的线性函数形式，即：

$$\lambda=\lambda_0(1+bt) \tag{9-7}$$

式中，λ_0为按上式计算的材料在0 ℃下的导热系数值；b为由实验确定的常量，其数值与物质的种类有关。

（2）固体、液体和气体的导热机理

一般来说，同一种物质，固态的导热系数值最大，液态次之，气态最小。例如0 ℃时，冰的导热系数为2.22 W/(m·K)，水的导热系数为0.551 W/(m·K)，水蒸气的导热系数仅为0.018 3 W/(m·K)。固体、液体和气体的导热机理不同，且各种物质的导热系数随温度的变化规律也大不相同。下面分别说明固体、液体和气体的导热特点。

1）固体的导热系数

固体的分子运动主要表现为晶格振动。金属的导热机理与非金属有很大区别。金属的导热主要依靠自由电子的运动来实现；而非金属的导热主要依靠分子或晶格结构的振动来实现。一般来说，金属的导热系数大于非金属的导热系数，相差1~2个数量级。

① 金属。常温下，金属的导热系数值在2.2~420 W/(m·K) 范围内。纯金属的导热系数都很大。其中常温下银的导热系数最大，约等于420 W/(m·K)，以下依次是铜、金、铝、铂、铁等。纯金属的导热系数随温度升高呈下降趋势，这是因为温度升高时，晶格振动加剧，阻碍了自由电子的运动，因而导热系数下降。另外，导电性能好的金属其导热性能也好，这是由于金属的导热和导电都是主要依靠自由电子的运动。例如银是最好的导电体，也是最好的导热体。

② 合金。一般合金的导热系数都小于纯金属。这是由于在金属中掺入其他成分构成合金时，晶格结构的完整性受到破坏，并且阻碍了自由电子的运动而使导热系数减小。例如纯铜在20 ℃时的导热系数为398 W/(m·K)；纯铜中加砷，导热系数为140 W/(m·K)；加锌(黄铜)，导热系数为109 W/(m·K)；其他金属也是如此。合金的导热系数随温度升高而增大。

加工情况不同，金属材料的导热系数变化不同。例如，通常金属材料淬火后导热系数减小，而退火后则略有增大。

③ 非金属。绝大多数的建筑材料和绝热材料都具有多孔和纤维结构(如砖、混凝土、石棉等)，不再是均匀连续介质。这些材料中的热量传递包括多孔固体结构的导热

以及孔隙中的导热、对流和辐射等几种方式，因此多孔材料的导热系数是它的表观导热系数，一般在0.025~3.0 W/(m·K)范围内。其中，绝热材料是一类特别重要且令人感兴趣的材料。现行国家标准GB 4272—92中规定，平均温度在350 ℃以下时导热系数小于0.12 W/(m·K)的材料称为绝热材料，又称为保温材料。例如聚氨酯泡沫塑料、聚乙烯泡沫塑料、玻璃纤维、石棉、矿渣棉、微孔硅酸钙等。

多孔材料的导热系数与材料气孔率、温度、密度、湿度等因素有关。

一般多孔材料的孔隙中充满空气，由于空气的导热系数要比多孔材料中固体的导热系数小得多，所以多孔材料的导热系数都较小。

多孔材料的导热系数随温度的升高而增大。主要原因是由于孔隙中空气的导热系数随温度的升高而增大。此外随着温度的升高，孔隙内壁面间的辐射传热加强，使综合的表观导热系数增大。

多孔材料的导热系数与密度有关。一般来说，多孔材料的密度愈小，其孔隙度就愈大，导热系数就愈小。例如石棉的密度从800 kg/m^{3}减小到400 kg/m^{3}时，导热系数从0.248 W/(m·K)减小到0.105 W/(m·K)。但是，当密度小到一定程度后，由于孔隙较大，孔隙中的空气出现宏观流动，此时，由于对流换热的作用反而使多孔材料的表观导热系数增大。

多孔材料的湿度对导热系数的影响较大。湿材料的导热系数比干材料和水的导热系数都大。例如干砖的导热系数为0.35 W/(m·K)，水的导热系数为0.6 W/(m·K)，而湿砖的导热系数为1.0 W/(m·K)。其原因是：一方面由于水分的渗入，替代了多孔材料孔隙中的空气，而水的导热系数要比空气大很多。另一方面由于毛细力的作用，高温区的水分向低温区迁移，由此产生热量传递，使湿材料的表观导热系数增大。所以对于建筑物的围护结构，特别是热工设备的保温层，都应采取适当的防潮措施。

④ 各向异性材料。各向异性材料各向的结构不同，各向的导热系数值也有很大差别。以木材为例，在沿木纹方向、垂直木纹方向、与木纹相切三个方向上的导热系数都不相同。松木沿木纹方向的导热系数为0.35 W/(m·K)，垂直木纹方向的导热系数为0.15 W/(m·K)，相差达到一倍左右。对于各向异性材料，导热系数值必须指明方向才有意义。

2）液体的导热系数

与固体以及气体相比，迄今为止，对液体的导热机理仍不十分清楚。一般认为液体的导热类似于气体或非金属固体。各种液体的导热系数值在0.07~0.7 W/(m·K)范围内。大多数液体的导热系数随温度升高而减小，而水、甘油等强缔合液体的导热系数则随温度升高而增大。

3）气体的导热系数

气体的导热可以认为是气体分子不规则热运动及相互碰撞而产生的热量传递。气体的导热系数值很小，在 0.006~0.6 W/(m·K) 范围内。所有气体的导热系数均随温度升高而增大。此外气体的导热系数还与气体的分子量有关。在气体中，氢和氦的导热系数要比其他气体高出 4~9 倍，这是由于氢和氦的分子量很小，其分子热运动的平均速率较高的缘故。

需要指出的是，工业上大量使用着各种成分复杂的气体混合物或液体混合物。对混合物的导热系数不能用简单的加法来计算，一般需要通过实验方法测定。

例题 9-1：傅里叶定律的应用

有一厚度为 50 mm 的无限大平壁，其稳态温度分布为 $t=a+bx^2$，式中 $a=200$ ℃、$b=-2\ 000$ ℃/m²。若平壁材料的导热系数为 45 W/(m·K)，则平壁两侧表面的热流密度分别是多少？

解：本问题为通过大平壁的一维稳态导热问题，根据傅里叶定律：

$$q=-\lambda\frac{\mathrm{d}t}{\mathrm{d}x}=4000\lambda x$$

平壁左侧 $x=0$ 处，$q=0$。

平壁右侧 $x=0.05$ m 处，$q=4\ 000\times0.05\ \mathrm{m}\times50\ \mathrm{W/(m\cdot K)}=1\times10^4\ \mathrm{W/m^2}$。

第二节　导热微分方程

1. 导热微分方程

由傅里叶定律可知，要计算通过导热物体的热流量，除了需要知道物体的导热系数之外，还需要知道物体的温度场。因此求解温度场是导热问题分析的主要任务之一。导热微分方程就是描述导热物体内温度分布规律的微分关系式，它是根据傅里叶定律和能量守恒定律建立起来的。

(1) 直角坐标系中的导热微分方程

为了简化分析，做下列假设：

① 物体是各向同性的连续介质，物性量 λ、ρ、c 为常数。

② 物体内部具有内热源。例如物体内部存在放热或吸热的化学反应、电阻通电发热等。内热源强度记作 $\dot{\Phi}$，单位为 W/m³，表示单位时间、单位体积内的内热源生成热。

如图 9-3 所示，在直角坐标系中，选取一个微元平行六面体作为研究对象，其边长分别为 dx、dy、dz。在导热

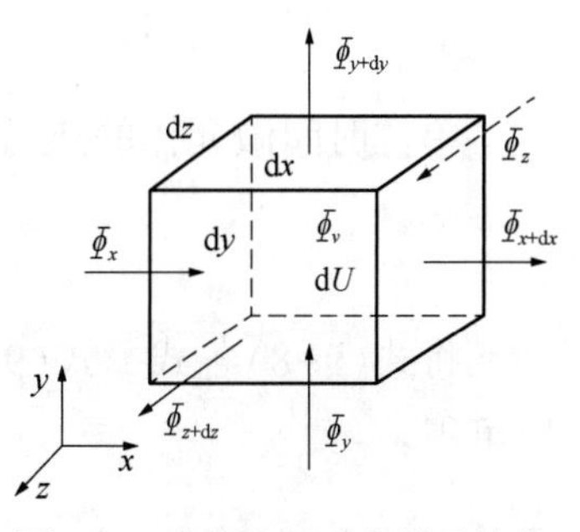

图 9-3　直角坐标系中微元体的热平衡分析

过程中，微元体的热平衡表达式为：单位时间内，导入微元体的总热流量 $\mathrm{d}\Phi_{in}$+微元体的内热源生成热 $\mathrm{d}\Phi_V$-导出微元体的总热流量 $\mathrm{d}\Phi_{out}$ = 微元体的热力学能增加量 $\mathrm{d}U$。

根据傅里叶定律，可以得出导入、导出微元体的总热流量。如图 9-3 所示，设 Φ_x、Φ_y、Φ_z分别为单位时间内在 x、y、z 三个坐标方向上，通过 $x=x$、$y=y$、$z=z$ 三个表面导入微元体的热流量；$\Phi_{x+\mathrm{d}x}$、$\Phi_{y+\mathrm{d}y}$、$\Phi_{z+\mathrm{d}z}$ 分别为单位时间内在 x、y、z 三个坐标方向上，通过 $x=x+\mathrm{d}x$、$y=y+\mathrm{d}y$、$z=z+\mathrm{d}z$ 三个表面导出微元体的热流量。因此，单位时间内导入微元体的总热流量 $\mathrm{d}\Phi_{in}$ 可表示为 Φ_x、Φ_y、Φ_z之和，即：

$$\mathrm{d}\Phi_{in}=\Phi_x+\Phi_y+\Phi_z$$

根据傅里叶定律，导入微元体的热流量为：

x 方向：
$$\Phi_x=-\lambda\frac{\partial t}{\partial x}\mathrm{d}y\mathrm{d}z \tag{9-8a}$$

y 方向：
$$\Phi_y=-\lambda\frac{\partial t}{\partial y}\mathrm{d}x\mathrm{d}z \tag{9-8b}$$

z 方向：
$$\Phi_z=-\lambda\frac{\partial t}{\partial z}\mathrm{d}x\mathrm{d}y \tag{9-8c}$$

同理，单位时间内导出微元体的总热流量 $\mathrm{d}\Phi_{out}$ 可表示为 $\Phi_{x+\mathrm{d}x}$、$\Phi_{y+\mathrm{d}y}$、$\Phi_{z+\mathrm{d}z}$之和，即：

$$\mathrm{d}\Phi_{out}=\Phi_{x+\mathrm{d}x}+\Phi_{y+\mathrm{d}y}+\Phi_{z+\mathrm{d}z}$$

因为在所研究的范围内，热流密度是连续的，所以导出微元体的热流量可以展开成泰勒级数的形式，并忽略二阶以上无穷小量，则导出微元体的热流量为：

x 方向：
$$\Phi_{x+\mathrm{d}x}=\Phi_x+\frac{\partial\Phi_x}{\partial x}\mathrm{d}x=\Phi_x+\frac{\partial}{\partial x}\left(-\lambda\frac{\partial t}{\partial x}\mathrm{d}y\mathrm{d}z\right)\mathrm{d}x \tag{9-8d}$$

y 方向：
$$\Phi_{y+\mathrm{d}y}=\Phi_y+\frac{\partial\Phi_y}{\partial y}\mathrm{d}y=\Phi_y+\frac{\partial}{\partial y}\left(-\lambda\frac{\partial t}{\partial y}\mathrm{d}x\mathrm{d}z\right)\mathrm{d}y \tag{9-8e}$$

z 方向：
$$\Phi_{z+\mathrm{d}z}=\Phi_z+\frac{\partial\Phi_z}{\partial z}\mathrm{d}z=\Phi_z+\frac{\partial}{\partial z}\left(-\lambda\frac{\partial t}{\partial z}\mathrm{d}x\mathrm{d}y\right)\mathrm{d}z \tag{9-8f}$$

单位时间微元体的内热源生成热：

$$\mathrm{d}\Phi_V=\dot{\Phi}\mathrm{d}x\mathrm{d}y\mathrm{d}z \tag{9-9}$$

单位时间微元体的热力学能增加量：

$$\mathrm{d}U=mc\frac{\partial t}{\partial\tau}=\rho c\mathrm{d}x\mathrm{d}y\mathrm{d}z\frac{\partial t}{\partial\tau} \tag{9-10}$$

将式(9-8)各式、式(9-9)、式(9-10)代入热平衡表达式中，并消去 $\mathrm{d}x\mathrm{d}y\mathrm{d}z$，整理后可得：

$$\rho c\frac{\partial t}{\partial\tau}=\frac{\partial}{\partial x}\left(\lambda\frac{\partial t}{\partial x}\right)+\frac{\partial}{\partial y}\left(\lambda\frac{\partial t}{\partial y}\right)+\frac{\partial}{\partial z}\left(\lambda\frac{\partial t}{\partial z}\right)+\dot{\Phi} \tag{9-11}$$

式(9-11)称为直角坐标系中导热微分方程的一般形式。当导热系数 λ 为常数时，式(9-11)可简化为：

$$\frac{\partial t}{\partial \tau}=a\left(\frac{\partial^2 t}{\partial x^2}+\frac{\partial^2 t}{\partial y^2}+\frac{\partial^2 t}{\partial z^2}\right)+\frac{\dot{\Phi}}{\rho c} \tag{9-12}$$

式(9-12)称为直角坐标系中非稳态、有内热源、常物性物体的导热微分方程。

对导热微分方程进行几点说明：

① 导热微分方程揭示了导热过程中物体内的温度随时间和空间坐标变化的函数关系。

② 式中 $a=\frac{\lambda}{\rho c}$，称为物体的热扩散率，也称导温系数，单位为 m^2/s。热扩散率是物体的物性量，其大小反映了物体被瞬态加热或冷却时物体内温度变化的快慢。由式(9-12)可以看出，热扩散率 a 愈大，温度随时间的变化率 $\partial t/\partial \tau$ 愈大，即温度传播得愈迅速，可见热扩散率是物体传播温度变化能力大小的指标。其数值由油的 $1\times10^{-7}\ m^2/s$ 到银的 $2\times10^{4}\ m^2/s$。热扩散率 a 对稳态导热过程没有影响，但在非稳态导热过程中它是一个非常重要的参数。

③ 对于特殊的导热情况，导热微分方程可以有不同的简化形式，常见有以下几种：

物体非稳态导热、无内热源、常物性时：

$$\frac{\partial t}{\partial \tau}=a\left(\frac{\partial^2 t}{\partial x^2}+\frac{\partial^2 t}{\partial y^2}+\frac{\partial^2 t}{\partial z^2}\right) \tag{9-13}$$

物体稳态导热、有内热源、常物性时：

$$\left(\frac{\partial^2 t}{\partial x^2}+\frac{\partial^2 t}{\partial y^2}+\frac{\partial^2 t}{\partial z^2}\right)+\frac{\dot{\Phi}}{\lambda}=0 \tag{9-14}$$

物体稳态导热、无内热源、常物性时：

$$\frac{\partial^2 t}{\partial x^2}+\frac{\partial^2 t}{\partial y^2}+\frac{\partial^2 t}{\partial z^2}=0 \tag{9-15}$$

物体一维稳态导热、无内热源、常物性时：

$$\frac{d^2 t}{dx^2}=0 \tag{9-16}$$

(2) 圆柱坐标系中的导热微分方程

当所研究的对象是圆柱状(圆柱、圆筒壁等)物体时，采用圆柱坐标系(r，φ，z)比较方便，如图 9-4(a)所示。圆柱坐标系的导热微分方程可以采用和直角坐标系相同的方法推导得出。还可以采用圆柱坐标和直角坐标的数学转换，在直角坐标系中导热微分方程(9-11)的基础上转换得到。

圆柱坐标系(r，φ，z)中，$x=r\cos\varphi$、$y=r\sin\varphi$、$z=z$，圆柱坐标系中的导热微分方

程为：

$$\rho c\frac{\partial t}{\partial \tau}=\frac{1}{r}\frac{\partial}{\partial r}\left(\lambda r\frac{\partial t}{\partial r}\right)+\frac{1}{r^2}\frac{\partial}{\partial \varphi}\left(\lambda\frac{\partial t}{\partial \varphi}\right)+\frac{\partial}{\partial z}\left(\lambda\frac{\partial t}{\partial z}\right)+\dot{\Phi} \tag{9-17}$$

物体一维稳态导热、无内热源时，式(9-17)简化为：

$$\frac{d}{\mathrm{d}r}\left(r\frac{\mathrm{d}t}{\mathrm{d}r}\right)=0 \tag{9-18}$$

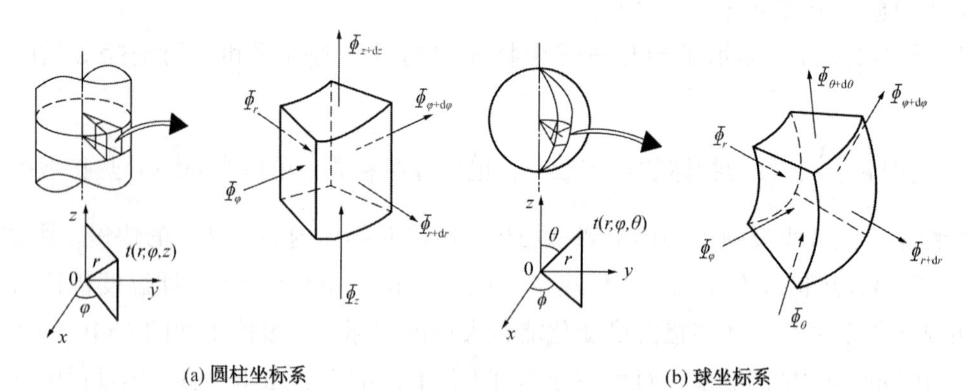

图 9-4　圆柱坐标系和球坐标系中的微元体热平衡分析

（3）球坐标系中的导热微分方程

当所研究的对象是球状物体时，采用球坐标系(r，θ，φ)比较方便，如图 9-4(b)所示。球坐标系的导热微分方程可以采用和直角坐标相同的方法推导得出。还可以采用球坐标和直角坐标的数学转换，在直角坐标系中导热微分方程(9-11)的基础上转换得到。

球坐标系(r，θ，φ)中，$x=r\sin\theta\cos\varphi$、$y=r\sin\theta\sin\varphi$、$z=r\cos\theta$，球坐标系中的导热微分方程为：

$$\rho c\frac{\partial t}{\partial \tau}=\frac{1}{r^2}\frac{\partial}{\partial r}\left(\lambda r^2\frac{\partial t}{\partial r}\right)+\frac{1}{r^2\sin\theta}\frac{\partial}{\partial \theta}\left(\lambda\sin\theta\frac{\partial t}{\partial \theta}\right)+\frac{1}{r^2\sin^2\theta}\frac{\partial}{\partial \varphi}\left(\lambda\frac{\partial t}{\partial \varphi}\right)+\dot{\Phi} \tag{9-19}$$

物体一维稳态导热、无内热源时，式(9-19)简化为：

$$\frac{d}{\mathrm{d}r}\left(r^2\frac{\mathrm{d}t}{\mathrm{d}r}\right)=0 \tag{9-20}$$

2. 单值性条件

导热微分方程揭示了物体内温度分布的空间不均匀性和随时间变化的非稳态性之间的内在联系。任何导热问题，无论是稳态的或是非稳态的、一维的或是多维的，都可以用相应坐标系中的导热微分方程来描述，所以导热微分方程反映了一切导热过程的共性，是求解一切导热问题的依据和出发点。对导热微分方程直接求解，所得到的是导热物体内温度分布的通解。

然而，每一个具体的导热问题总有其个性，总是在特定的条件(物质、空间、时间)下进行的。一个导热物体内确定的温度场，不仅依靠导热微分方程本身，而且还取决于导热过程进行的具体条件。单值性条件(或称定解条件)就是使导热微分方程获得特解，即唯一解的附加条件。导热微分方程和单值性条件一起构成了一个具体导热问题完整的数学描述，可以得到确定的温度场。

单值性条件一般包括四个方面：几何条件、物理条件、时间条件和边界条件。

(1) 几何条件

说明参与导热过程的物体的几何形状及尺寸大小。例如物体的形状是平壁或是圆筒壁，以及它们的厚度、直径等几何尺寸。几何条件决定了温度场的空间分布特点和进行分析时所采用的坐标系。

(2) 物理条件

说明导热物体的物理性质。例如给出热物性参数(λ、ρ、c等)的数值及其特点，是常物性(物性参数为常数)还是变物性(一般指物性参数随时间而变化)，等等。此外，物体有无内热源以及内热源的分布规律也属于物理条件。

(3) 时间条件

说明导热过程进行的时间上的特点。例如是稳态导热还是非稳态导热。对于非稳态导热过程，还应该给出过程初始时刻物体内部的温度分布规律，称为非稳态导热过程的初始条件，即：

$$t|_{\tau=0}=f(x,\ y,\ z) \tag{9-21}$$

如果过程初始时刻物体内部的温度分布均匀，则初始条件简化为：

$$t|_{\tau=0}=t_0=\text{常数}$$

对于稳态导热过程，没有初始条件。

(4) 边界条件

说明导热物体边界上的热状态以及与周围环境之间的相互作用。例如边界上的温度、热流密度分布，以及物体通过边界与周围环境之间的热量传递情况等。常见的边界条件有三类：第一类边界条件、第二类边界条件，以及第三类边界条件。

1) 第一类边界条件

第一类边界条件给出物体边界上的温度分布及其随时间的变化规律，即：

$$\tau>0,\ t_w=f(x,\ y,\ z,\ \tau) \tag{9-22}$$

最简单的第一类边界条件是物体边界上的温度保持定值，即 t_w = 常数，称为恒壁温边界条件。

2) 第二类边界条件

第二类边界条件给出物体边界上的热流密度分布及其随时间的变化规律，即：

$$\tau>0,\ q_w=f(x,\ y,\ z,\ \tau) \tag{9-23}$$

根据傅里叶定律，物体边界上的热流密度可表示为：

$$q_w = -\lambda \left(\frac{\partial t}{\partial n}\right)_w \tag{9-24}$$

一种最典型的第二类边界条件是物体边界上的热流密度保持定值，即 q_w = 常数，称为常热流边界条件。如果在导热过程中，物体的某一个边界面是绝热的，即 $q_w = 0$，称为绝热边界条件。

3）第三类边界条件

第三类边界条件给出物体边界上的对流换热状态，即给出与物体表面进行对流换热的流体温度 t_f 以及表面传热系数 h。以物体被冷却为例，根据边界面的热平衡，由物体内部导向边界面的热流密度等于从边界面传给周围流体的热流密度，于是由傅里叶定律和牛顿冷却公式可得第三类边界条件的表达式为：

$$-\lambda \left(\frac{\partial t}{\partial n}\right)_w = h(t_w - t_f) \tag{9-25}$$

第三类边界条件也称为对流换热边界条件。对于稳态导热，t_f 与 h 为常数；对于非稳态导热，还需给出 t_f、h 与时间的函数关系。

以上三类边界条件概括了导热问题中的大部分情况，并且都是线性边界条件。如果导热物体的边界上除了对流换热，还存在辐射换热，则物体边界面的热平衡表达式为：

$$-\lambda \left(\frac{\partial t}{\partial n}\right)_w = h(t_w - t_f) + \varepsilon\sigma(T_w^4 - T_{surr}^4) \tag{9-26}$$

式(9-26)是温度的复杂函数，这种对流换热与辐射换热叠加的复合换热边界条件是非线性的边界条件。本书只限于讨论具有线性边界条件的导热问题。

综上所述，对一个具体导热问题完整的数学描述(即导热数学模型)包括导热微分方程和单值性条件两个方面，缺一不可。在建立导热数学模型的过程中，应该根据导热过程的特点，进行合理的简化，力求能够比较真实地描述所研究的导热问题。建立合理的数学模型，是求解导热问题的第一步，也是最重要的一步。对数学模型进行求解，就可以得到导热物体的温度场，进而根据傅里叶定律确定相应的热流密度。

导热问题的求解方法有很多种，目前应用最广泛的方法有三种：分析解法、数值解法和实验方法。这也是求解所有传热学问题的三种基本方法。本章主要介绍导热问题的分析解法。

例题 9-2：导热微分方程的应用

由某种材料组成的大平壁，厚度为0.5 m，具有强度等于 1×10^3 W/m^3 的内热源，它在某一瞬间的温度场可以表示为 $t=450-320x-160x^2$。已知材料的密度 $\rho=18\ 070$ kg/m^3，比热容 $c=116$ J/(kg·K)，导热系数 $\lambda=24.38$ W/(m·K)。试求：① 平壁 $x=0$ 和 $x=0.5$ m 两处的热流密度；② 该平壁热力学能的变化速率；③ 平壁 $x=0$ 和 $x=0.5$ m 两侧温度随时间的变化速率。

解：① 已知平壁某一瞬时的温度场，根据傅里叶定律 $q=-\lambda\dfrac{\partial t}{\partial x}=(320+320x)\lambda$，有：

$x=0$ 处，$q=(320+320\times0)\times24.38\ \mathrm{W/(m\cdot K)}=7\ 801.6\ \mathrm{W/m^2}$

$x=0.5$ m 处，$q=(320+320\times0.5\ \mathrm{m})\times24.38\ \mathrm{W/(m\cdot K)}=11\ 702.4\ \mathrm{W/m^2}$

② 平壁热力学能的变化速率，可以利用大平壁为控制容积，根据能量平衡关系式求解：

$$\boldsymbol{\Phi}_{\mathrm{in}}+\boldsymbol{\Phi}_{\mathrm{V}}-\boldsymbol{\Phi}_{\mathrm{out}}=\boldsymbol{\Phi}_{\mathrm{inter}}$$

代入已知数据，可得单位导热面积平壁热力学能的变化速率为：

$$\boldsymbol{\Phi}_{\mathrm{inter}}=7\ 801.6\ \mathrm{W/m^2}-11\ 702.4\ \mathrm{W/m^2}+10\ \mathrm{W/m^3}\times0.5\ \mathrm{m}=-3\ 400.8\ \mathrm{W/m^2}$$

③ 平壁两侧温度随时间的变化速率，可以利用导热微分方程求解：

$$\frac{\partial t}{\partial\tau}=a\frac{\partial^2 t}{\partial x^2}+\frac{\dot{\Phi}}{\rho c}$$

已知$\dfrac{\partial^2 t}{\partial x^2}=-320℃/\mathrm{m^2}$，$\rho c=2\ 096.12\ \mathrm{J/(m^3\cdot ℃)}$，$a=1.163\times10^{-5}\ \mathrm{m^2/s}$，代入数据，则有：

$$\frac{\partial t}{\partial\tau}=1.163\times10^{-5}\ \mathrm{m^2/s}\times(-320)℃/\mathrm{m^2}+\frac{10^3\ \mathrm{W/m^3}}{2\ 096.12\ \mathrm{J/(m^3\cdot ℃)}}=-0.003\ 25\ ℃/\mathrm{s}$$

该温度变化速率不是坐标的函数，是一个常数，所以平壁两侧的温度变化速率相同。

第三节 稳态导热

稳态导热是指温度场不随时间变化的导热过程。例如当热工设备长时间处于稳定运行状态时，其部件内发生的导热过程就是稳态导热。稳态导热包括一维、二维或三维稳态导热。其中一维稳态导热是各种导热问题中最简单的形式，这时温度只沿一个坐标方向发生变化，热量传递也仅沿这个方向进行。

本节重点讨论日常生活和工程上常见的几种典型的一维稳态导热问题，主要包括通过平壁、圆筒壁、球壁以及肋片的稳态导热。

1. 平壁的一维稳态导热

平壁的导热是工程上经常遇到的导热问题。例如，锅炉炉墙和保温隔热层、冷库的墙壁和保温隔热层、房屋的墙壁等的导热都可以看作是通过平壁的导热。理想的一维稳态导热平壁是其长度、宽度远大于厚度，平壁两侧表面温度分别保持均匀恒定数值，或者两侧流体温度及表面传热系数分别保持均匀恒定数值，这时可以认为温度沿长度和宽度方向没有变化，只沿厚度方向变化，平壁内的温度场为一维稳态温度场。实践经验证明，当平壁的长度和宽度比厚度大 8~10 倍时，该平壁的导热就可以近似作为一维问题处理，误差不大于1%。

（1）第一类边界条件下单层平壁的稳态导热

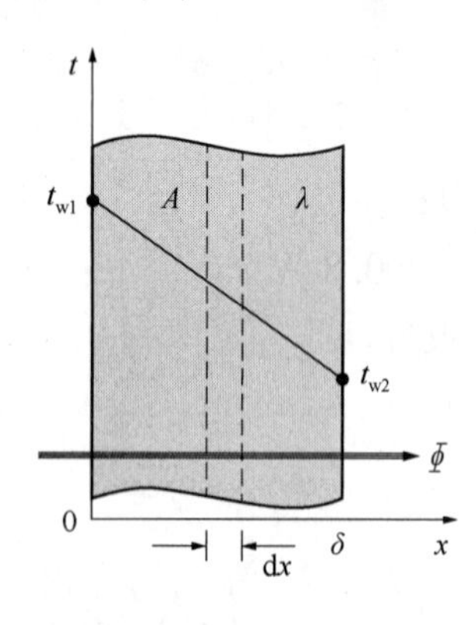

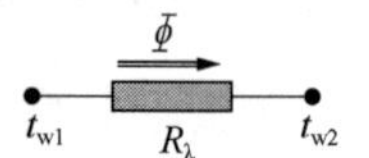

图 9-5　第一类边界条件下单层平壁的稳态导热

假设：平壁的表面面积为 A，厚度为 δ，导热系数 λ 为常数，无内热源，平壁两侧表面分别保持均匀恒定温度 t_{w1}、t_{w2}，且 $t_{w1}>t_{w2}$。选取坐标轴 x 与壁面垂直，如图 9-5 所示。

分析确定：平壁内的温度分布和通过平壁的热流密度。

根据给定条件可知，平壁内的导热为一维稳态导热，根据平壁的形状采用直角坐标系。平壁的导热微分方程为：

$$\frac{d^2t}{dx^2}=0$$

边界条件：

$$x=0,\ t=t_{w1}$$

$$x=\delta,\ t=t_{w2}$$

平壁的导热微分方程和边界条件构成了平壁稳态导热的完整数学模型。求解导热微分方程，可得平壁内的温度分布为：

$$t=t_{w1}-\frac{t_{w1}-t_{w2}}{\delta}x \tag{9-27}$$

由式(9-27)可知，当导热系数 λ 为常数时，平壁内的温度呈线性分布，且与导热系数的大小无关。平壁内的等温面是一系列平行于两侧表面的平面。

利用傅里叶定律，求解通过平壁的热流密度为：

$$q=-\lambda\frac{dt}{dx}=\lambda\frac{t_{w1}-t_{w2}}{\delta} \tag{9-28}$$

该式说明，通过平壁的热流密度是常数，与坐标 x 无关。

通过整个平壁的热流量为：

$$\Phi=qA=\lambda A\frac{t_{w1}-t_{w2}}{\delta} \tag{9-29}$$

借鉴电学中欧姆定律表达式的形式，电流 = 电位差/电阻。式(9-29)可改写成：热流 = 温度差/热阻的形式，即：

$$\Phi=\frac{t_{w1}-t_{w2}}{\dfrac{\delta}{\lambda A}}=\frac{t_{w1}-t_{w2}}{R_\lambda} \tag{9-30}$$

式中，$R_\lambda=\dfrac{\delta}{\lambda A}$称为平壁的导热热阻，单位为 K/W。热阻是传热学中的一个重要概念，它表示物体对热量传递的阻力，热阻愈小，传热愈强。平壁的导热可用图 9-5 下方的热阻网络来表示。热阻概念的建立给复杂热量传递过程的分析带来很大的便利，例如可以借助比较熟悉的串、并联电路电阻的计算公式计算热量传递过程的总热阻。

（2）第三类边界条件下单层平壁的稳态导热

假设：平壁的表面面积为 A，厚度为 δ，导热系数 λ 为常数，无内热源，平壁两侧流体分别保持均匀恒定温度 t_{f1}、t_{f2}，且 $t_{f1}>t_{f2}$，两侧流体与壁面间的表面传热系数分别保持恒定值 h_1、h_2。选取坐标轴 x 与壁面垂直，如图 9-6所示。

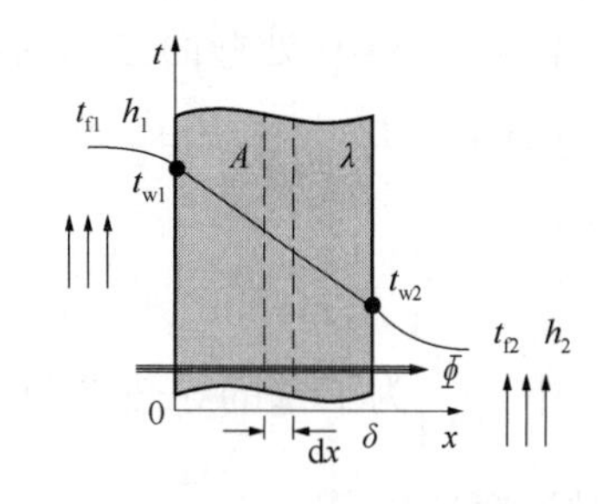

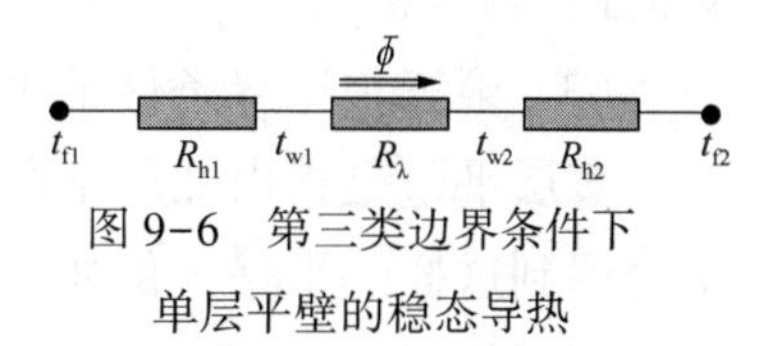

图 9-6　第三类边界条件下单层平壁的稳态导热

分析确定：平壁内的温度分布和通过平壁的热流密度。

根据给定条件可知，平壁内的导热为一维稳态导热。平壁的导热微分方程为：

$$\frac{d^2t}{dx^2}=0$$

边界条件：

$$x=0,\quad -\lambda\frac{dt}{dx}=h_1(t_{f1}-t_{w1})$$

$$x=\delta,\quad -\lambda\frac{dt}{dx}=h_2(t_{w2}-t_{f2})$$

求解导热微分方程，可得平壁内的温度分布为：

$$t=t_{f1}-\left(\frac{1}{h_1}+\frac{x}{\lambda}\right)\frac{t_{f1}-t_{f2}}{\dfrac{1}{h_1}+\dfrac{\delta}{\lambda}+\dfrac{1}{h_2}} \tag{9-31}$$

通过平壁的热流密度为：

$$q=-\lambda\frac{dt}{dx}=\frac{t_{f1}-t_{f2}}{\dfrac{1}{h_1}+\dfrac{\delta}{\lambda}+\dfrac{1}{h_2}} \tag{9-32}$$

通过整个平壁的热流量为：

$$\Phi=qA=\frac{t_{f1}-t_{f2}}{\dfrac{1}{h_1A}+\dfrac{\delta}{\lambda A}+\dfrac{1}{h_2A}} \tag{9-33}$$

根据以上结果，可得几点结论：

① 导热系数 λ 为常数时，第三类边界条件下单层平壁内的温度分布是 x 的线性函数。实际上，这一温度分布规律与第一类边界条件下单层平壁内的温度分布是一致的。

② 一维稳态导热过程所传递的热流量及热流密度是常数，与 x 无关。这个结论不会因为边界条件的改变而发生变化。

③ 第三类边界条件下通过平壁的传热过程由三个热量传递环节串联而成：即高温流体 t_{f1} 与 $x=0$ 处壁面之间的对流换热、平壁内部的导热以及 $x=\delta$ 处壁面与低温流体 t_{f2} 之间的对流换热。由式(9-33)可得总传热热阻为：

$$R_t=\frac{1}{h_1A}+\frac{\delta}{\lambda A}+\frac{1}{h_2A} \tag{9-34}$$

式中，$\frac{\delta}{\lambda A}$为平壁的导热热阻；$\frac{1}{h_1A}$和$\frac{1}{h_2A}$分别为平壁两侧表面与高温流体和低温流体的对流换热热阻。

(3) 第三类边界条件下多层平壁的稳态导热

多层平壁是指由几层不同材料叠加在一起组成的平壁。在日常生活和工程问题中经常会遇到这样的平壁。例如多数工业炉的炉墙就是由耐火砖层、普通砖层和绝热砖层等几层不同材料组成的；又如房屋的墙壁一般由白灰内层、水泥砂浆层和红砖(或青砖)主体层构成。当这种多层平壁的两侧表面分别维持均匀恒定温度(第一类边界条件)时，或者两侧表面分别与两种温度均匀恒定、表面传热系数等于常数的流体对流换热(第三类边界条件)时，其导热也是一维稳态导热。

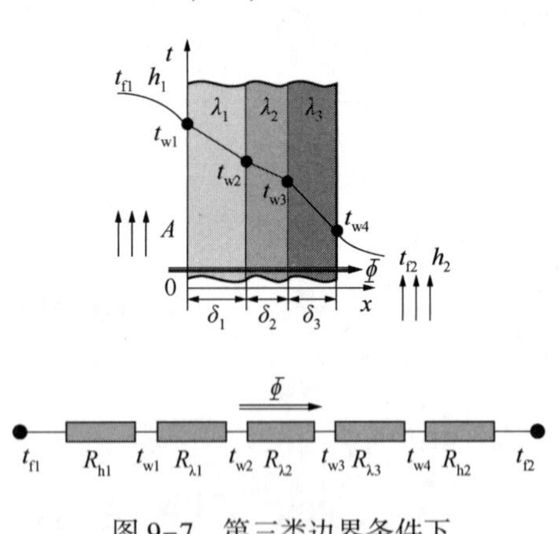

图 9-7　第三类边界条件下多层平壁的稳态导热

下面以两侧表面处于第三类边界条件下的三层平壁为例，运用热阻的概念，求解热流密度和热流量的表达式。如图 9-7 所示，假设三层平壁材料的厚度分别为 δ_1、δ_2、δ_3；导热系数分别为 λ_1、λ_2、λ_3，且为常数；无内热源；各层之间的接触非常紧密，因此相互接触的表面具有相同的温度；平壁两侧流体分别保持均匀恒定温度 t_{f1}、t_{f2}，且 $t_{f1}>t_{f2}$，两侧流体与壁面间的表面传热系数分别保持恒定值 h_1、h_2。

显然，通过此三层平壁的导热为一维稳态导热。根据前述分析，第三类边界条件下通过平壁的传热过程包括三个热量传递环节，通过各个环节的热流量相等，同时通过各层材料的热流量也相等，热阻网络如图 9-7 所示。按照热阻串联相加的原则，传热过程的总热阻等于各环节分热阻之和，直接写出热流密度的表达式为：

$$q=\frac{\Delta t}{R_{\rm t}}=\frac{t_{\rm f1}-t_{\rm f2}}{\frac{1}{h_1}+\frac{\delta_1}{\lambda_1}+\frac{\delta_2}{\lambda_2}+\frac{\delta_3}{\lambda_3}+\frac{1}{h_2}}=\frac{t_{\rm f1}-t_{\rm f2}}{R_{\rm h1}+R_{\lambda1}+R_{\lambda2}+R_{\lambda3}+R_{\rm h2}}$$

由此可以推广到多层平壁，热流密度的表达式为：

$$q=\frac{t_{\rm f1}-t_{\rm f2}}{\frac{1}{h_1}+\sum_{i=1}^{n}\frac{\delta_i}{\lambda_i}+\frac{1}{h_2}} \tag{9-35}$$

热流量的表达式为：

$$\Phi=\frac{t_{\rm f1}-t_{\rm f2}}{\frac{1}{h_1A}+\sum_{i=1}^{n}\frac{\delta_i}{\lambda_iA}+\frac{1}{h_2A}} \tag{9-36}$$

可见，运用热阻的概念，可以很容易地求出通过多层平壁一维稳态导热的热流密度和热流量，进而还可以求出各层接触面的温度。因为在每一层中，温度都按直线分布，所以在整个多层平壁中，温度分布是一条折线。多层平壁的热阻网络如图 9-7 下面部分所示。

2. 圆筒壁的一维稳态导热

圆筒壁的导热同样也是工程上经常遇到的导热问题。例如通过圆筒形炉壁(高炉)，发电厂的蒸汽管道，化工厂的各种液、气输送管道以及供暖热水管道的导热等均属于这种情况。理想的一维稳态导热圆筒壁其长度远大于直径，圆筒壁内、外壁面温度分别保持均匀恒定数值，或者两侧流体温度及表面传热系数分别保持均匀恒定数值，这时可以认为温度仅沿半径方向变化，圆筒壁内的温度场为一维稳态温度场。

(1) 第一类边界条件下单层圆筒壁的稳态导热

假设：圆筒壁长度为 l，内、外半径分别为 r_1、r_2，且 $l>>r_2$，导热系数 λ 为常数，无内热源，内、外壁面维持均匀恒定温度 $t_{\rm w1}$、$t_{\rm w2}$，且 $t_{\rm w1}>t_{\rm w2}$，如图 9-8 所示。

分析确定：圆筒壁内的温度分布和通过圆筒壁径向的热流量。

根据给定条件可知，圆筒壁内的导热为一维稳态导热。根据圆筒壁的形状采用圆柱坐标系，圆筒壁的导热微分方程为：

$$\frac{d}{dr}\left(r\frac{dt}{dr}\right)=0$$

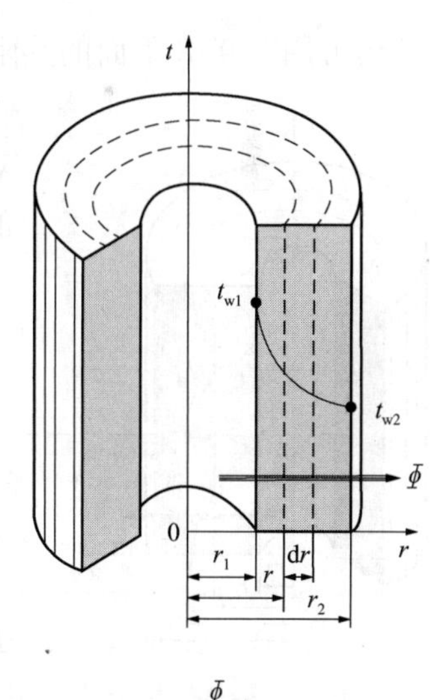

图 9-8 第一类边界条件下单层圆筒壁的稳态导热

边界条件：

$$r=r_1,\ t=t_{w1}$$
$$r=r_2,\ t=t_{w2}$$

圆筒壁的导热微分方程和边界条件构成了圆筒壁稳态导热的完整数学模型。求解导热微分方程，可得圆筒壁内的温度分布为：

$$t=t_{w1}-(t_{w1}-t_{w2})\frac{\ln(r/r_1)}{\ln(r_2/r_1)} \tag{9-37}$$

由式(9-37)可知，圆筒壁内的温度分布为对数曲线，各等温面是一系列彼此同心的圆柱面。

利用傅里叶定律，求解圆筒壁沿径向 r 的热流密度为：

$$q=-\lambda\frac{\mathrm{d}t}{\mathrm{d}r}=\lambda\frac{t_{w1}-t_{w2}}{\ln(r_2/r_1)}\frac{1}{r} \tag{9-38}$$

由此可见，沿半径 r 方向热流密度不等于常数，而是 r 的函数，并且随着 r 的增加，热流密度逐渐减小，内壁面处热流密度最大，外壁面处热流密度最小。

对于稳态导热，通过整个圆筒壁的热流量是不变的，热流量为：

$$\Phi=2\pi rlq=\frac{t_{w1}-t_{w2}}{\frac{1}{2\pi\lambda l}\ln\frac{r_2}{r_1}}=\frac{t_{w1}-t_{w2}}{\frac{1}{2\pi\lambda l}\ln\frac{d_2}{d_1}}=\frac{t_{w1}-t_{w2}}{R_\lambda} \tag{9-39}$$

式中，R_λ 为整个圆筒壁的导热热阻，$R_\lambda=\frac{1}{2\pi\lambda l}\ln\frac{d_2}{d_1}$，单位为 K/W。单层圆筒壁的稳态导热可用图 9-8 下面的热阻网络来表示。

在工程计算中，常用单位长度来计算圆筒壁的热流量。对于无内热源、一维稳态圆筒壁导热问题，单位长度圆筒壁的热流量 Φ_l 可表示为：

$$\Phi_l=\frac{\Phi}{l}=\frac{t_{w1}-t_{w2}}{\frac{1}{2\pi\lambda}\ln\frac{d_2}{d_1}}=\frac{t_{w1}-t_{w2}}{R_{\lambda l}} \tag{9-40}$$

式中，$R_{\lambda l}$ 为单位长度圆筒壁的导热热阻，$R_{\lambda l}=\frac{1}{2\pi\lambda}\ln\frac{d_2}{d_1}$，单位为 m·K/W。由式(9-40)可见，单位长度圆筒壁的热流量 Φ_l 在圆筒壁内任意位置都相等。

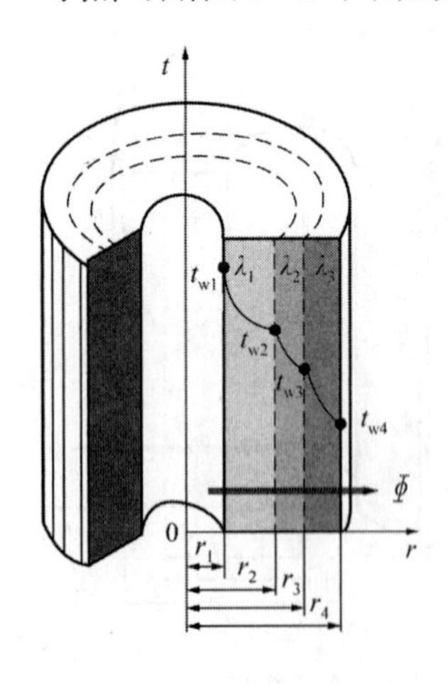

图 9-9　第一类边界条件下多层圆筒壁的稳态导热

(2) 第一类边界条件下多层圆筒壁的稳态导热

在单层圆筒壁稳态导热分析的基础上，运用热阻的概念，可以很容易分析多层圆筒壁的稳态导热问题。

如图 9-9 所示为一个三层圆筒壁，各层的导热系数为 λ_1、

λ_2、λ_3，且为常数，无内热源，内、外壁面保持均匀恒定温度 t_{w1}、t_{w4}，且 $t_{w1}>t_{w4}$。圆筒壁层与层之间是紧密接触的。显然这也是一维稳态导热问题，通过各层圆筒壁的热流量相等，总导热热阻等于各层导热热阻之和，圆筒壁的热流量为：

$$\Phi=\frac{t_{w1}-t_{w4}}{\frac{1}{2\pi\lambda_1 l}\ln\frac{d_2}{d_1}+\frac{1}{2\pi\lambda_2 l}\ln\frac{d_3}{d_2}+\frac{1}{2\pi\lambda_3 l}\ln\frac{d_4}{d_3}}=\frac{t_{w1}-t_{w4}}{R_{\lambda1}+R_{\lambda2}+R_{\lambda3}}$$

以此类推，对于 n 层不同材料组成的多层圆筒壁的稳态导热，圆筒壁的热流量为：

$$\Phi=\frac{t_{w1}-t_{w(n+1)}}{\sum_{i=1}^{n}\frac{1}{2\pi\lambda_i l}\ln\frac{d_{i+1}}{d_i}}=\frac{t_{w1}-t_{w(n+1)}}{\sum_{i=1}^{n}R_{\lambda i}} \tag{9-41}$$

单位长度圆筒壁的热流量为：

$$\Phi_l=\frac{t_{w1}-t_{w(n+1)}}{\sum_{i=1}^{n}\frac{1}{2\pi\lambda_i}\ln\frac{d_{i+1}}{d_i}}=\frac{t_{w1}-t_{w(n+1)}}{\sum_{i=1}^{n}R_{\lambda li}} \tag{9-42}$$

（3）第三类边界条件下多层圆筒壁的稳态导热

如图 9-10 所示，若假设圆筒壁内、外壁面两侧流体分别保持均匀恒定温度 t_{f1}、t_{f2}，且 $t_{f1}>t_{f2}$，两侧流体与壁面间的表面传热系数分别保持恒定值 h_1、h_2，热阻网络如图 9-10 所示。相应地，通过多层圆筒壁的热流量为：

$$\Phi=\frac{t_{f1}-t_{f2}}{\frac{1}{2\pi r_1 l h_1}+\sum_{i=1}^{n}\frac{1}{2\pi\lambda_i l}\ln\frac{d_{i+1}}{d_i}+\frac{1}{2\pi r_{n+1} l h_2}}=\frac{t_{f1}-t_{f2}}{\frac{1}{2\pi r_1 l h_1}+\sum_{i=1}^{n}R_{\lambda i}+\frac{1}{2\pi r_{n+1} l h_2}} \tag{9-43}$$

单位长度圆筒壁的热流量为：

$$\Phi_l=\frac{t_{f1}-t_{f2}}{\frac{1}{2\pi r_1 h_1}+\sum_{i=1}^{n}\frac{1}{2\pi\lambda_i}\ln\frac{d_{i+1}}{d_i}+\frac{1}{2\pi r_{n+1} h_2}}=\frac{t_{f1}-t_{f2}}{\frac{1}{2\pi r_1 h_1}+\sum_{i=1}^{n}R_{\lambda li}+\frac{1}{2\pi r_{n+1} h_2}} \tag{9-44}$$

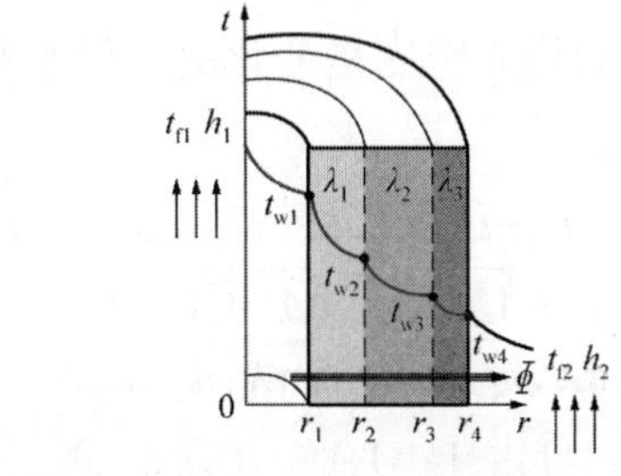

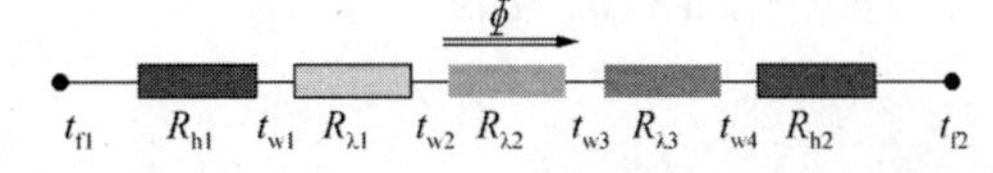

图 9-10　第三类边界条件下多层圆筒壁的稳态导热

3. 球壁的一维稳态导热

在工业上和日常生活中，常常遇到球形容器，如球形储气罐、储液罐等，因此研究通过球壁的导热具有实际意义。内、外壁面维持均匀恒定温度的球壁导热为一维稳态导热。下面只介绍第一类边界条件下单层球壁的稳态导热。

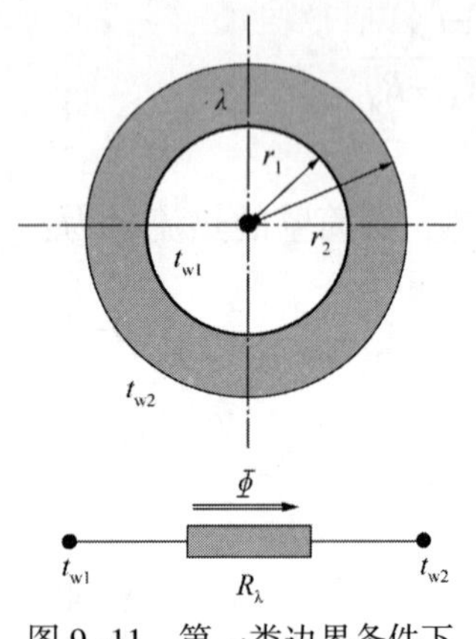

图 9-11　第一类边界条件下单层球壁的稳态导热

假设：有一单层空心球壁，内、外半径分别为 r_1、r_2，导热系数 λ 为常数，无内热源，球壁内、外壁面分别维持均匀恒定温度 t_{w1}、t_{w2}，且 $t_{w1}>t_{w2}$。如图 9-11 所示。

分析确定：球壁内的温度分布和通过球壁径向的热流量。

根据给定条件可知，球壁内的温度只沿径向 r 发生变化，球壁的导热为一维稳态导热。根据球壁的形状采用球坐标系，球壁的导热微分方程为：

$$\frac{d}{dr}\left(r^2\frac{dt}{dr}\right)=0$$

边界条件：

$$r=r_1,\ t=t_{w1}$$
$$r=r_2,\ t=t_{w2}$$

球壁的导热微分方程和边界条件构成了球壁稳态导热的完整数学模型，求解导热微分方程，可得球壁内的温度分布为：

$$t=t_{w1}-\frac{t_{w1}-t_{w2}}{1/r_1-1/r_2}\left(\frac{1}{r_1}-\frac{1}{r}\right) \tag{9-45}$$

该式说明，球壁内的温度分布为双曲线。各等温面是一系列彼此同心的球面。

利用傅里叶定律，求解通过球壁的热流密度为：

$$q=-\lambda\frac{dt}{dr}=\lambda\frac{t_{w1}-t_{w2}}{1/r_1-1/r_2}\frac{1}{r^2} \tag{9-46}$$

由式(9-46)可知，通过球壁的热流密度是变化的，沿半径 r 方向逐渐减小。

通过整个球壁的热流量为：

$$\Phi=4\pi r^2 q=\frac{t_{w1}-t_{w2}}{\frac{1}{4\pi\lambda}\left(\frac{1}{r_1}-\frac{1}{r_2}\right)}=\frac{t_{w1}-t_{w2}}{\frac{1}{2\pi\lambda}\left(\frac{1}{d_1}-\frac{1}{d_2}\right)}=\frac{t_{w1}-t_{w2}}{R_\lambda} \tag{9-47}$$

式中，R_λ 为球壁的导热热阻，$R_\lambda=\frac{1}{2\pi\lambda}\left(\frac{1}{d_1}-\frac{1}{d_2}\right)$，单位为 K/W。

4. 肋片的一维稳态导热

工程上常采用在换热面上外加肋片或其他延伸物的表面结构，以扩展换热面的面积，这种换热面常称为肋片或扩展面。肋片的形式多种多样，图 9-12 中给出了几种典型的肋片形状，例如矩形肋、圆柱形肋、三角形肋、环形肋等。根据传热面积是否沿热流途径改变，肋片又分为等截面肋和变截面肋。工业上和日常生活中，肋片常应用于各种不同的热交换器和需要加强冷却散热的设备中，例如暖气片、汽车水箱散热器、家用空调的冷凝器、大型电站和化工装置的空气冷却器等。

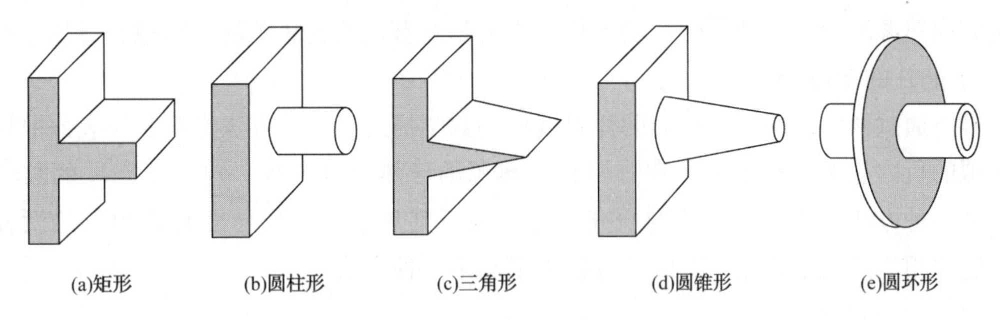

图 9-12　几种典型的肋片形状

通过肋片导热的特点是，热量在沿肋片伸展方向传导的同时，通过肋片表面还有肋片表面与周围流体及环境的对流，或者对流加辐射的散热作用，因而肋片中沿导热热流传递的方向热流量是不断变化的。它属于在导热过程中同时伴随有向周围环境换热的一类典型问题。温度计套管、太阳能集热器的吸热器等都属于这类问题。

研究肋片导热需要求解两个问题：①沿肋片伸展方向肋片内部的温度分布；②通过肋片的散热热流量(简称散热量)。本节以等截面直肋为例，说明通过肋片稳态导热的基本规律。

(1) 等截面直肋的稳态导热

等截面直肋是指从平直基础面伸出而本身又具有不变截面的肋，如图 9-12 中的矩形肋和圆柱形肋。下面以矩形肋为例进行分析，如图 9-13 所示，肋片的高度为 H、厚度为 δ、宽度为 l，与肋片高度方向垂直的横截面面积为 A、周长为 U。

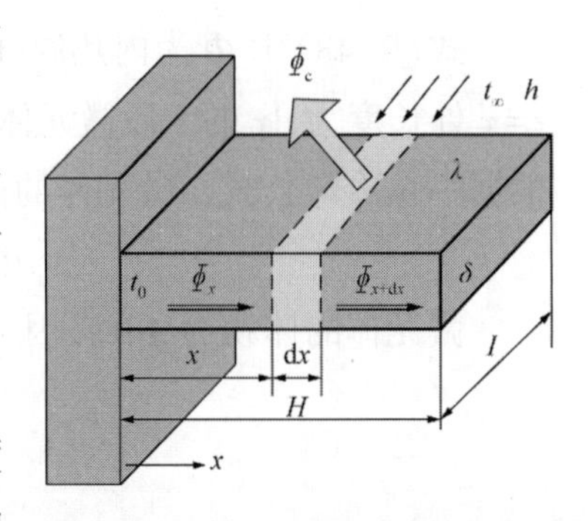

图 9-13　矩形肋的稳态导热分析

为简化分析，做如下假设：

① 肋片高度 H 远大于肋片厚度 δ，则可认为与高度方向垂直的任意截面的温度分布几乎是均匀的，肋片的温度只沿高度方向发生变化。肋片的导热可以近似认为是一维导热。

② 肋片材料均匀，材料的导热系数 λ 为常数。

③ 肋片根部与肋基接触良好，不存在接触热阻。肋基温度为 t_0。

④ 忽略肋片端部的散热量，即认为肋片端面是绝热的。

⑤ 肋片充分暴露在温度为 t_∞ 的流体中，肋片表面与周围流体之间的表面传热系数在肋片的整个高度上都是常数。

分析确定：肋片内部的温度分布和通过肋片的散热热流量。

假设肋片温度高于周围流体温度，热量从肋基导入肋片，然后从肋根导向肋端，沿途不断有热量从肋片表面以对流换热的方式散失给周围流体。这种情况可以看作肋片具有负的内热源来处理。于是肋片的导热过程就是具有负的内热源的一维稳态导热过程。

1）肋片的温度分布

可以通过两种不同方法建立肋片温度场的数学描述。一种方法是把肋片表面散热视为虚拟的负内热源，利用一维常物性有内热源的导热微分方程，建立此问题的数学描述。另一种方法是选取微元体为研究对象，分析其热平衡，推导出肋片的导热微分方程，建立相应的数学描述。下面的分析中采用第一种方法。

导热微分方程为：

$$\frac{\mathrm{d}^2 t}{\mathrm{d}x^2}-\frac{\dot{\Phi}}{\lambda}=0 \tag{9-48}$$

边界条件：

$$x=0,\quad t=t_0$$

$$x=H,\quad \frac{\mathrm{d}t}{\mathrm{d}x}=0$$

引入过余温度 $\theta=t-t_\infty$，则温度分布用过余温度表示为 $\theta=\theta(x)$。肋片根部 $x=0$ 处，过余温度 $\theta_0=t_0-t_\infty$，肋片端部 $x=H$ 处，过余温度 $\theta_H=t_H-t_\infty$。

式(9-48)中 $\dot{\Phi}$ 为内热源强度，即是肋片单位体积的散热量。可以通过分析肋片上 $x=x$ 处长度为 $\mathrm{d}x$ 的一段微元体的散热来确定。微元体的散热为通过其表面的对流换热，根据牛顿冷却公式，微元体的散热热流量：

$$\Phi_c=U\mathrm{d}x\cdot h\cdot(t-t_\infty)=hU\theta\mathrm{d}x$$

微元体的体积为 $A\mathrm{d}x$，因此单位体积的散热量：

$$\dot{\Phi}=\frac{\Phi_c}{A\mathrm{d}x}=\frac{hU\theta\mathrm{d}x}{A\mathrm{d}x}=\frac{hU\theta}{A}$$

将过余温度 θ 和 $\dot{\Phi}$ 代入导热微分方程(9-48)中，则有：

$$\frac{\mathrm{d}^2\theta}{\mathrm{d}x^2}=\frac{hU}{\lambda A}\theta$$

令 $m=\sqrt{\dfrac{hU}{\lambda A}}$，于是肋片的导热微分方程为：

$$\frac{\mathrm{d}^2\theta}{\mathrm{d}x^2}=m^2\theta \tag{9-49}$$

边界条件：

$$x=0,\quad \theta=\theta_0$$

$$x=H,\quad \frac{\mathrm{d}\theta}{\mathrm{d}x}=0$$

导热微分方程式(9-49)和边界条件构成了肋片温度场的完整数学描述。求解数学描述，可得用过余温度表示的肋片内部的温度分布为：

$$\theta=\theta_0\frac{\mathrm{e}^{m(H-x)}+\mathrm{e}^{-m(H-x)}}{\mathrm{e}^{mH}+\mathrm{e}^{-mH}}=\theta_0\frac{\mathrm{ch}[m(H-x)]}{\mathrm{ch}(mH)} \tag{9-50}$$

可见，肋片的过余温度从肋根开始沿高度方向按双曲余弦函数的规律变化，如图 9-14 所示。令 $x=H$，由式(9-50)可得肋端的过余温度为：

$$\theta_H=\theta_0\frac{1}{\mathrm{ch}(mH)} \tag{9-51}$$

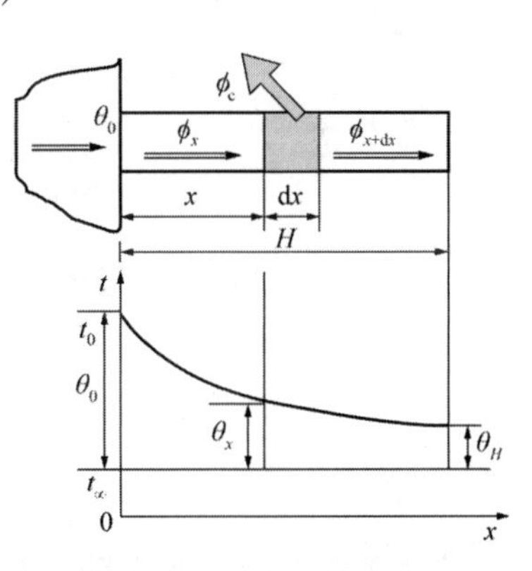

图 9-14　矩形肋过余温度分布

2）通过肋片的散热热流量

在稳态导热情况下，整个肋片向周围流体的散热量应等于从肋根导入肋片的热量。因此，肋片的散热热流量为：

$$\begin{aligned}\Phi&=-\lambda A\left.\frac{\mathrm{d}\theta}{\mathrm{d}x}\right|_{x=0}\\&=\lambda Am\theta_0\mathrm{th}(mH)=\sqrt{h\lambda UA}\,\theta_0\mathrm{th}(mH)\end{aligned} \tag{9-52}$$

实际肋片端面的边界条件可有四种不同情况：肋端通过对流散热、肋端绝热、肋端温度为 t_H 以及肋端温度等于周围流体温度。在前面的推导中，假设肋片端面的散热量为零(肋端绝热)，这对于实际采用的大多数薄而高的肋片来说，用上述公式进行计算已足够精确。如果必须考虑肋片端面散热的影响，还可以采用一种简便而较为精确的方法。即以假想肋高 $H+\delta/2$ 代替实际肋高，这相当于把肋片端面的面积展开到侧面上，而把肋片端面视为绝热面，然后仍按式(9-52)计算肋片的散热热流量。对于肋端温度等于周围流体温度的边界情况，可以将肋片看作是无限长肋。

对于工程上绝大多数薄而高的矩形或细而长的圆柱形金属肋片来说，将肋片的温度场近似作为一维温度场，这种简化所引起的误差大多不超过 1%，计算结果已足够精确。但对于肋片厚度方向上的导热热阻 δ/λ 与肋表面的对流换热热阻 $1/h$ 相比不可忽略的情况来说，肋片的导热不能认为是一维的，上述公式不再适用。

(2) 肋片效率与肋面总效率

1) 肋片效率

为了表示肋片散热的有效程度，引进肋片效率。

肋片效率定义为肋片的实际散热量与假设整个肋片都具有肋基温度时的理想散热量之比，用符号 η_f 表示。肋片效率 η_f 小于 1。已知肋片效率即可计算肋片的实际散热量。

对等截面直肋，肋片效率为：

$$\eta_f=\frac{\sqrt{h\lambda UA}\,\theta_0\text{th}(mH)}{hUH\theta_0}=\frac{\text{th}(mH)}{mH} \tag{9-53}$$

矩形肋的肋片效率 η_f 随 mH 的变化规律如图 9-15 所示。mH 越大，肋片效率越低。

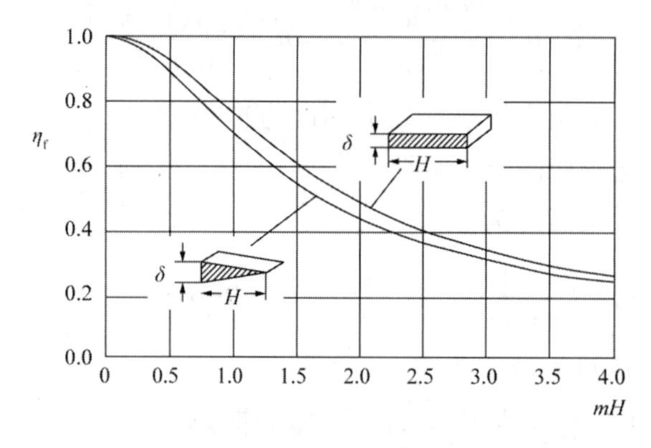

图 9-15　矩形肋和三角形肋的肋片效率

对于矩形肋，假设肋片长度 l 比其厚度 δ 要大得多，可取出单位长度来研究。其中肋片周长 $U=2l+2\delta=2$，肋片截面积 $A=\delta\times1=\delta$，因此：

$$mH=\sqrt{\frac{hU}{\lambda A}}H=\sqrt{\frac{2h}{\lambda\delta}}H$$

由此可见，影响矩形肋肋片效率的主要因素有：

① 肋片材料的导热系数 λ。导热系数愈大，肋片效率愈高。

② 肋片高度 H。肋片愈高，肋片效率愈低。

③ 肋片厚度 δ。肋片愈厚，肋片效率愈高。

④ 表面传热系数 h。h 愈大，即对流换热愈强，肋片效率愈低。

在工程领域中广泛采用各种形状的肋片。除矩形肋外，常用的肋片还有三角形肋，环肋以及圆柱形肋等。其中圆柱形肋也是一种等截面直肋，上述对矩形肋的肋片效率分析完全适用于圆柱形肋。三角形肋和环肋的温度场分析求解要复杂得多，肋片效率的计算可查阅有关文献。

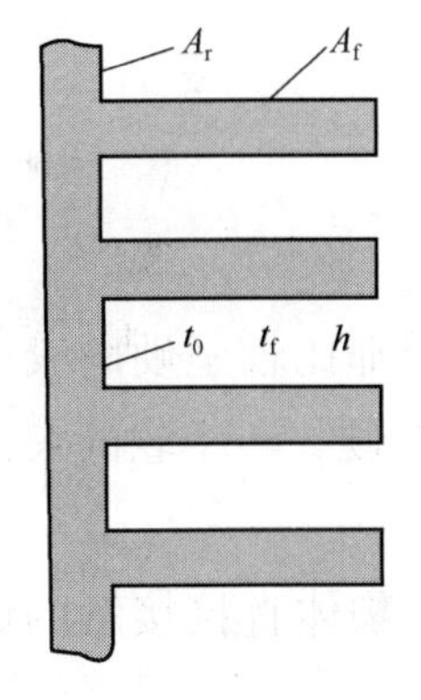

图 9-16　肋化表面示意图

2）肋面总效率

图 9-15 所示的矩形肋的肋片效率是单个肋片的效率。实际上肋片总是成组地被采用，如图 9-16 所示。

设肋片的表面积为 A_f，两个肋片之间的根部表面积为 A_r，则所有肋片与根部的面积之和为 $A_0=A_f+A_r$。根部温度为 t_0，流体温度为 t_f，流体与整个表面的表面传热系数为 h，对整个肋化表面侧，整个肋化表面的对流换热量为：

$$\begin{aligned}\Phi&=\Phi_r+\Phi_f=A_rh(t_0-t_f)+A_f\eta_fh(t_0-t_f)\\&=h(t_0-t_f)(A_r+\eta_fA_f)=A_0h(t_0-t_f)\left(\frac{A_r+\eta_fA_f}{A_0}\right)\\&=A_0\eta_0h(t_0-t_f)\end{aligned}\tag{9-54}$$

其中：

$$\eta_0=\frac{A_r+\eta_fA_f}{A_o}=\frac{A_r+\eta_fA_f}{A_r+A_f}\tag{9-55}$$

η_0称为肋面总效率。显然肋面总效率高于肋片效率。肋面总效率在换热器设计中有所应用。

5. 接触热阻

前面在分析多层平壁、多层圆筒壁以及肋片的导热时，都假设层与层之间、肋根与肋基之间的接触非常紧密，相互接触的表面不仅通过相同的热流，而且还具有相同的温度。实际上，无论固体表面看起来多么光滑，都不是一个理想的平整表面，总存在一定的粗糙度。一般来说，两固体表面之间多为点接触，或者是部分不平整的小面积接触，如图 9-17 所示。显然，通过这种接触面的热传导实际上是接触点的导热、缝隙中空气的导热和弱自然对流换热，以及由缝隙形成的空腔壁热辐射的综合作用结果。

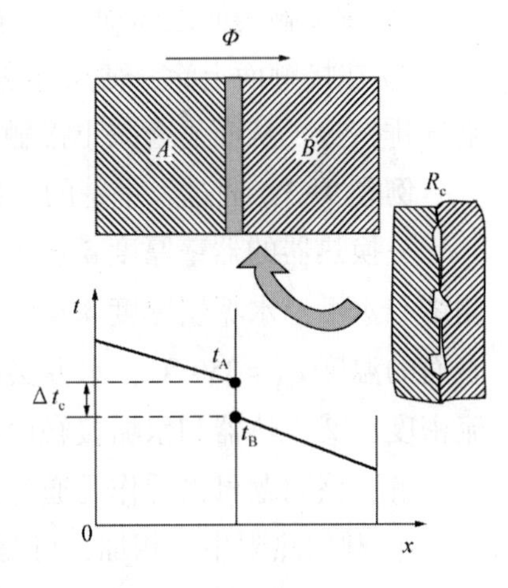

图 9-17　接触热阻示意图

由于气体的导热系数远小于固体，故相对于固体表面紧密接触而言，导热过程有了额外的热阻，称为接触热阻。接触热阻等于接触面两侧的温度降落与所通过的热流量之比，用 R_c 表示，即：

$$R_c=\frac{\Delta t_c}{\Phi}\tag{9-56}$$

在总温差 Δt 相同的条件下，接触热阻的存在总会使导热热流量下降，即：

$$\frac{\Delta t}{R_A+R_c+R_B}<\frac{\Delta t}{R_A+R_B}$$

影响接触热阻的因素主要有：

① 相互接触的物体表面的粗糙度。粗糙度愈高，接触热阻愈大。

② 相互接触的物体表面硬度。在其他条件相同的情况下，两个都比较坚硬的表面之间接触面积较小，因此接触热阻较大；而两个硬度较小，或者一个硬、一个软的表面之间接触面积较大，因此接触热阻较小。

③ 相互接触的物体表面之间的压力。显然，加大压力会使两个物体直接接触的面积加大，中间空隙变小，接触热阻也随之减小。

对于高热流密度的场合，接触热阻的影响不容忽视。例如大功率可控硅元件，热流密度高于 10^6 W/m^2。元件与散热器之间的接触热阻会产生较大的温差，影响可控硅元件的散热，必须设法减小接触热阻。

在希望增强传热的场合以及传热的实验和测量中，设法尽量减小接触热阻是一个不可忽视的关键环节。前者有利于提高表面热流密度，后者则更着眼于最大限度地消除接触热阻这个未知因素。

工程上，为了减小接触热阻，常采用以下方法：

① 选用软硬适当的材料对，并施以一定的压力，使得硬度较低的一方变形，加大接触面积，消除缝隙，赶走其中气体。

② 在接触表面之间加一层导热系数大、硬度又很小的纯铜箔或银箔。

③ 在接触面上涂一薄层导热油(亦称萨姆油)。在一定的压力下可将接触空隙中的空气排挤掉，从而显著减小接触热阻。

例题 9-3：通过大平壁的一维稳态导热

一换热器的器壁厚度 $\delta_1=20$ mm，材料的导热系数 $\lambda_1=54$ W/(m·K)。换热器壁内侧结有水垢，水垢层厚度 $\delta_2=1$ mm，导热系数 $\lambda_2=1.16$ W/(m·K)。若已知换热器外表面的温度 $t_{w1}=350$ ℃，水垢层内表面温度 $t_{w3}=150$ ℃，试求：①通过换热器器壁的热流密度；②换热器和水垢接触面的温度 t_{w2}。

解：该问题可以看作是通过双层平壁的一维稳态导热问题。

① 利用热阻串联相加，可写出通过换热器器壁的热流密度为：

$$q=\frac{t_{w1}-t_{w3}}{\dfrac{\delta_1}{\lambda_1}+\dfrac{\delta_2}{\lambda_2}}=\frac{350\ ℃-150\ ℃}{\dfrac{0.02\ \text{m}}{54\ \text{W/(m·K)}}+\dfrac{0.001\ \text{m}}{1.16\ \text{W/(m·K)}}}=162\ 280\ \text{W/m}^2$$

② 换热器和水垢接触面的温度 t_{w2} 为：

$$t_{w2}=t_{w1}-\frac{\delta_1}{\lambda_1}q=350\ ℃-\frac{0.02\ \text{m}}{54\ \text{W/(m·K)}}\times 162\ 280\ \text{W/m}^2=290\ ℃$$

例题 9-4：通过圆筒壁的导热

热电厂有一直径为 0.2 m 的过热蒸汽管道，钢管壁厚度为 0.8 mm，钢材的导热系数为 $\lambda_1=45\ \mathrm{W/(m\cdot K)}$。管外包有厚度为 $\delta=0.12$ m 的保温层，保温材料的导热系数为 $\lambda_2=0.1\ \mathrm{W/(m\cdot K)}$。管内壁面温度为 $t_{w1}=300$ ℃，保温层外表面温度为 $t_{w3}=50$ ℃。试计算单位管长的散热损失(不考虑辐射换热)。

解：这是一个通过两层圆筒壁的稳态导热问题。单位管长的散热损失为：

$$\Phi_l=\frac{t_{w1}-t_{w3}}{\dfrac{1}{2\pi\lambda_1}\ln\dfrac{d_2}{d_1}+\dfrac{1}{2\pi\lambda_2}\ln\dfrac{d_3}{d_2}}$$

$$=\frac{(300-50)\mathrm{K}}{\dfrac{1}{2\pi\times45\ \mathrm{W/(m\cdot K)}}\times\ln\dfrac{0.216\ \mathrm{m}}{0.2\ \mathrm{m}}+\dfrac{1}{2\pi\times0.1\ \mathrm{W/(m\cdot K)}}\ln\dfrac{0.456\ \mathrm{m}}{0.216\ \mathrm{m}}}$$

$$=\frac{250\ \mathrm{K}}{(0.272\times10^{-3}+1.189)\mathrm{m\cdot K/W}}=210.3\ \mathrm{W/m}$$

从以上计算过程可以看出，钢管壁的导热热阻远远小于保温层的导热热阻，可以忽略。

例题 9-5：套管温度计

为了测量管道内的热空气温度和保护测温元件——热电偶，采用金属测温套管，热电偶端点镶嵌在套管的端部，如图 9-18 所示。套管长 $H=100$ mm，外径 $d=15$ mm，壁厚 $\delta=1$ mm，套管材料的导热系数 $\lambda=45\ \mathrm{W/(m\cdot K)}$。已知热电偶的指示温度为 200 ℃，套管根部的温度 $t_0=50$ ℃，套管外表面与空气之间对流换热的表面传热系数 $h=40\ \mathrm{W/(m^2\cdot K)}$。试确定管道内热空气的真实温度、热电偶测温误差，并分析误差产生的原因。

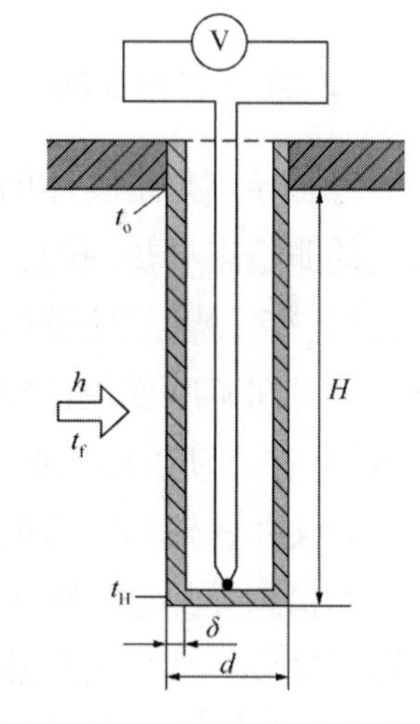

图 9-18　套管温度计示意图

解：测温套管可以看作是从管道壁面上伸出的空心等截面肋壁。由于热电偶镶嵌在套管的端部，所以热电偶指示的温度是测温套管端部的温度，即 $t_H=200$ ℃。根据肋端温度的计算公式(9-51)，有：

$$t_H-t_f=(t_0-t_f)\frac{1}{\mathrm{ch}(mH)}$$

套管截面面积 $A=\pi d\delta$，换热周长 $A=\pi d$，则：

$$mH=\sqrt{\frac{hU}{\lambda A}}H=\sqrt{\frac{h}{\lambda\delta}}H=\sqrt{\frac{40\ \mathrm{W/(m^2\cdot K)}}{45\mathrm{W/(m\cdot K)}\times0.001\mathrm{m}}}\times0.1\ \mathrm{m}=2.98$$

$$\mathrm{ch}(mH)=\mathrm{ch}(2.98)=9.87$$

因此热空气的真实温度为：

$$t_f=\frac{t_H\mathrm{ch}(mH)-t_0}{\mathrm{ch}(mH)-1}=\frac{200\ ℃\times 9.87-50\ ℃}{9.87-1}=216.9\ ℃$$

热电偶测温误差为：

$$t_H-t_f=216.9\ ℃-200\ ℃=16.9\ ℃$$

分析：误差产生的原因主要有：套管的长度、厚度以及套管材料的导热系数。为了降低误差，必须使 ch(mH)提高，即增大 mH 值。

具体可采取以下措施：

① 选用导热系数更小的材料作套管。

② 尽量增加套管的长度并减少壁厚。

③ 强化套管与热空气间的换热。

④ 在装套管处的热空气管道外壁包覆保温层，以提高 t_0。

第四节　非稳态导热

1. 非稳态导热的基本概念

非稳态导热是指物体的温度场随时间变化的导热过程。在自然界和工程实践中存在着大量的非稳态导热问题，例如，由于一年四季或一天二十四小时大气温度的变化引起的地表层、房屋建筑墙壁的温度变化与导热过程；物体在加热或冷却过程中，其内部温度分布随时间不断变化，物体内部的导热过程；动力机械(如蒸汽轮机、内燃机及喷气发动机等)在启动、停机或改变工况时引起的零部件内部的温度变化与导热过程；油井的开井和关井、输油管道的启动和停输过程中的导热过程，等等。

在非稳态导热过程中，物体内每一点的温度和热流密度都随时间变化，因而有热量的蓄聚或释放，从而引起热力学能和焓的变化。

根据物体内温度场随时间的变化规律不同，可以把非稳态导热过程分为两大类：周期性非稳态导热和瞬态非稳态导热。

周期性非稳态导热是在周期性变化的边界条件下发生的导热过程，例如内燃机气缸的气体温度随热力循环周期性变化而引起的汽缸壁的导热就是周期性非稳态导热。周期性非稳态导热时物体中各点的温度随时间做周期性变化，热流量也呈周期性变化。瞬态非稳态导热通常是在瞬间变化的边界条件下发生的导热过程，例如热处理工件的加热或冷却，等等。瞬态非稳态导热时物体内部任意位置的温度随时间连续升高(加热过程)

或连续下降(冷却过程)，直至逐渐趋近于某个新的平衡温度。一般冶金、热加工范围内多以瞬态非稳态导热为主。本节内容只限于瞬态非稳态导热。

下面以无限大平壁一侧表面温度突然跃升为例，定性分析瞬态非稳态导热过程的特点。设有一大平壁，厚度为δ，无内热源，初始温度均匀为t_0。现突然对左侧表面加热，使左侧表面温度由t_0突然升高到t_H并保持不变，而其右侧仍与温度为t_0的空气相接触。

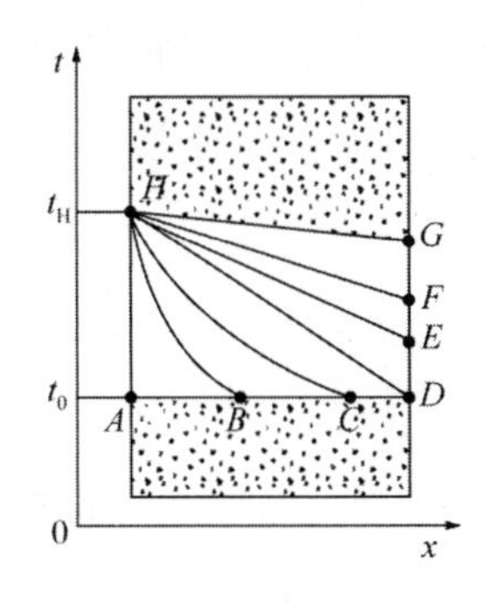

图 9-19　瞬态非稳态导热过程中温度的变化

从初始时刻$\tau=0$开始，平壁内的温度场要经历以下的变化过程：

初始时刻$\tau=0$时，左侧表面温度突然升高到t_H，而平壁内部仍保持初始温度t_0，温度分布曲线为HAD，如图 9-19 所示；经过一段时间至$\tau=\tau_1$时，由于热量的传导，平壁内部紧靠左侧高温表面部分的温度很快上升，而其余部分仍保持初始温度t_0，如曲线HBD；随着时间的推移，温度变化波及的范围不断扩大，平壁内各部分温度依次升高，如曲线HCD；当到达某一时刻$\tau=\tau_3$时，温度变化刚刚传到平壁右侧，这一时间间隔称为穿透时间，如曲线HD；又经过一段时间至$\tau=\tau_4$时，右侧表面的温度逐渐升高，如曲线HE、HF；最后将达到稳态，温度分布达到恒定，如曲线HG，若$\lambda=$常数，则HG为直线，理论上这需要经过无限长时间才能达到。

由上述平壁内温度场的变化过程归纳瞬态非稳态导热的基本特点：

① 存在着右侧面换热不参与过程和参与过程两个不同的阶段。在右侧面换热不参与过程的阶段里，平壁内一部分区域的温度分布受初始条件的影响，另一部分区域的温度分布受边界条件的影响，这一阶段称为初始阶段，也称为非正规状况阶段。在右侧面换热参与过程的阶段里，平壁内的温度分布主要受边界条件的影响，这一阶段称为正规状况阶段。存在着有区别的两个阶段：初始阶段和正规状况阶段是非稳态导热过程的一个特点。

② 在整个瞬态加热过程中，热流量沿途逐渐减少，所减少的部分即用于该处材料升温。即随着热量自左向右传递，平壁内各处的温度也逐渐依次升高，整个非稳态过程就是在这种一边导热、一边蓄热的过程中进行的。同一时刻不同位置的热流量处处不相等，同一位置不同时刻的热流量时时不相等，这是非稳态导热过程的又一个特点。

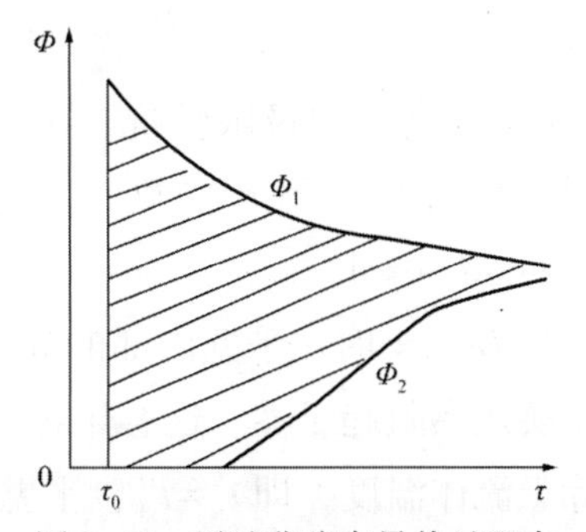

图 9-20　平壁非稳态导热过程中两侧传热量随时间的变化

如图 9-20 所示，给出了大平壁左侧面传入的热量Φ_1和右侧面传出的热量Φ_2随时间变化的曲线示意图，可以看出传入的热量Φ_1在初始时刻最大，以后逐渐降低。而传出的热量Φ_2

先有一段滞后时间，随后逐渐增加，直至与传入的热量线汇合，平壁进入稳态导热。显然，两条曲线所夹的面积代表大平壁在整个瞬态非稳态导热过程中积蓄的总热量。

2. 毕渥数 *Bi* 对温度分布的影响

假设有一块厚度为 2δ 的大平壁，导热系数为 λ，初始温度均匀为 t_0，突然将其放置于温度为 t_∞(t_∞ 保持不变)的流体中，且有 $t_\infty<t_0$，大平壁表面与流体进行对流换热，表面传热系数 h 为常数。显然这是一个一维非稳态导热问题。

(1) 毕渥数 *Bi*

毕渥数定义 *Bi* 为：

$$Bi=\frac{h\delta}{\lambda} \tag{9-57}$$

由 $Bi=\frac{h\delta}{\lambda}=\frac{\delta/\lambda}{1/h}$ 可见，毕渥数 *Bi* 为平壁内部的导热热阻 δ/λ 与表面的对流换热热阻 $1/h$ 之比。

注意，出现在特征数(习惯上称为准数)定义中的几何尺度称为特征长度，一般用符号 l 表示。在这里选取平壁厚度一半 δ 作为特征长度。

(2) 毕渥数 *Bi* 对温度分布的影响

Bi 的数值变化范围为 $0\to\infty$，*Bi* 的大小对平壁内的温度分布有很大影响。

1) $Bi\to0$ 时

当 $Bi\to0$ 时，平壁内部的导热热阻远远小于表面的对流换热热阻，可以认为内部导热热阻趋于零。物体放热时，各点温度同步变化，就好像物体原来连续分布的质量、热容量汇总到一点，因而只有一个温度一样。此时，平壁内部各点的温度在任一时刻都趋于均匀一致，平壁内的温度分布仅是时间 τ 的函数，与坐标无关，如图 9-21(a)所示。此外，物体几何形状的不同对导热过程的影响也完全消失，这样的物体称为集总热容系统。

$Bi\to0$ 是一种极限情况，工程上只要 $Bi\leqslant0.1$，物体就可以近似按集总热容系统处理，

2) $Bi\to\infty$ 时

当 $Bi\to\infty$ 时，平壁内部的导热热阻远远大于表面的对流换热热阻，可以认为表面对流换热热阻趋于零。这意味着，非稳态导热过程一开始的瞬间，平壁的表面温度就立刻等于流体温度，即 $t_w=t_\infty$，平壁内的温度变化完全取决于内部的导热热阻。因为在第三类边界条件下 t_∞ 已知，即相当于给定了壁面温度 t_w，由此第三类边界条件转化为第一类边界条件，如图 9-21(b)所示。

实际上，只要 $Bi\geqslant100$，就可以近似按这种情况处理。

3) $0.1<Bi<100$ 时

当 $0.1<Bi<100$ 时，平壁内的温度分布满足 $t=f(x, \tau)$，如图 9-21(c)所示。这种情况下，平壁内的温度变化既取决于内部的导热热阻，也取决于表面的对流换热热阻。

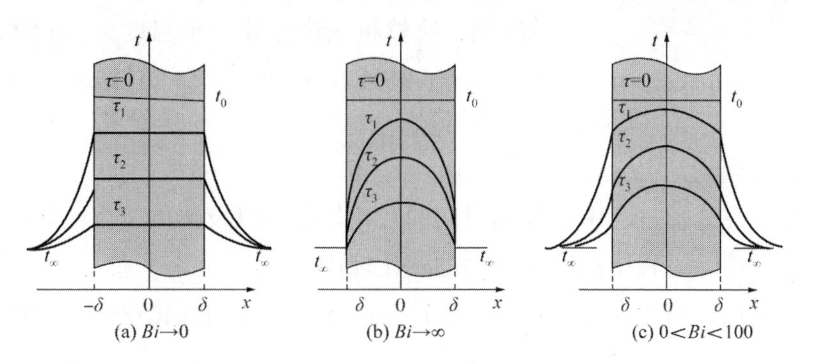

图 9-21 毕渥数 Bi 对平壁内温度分布的影响

非稳态导热的导热微分方程以及初始条件和边界条件，完整地描述了一个特定的非稳态导热问题。非稳态导热的导热微分方程为：

$$\frac{\partial t}{\partial \tau}=a\left(\frac{\partial^2 t}{\partial x^2}+\frac{\partial^2 t}{\partial y^2}+\frac{\partial^2 t}{\partial z^2}\right)+\frac{\dot{\Phi}}{\rho c}$$

初始条件的一般形式为 $t(x, y, z, 0)=f(x, y, z)$。最简单的特例是初始温度均匀，即 $t(x, y, z, 0)=t_0$。边界条件可为三类不同的边界条件。

求解瞬态非稳态导热问题的实质，就是在给定的初始条件和边界条件下，确定被加热或被冷却物体内温度场的变化规律、其内部温度到达某一限定值所需的时间以及在一定时间间隔内所吸收或放出的热量。下面主要讨论瞬态非稳态导热问题的集总参数法、以及一维非稳态导热的分析解和求解方法。

3. 集总参数法

当 $Bi\leqslant 0.1$ 时，物体内部的导热热阻远远小于其表面的对流换热热阻，可以忽略物体内部的导热热阻。此时物体内部各点的温度在任一时刻都趋于均匀一致，物体的温度只是时间的函数，与坐标无关，这样的物体称为集总热容系统。这种忽略物体内部导热热阻的简化分析方法称为集总参数法。对于集总热容系统的非稳态导热问题，只须求出温度随时间的变化规律，以及在温度变化过程中物体放出或吸收的热量。

由 $Bi=\dfrac{hl}{\lambda}$ 可知，当物体的导热系数很大，或几何尺寸很小，或表面传热系数很小时，物体内部的导热热阻一般都远远小于其表面的对流换热热阻，都可以用集总参数法分析。例如小金属球在加热炉中的加热或在空气中的冷却过程，以及热电偶在测温时测量端的升温或降温过程，等等。

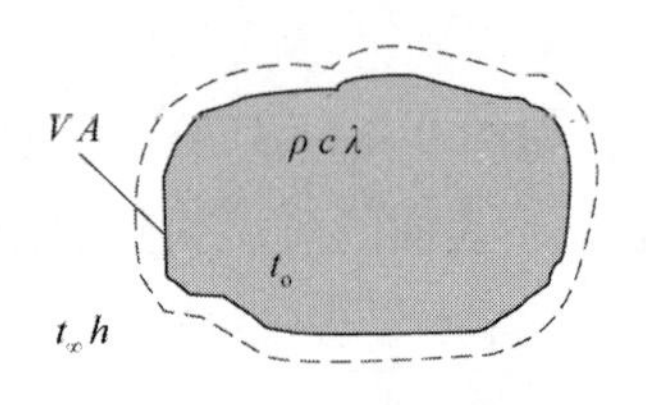

图 9-22　集总参数法分析示意图

问题：考察一个任意形状的物体，如图 9-22 所示，其体积为 V、表面积为 A，密度 ρ、比热容 c 以及导热系数 λ 为常数，无内热源，具有均匀的初始温度 t_0。在初始时刻，突然将该物体放置于温度为 t_∞（设 $t_0>t_\infty$）的恒温流体中，物体表面和流体之间对流换热的表面传热系数 h 为常数。

假设：该问题满足 $Bi\leqslant 0.1$ 的条件。

确定：物体在冷却过程中温度随时间的变化规律，以及物体放出的热量。

（1）物体在冷却过程中温度随时间的变化规律

根据能量守恒，物体在冷却过程中单位时间热力学能的变化量等于物体表面与流体之间的对流换热量，即：

$$\rho cV\frac{\mathrm{d}t}{\mathrm{d}\tau}=-hA(t-t_\infty) \tag{9-58}$$

式中，负号必不可少，表示物体温度降低释放热量。引入过余温度 $\theta=t-t_\infty$，式(9-58)可改写为：

$$\rho cV\frac{\mathrm{d}\theta}{\mathrm{d}\tau}=-hA\theta \tag{9-59}$$

初始条件：

$$\tau=0,\ \theta=\theta_0=t_0-t_\infty$$

式(9-59)和初始条件构成了集总热容系统导热的数学描述。利用分离变量法求解，可得：

$$\frac{\theta}{\theta_0}=\mathrm{e}^{-\frac{hA}{\rho cV}\cdot\tau}=\exp\left(-\frac{hA}{\rho cV}\tau\right) \tag{9-60}$$

式(9-60)即为采用集总参数法分析时物体温度随时间的变化规律。进一步分析式中的指数：

$$\frac{hA}{\rho cV}\tau=\frac{hV}{\lambda A}\cdot\frac{\lambda A^2}{\rho cV^2}\tau=\frac{h(V/A)}{\lambda}\cdot\frac{a\tau}{(V/A)^2}=Bi_VFo_V$$

其中，V/A 具有长度的量纲，记作 l，称为物体的特征长度。相应地，物体温度随时间的变化规律又可表示为：

$$\frac{\theta}{\theta_0}=\mathrm{e}^{-Bi_VFo_V}=\exp(-Bi_VFo_V) \tag{9-61}$$

式中，Fo 称为傅里叶数，其定义为 $Fo=\frac{a\tau}{l^2}$。由 $Fo=\frac{a\tau}{l^2}=\frac{\tau}{l^2/a}$ 可见，Fo 为两个时间之比，分子为从非稳态导热过程开始到 τ 时刻的时间，分母为温度变化波及到 l^2 面积所需要的时间。Fo 是非稳态导热过程的无量纲时间。

对以上分析结果的几点说明：

① 采用集总参数法时，物体的过余温度 θ 随时间按指数函数规律下降，如图 9-23 所示。过程开始阶段，物体与流体的温差大，过余温度 θ 下降迅速；随着温差的减小，下降速度逐渐减慢；直至无限长时间后，过余温度 θ 趋于零。

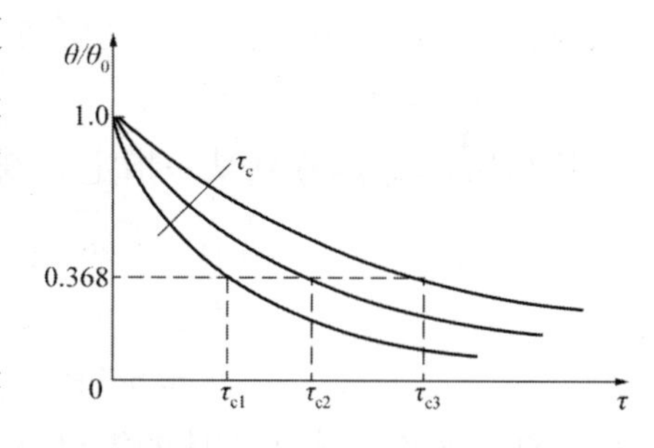

图 9-23　集总参数法时物体的温度变化（不同时间常数下）

② 无论物体被加热或被冷却，这个规律都是正确的。

③ 式(9-61)中，毕渥数 Bi_V、傅里叶数 Fo_V 的下角标 V 表示特征数中的特征长度按 $l=V/A$ 选取。

④ 关于特征长度 l 的选取。对于任意形状物体，$l=V/A$；对于厚度为 2δ 的大平壁，$l=\delta$；对于半径为 R 的圆柱，$l=R/2$；对于半径为 R 的球体，$l=R/3$。

⑤ 集总参数法的适用条件：$Bi_V \leqslant 0.1M$。分析结果表明，对于形状如大平壁、圆柱、球体这样的物体，只要满足 $Bi_V \leqslant 0.1M$，物体内部各点过余温度之间的偏差小于 5%，可以采用集总参数法计算。其中，M 是与物体形状有关的无量纲量，对于大平壁，$M=1$；对于圆柱，$M=1/2$；对于球体，$M=1/3$。

(2) 时间常数 τ_c

当 $\tau=\rho cV/hA$ 时，式(9-60)中的指数等于 -1，相应的过余温度比 $\theta/\theta_0=e^{-1}=36.8\%$。这个特定的时间称为时间常数 τ_c，即：

$$\tau_c=\frac{\rho cV}{hA} \tag{9-62}$$

对时间常数 τ_c 的几点说明：

① 物体的冷却（或加热）时间等于时间常数时，即 $\tau=\tau_c$ 时，$\theta=36.8\%\theta_0$，说明物体的过余温度达到初始过余温度的 36.8%。这个指标可以用来反映导热物体对外界温度瞬间变化响应的快慢程度。时间常数越小，物体的温度变化越快，越能迅速地接近周围流体的温度。

② 由 $\tau_c=\rho cV/hA$ 可见，影响时间常数大小的主要因素有：物体的热容量 ρcV 和物体表面的对流换热条件 hA。物体的热容量愈小，表面的对流换热愈强，物体的时间常数愈小。

(3) 瞬时热流量和总换热量

利用物体的温度分布可以计算瞬时热流量和总换热量。

1) 瞬时热流量 Φ_τ

任意时刻 τ，物体与流体所交换的瞬时热流量为：

$$\Phi_\tau=hA(t-t_\infty)=hA\theta=hA\theta_0 e^{-\frac{hA}{\rho cV}\cdot\tau} \tag{9-63}$$

瞬时热流量 Φ_τ 随时间按指数函数关系变化，并随时间 τ 的增加，瞬时热流量 Φ_τ 不断较少，直至达到新的热平衡时降低为零。

2）总换热量

从初始时刻 $\tau=0$ 到某一指定时刻 τ 这一时间间隔内物体与流体所交换的总热量为：

$$Q=\int_0^\tau \Phi_\tau \mathrm{d}\tau=\int_0^\tau hA\theta_0 \mathrm{e}^{-\frac{hA}{\rho cV}\cdot\tau}\cdot \mathrm{d}\tau \\ =\rho cV\theta_0\left(1-e^{-\frac{hA}{\rho cV}\cdot\tau}\right)=\rho cV\theta_0\left(1-\mathrm{e}^{-Bi_VFo_V}\right) \tag{9-64}$$

式中，$Q_0=\rho cV\theta_0$，表示物体的温度从初始温度 t_0 变化到流体温度 t_∞ 所放出(或吸收)的热量。由式(9-64)可知，总换热量随时间的增加而增加，直至达到新的热平衡。

例题 9-6：集总参数法的应用

将一个初始温度为 20 ℃，直径为 100 mm 的钢球投入 1 000 ℃的加热炉中加热，表面传热系数 $h=50\ \mathrm{W/(m^2\cdot K)}$。已知钢球的密度 $\rho=7\ 790\ \mathrm{kg/m^3}$，比定压热容 $c_p=470\ \mathrm{J/(kg\cdot K)}$，导热系数 $\lambda=43.2\ \mathrm{W/(m\cdot K)}$。试求钢球中心温度达到 800 ℃所需要的时间。

解：首先判断能否采用集总参数法计算。毕渥数为：

$$Bi_V=\frac{h(R/3)}{\lambda}=\frac{50\ \mathrm{W/(m^2\cdot K)}\times(0.05\ \mathrm{m}/3)}{43.2\ \mathrm{W/(m\cdot K)}}=0.019<0.0333$$

可以用集总参数法求解，根据集总热容系统温度分布公式：

$$\frac{\theta}{\theta_0}=\frac{t-t_\infty}{t_0-t_\infty}=\mathrm{e}^{-Bi_VFo_V}$$

将已知条件代入公式，得：

$$\frac{800\ ℃-1\ 000\ ℃}{20\ ℃-1\ 000\ ℃}=\mathrm{e}^{-0.019\times Fo_V}$$

解得，$Fo_V=83.6$，即：

$$Fo_V=\frac{a\tau}{(R/3)^2}=83.6$$

由此可得：

$$\tau=\frac{Fo_V(R/3)^2}{\dfrac{\lambda}{\rho c_p}}=\frac{83.6\times(0.05\ \mathrm{m}/3)^2}{\dfrac{43.2\ \mathrm{W/(m\cdot K)}}{7\ 790\ \mathrm{kg/m^3}\times 470\ \mathrm{J/(kg\cdot K)}}}=1\ 968\ \mathrm{s}=32.8\ \mathrm{min}$$

即钢球中心温度达到 800℃需要时间为 32.8 min。

4. 一维非稳态导热问题的分析解

若导热物体内的温度分布只是一个空间坐标与时间的函数，即 $t=f(x,\ \tau)$，则该导热问题为一维非稳态导热。工程上采用的大平壁、长圆柱和球体等简单几何形状物体的加热或冷却过程，都是常见的一维非稳态导热问题，可以用分离变量法求得相应的分析解，而且这些分析解已被绘制成各种形式的无量纲通用图或表，可供工程使用。

(1) 第三类边界条件下无限大平壁加热(或冷却)问题的分析解

问题：如图 9-24 所示，设有一无限大平壁，厚度为 2δ，材料的导热系数 λ、导温系数 a 为常数，无内热源，初始温度均匀为 t_0，突然将其放置于温度为 t_∞(恒定)的流体中，且有 $t_\infty < t_0$，大平壁表面与流体进行对流换热，表面传热系数 h 为常数。

确定：平壁内的温度分布。显然这是一个一维非稳态导热问题，由于大平壁两侧表面对称冷却，平壁内的温度分布必定以其中心面对称分布，因此只要分析厚度为 δ 的半个平壁的导热即可。

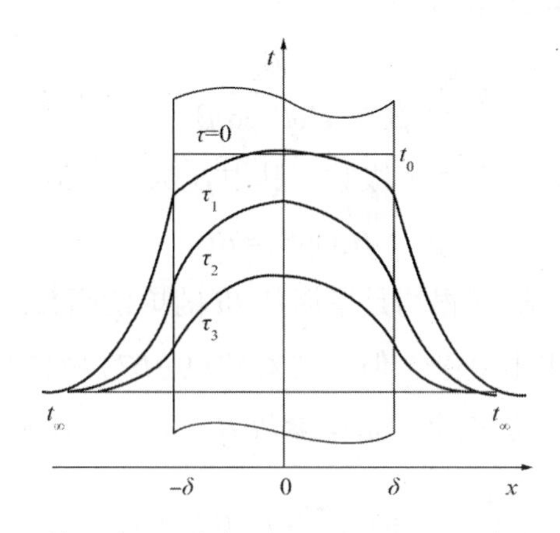

图 9-24　第三类边界条件下无限大平壁的一维非稳态导热

选取坐标系如图 9-24 所示，x 轴坐标原点位于平壁中心面，对于 $x \geqslant 0$ 的半个平壁，导热微分方程为：

$$\frac{\partial t}{\partial \tau}=a\frac{\partial^2 t}{\partial x^2}\quad (0\leqslant x\leqslant\delta,\ \tau>0) \tag{9-65}$$

初始条件：

$$\tau=0,\quad t=t_0$$

边界条件：

$$x=0,\quad \frac{\partial t}{\partial x}=0$$

$$x=\delta,\quad -\lambda\frac{\partial t}{\partial x}=h(t-t_\infty)$$

以上导热微分方程以及初始条件和边界条件构成了无限大平壁一维非稳态导热的数学模型。引入过余温度 $\theta=t-t_\infty$，则该数学模型可以改写为：

$$\frac{\partial \theta}{\partial \tau}=a\frac{\partial^2 \theta}{\partial x^2}\quad (0\leqslant x\leqslant\delta,\ \tau>0) \tag{9-66}$$

初始条件：

$$\tau=0,\quad \theta=\theta_0=t_0-t_\infty$$

边界条件：

$$x=0,\quad \frac{\partial\theta}{\partial x}=0$$

$$x=\delta,\quad -\lambda\frac{\partial\theta}{\partial x}=h\theta$$

该问题可以用分离变量法求解。分离变量法是求解偏微分方程的一种重要方法，这里对求解过程不做描述，直接给出求解结果：

$$\frac{\theta(x,\ \tau)}{\theta_0}=\sum_{n=1}^{\infty}\frac{2\sin\beta_n}{\beta_n+\sin\beta_n\cos\beta_n}\mathrm{e}^{-\beta_n^2 Fo}\cos\left(\beta_n\frac{x}{\delta}\right)\tag{9-67}$$

可见，解的函数形式是一个无穷级数，其中β_n为特征值，它是超越方程

$$\beta_n\tan\beta_n=Bi\tag{9-68}$$

的根。该方程有无数个根，这些根均是毕渥数 Bi 的单值函数。

该问题解的形式看上去很复杂，但只要对式(9-67)稍作分析，就可以看出无量纲过余温度 $\theta(x,\ \tau)/\theta_0$实际上是三个无量纲参数 Bi、Fo、x/δ 的函数，即：

$$\frac{\theta(x,\ \tau)}{\theta_0}=\frac{t-t_\infty}{t_0-t_\infty}=f\left(Bi,\ Fo,\ \frac{x}{\delta}\right)\tag{9-69}$$

由原导热微分方程式(9-65)以及初始条件和边界条件可以看出，物体内的温度分布取决于6个变量，即 $t(x,\ \tau)=f(a,\ \tau,\ \lambda,\ \delta,\ h,\ x)$。而用无量纲过余温度 $\theta(x,\ \tau)/\theta_0$表示温度分布可使变量数目大幅度减少，这样不仅有利于表达求解的结果，也有利于对影响因素的分析。

由式(9-67)可知，物体内各点的过余温度 θ 随 Fo 的增加而减小，即 Fo 增加时，θ/θ_0逐渐减小，t 越接近于 t_∞。

计算结果表明，当傅里叶数 $Fo\geqslant0.2$ 时，非稳态导热过程处于正规状况阶段，取级数的第一项来近似整个级数，产生的误差很小，对工程计算已足够精确，即 $Fo\geqslant0.2$ 时，温度分布为：

$$\frac{\theta(x,\ \tau)}{\theta_0}=\frac{2\sin\beta_1}{\beta_1+\sin\beta_1\cos\beta_1}\mathrm{e}^{-\beta_1^2 Fo}\cos\left(\beta_1\frac{x}{\delta}\right)\tag{9-70}$$

如果用 θ_m表示平壁中心($x/\delta=0$)的过余温度，则由式(9-70)，可得：

$$\frac{\theta_m}{\theta_0}=\frac{2\sin\beta_1}{\beta_1+\sin\beta_1\cos\beta_1}\mathrm{e}^{-\beta_1^2 Fo}=f(Bi,\ Fo)\tag{9-71}$$

将式(9-70)和式(9-71)相比，可得

$$\frac{\theta(x,\ \tau)}{\theta_{\mathrm{m}}}=\frac{\theta(x,\ \tau)}{\theta_0}\Big/\frac{\theta_{\mathrm{m}}}{\theta_0}=\cos\left(\beta_1\frac{x}{\delta}\right)=f\left(Bi,\ \frac{x}{\delta}\right) \tag{9-72}$$

这说明，当 $Fo\geqslant 0.2$，非稳态导热进入正规状况阶段以后，虽然 $\theta(x,\ \tau)$、θ_{m} 都随时间变化，但它们的比值 $\frac{\theta(x,\ \tau)}{\theta_{\mathrm{m}}}$ 与时间无关，只取决于毕渥数 Bi 与几何位置 x/δ。

综合式(9-70)，式(9-71)和式(9-72)，可得

$$\frac{\theta(x,\ \tau)}{\theta_0}=\frac{\theta(x,\ \tau)}{\theta_{\mathrm{m}}}\cdot\frac{\theta_{\mathrm{m}}}{\theta_0} \tag{9-73}$$

认识正规状况阶段的温度变化规律对工程计算具有重要的实际意义，因为工程技术中的非稳态导热过程绝大部分时间都处于正规状况阶段。已经证明，当 $Fo\geqslant 0.2$ 时，其他形状物体的非稳态导热也处于正规状况阶段，具有式(9-71)、式(9-72)所表示的温度变化规律。

(2) 一段时间间隔内所传导的热量

任意时刻 τ 的温度分布确定之后，无限大平壁在 $0\sim\tau$ 时间内与流体之间交换的热量即可求得。在平壁内 x 处平行于壁面选取厚度为 $\mathrm{d}x$ 的微元薄层，在 $0\sim\tau$ 时间内，单位面积微元薄层放出的热量等于其热力学能的变化，即：

$$\delta Q=\rho c(t_0-t)\,\mathrm{d}x=\rho c(\theta_0-\theta)\,\mathrm{d}x$$

于是，在 $0\sim\tau$ 时间内，单位面积平壁所放出的热量为：

$$Q=\rho c\int_{-\delta}^{\delta}(\theta_0-\theta)\,\mathrm{d}x=2\rho c\theta_0\int_0^{\delta}\left(1-\frac{\theta}{\theta_0}\right)\mathrm{d}x$$

将温度分布式(9-67)代入上式，得：

$$Q=2\rho c\theta_0\int_0^{\delta}\left[1-\sum_{n=1}^{\infty}\frac{2\sin\beta_n}{\beta_n+\sin\beta_n\cos\beta_n}\cos\left(\beta_n\frac{x}{\delta}\right)\mathrm{e}^{-\beta_n^2 Fo}\right]\mathrm{d}x$$

$$=2\rho c\theta_0\delta\left(1-\sum_{n=1}^{\infty}\frac{2\sin^2\beta_n}{\beta_n^2+\beta_n\sin\beta_n\cos\beta_n}\mathrm{e}^{-\beta_n^2 Fo}\right)$$

从初始时刻到平壁与流体处于热平衡这一过程中，单位面积平壁所放出的热量为 $Q_0=2\rho c\theta_0\delta$，这是非稳态导热过程中所能传递的最大热量。于是无量纲放热量为：

$$\frac{Q}{Q_0}=1-\sum_{n=1}^{\infty}\frac{2\sin^2\beta_n}{\beta_n^2+\beta_n\sin\beta_n\cos\beta_n}\mathrm{e}^{-\beta_n^2 Fo}=f(Bi,\ Fo) \tag{9-74}$$

当 $Fo \geqslant 0.2$ 时，式(9-73)可近似为：

$$\frac{Q}{Q_0}=1-\frac{2\sin^2\beta_1}{\beta_1^2+\beta_1\sin\beta_1\cos\beta_1}e^{-\beta_1^2 Fo}=f(Bi,\ Fo) \tag{9-75}$$

(3) 海斯勒图

当 $Fo \geqslant 0.2$ 时，可以利用式(9-70)或式(9-71)、式(9-72)近似计算平壁的过余温度分布，利用式(9-75)计算平壁的换热量。为了工程计算方便，式(9-71)、式(9-72)、式(9-75)已被绘制成线算图，称为诺模图(Nomogram)。诺模图有几种不同的画法，其中使用最广泛的一种是由海斯勒(M. P. Heisler)和格罗伯(H. Grober)等人绘制的海斯勒图。海斯勒图的使用方法是：

① 先根据已知条件，计算出 $1/Bi$ 和 Fo 的数值。

② 由 $\theta_m/\theta_0=f(1/Bi,\ Fo)$ 线算图，确定平壁中心面的 θ_m/θ_0，并由已知初始过余温度 $\theta_0=t_0-t_\infty$，计算出中心面的过余温度 θ_m，如图 9-25 所示。

③再由 $\theta/\theta_m=f(Bi,\ x/\delta)$ 线算图，确定平壁位置 x 处的 θ/θ_m，进而可以计算出 x 处在 τ 时刻的过余温度 $\theta=t-t_\infty$，从而确定温度 t，如图 9-26 所示。

④ 根据 $Q/Q_0=f(Bi,\ Fo)$ 线算图，确定 Q/Q_0，再由 $Q_0=\rho cV\theta_0$，确定从初始时刻到某一时刻 τ 这一时间间隔内所传递的热量 Q，如图 9-27 所示。

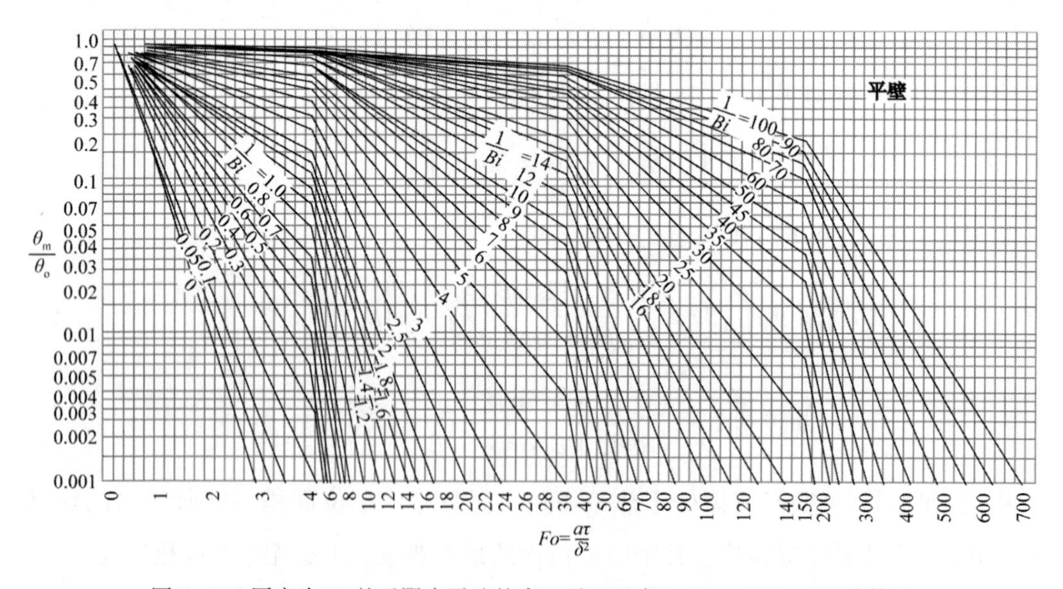

图 9-25 厚度为 2δ 的无限大平壁的中心平面温度 $\theta_m/\theta_Q=f(Bi,\ Fo)$ 线算图

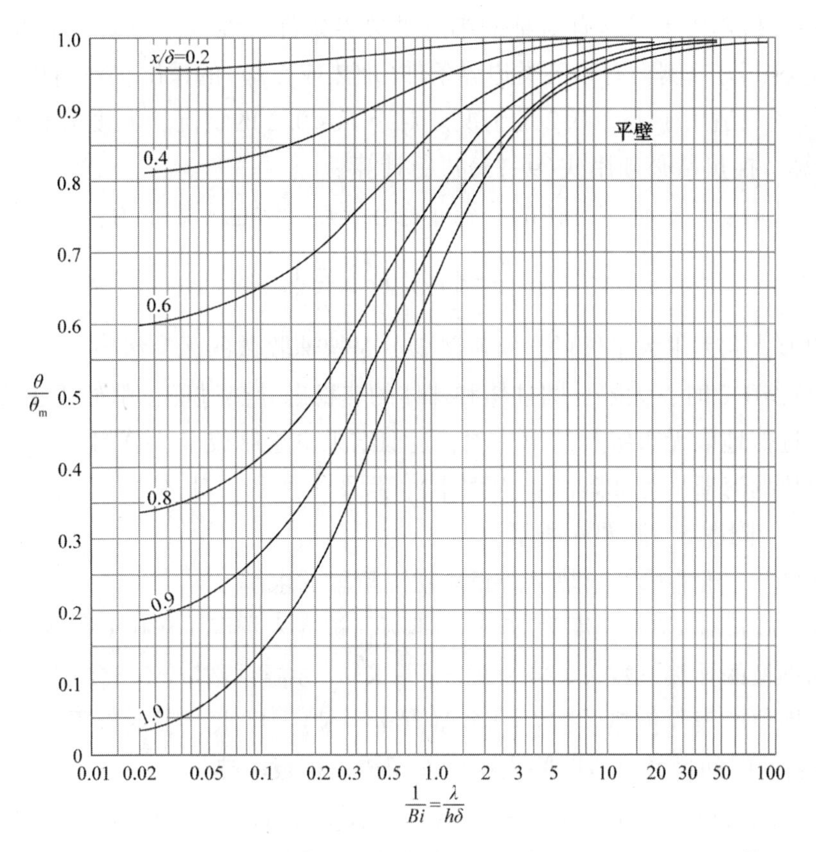

图 9-26　厚度为 2δ 的无限大平壁任意位置的温度 $\theta/\theta_m=f(Bi,\ x/\delta)$ 线算图

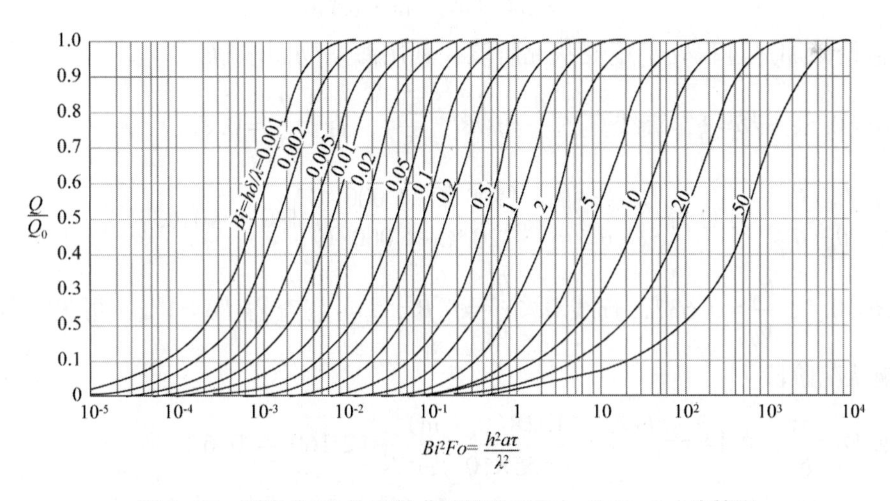

图 9-27　厚度为 2δ 的无限大平壁的 $Q/Q_0=f(Bi,\ Fo)$ 线算图

以上内容的几点说明：

① 上述分析虽然是针对平壁被冷却的情况进行的，但容易证明，其结果以及线算图对于平壁被加热的情况仍然适用。

② 上述分析基于平壁具有对称的第三类边界条件，温度场也必须对称。对于一侧(中心面)绝热，另一侧具有第三类边界条件(加热或冷却)的情况仍然适用。

③ 线算图只适用于 $Fo \geqslant 0.2$ 的情况。对于 $Fo<0.2$ 的情况，温度分布必须用式(9-67)进行计算，换热量必须用式(9-73)进行计算。

④ 对于无限长圆柱体和球体的一维非稳态导热，解也可表示为：

$$\frac{\theta}{\theta_0}=f\left(Bi,\ Fo,\ \frac{r}{R}\right)$$

其解的形式和无限大平壁的分析解类似，是快速收敛的无穷级数。

⑤ 当 $Fo \geqslant 0.2$ 时，无限长圆柱体和球体的非稳态导热过程也都处于正规状况阶段，分析解可以近似地取无穷级数的第一项，近似结果也绘制成了线算图。无限长圆柱体一维非稳态导热的海斯勒图如附图 1、附图 2、附图 3 所示。球体一维非稳态导热的海斯勒图如附图 4、附图 5、附图 6 所示。

例题 9-7：一维非稳态导热——正规状况阶段的求解

一块厚 200 mm、初始温度为 20 ℃的钢板，被放入炉温 1 000 ℃的加热炉内，两面受热。已知钢板的导热系数 $\lambda=34.8\ \text{W/(m·K)}$，导温系数 $a=0.555\times10^{-5}\ \text{m}^2/\text{s}$，加热过程中复合换热的表面传热系数 $h=174\ \text{W/(m}^2\text{·K)}$。试求：①钢板受热表面温度达到 500 ℃时所需的时间；②这段时间内单位面积传入钢板的热量。

解：本问题可以看作是大平壁的一维非稳态导热问题。计算毕渥数：

$$Bi=\frac{h\delta}{\lambda}=\frac{174\ \text{W/(m}^2\text{·K)}\times0.1\ \text{m}}{34.8\ \text{W/(m·K)}}=0.5$$

① 假设该加热过程处于正规状况阶段，利用海斯勒图求解。

由 $Bi=0.5$，$x/\delta=1$，查线算图 $\frac{\theta}{\theta_m}=f\left(Bi,\ \frac{x}{\delta}\right)$，查得 $\frac{\theta_w}{\theta_m}=0.8$

由 $\frac{\theta_w}{\theta_0}=\frac{\theta_m}{\theta_0}\times\frac{\theta_w}{\theta_m}$，计算得 $\frac{\theta_m}{\theta_0}=\frac{\theta_w}{\theta_0}/\frac{\theta_w}{\theta_m}=\left(\frac{500\ ℃-1\ 000\ ℃}{20\ ℃-1\ 000\ ℃}\right)/0.8=0.637$

由 $Bi=0.5$，$\frac{\theta_m}{\theta_0}=0.637$，查线算图 $\frac{\theta_m}{\theta_0}=f(Bi,\ Fo)$，查得 $Fo=1.2$，可见该加热过程处于正规状况阶段。

根据 $Fo=\frac{a\tau}{\delta^2}$，可得 $\tau=\frac{Fo\delta^2}{a}=\frac{1.2\times(0.1\ \text{m})^2}{0.555\times10^{-5}\ \text{m}^2/\text{s}}=2\ 160\ \text{s}=0.6\ \text{h}$

即钢板表面温度达到 500 ℃所需的时间为 0.6 h。

② 由 $Bi=0.5$，$Fo=1.2$，查线算图 $\frac{Q}{Q_0}=f(Bi,\ Fo)$，查得 $\frac{Q}{Q_0}=0.39$。

$$Q_0=\rho cV\theta_0=\frac{\lambda}{a}V\theta_0=\frac{34.8\ \text{W/(m·K)}}{0.555\times10^{-5}\ \text{m}^2/\text{s}}\times0.2\ \text{m}\times1\times(20\ ℃-1\ 000\ ℃)=-24.82\times10^8\ \text{J}$$

则$Q=0.39Q_0=0.39\times(-24.82\times10^8)\text{ J}=-9.68\times10^8\text{ J}$

负号表示热量从炉子传入钢板。

习　题

1. 说明各种不同材料的导热机理。为什么导电性能好的金属导热性能也好？

2. 为什么我国东北地区的玻璃窗采用双层结构？

3. 为什么很多高效能的保温材料都是蜂窝状多孔材料？

4. 从节能考虑，为什么采用特制空心砖比采用普通实心砖好？

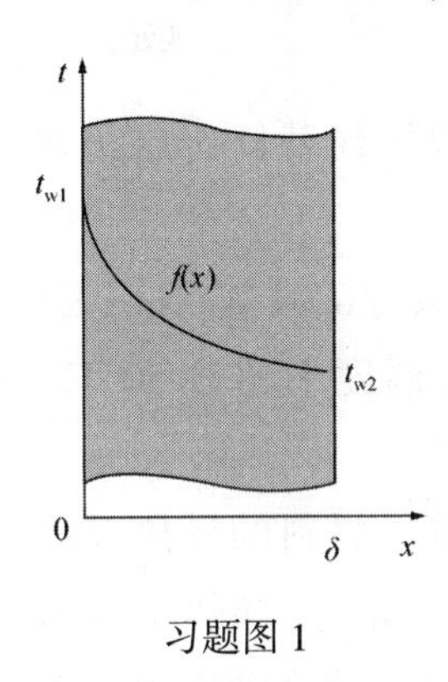

习题图 1

5. 习题图 1 所示是一个无内热源大平壁稳态导热时的温度分布。试说明它的导热系数是随温度升高而增加，还是随温度升高而减小？

6. 试说明在什么条件下平壁和圆筒壁的导热可以按一维稳态导热处理？

7. 为什么多层常物性平壁一维稳态导热时，平壁中温度分布曲线不是连续的直线而是一条折线？

8. 从热阻角度分析，为什么在表面传热系数小的一侧加肋片效果较好？为什么用导热系数大的材料做肋片？

9. 什么是肋片效率和肋面总效率，说明影响肋片效率的主要因素。

10. 什么是非稳态导热的正规状况阶段？这一阶段在物理过程及数学处理上都有什么特点？

11. 如习题图 2 所示的大平壁，其导热系数为 50 W/(m · K)，厚度为 50 mm，在稳态情况下平壁内一维温度分布为 $t=200-2\,000x^2$，式中 x 的单位为 m。试求：

（1）大平壁两侧表面的热流密度。

（2）平壁内单位体积的内热源生成热。

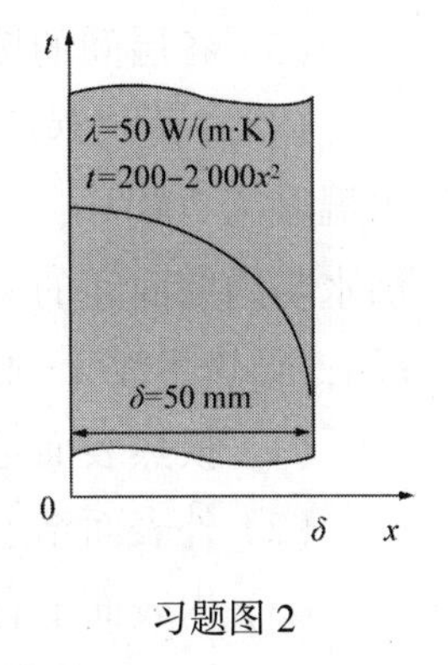

习题图 2

12. 有一半径为 0.1 m 的无内热源、常物性长圆柱体。已知某时刻圆柱体的温度分布为 $t=500+200r^2+50r^3$（r 为径向坐标，单位为 m）。导热系数 $\lambda=40$ W/(m · K)，导温系数 $a=0.000\,1\ \text{m}^2/\text{s}$。试求：

（1）该时刻圆柱表面上的热流密度及热流方向。

（2）该时刻中心温度随时间的变化率。

13. 有一冷库的墙壁由内向外由钢板、矿渣棉和石棉板三层材料构成。各层材料的厚度分别为0.8 mm、150 mm和10 mm，导热系数分别为45 W/(m·K)、0.07 W/(m·K)和0.1 W/(m·K)。冷库内、外气体温度分别为-2 ℃和30 ℃，内、外壁面的表面传热系数分别为2 W/(m^2·K)和3 W/(m^2·K)。为了维持冷库内温度恒定，试确定制冷设备每小时需要从冷库内取走的热量为多少？

14. 有一炉墙，厚度为20 cm，墙体材料的导热系数为1.3 W/(m·K)。为使通过炉墙的散热损失不超过1 500 W/m^2，紧贴墙外壁面加一层导热系数为0.1 W/(m·K)的保温层。已知复合墙壁内、外壁面温度分别为800 ℃和50 ℃，试确定保温层的厚度。

15. 炉墙由一层耐火砖和一层红砖构成，两层材料的厚度均为250 mm，导热系数分别为0.6 W/(m·K) 和0.4 W/(m·K)，炉墙内、外壁面温度分别维持700 ℃和80 ℃。试求：

(1) 通过炉墙的热流密度。

(2) 如果用导热系数为0.076 W/(m·K) 的珍珠岩混凝土保温层代替红砖层，并保持通过炉墙的热流密度及其他条件不变，确定该种保温层的厚度。

16. 热电厂有一外径为100 mm的过热蒸汽管道(钢管)，用导热系数为0.04 W/(m·K)的玻璃棉保温，已知钢管外壁面温度为400 ℃，要求保温层外壁面温度不超过50 ℃，并且每米长管道的散热损失小于160 W。试确定保温层的厚度。

17. 某过热蒸汽管道的内、外直径分别为150 mm和160 mm，管壁材料的导热系数为45 W/(m·K)。管道外表面包裹两层保温材料：第一层厚度为40 mm，导热系数为0.1 W/(m·K)；第二层厚度为50 mm，导热系数为0.16 W/(m·K)。蒸汽管道内壁面温度为400 ℃，保温层外壁面温度为50 ℃。试求：

(1) 各层材料的导热热阻。

(2) 每米长蒸汽管道的散热损失。

(3) 各层间的接触面温度。

18. 一蒸汽锅炉炉膛中的蒸发受热面管壁受到温度为1 000 ℃的烟气加热，管内沸水温度为200 ℃，烟气与受热面管子外壁面间的复合换热表面传热系数为100 W/(m^2·K)，沸水与内壁面间的表面传热系数为5 000 W/(m^2·K)。管子壁厚$\delta=6$ mm，外径$D=52$ mm，导热系数$\lambda=42$ W/(m·K)。试计算下列三种情况下受热面单位长度的热负荷：

(1) 换热表面是干净的。

(2) 外表面结了一层厚为1 mm的烟灰，其导热系数$\lambda=0.08$ W/(m·K)。

(3) 内表面上有一层厚为2 mm的水垢，其导热系数$\lambda=1$ W/(m·K)。

19. 在一根外径为100 mm的热力管道外拟包覆两层绝热材料，一种材料的导热系数为0.06 W/(m·K)，另一种为0.12 W/(m·K)。两种材料的厚度都为75 mm。试比较把导热系数小的材料紧贴管壁或把导热系数大的材料紧贴管壁这两种方法对保温效果的影响。若为平壁，两种材料的放置位置对保温效果的影响是否存在？假设两种情况下绝热层内、外表面的总温差保持不变。

20. 测量储气罐内空气温度的温度计套管用钢材制成，导热系数 $\lambda=45$ W/(m·K)，套管壁厚 $\delta=1.5$ mm，长 $H=120$ mm。温度计指示套管的端部温度为 80 ℃，套管另一端与储气罐连接处的温度为 40 ℃。已知套管与罐内空气间对流换热的表面传热系数为 5 W/(m^2·K)，试确定由于套管导热引起的测温误差。

21. 一矩形直肋，厚为 6 mm、高为 50 mm、宽为 800 mm。材料的导热系数 $\lambda=120$ W/(m·K)，肋基温度 $t_0=95$ ℃，肋片周围流体温度 $t_f=20$ ℃，表面传热系数 $h=12$ W/(m^2·K)。如果需计及肋端散热，试计算肋片的散热量。

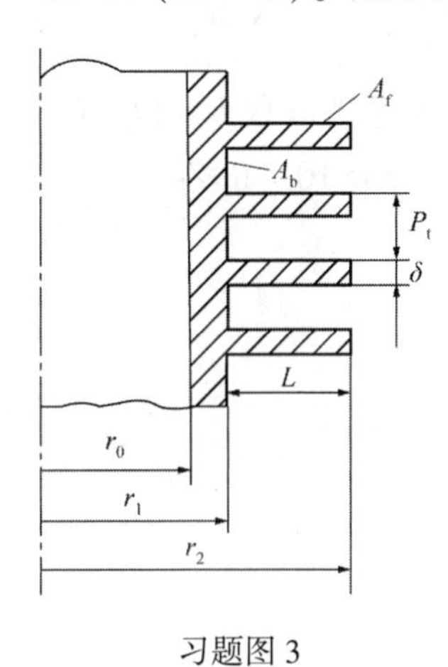

习题图 3

22. 如习题图 3 所示为纯铜材料制作的环形肋，肋基直径 $d_1=19$ mm，肋端直径 $d_2=48$ mm，肋片厚 $\delta=0.2$ mm，节距 $p_t=2$ mm。若肋基温度 $t_0=100$ ℃，周围介质温度 $t_f=40$ ℃，肋基及肋片的表面传热系数 $h=100$ W/(m^2·K)，试求：

（1）单位长度肋片管的散热量。

（2）肋面总效率。

23. 如习题图 4 所示，一高为 30 cm 的铝制圆锥台，顶面直径为 8.2 cm，底面直径为 13 cm；底面和顶面温度各自均匀且恒定，分别为 520 ℃和 120 ℃，侧面(曲面)绝热。试确定通过此圆锥台的导热量。铝的导热系数取为 100 W/(m·K)。

24. 一块厚为 20 mm 的钢板，加热到 500 ℃后置于 20 ℃的空气中冷却。设冷却过程中钢板两侧面的平均表面传热系数为 35 W/(m^2·K)，钢板的导热系数为 45 W/(m·K)，导温系数为 1.37×10^{-5} m^2/s。试确定使钢板冷却到与空气相差 10 ℃时所需的时间。

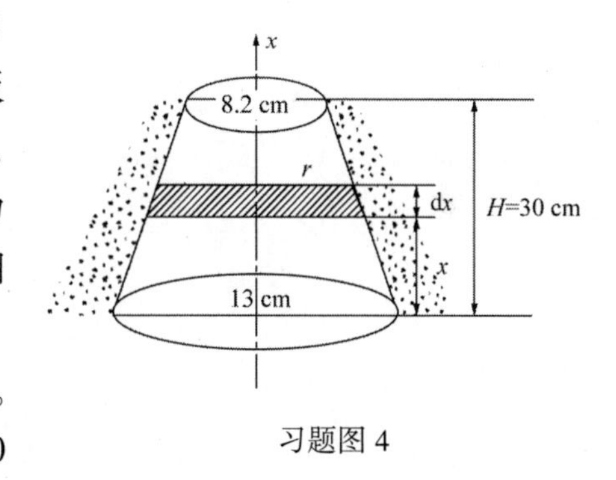

习题图 4

25. 热电偶的热接点可以近似地看作球形。已知其直径 $d=0.5$ mm，材料的密度 $\rho=8\ 500$ kg/m^3，比热容 $c=400$ J/(kg·K)，热电偶的初始温度为 25 ℃。突然将其放入 120 ℃的气流中，热电偶表面与气流间的表面传热系数为 90 W/(m^2·K)。试求：

（1）热电偶的时间常数。

（2）热电偶的过余温度达到初始过余温度的 1% 时所需要的时间。

26. 将初始温度为 80 ℃、直径为 20 mm 的紫铜棒突然横置于温度为 20 ℃、流速为 12 m/s 的风道中冷却，5 min 后紫铜棒的表面温度降为 34 ℃。已知紫铜棒的密度 $\rho=8\ 950$ kg/m^3、比热容 $c=380$ J/(kg·K)、导热系数 $\lambda=390$ W/(m·K)。试求紫铜棒表面与气体间对流换热的表面传热系数。

27. 将一块厚度为 5 cm、初始温度为 250 ℃的大钢板突然放置于温度为 20 ℃的气流中，钢板壁面与气流间对流换热的表面传热系数为 100 W/(m^2 · K)。已知钢板的导热系数 λ = 47 W/(m · K)、导温系数 a = 1. 47×10^{-5} m^2/s。试求：

（1）5 min 后钢板的中心温度和距离壁面 1. 5 cm 处的温度。

（2）钢板表面温度达到 150 ℃时所需的时间。

28. 将一块厚为 100 mm 的钢板放入温度为 1 000 ℃的炉中加热，钢板一面受热，另一面可以近似地认为绝热。钢板初始温度 t_0 = 20 ℃。求：

（1）钢板受热表面的温度达到 500 ℃时所需要的时间。

（2）计算此时剖面上的最大温差。取加热过程中的平均表面传热系数 h = 174 W/(m^2 · K)，钢板的导热系数 λ = 34. 8 W/(m · K)，导温系数 a = 0. 555×10^{-5} m^2/s。

Chapter 9 Conduction Heat Transfer

Conduction is the transfer of energy from the more energetic particles of a substance to the adjacent less energetic ones as a result of interactions between the particles. Conduction can take place in solids, liquids, or gases. However, pure conduction occurs only in opaque solids

9.1 Fourier's Law of Heat Conduction

9.1.1 Temperature Field and Temperature Gradient

(1) Temperature Field

The driving force for any form heat transfer is the temperature difference. All modes of heat transfer require the existence of a temperature difference. Temperature field is the temperature distribution in a medium at the moment τ. The temperature in the medium varies with position as well as time. The temperature at a point (x, y, z) at time τ in rectangular coordinates is expressed as

$$t=f(x, y, z, \tau) \tag{9-1}$$

Heat transfer problems are often classified as being steady - state or unsteady. Heat conduction in a medium is said to be steady when the temperature does not vary with time at any location within the medium, although the temperature may vary from one location to another. During unsteady heat conduction, the temperature normally varies with time as well as position.

Heat transfer problems are also classified as being one-dimensional, two-dimensional, or three-dimensional. Heat conduction in a medium is said to be one-dimensional when the temperature varies in one dimension only and thus the heat is transferred in one dimension, and negligible in the other two dimensions. Two-dimensional when the temperature varies in two dimensions and thus the heat is transferred in these two dimensions, and negligible in the third dimension, and three-dimensional when the temperature and conduction in all dimensions are significant.

For example, heat transfer through a big plate system whose two surface's temperatures don't change with time can be considered to be one-dimensional since conduction through the plate will occur predominantly in one direction (the direction normal to the surface of the plate) and heat transfer in other direction is negligible, as shown in Figure 8-1. The temperature distribution in the plate can be expressed as $t=f(x)$.

(2) Temperature Gradient

The temperature gradient is defined as the ratio limiting that temperature difference Δt between two isothermal surfaces to the normal distance Δn of these two isothermal surfaces, as shown in Figure 9-2. That is

$$\text{grad } t=\lim_{\Delta n\to 0}\frac{\partial t}{\partial n}=\frac{\partial t}{\partial n}\vec{n} \tag{9-2}$$

where $\frac{\partial t}{\partial n}$ is the rate of change of t with n in the normal of the isothermal surface, $\vec{n}$ is the unit vector in the normal of the isothermal surface. The temperature gradient is a vector quantity, and it is a positive quantity in the direction of increasing temperature.

In the rectangular coordinates, the temperature gradient can be expressed as

$$\text{grad } t=\frac{\partial t}{\partial x}\vec{i}+\frac{\partial t}{\partial y}\vec{j}+\frac{\partial t}{\partial z}\vec{k} \tag{9-3}$$

where $\frac{\partial t}{\partial x}$、$\frac{\partial t}{\partial y}$、and $\frac{\partial t}{\partial z}$ are the partial derivatives of temperature in the direction of x、y、and z; $\vec{i}$、$\vec{j}$、and $\vec{k}$ are the unit vectors.

9.1.2 Fourier's Law of Heat Conduction

In the heat conduction problems, the rate of heat conduction through a medium can be expressed as

$$\vec{\Phi}=-\lambda A\text{grad } t=-\lambda A\frac{\partial t}{\partial n}\vec{n} \tag{9-4}$$

or

$$\vec{q}=-\lambda\text{grad } t=-\lambda\frac{\partial t}{\partial n}\vec{n} \tag{9-5}$$

which is called Fourier's law of heat conduction after J. Fourier, who expressed it first in 1822. Heat is conducted in the direction of decreasing temperature, and thus the temperature gradient is negative while heat is conducted in the positive direction. The negative sign ensures that heat transfer in the positive direction with a positive quantity.

Heat transfer has direction as well as magnitude, and thus it is a vector quantity. Fourier's law of heat conduction indicates that the magnitude of the heat-transfer rate through a medium is proportional to the temperature gradient and the heat transfer area, and the direction of the heat-transfer rate is in the opposite direction of the temperature gradient.

The magnitude of heat-transfer rate can be expressed as

$$q=-\lambda \frac{\partial t}{\partial n}$$

In rectangular coordinates, it can be expressed in term of its components as

$$\vec{q}=-\lambda \frac{\partial t}{\partial x}\vec{i}-\lambda \frac{\partial t}{\partial y}\vec{j}-\lambda \frac{\partial t}{\partial z}\vec{k}$$

$$q_x=-\lambda \frac{\partial t}{\partial x},\ q_y=-\lambda \frac{\partial t}{\partial y},\ q_z=-\lambda \frac{\partial t}{\partial z}$$

It notes that the Fourier's law of heat conduction is applied only in isotropic materials. Isotropic materials have the same properties in all directions. But in anisotropic materials such as the fibrous or composite materials, the properties may change with direction. For example, some of the properties of wood along the grain are different than those in the direction normal to the grain. In such cases the thermal conductivity may need to be expressed as a tensor quantity to account for the variation with direction. Heat conduction for anisotropic materials is beyond the scope of this text.

9.1.3 Thermal Conductivity

(1) Thermal Conductivity

The thermal conductivity λ is a measure of a material's ability to conduct heat. Fourier's law of heat conduction can be viewed as the defining equation for the thermal conductivity.

$$\lambda=\frac{-\vec{q}}{\text{grad } t} \tag{9-6}$$

That is, the thermal conductivity of a material can be defined as the heat-transfer rate through a unit thickness of the material per unit area per unit temperature difference

The numerical value of the thermal conductivity indicates how fast heat will flow in a given material. On the basis of this definition, experimental measurements may be made to determine the thermal conductivity of different materials. The thermal conductivities of some common materials at specified temperature are given in Appendix Tables 12 and 13. The thermal conductivies of materials vary over a wide range. In general, the thermal conductivities of materials vary with temperature, and the relation is expressed as

$$\lambda=\lambda_0(1+bt) \tag{9-7}$$

where λ_0 is the thermal conductivity of material at temperature 0 ℃. The constant b depends on the material and is determined by experiment.

(2) Mechanism of Thermal Conduction in Solids, Liquids, and Gases

The thermal conductivity of a substance is normally highest in the solid phase and lowest in the gas phase.

1) Solids

In solids, conduction is due to the combination of vibrations of the molecules in a lattice and the energy transport by free electrons.

Pure metals have high thermal conductivities due to the electronic component, and metals are good electrical and heat conductors in that the mechanisms of metals for heat transfer and electrical transfer are the same, namely, silver, copper, gold, and aluminum, and electrical insulators are usually good heat insulators.

The thermal conductivity of an alloy of two metals is usually much lower than that of either metal.

Most of construction and insulating materials are porous solid materials. The energy transfer through these materials may involves several modes: conduction through the fibrous of porous solid material; conduction and convection through the air trapped in the void spaces; and at sufficiently high temperatures, radiation. The thermal conductivity of porous material is called the apparent thermal conductivity. Materials with values of λ less than about 0.12 W/(m · K) at the average temperature below 350 ℃ are classified as insulating materials, such as styrofoam, fiberglass, and asbestos and so on.

Some pure materials and laminates exhibit different structural characteristics in different directions, and the thermal conductivities are dependent on the direction of heat flow, such as wood. The thermal conductivity of wood across the grain, for example, is different than that parallel to the grain.

2) Liquids

The mechanism of heat conduction in a liquid is complicated by the fact that the molecules are more closely spaced, and they exert a stronger intermolecular force field. The thermal conductivities of liquids usually lie between those of solids and gases. Unlike gases, the thermal conductivities of most liquids decrease with increasing temperature, with water being a notable exception.

3) Gases

In gases, conduction is due to the collisions and diffusion of the molecules during their random motion. Thermal conductivity of a gas depends on temperature and molar mass of the gas, and increases with increasing temperature and decreasing molar mass of the gas. The higher the temperature, the faster the molecules move and the higher the number of such collision, and the better the heat transfer. In all gases, helium has the highest value of thermal conductivity than any other gases at the same temperature.

9.2 Heat Conduction Equation

9.2.1 Heat Conduction Equation

To solve the temperature field of a medium is the main work of heat conduction problem. Heat conduction equation is the equation which describes the temperature field in the medium, and it is built on the Fourier's law of heat conduction and the energy balance.

(1) Heat Conduction Differential Equation in Rectangular Coordinates

Consider an isotropic medium as shown in Figure 9–3. Assume the density of the body is ρ, the specific heat is c, and the thermal conductivity is λ. The medium through which heat is conducted may involve the conversion of electrical, nuclear, or chemical energy into work (or thermal energy). In heat conduction analysis, such conversion processes are characterized as heat generation. The rate of heat generation in the medium is usually specified per unit volume and is denoted by $\dot{\Phi}$, whose unit is W/m^3. Choose a volume element from this body with length dx, width dy, and height dz. The energy balance on this element per unit time τ can be expressed as: the rate of heat flow into the element by conduction $d\Phi_{in}$ + the rate of heat generation in the volume element $d\Phi_V$ − the rate of heat flow out of the element by conduction $d\Phi_{out}$ = the increase of internal energy in the volume element dU.

The rates of heat flow into the element by conduction $d\Phi_{in}$ are the sum of the heat flows in the directions of x, y, and z at the surfaces of $x=x$, $y=y$, and $z=z$. That is

$$d\Phi_{in}=\Phi_x+\Phi_y+\Phi_z$$

From Fourier's law of heat conduction, the rates of heat flow into the element by conduction are

In x direction $$\Phi_x=-\lambda\frac{\partial t}{\partial x}dydz \tag{9-8a}$$

In y direction $$\Phi_y=-\lambda\frac{\partial t}{\partial y}dxdz \tag{9-8b}$$

In z direction $$\Phi_z=-\lambda\frac{\partial t}{\partial z}dxdy \tag{9-8c}$$

Similarly, the rates of heat flow out of the element by conduction $d\Phi_{out}$ are the sum of the heat flows in the direations of x, y and z at the surfaces of $x=x+dx$, $y=y+dy$, and $z=z+dz$. That is

$$d\Phi_{out}=\Phi_{x+dx}+\Phi_{y+dy}+\Phi_{z+dz}$$

The rates of heat flow out of the element by conduction are

In x direction $$\Phi_{x+dx}=\Phi_x+\frac{\partial \Phi_x}{\partial x}dx=\Phi_x+\frac{\partial}{\partial x}\left(-\lambda\frac{\partial t}{\partial x}dydz\right)dx \tag{9-8d}$$

In y direction $$\Phi_{y+dy}=\Phi_y+\frac{\partial \Phi_y}{\partial y}dy=\Phi_y+\frac{\partial}{\partial y}\left(-\lambda\frac{\partial t}{\partial y}dxdz\right)dy \tag{9-8e}$$

In z direction $$\Phi_{z+dz}=\Phi_z+\frac{\partial \Phi_z}{\partial z}dz=\Phi_z+\frac{\partial}{\partial z}\left(-\lambda\frac{\partial t}{\partial z}dxdy\right)dz \tag{9-8f}$$

The rate of heat generation in the volume element is

$$d\Phi_V=\dot{\Phi}\,dxdydz \tag{9-9}$$

The increase of internal energy in the volume element is

$$dU=\rho c\frac{\partial t}{\partial \tau}dxdydz \tag{9-10}$$

Substituting Equations (9-8), (9-9), and (9-10) into the expression of energy balance, and deleting $dxdydz$, we obtain

$$\rho c\frac{\partial t}{\partial \tau}=\frac{\partial}{\partial x}\left(\lambda\frac{\partial t}{\partial x}\right)+\frac{\partial}{\partial y}\left(\lambda\frac{\partial t}{\partial y}\right)+\frac{\partial}{\partial z}\left(\lambda\frac{\partial t}{\partial z}\right)+\dot{\Phi} \tag{9-11}$$

The equation above is called heat conduction equation. The thermal conductivity in most practical applications can be assumed to remain constant at some average value. The equation above in that case reduces to

$$\frac{\partial t}{\partial \tau}=a\left(\frac{\partial^2 t}{\partial x^2}+\frac{\partial^2 t}{\partial y^2}+\frac{\partial^2 t}{\partial z^2}\right)+\frac{\dot{\Phi}}{\rho c} \tag{9-12}$$

Equation (9-12) is the three-dimensional unsteady-state heat conduction differential equation with heat source in rectangular coordinates, where the property $a=\frac{\lambda}{\rho c}$ is the thermal diffusivity of the material and represents how fast heat propagates through a material.

The reduced form of the general equations for several cases of practical interest.

For unsteady-state, no heat generation, and constant properties heat conduction:

$$\frac{\partial t}{\partial \tau}=a\left(\frac{\partial^2 t}{\partial x^2}+\frac{\partial^2 t}{\partial y^2}+\frac{\partial^2 t}{\partial y^2}\right) \tag{9-13}$$

For steady-state, with heat sources, and constant properties heat conduction:

$$\left(\frac{\partial^2 t}{\partial x^2}+\frac{\partial^2 t}{\partial y^2}+\frac{\partial^2 t}{\partial z^2}\right)+\frac{\dot{\Phi}}{\lambda}=0 \tag{9-14}$$

For steady-state, no heat generation, and constant properties heat conduction:

$$\frac{\partial^2 t}{\partial x^2}+\frac{\partial^2 t}{\partial y^2}+\frac{\partial^2 t}{\partial z^2}=0 \tag{9-15}$$

For steady-state, no heat generation, constant properties, and one-dimensional heat conduction:

$$\frac{\mathrm{d}t^2}{\mathrm{d}x^2}=0 \tag{9-16}$$

(2) Heat Conduction Differential Equation in Cylindrical Coordinates

The general heat conduction equation in cylindrical coordinates can be obtained from an energy balance on a volume element in cylindrical coordinates, as shown in Figure. 9-4(a), by following the steps outlined above. It can also be obtained directly from Equation (9-11) by coordinate transformation using the following relations between the coordinates of a point in rectangular and cylindrical coordinate systems

In cylindrical coordinates (r, φ, z), $x=r\cos\varphi$、$y=r\sin\varphi$、and $z=z$. The heat conduction differential equation in cylindrical coordinates becomes

$$\rho c\frac{\partial t}{\partial \tau}=\frac{1}{r}\frac{\partial}{\partial r}\left(\lambda r\frac{\partial t}{\partial r}\right)+\frac{1}{r^2}\frac{\partial}{\partial \varphi}\left(\lambda\frac{\partial t}{\partial \varphi}\right)+\frac{\partial}{\partial z}\left(\lambda\frac{\partial t}{\partial z}\right)+\dot{\Phi} \tag{9-17}$$

For steady-state, no heat generation, constant properties, and one-dimensional heat conduction, Equation (9-17) reduces to

$$\frac{d}{\mathrm{d}r}\left(r\frac{\mathrm{d}t}{\mathrm{d}r}\right)=0 \tag{9-18}$$

(3) Heat Conduction Differential Equation in Spherical Coordinates

The general heat conduction equation in spherical coordinates can be obtained from an energy balance on a volume element in spherical coordinates, as shown in Fig. 9-4(b), by following the steps outlined above. It can also be obtained directly from Equation (9-11) by coordinate transformation using the following relations between the coordinates of a point in rectangular and spherical coordinate systems

In spherical coordinates (r, θ, φ), $x=r\sin\theta\cos\theta$、$y=r\sin\theta\sin\varphi$、and $z=r\cos\theta$. The heat conduction differential equation in spherical coordinates becomes.

$$\rho c\frac{\partial t}{\partial \tau}=\frac{1}{r^2}\frac{\partial}{\partial r}\left(\lambda r^2\frac{\partial t}{\partial r}\right)+\frac{1}{r^2\sin\theta\partial\theta}\left(\lambda\sin\theta\frac{\partial t}{\partial \theta}\right)+\frac{1}{r^2\sin^2\theta\partial\varphi}\left(\lambda\frac{\partial t}{\partial \varphi}\right)+\dot{\Phi} \tag{9-19}$$

For steady-state, no heat generation, constant properties, and one-dimensional heat conduction, Equation (9-19) reduces to

$$\frac{d}{dr}\left(r^2\frac{dt}{dr}\right)=0 \tag{9-20}$$

9.2.2 Conditions of Single Valuedness

From a mathematical point of view, solving a differential equation is essentially a process of removing derivatives, or an integration process, and thus the solution of a differential equation typically involves arbitrary constants. That is, the solution of heat conduction differential equation is the general solution of a kind of heat conduction problem. To obtain a unique solution of a differential equation to the problem, we need to specify some conditions so that forcing the solution to satisfy these conditions at specified points will result in unique values for the arbitrary constants and thus a unique solution. The conditions that to obtain a unique solution for heat conduction problem are called single valuedness conditions.

The single valuedness conditions for a heat conduction problem include four aspects, geometric conditions, conditions in physical property, condition in time, and boundary conditions

(1) Geometric Conditions

The geometric conditions involve the geometry shape and the dimension size of heat conduction materials.

(2) Conditions in Physical Property

The conditions in physical property involve the physical properties of heat conduction materials, such as λ, p, c, and the heat sources within the bodies.

(3) Condition in Time

Condition in time describes the characteristics in time of the heat conduction process. Such as the heat conduction is steady-state or unsteady-state. For unsteady-state conduction, the temperature at any point in the medium at a specified time depends on the condition of the medium at the beginning of the heat conduction process. Such a condition, which is usually specified at time $\tau=0$, is called the initial condition, which is a mathematical expression for the temperature distribution of the medium initially. In rectangular coordinates, the initial condition can be specified in the general form as

$$t|_{\tau=0}=f(x, y, z) \tag{9-21}$$

When the medium is initially at a uniform temperature of t_0, the initial condition can be expressed as

$$t|_{\tau=0}=t_0=\text{constant}$$

Note that under steady-state conduction, the heat conduction equation does not involve any time derivatives, and thus we do not need to specify an initial condition.

(4) Boundary Conditions

The mathematical expressions of the thermal conditions at the boundaries are called the boundary conditions. Boundary conditions most commonly encountered in practice are the specified temperature, specified heat flux, and convection boundary conditions.

1) Specified Temperature Boundary Condition

The specified temperature boundary condition is also called the first kind boundary condition. It gives the temperature distribution at the surface of the medium, which can be usually measured directly and easily. The specified temperature boundary can be expressed as

$$\tau>0,\ t_w=f(x,\ y,\ z,\ \tau) \tag{9-22}$$

The specified temperatures on the surfaces can be constant, that is t_w=constant, which are called the isothermal boundary conditions

2) Specified Heat Flux Boundary Condition

The specified heat flux boundary condition is also called the second kind boundary condition. It gives the heat flux at the surface of the medium when there is sufficient information about energy interactions at the surface. The specified heat flux boundary can be expressed as

$$\tau>0,\ q_w=f(x,\ y,\ z,\ \tau) \tag{9-23}$$

The heat flux on the surface can be expressed by Fourier's law of heat conduction as

$$q_w=-\lambda\left(\frac{\partial t}{\partial n}\right)_w \tag{9-24}$$

The specified heat fluxes on the surfaces can be constant, that is q_w=constant, which are called the constant heat flux boundary conditions. A well-insulated surface can be modeled as a surface with a specified heat flux of zero, that is $q_w=0$, or $\left(\frac{\partial t}{\partial n}\right)_w=0$, which is called the insulation boundary condition.

3) Convection Boundary Condition

Convection is probably the most common boundary condition encountered in practice since most heat transfer surfaces are exposed to an environment at a specified temperature. The convection boundary condition is also called the third kind boundary condition, and can be expressed as based on an energy balance on the surface

$$-\lambda\left(\frac{\partial t}{\partial n}\right)_w=h(t_w-t_f) \tag{9-25}$$

A heat conduction problem can be formulated by specifying the applicable differential equation and a set of proper initial and boundary conditions. The solution procedure for solving heat conduction problems can be summarized as: formulate the problem by obtaining the applicable differential equation in its simplest form and specifying the initial and boundary conditions, obtain the general solution of the differential equation, apply the initial and boundary conditions and determine the arbitrary constants in the general solution, and calculate the heat flow of heat conduction by Fourier's law of heat conduction.

9.3 Steady-State Conduction

The processes of conduction that the temperature field of the body does not change with time are called steady-state conductions. There are three types steady-state conductions: one-, two-, and three-dimensional systems. Several different physical shapes may fall in the category of one-dimensional systems: plane wall, cylinder, sphere, and fins when the temperature in the body is a function only of one-space coordinate and is independent of another two-space coordinates. One-dimensional steady-state conduction is the simplest heat-flow problem.

9.3.1 The Plane Wall

(1) Single Layer Plane Wall in the First Kind Boundary Condition

Consider a large plane wall of surface area A and thickness δ, as shown in Figure 9-5. The thermal conductivity λ is considered constant, no heat generation, the two wall - face temperatures t_{w1} and t_{w2} don't change with time, and $t_{w1} > t_{w2}$. Determine the temperature distribution in the plane wall and the heat flow through the plane wall.

The heat conduction of the plane wall is one-dimensional steady-state conduction, since the wall is large relative to its thickness and the temperatures on both surfaces are uniform. Taking the direction normal to the surface of the plane wall to be the x-direction, and the heat conduction differential equation for this problem is

$$\frac{d^2t}{dx^2}=0$$

with boundary conditions

$$x=0,\quad t=t_{w1}$$

$$x=\delta,\quad t=t_{w2}$$

The temperature distribution of the plane wall is therefore

$$t=t_{w1}-\frac{t_{w1}-t_{w2}}{\delta}x \qquad (9-27)$$

The heat flux through the plane wall determined from Fourier's law to be

$$q=-\lambda \frac{dt}{dx}=\lambda \frac{t_{w1}-t_{w2}}{\delta} \tag{9-28}$$

and the total heat-transfer rate may be written

$$\Phi=qA=\lambda A \frac{t_{w1}-t_{w2}}{\delta} \tag{9-29}$$

Analogous to the relation of Oham's law in electricity, the electric current flow = voltage/electrical resistance, Equation (9-29) can be rearranged as heat flow = temperature difference/thermal resistance. That is

$$\Phi=\frac{t_{w1}-t_{w2}}{\frac{\delta}{\lambda A}}=\frac{t_{w1}-t_{w2}}{R_{\lambda}} \tag{9-30}$$

where $R_{\lambda}=\frac{\delta}{\lambda A}$ is the thermal resistance of the plane wall against heat conduction, and the unit is K/W. Note that the thermal resistance of a medium depends on the geometry and the thermal properties of the medium. The thermal resistance network for this problem is shown in Figure 9-5.

(2) Single Layer Plane Wall in the Third Kind Boundary Condition

Consider a large plane wall of surface area A and thickness δ, as shown in Figure 9-6. The thermal conductivity λ is considered constant, no heat generation. The fluid temperatures in the left and right sides of the plane wall t_{f1} and t_{f2} don't change with time, and $t_{f1}>t_{f2}$. So the convection heat transfer coefficients h_1 and h_2 do. Determine the temperature distribution in the plane wall and the heat flow through the plane wall.

The heat conduction of the plane wall is one-dimensional steady-state conduction. Taking the direction normal to the surface of the plane wall to be the x-direction, and the heat conduction differential equation for this problem is

$$\frac{d^2t}{dx^2}=0$$

with boundary conditions

$$x=0,\ -\lambda \frac{dt}{dx}=h_1(t_{f1}-t_{w1})$$

$$x=\delta,\ -\lambda \frac{dt}{dx}=h_2(t_{w2}-t_{f2})$$

The temperature distribution of the plane wall is therefore

$$t=t_{f1}-\left(\frac{1}{h_1}+\frac{x}{\lambda}\right)\frac{t_{f1}-t_{f2}}{\frac{1}{h_1}+\frac{\delta}{\lambda}+\frac{1}{h_2}} \tag{9-31}$$

The heat flux through the plane wall determined from Fourier's law to be

$$q=-\lambda\frac{dt}{dx}=\frac{t_{f1}-t_{f2}}{\frac{1}{h_1}+\frac{\delta}{\lambda}+\frac{1}{h_2}} \tag{9-32}$$

and the total heat-transfer rate may be written

$$\Phi=qA=\frac{t_{w1}-t_{w2}}{\frac{1}{h_1A}+\frac{\delta}{\lambda A}+\frac{1}{h_2A}} \tag{9-33}$$

We can draw several important conclusions from the solutions of the temperature distribution and heat flow the convection boundary conditions.

① When λ is considered constant, the temperature distribution $t(x)$ is a liner function of x coordinate, and it also works for the first kind boundary conditions.

② The total heat flow and heat flux through the plane wall are constants, no relationship with the value of x. this conclusion is independent on the types of boundary conditions.

③ The overall heat transfer processes under the third kind boundary conditions consist of three sections in series: convection heat transfer between the high temperature fluid t_{f1} and the wall surface of $x = 0$, conduction through the plane wall, and convection between the wall surface of $x = \delta$ and the low temperature fluid t_{f2} . The total thermal resistance of the over heat transfer is

$$R_t=\frac{1}{h_1A}+\frac{\delta}{\lambda A}+\frac{1}{h_2A} \tag{9-34}$$

where $\frac{\delta}{\lambda A}$ is the conductive thermal resistance of the plane wall, $\frac{1}{h_1A}$ and $\frac{1}{h_2A}$ are the convection thermal resistances of the surface against heat convection at the high and low temperature surface, respectively.

(3) Multilayer Plane Walls in the Third Kind Boundary Condition

In practice we often encounter plane walls that consist of several layers of different materials. The thermal resistance concept can still be used to determine the rate of steady heat transfer through such composite walls, as in the three-layer plane wall shown in Figure 9-7. Note that the heat flow must be the same through all sections, and the heat flow must be the same through all materials. The thermal resistance network for this problem is shown in Figure 9-7. Based on the thermal resistance in series, the total thermal resistance of this heat transfer process is the sum of the three terms, and the heat flow may be written

$$q=\frac{\Delta t}{R_t}=\frac{t_{f1}-t_{f2}}{\frac{1}{h_1}+\frac{\delta_1}{\lambda_1}+\frac{\delta_2}{\lambda_2}+\frac{\delta_3}{\lambda_3}+\frac{1}{h_2}}=\frac{t_{f1}-t_{f2}}{R_{h_1}+R_{\lambda_1}+R_{\lambda_2}+R_{\lambda_3}+R_{h_2}}$$

The heat flux through multilayer plane walls may be written

$$q=\frac{t_{f1}-t_{f2}}{\frac{1}{h_1}+\sum_{i=1}^{n}\frac{\delta_i}{\lambda_i}+\frac{1}{h_2}} \tag{9-35}$$

and the total heat transfer rate may be written

$$\Phi=\frac{t_{f1}-t_{f2}}{\frac{1}{h_1 A}+\sum_{i=1}^{n}\frac{\delta_i}{\lambda_i A}+\frac{1}{h_2 A}} \tag{9-36}$$

9.3.2 Cylinders

(1) Single Layer Cylinder in the First Kind Boundary Condition

Consider a long hollow cylinder of inner radius r_1, outer radius r_2, and length l, as shown in Figure 9-8. The thermal conductivity λ is considered constant, no heat generation. The inner and outer surfaces are kept at uniform temperatures t_{w1} and t_{w2}, and $t_{w1}>t_{w2}$. Determine the temperature distribution in the cylinder and the heat flow through the cylinder.

For a cylinder with length very large compared to diameter, it may be assumed that the heat flow only in a radial direction. The heat conduction of the cylinder is one-dimensional steady-state conduction, and the heat conduction differential equation for this problem is

$$\frac{d}{dr}\left(r\frac{dt}{dr}\right)=0$$

with boundary conditions

$$r=r_1,\quad t=t_{w1}$$

$$r=r_2,\quad t=t_{w2}$$

The temperature distribution within the cylinder is therefore

$$t=t_{w1}-(t_{w1}-t_{w2})\frac{\ln(r/r_1)}{\ln(r_2/r_1)} \tag{9-37}$$

The heat flux through the cylinder layer determined from Fourier's law to be

$$q=-\lambda\frac{dt}{dr}=\lambda\frac{t_{w1}-t_{w2}}{\ln(r_2/r_1)}\frac{1}{r} \tag{9-38}$$

and the total heat-transfer rate through the cylinder layer may be written

$$\Phi = 2\pi rlq = \frac{t_{w1}-t_{w2}}{\frac{1}{2\pi\lambda l}\ln\frac{r_2}{r_1}} = \frac{t_{w1}-t_{w2}}{\frac{1}{2\pi\lambda l}\ln\frac{d_2}{d_1}} = \frac{t_{w1}-t_{w2}}{R_\lambda} \tag{9-39}$$

where R_λ is the thermal resistance of the cylinder layer against heat conduction, $R_\lambda = \frac{1}{2\pi\lambda l}\ln\frac{d_2}{d_1}$, K/W. The thermal resistance network for this problem is shown in Figure 9-8.

The heat transfer rate through a unit length of cylinder layer may be written

$$\Phi_l = \frac{\Phi}{l} = \frac{t_{w1}-t_{w2}}{\frac{1}{2\pi\lambda}\ln\frac{d_2}{d_1}} = \frac{t_{w1}-t_{w2}}{R_{\lambda l}} \tag{9-40}$$

where $R_{\lambda l}$ is the thermal resistance of the cylinder layer per unit length against heat conduction, $R_{\lambda l} = \frac{1}{2\pi\lambda}\ln\frac{d_2}{d_1}$, and the unit is m · K/W. The Equations (9-39) and (9-40) indicate that the heat flows through the total heat-transfer area and a unit length of the cylinder layer are uniform, no relationship with the location r.

(2) Multilayer Cylinders in the First Kind Boundary Condition

Based on the thermal resistance analysis of steady state conduction through the single layer cylinder, the thermal resistance concept can still be used to determine the rate of steady heat transfer through the multilayer cylinder.

Consider a multilayer cylinder that consists of three concentric layers, as shown in Figure 9-9, whose inner and outer surfaces are kept at uniform temperatures t_{w1} and t_{w4}, and $t_{w1} > t_{w4}$. Note that the rate of steady-state one-dimensional heat transfer must be the same through each layer, the total thermal resistance is the sum of the individual thermal resistance in the path of the heat flow, thus the total heat transfer rate through this three-layer cylinder may be written

$$\Phi = \frac{t_{w1} - t_{w4}}{\frac{1}{2\pi\lambda_1 l}\ln\frac{d_2}{d_1} + \frac{1}{2\pi\lambda_2 l}\ln\frac{d_3}{d_2} + \frac{1}{2\pi\lambda_3 l}\ln\frac{d_4}{d_3}} = \frac{t_{w1} - t_{w4}}{R_{\lambda 1} + R_{\lambda 2} + R_{\lambda 3}}$$

Similarly, the total heat transfer rate through the multilayer cylinder may be written

$$\Phi = \frac{t_{w1} - t_{w(n+1)}}{\sum_{i=1}^{n}\frac{1}{2\pi\lambda_i l}\ln\frac{d_{i+1}}{d_i}} = \frac{t_{w1} - t_{w(n+1)}}{\sum_{i=1}^{n} R_{\lambda i}} \tag{9-41}$$

The heat transfer rate through a unit length cylinder may be written

$$\Phi_l = \frac{t_{w1} - t_{w(n+1)}}{\sum_{i=1}^{n}\frac{1}{2\pi\lambda_i}\ln\frac{d_{i+1}}{d_i}} = \frac{t_{w1} - t_{w(n+1)}}{\sum_{i=1}^{n} R_{\lambda li}} \tag{9-42}$$

(3) Multilayer Cylinders in the Third Kind Boundary Condition

Consider a multilayer cylinder exposed to a hot fluid t_{f1} on its inner surface and a cooler fluid t_{f2} on the outer surface. The heat-transfer process may be represented by the thermal resistance network in Figure 9-10, and the overall heat transfer is calculated as the ratio of the overall temperature difference to the sum of the thermal resistance:

$$\Phi = \frac{t_{f1} - t_{f2}}{\frac{1}{2\pi r_1 l h_1} + \sum_{i=1}^{n} \frac{1}{2\pi\lambda_i l}\ln\frac{d_{i+1}}{d_i} + \frac{1}{2\pi r_{n+1} l h_2}} = \frac{t_{f1} - t_{f2}}{\frac{1}{2\pi r_1 l h_1} + \sum_{i=1}^{n} R_{\lambda i} + \frac{1}{2\pi r_{n+1} l h_2}} \tag{9-43}$$

The heat transfer rate through a unit length of cylinder may be written

$$\Phi_l = \frac{t_{f1} - t_{f2}}{\frac{1}{2\pi r_1 h_1} + \sum_{i=1}^{n} \frac{1}{2\pi\lambda_i}\ln\frac{d_{i+1}}{d_i} + \frac{1}{2\pi r_{n+1} h_2}} = \frac{t_{f1} - t_{f2}}{\frac{1}{2\pi r_1 h_1} + R_{\lambda li} + \frac{1}{2\pi r_{n+1} h_2}} \tag{9-44}$$

9.3.3 Spheres

Consider a hollow sphere of inner radius r_1 and outer radius r_2, as shown in Figure 9-11. The thermal conductivity λ is considered constant, no heat generation. The inner and outer surfaces are kept at uniform temperatures t_{w1} and t_{w2}, and $t_{w1} > t_{w2}$. Determine the temperature distribution in the sphere and the heat flow through the sphere.

Heat transfer is steady-state and one-dimensional since there is no change of temperature with time and thermal symmetry about the midpoint. In the spherical coordinates. the heat conduction equation is

$$\frac{d}{dr}\left(r^2\frac{dt}{dr}\right) = 0$$

with boundary conditions

$$r = r_1,\quad t = t_{w1}$$

$$r = r_2,\quad t = t_{w1}$$

The temperature distribution within the sphere is therefore

$$t = t_{w1} - \frac{t_{w1} - t_{w2}}{1/r_1 - 1/r_2}\left(\frac{1}{r_1} - \frac{1}{r}\right) \tag{9-45}$$

The heat flux through the spherical shell determined from Fourier's law to be

$$q = -\lambda\frac{dt}{dr} = \lambda\frac{t_{w1} - t_{w2}}{1/r_1 - 1/r_2}\frac{1}{r^2} \tag{9-46}$$

and the total heat-transfer rate is written by

$$\Phi = 4\pi r^2 q = \frac{t_{w1} - t_{w2}}{\frac{1}{4\pi\lambda}\left(\frac{1}{r_1} - \frac{1}{r_2}\right)} = \frac{t_{w1} - t_{w2}}{\frac{1}{2\pi\lambda}\left(\frac{1}{d_1} - \frac{1}{d_2}\right)} = \frac{t_{w1} - t_{w2}}{R_\lambda} \tag{9-47}$$

where R_λ is the thermal resistance of the sphere against heat conduction, $R_\lambda = \frac{1}{4\pi\lambda}\left(\frac{1}{r_1} - \frac{1}{r_2}\right)$, K/W.

Note that the total rate of heat transfer through a spherical shell is constant, but the heat flux, $q = \Phi/4\pi r^2$, is not constant since it decreases in the direction of heat transfer with increasing radius.

9.3.4 Fins

Finned surfaces are commonly used in practice to enhance heat transfer by exposing a larger surface area to convection and radiation. There are a variety of finned types in practice as shown in Figure 9-12. The car radiator, heat exchanger, condenser in the air condition, and heater are some examples of finned surfaces. The heat is conducted through the fin and finally dissipated to the surroundings by convection.

(1) Fins of Uniform Cross Section

Consider a long fin of depth H, thickness δ, width l, the cross-section area A and perimeter U, as shown in Figure 9-13. The thermal conductivity λ is considered constant. The fin is exposed to a surrounding fluid at a temperature t_∞. The temperature of the fin base is t_0, the heat loss from the fin tip is negligible. Determine the temperature distribution in the fin and the heat flow through the finned surface.

The heat conduction equation is

$$\frac{d^2 t}{dx^2} - \frac{\dot{\Phi}}{\lambda} = 0 \tag{9-48}$$

with boundary conditions

$$x = 0, \quad t = t_0$$

$$x = H, \quad \frac{dt}{dx} = 0$$

Define the temperature excess $\theta = t - t_\infty$, then the temperature of the fin is $\theta = \theta(x)$. At the base of the fin $x = 0$, $\theta_0 = t_0 - t_\infty$, and at the tip of the fin $x = H$, $\theta_H = t_H - t_\infty$.

Consider a volume element of the fin of thickness dx as shown in the Figure 9-13, the energy loss of the volume element by convection is

$$\Phi_c = U dx \cdot h \cdot (t - t_\infty) = hU\theta dx$$

The volume of the element is $A\mathrm{d}x$, then the energy loss of the volume element per unit volume is

$$\dot{\Phi}=\frac{\Phi_{\mathrm{c}}}{A\mathrm{d}x}=\frac{hU\theta\mathrm{d}x}{A\mathrm{d}x}=\frac{hU\theta}{A}$$

Using temperature excess θ and $\dot{\Phi}$ in Equation (9 - 48), then the differential equation becomes

$$\frac{\mathrm{d}^2\theta}{\mathrm{d}x^2}=\frac{hU}{\lambda A}\theta$$

If we let $m=\sqrt{\frac{hU}{\lambda A}}$, the differential equation reduces to

$$\frac{\mathrm{d}^2\theta}{\mathrm{d}x^2}=m^2\theta \tag{9-49}$$

with boundary conditions

$$x=0,\quad \theta=\theta_0$$

$$x=H,\quad \frac{\mathrm{d}\theta}{\mathrm{d}x}=0$$

Equation (9-49) and the boundary conditions form the mathmatical formulation of the heat conduction of the fin. The solution of the temperature distribution of the fin is

$$\theta=\theta_0\frac{e^{m(H-x)}+e^{-m(H-x)}}{e^{mH}+e^{-mH}}=\theta_0\frac{\mathrm{ch}[m(H-x)]}{\mathrm{ch}(mH)} \tag{9-50}$$

Equation (9-50) shows the temperature of the fin is a hyperbolic cosine function of x, and the temperature distribution of the fin is shown in Figure 9-14. At the tip of the fin $x=H$, the temperature excess of the tip of the fin is

$$\theta_{\mathrm{H}}=\theta_0\frac{1}{ch(mH)} \tag{9-51}$$

All of the heat lost by the fin must be conducted into the base at $x=0$. Using the equations for the temperature distribution, we can compute the heat loss from

$$\Phi=-\lambda A\left.\frac{\mathrm{d}\theta}{\mathrm{d}x}\right|_{x=0}=\lambda Am\theta_0\mathrm{th}(mH)=\sqrt{h\lambda UA}\,\theta_0\mathrm{th}(mH) \tag{9-52}$$

(2) Fin Efficiency and Overall Fin Surface Efficiency

1) Fin Efficiency

To indicate the effectiveness of a fin in transferring a given quantity of heat, a new parameter called fin efficiency is defined by

$$\eta_{\mathrm{f}}=\frac{\text{actual heat transferred}}{\text{heat that would be transferred if entire fin area were at base temperautre}}$$

For fin with constant cross-section, the fin efficiency becomes

$$\eta_f = \frac{\sqrt{h\lambda UA}\,\theta_0 \text{th}(mH)}{hUH\theta_0} = \frac{\text{th}(mH)}{mH} \tag{9-53}$$

We can draw several important conclusions from the fin efficiency relation above:

① The thermal conductivity of the fin material should be as high as possible.

② The ratio of the perimeter to the cross-sectional area of the fin should be as high as possible.

③ The use of fins is most effective in applications involving a low convection heat transfer coefficient.

2) Overall Fin Surface Efficiency

Considera a fin-wall combination surface, having a total surface area A_f for the fins and wall area A_r for the unfinned section of the wall exposed directly to the convection environment. The overall heat transfer through the fin-wall combination surface is

$$\begin{aligned}\Phi &= \Phi_r + \Phi_f = A_r h(t_0 - t_f) + A_f \eta_f h(t_0 - t_f) \\ &= h(t_0 - t_f)(A_r + \eta_f A_f) = A_0 h(t_0 - t_f)\left(\frac{A_r + \eta_f A_f}{A_0}\right) \\ &= A_0 \eta_0 h(t_0 - t_f)\end{aligned} \tag{9-54}$$

where η_0 is called the overall fin surface efficiency, and

$$\eta_0 = \frac{A_r + \eta_f A_f}{A_r + A_r} = \frac{A_r + \eta_f A_f}{A_0} \tag{9-55}$$

The overall effectiveness is a better measure of the performance of a finned surface than the effectiveness of the individual fins.

9.3.5 Thermal Contact Resistance

In the analysis of heat conduction through multilayer materials, or fins, we assumed "perfect contact" at the interface of two layers, and thus no temperature drop at the interface. In reality, however, a surface is microscopically rough no matter how smooth it appears to be. There are two principal contributions to the heat transfer at the joint: The solid-to-solid conduction at the spots of contact, and the conduction through entrapped gases in the void spaces created by the contact.

Consider two plane walls brought into contact as indicated in Figure 9-17. Experience shows that the actual temperature profile through the two materials varies approximately as shown in Figure 9-17. The temperature drop at the contact plane between the two materials is said to be the result of a thermal contact resistance, the thermal contact resistance may be expressed as

$$R_c = \frac{\Delta t_c}{\Phi} \tag{9-56}$$

The value of thermal contact resistance depends on the surface roughness and the material properties as well as the temperature and pressure at the interface and the type of fluid trapped at the interface. Thermal contact resistance is observed to decrease with decreasing surface roughness and increasing interface pressure. The thermal contact resistance can be minimized by applying thermally conducting liquid called thermal grease such as silicon oil on the surfaces before they are pressed against each other. Another way to minimize the contact resistance is to insert a soft metallic foil such as silver, copper, nickel, or aluminum between two surfaces.

9.4 Unsteady-State Conduction

9.4.1 Concepts of Unsteady-State Conduction

Heat transfer problems are often classified as being steady-state or unsteady. During steady state heat conduction, the temperature of a body at any point does not change with time. However, during unsteady-state heat conduction, the temperature normally varies with time as well as position. Unsteady-state heat conduction analysis is of significant practical interest because of the large number of heating number of heating and cooling processes that must be calculated in industrial applications. In the transient heating and cooling processes, the analysis must be modified to take into account the change in internal energy of the body in time, and the boundary conditions must be adjusted to match the physical situation.

9.4.2 The Biot Number

Consider an infinite plate of thickness 2δ, the thermal conductivity λ, no heat generation. Initially the plate is at a uniform temperature t_0, and at time zero the surfaces are immersed into a cold-temperature environment t_∞, with a heat transfer coefficient h is constant. The Biot number is defined as

$$Bi = \frac{h\delta}{\lambda} \tag{9-57}$$

The significant of the Biot number is the ratio of the thermal resistance of conduction inside the solid body to the thermal resistance of convection on the surface of the solid body.

The values of Biot number is from 0 to ∞. Different values of Biot number have different influence on the temperature distributions of the body. When Bi is close to zero, the thermal resistance of conduction inside the substance is far less than the thermal resistance of convection on the surface of the substance, the temperature distribution in the body is uniform at the same moment of τ, and the body is called lumped heat capacity system, as shown in Figure 9-21(a). When Bi is close to infinitely, the thermal resistance of convection on the surface of the substance is far less than the thermal resistance of conduction inside the substance, and it can be neglected. At this condition, the third boundary condition is converted into the first boundary condition, as shown in Figure 9-21(b).

The heat conduction differential equation, the initial and boundary conditions form the mathematical formulation of the heat conduction for unsteady-state conduction, and the heat conduction differential equation for unsteady-state conduction is

$$\frac{\partial t}{\partial \tau}=a\left(\frac{\partial^2 t}{\partial x^2}+\frac{\partial^2 t}{\partial x^2}+\frac{\partial^2 t}{\partial x^2}\right)+\frac{\dot{\Phi}}{\rho c}$$

The initial condition of unsteady-state conduction can be expressed as $t(x, y, z, 0)=f(x, y, z)$, and the simplest initial condition is the uniform initial temperature, $t(x, y, z, 0)=t_0$. The boundary conditions can be the first, second, and third kind boundary conditions.

9.4.3 Lumped-Heat-Capacity System

When $Bi \leqslant 0.1$, the internal-conduction resistance of the solid body were small compared with the surface - convection resistance. The solid body may be considered uniform in temperature at all times during a heat transfer process. The temperature of the body can be taken to be a function of time only. The lumped-heat-capacity analysis is one that assumes that the internal resistance of the body is negligible in comparison with the external resistance. In general, the smaller the physical size of the body, or the higher thermal conductivity, or the lower convection heat transfer coefficient, the more realistic the assumption of a uniform temperature throughout.

Consider a hot solid of arbitrary shape of volume V and surface area A, as shown in Figure 9-22. The properties of ρ, λ, and c keep constant, and no heat generation. Initially at a uniform temperature t_0. Suddenly the solid is immersed into a cold-temperature environment t_∞, with a heat transfer coefficient h maintained constant. Determine the variation of the temperature within the solid with time and the total heat flow from the solid into the fluid.

(1) The Temperature Distribution of the Lump-Heat-Capacity System

According to the energy balance, the convection heat loss from the body is evidenced as a decrease in the internal energy of the body. Thus

$$\rho cV\frac{dt}{d\tau}=-hA(t-t_\infty) \tag{9-58}$$

Define the temperature excess $\theta=t-t_\infty$, then the Equation (9-58) becomes

$$\rho cV\frac{d\theta}{d\tau}=-hA\theta \tag{9-59}$$

with the initial condition

$$\tau=0,\qquad \theta=\theta_0=t_0-t_\infty$$

Solving equation, the temperature distribution of the body is therefore

$$\frac{\theta}{\theta_0}=e^{-\frac{hA}{\rho cV}\cdot\tau}=e^{-Bi_V Fo_V} \tag{9-60}$$

where Fo is called Fourier number, $Fo=a\tau/l^2$. The significant of Fourier number is the ratio of the time interval τ from 0 to τ to the time with an approximate temperature-wave penetration section l^2.

(2) Time Constant τ_c

When $\tau=\rho cV/hA$, the exponential in Equation (9-60) is -1. The temperature difference $(t-t_\infty)$ has a value of 36.8% of the initial difference (t_0-t_∞). This specified time is called the time constant of the body. That is

$$\tau_c=\frac{\rho cV}{hA} \tag{9-62}$$

(3) Transient Heat Flow and Total Heat Flow

The transient heat flow from the solid into the fluid at the moment τ is written

$$\Phi_\tau=hA(t-t_\infty)=hA\theta=hA\theta_0 e^{-\frac{hA}{\rho cV}\cdot\tau} \tag{9-63}$$

The total heat flow from the solid body into its surroundings over the time interval $\tau=0$ to τ is written

$$Q=\int_0^\tau \Phi_\tau d\tau=\int_0^\tau hA\theta_0 e^{-\frac{hA}{\rho cV}\cdot\tau}d\tau \tag{9-64}$$

$$=\rho cV\theta_0(1-e^{-\frac{hA}{\rho cV}\cdot\tau})=\rho cV\theta_0(1-e^{-Bi_V Fo_V})$$

where $Q_0=\rho cV\theta_0$, the maximum heat transfer between the body and its surroundings from $\tau=0$ to $\tau\to\infty$.

The lumped-heat-capacity analysis may be expected to yield reasonable estimates when the following condition is met

$$Bi \leqslant 0.1M$$

where $M=1$ for a large plate, $M=1/2$ for a long cylinder, and $M=1/3$ for a sphere.

In the lumped-heat-capacity system, the quantity of V/A is called characteristic length of the solid. For different shape body, the quantity of characteristic length is different, for example, for a large plate of thickness 2δ, $l=\delta$; for a long cylinder of radius R, $l=\frac{R}{2}$; for a sphere of radius R, $l=\frac{R}{3}$.

9.4.4 Unsteady-State Conduction——One Dimension

In general, the temperature within a body will change from point to point as well as with time. In this section, we consider the variation of temperature with time and position in one-dimensional problems such as those associated with a large plate, a long cylinder, and a sphere.

(1) The Analytical Solution in an Infinite Plate

Consider an infinite plate wall of thickness 2δ, as shown in Figure 9-24. The properties of λ, a are kept constants, and no heat generation. Initially the plate is at a uniform temperature t_0, and at time zero it is suddenly placed in the fluid of temperature t_∞, and assume $t_\infty < t_0$. Heat transfer takes place between the plate and its surroundings by convection with a uniform and constant heat transfer coefficient h. Determine the temperature distribution of the plate, and the amount of heat transfer at a finite time.

Note that the plate possesses geometric and thermal symmetry: the plate is symmetric about its center plane. We neglect radiation heat transfer between the plate and its surrounding surfaces. Focus on a half of plate δ, the differential equation is

$$\frac{\partial t}{\partial \tau}=a\frac{\partial^2 t}{\partial x^2} \quad (0 \leqslant x \leqslant \delta,\ \tau>0) \tag{9-65}$$

with initial condition

$$\tau=0, \quad t=t_0$$

with boundary conditions

$$x=0, \quad \frac{\partial t}{\partial x}=0$$

$$x=\delta, \quad -\lambda\frac{\partial t}{\partial x}=h(t-t_\infty)$$

Define the temperature excess $\theta = t - t_\infty$, then the heat - conduction differential equation becomes

$$\frac{\partial\theta}{\partial\tau}=a\frac{\partial^2\theta}{\partial x^2}\quad(0\leqslant x\leqslant\delta,\ \tau>0)\tag{9-66}$$

with initial condition

$$\tau=0,\quad \theta=\theta_0=t_0-t_\infty$$

with boundary conditions

$$x=0,\quad \frac{\partial\theta}{\partial x}=0$$

$$x=\delta,\quad -\lambda\frac{\partial\theta}{\partial x}=h\theta$$

Solving the heat-conduction differential equation by the separation-of-variables method, the final series form of the solution is therefore

$$\frac{\theta(x,\ \tau)}{\theta_0}=\sum_{n=1}^{\infty}\frac{2\sin\beta_n}{\beta_n+\sin\beta_n\cos\beta_n}e^{-\beta_n^2 Fo}\cos\left(\beta_n\frac{x}{\delta}\right)\tag{9-67}$$

where β_n is called characteristic value, and it is obtained from transcendental equation

$$\beta_n\tan\beta_n=Bi\tag{9-68}$$

The solution Equation (9-67) involves infinite series, which are inconvenient and time-consuming to evaluate. However, the nondimensionalization enables us to present the temperature in terms of three parameters only Bi, Fo, $\frac{x}{\delta}$, and the terms in the solutions converge rapidly with increasing time.

For $Fo\geqslant0.2$, keeping the first term and neglecting all the remaining terms in the series results in an error under 2 percent. We are usually interested in the solution for the condition of $Fo\geqslant0.2$, and thus it is very convenient to express the solution using this one-term approximation, given as

$$\frac{\theta(x,\ \tau)}{\theta_0}=\frac{2\sin\beta_1}{\beta_1+\sin\beta_1\cos\beta_1}e^{-\beta_1^2 Fo}\cos\left(\beta_1\frac{x}{\delta}\right)\tag{9-70}$$

If a centerline temperature excess θ_m of the plate is desired, from the Equation (9-70), we have

$$\frac{\theta_m}{\theta_0}=\frac{2\sin\beta_1}{\beta_1+\sin\beta_1\cos\beta_1}e^{-\beta_1^2 Fo}=f(Bi,\ Fo)\tag{9-71}$$

Comparing Equations (9-70) and (9-71), we get

$$\frac{\theta(x,\ \tau)}{\theta_m}=\frac{\theta(x,\ \tau)}{\theta_0}\Big/\frac{\theta_m}{\theta_0}=\cos\left(\beta_1,\ \frac{x}{\delta}\right)=f\left(Bi,\ \frac{x}{\delta}\right)\tag{9-72}$$

Combining the Equations (9-70), (9-71) and (9-72), an off-center temperature θ can also be written by

$$\frac{\theta(x,\ \tau)}{\theta_0}=\frac{\theta(x,\ \tau)}{\theta_m}\cdot\frac{\theta_m}{\theta_0} \tag{9-73}$$

(2) Total Heat Flow

The heat loss by the plate over the time interval $\tau=0$ to τ is written

$$Q=\rho c\int_{-\delta}^{\delta}(\theta_0-\theta)\,\mathrm{d}x=2\rho c\theta_0\int_0^{\delta}\left(1-\frac{\theta}{\theta_0}\right)\mathrm{d}x$$

The maximum heat transfer between the plate and its surroundings from $\tau=0$ to $\tau\to\infty$ is $Q_0=2\rho c\theta_0\delta$, then the dimensionless heat loss is given by

$$\frac{Q}{Q_0}=1-\sum_{n=1}^{\infty}\frac{2\sin^2\beta_n}{\beta_n^2+\beta_n\sin\beta_n\cos\beta_n}e^{-\beta_n^2 Fo}=f(Bi,\ Fo) \tag{9-74}$$

For $Fo\geqslant 0.2$, Equation (9-74) becomes

$$\frac{Q}{Q_0}=1-\frac{2\sin^2\beta_1}{\beta_1^2+\beta_1\sin\beta_1\cos\beta_1}e^{-\beta_1^2 Fo}=f(Bi,\ Fo) \tag{9-75}$$

(3) Heisler Charts

Result of analysis for the plate has been presented in graphical form by Heisler in 1947 and is called Heisler charts. There are three charts associated with the plate. The first chart is to determine the temperature θ_m at the center of the plate at a given time τ. The second chart is to determine the temperature θ at other locations at the same time in terms of θ_m. The third chart is to determine the total amount of heat transfer up to the time τ.

The methods to use Heisler charts are:

① First determine the values of *Bi* and *Fo*.

② From chart $\theta_m/\theta_0=f(1/Bi,\ Fo)$, determine θ_m/θ_0 and θ_m at the center of the plate as shown in Figure 9-25.

③ From chart $\theta/\theta_m=f(Bi,\ x/\delta)$, determine θ/θ_m and $\theta=t-t_0$ at the location x of the plate, as shown in Figure 9-26.

④ From chart $Q/Q_0=f(Bi,\ Fo)$, determine Q/Q_0 and Q over the time interval $\tau=0$ to τ, as shown in Figure 9-27.

Note that the Heisler charts can be applied in both the heating and cooling problems of the plate, and are valid for $Fo\geqslant 0.2$. The Heisler charts can also be applied to solving the unsteady-state heat-conduction of a long cylinder and a sphere when the values of Fourier number is greater than 0.2. The Heisler charts for the long cylinder are inserted in Appendix Figures 1, 2, and 3. The Heisler charts for the sphere are inserted in Appendix Figures 4, 5, and 6.

第十章　对流换热

流体流经固体表面时流体与固体表面之间的热量传递现象称为对流换热。例如，锅炉中的省煤器、空气预热器、采暖工程中的蒸汽(或热水)散热器、空调中的空气加热器或冷却器等的热量交换均主要是对流换热。对流换热的换热量可用牛顿冷却公式计算。牛顿冷却公式是对流换热表面传热系数的一个定义式，它没有揭示出表面传热系数与影响它的有关物理量之间的内在联系。揭示这种内在的联系正是研究对流换热的主要任务。

第一节　对流换热概述

1. 牛顿冷却公式

对流换热是指流动的流体与固体表面相接触时，由于二者温度不同，流体与固体表面之间所发生的热量传递现象。对流换热的实质是导热和对流联合起作用的热量传递过程，其条件为流体与固体表面之间存在温度差。

流体流过固体表面时的对流换热量可以用牛顿冷却公式来计算：

$$\Phi = hA\Delta t \tag{10-1}$$

或：

$$q = h\Delta t \tag{10-2}$$

若流体被加热：　　$\Delta t = t_w - t_f$

若流体被冷却：　　$\Delta t = t_f - t_w$

式中，h 为整个固体表面的平均表面传热系数，W/(m^2·K)；t_w 为固体表面的平均温度，℃；t_f 为流体温度，℃；A 为对流换热面积，m^2。

对于局部对流换热，如图 10-1 所示，根据牛顿冷却公式，局部热流密度可表示为：

$$q_x = h_x(t_w - t_f)_x \tag{10-3}$$

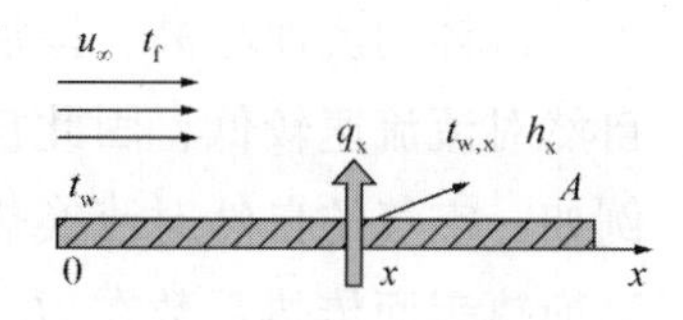

图 10-1　对流换热示意图

因为沿固体表面的流动情况是变化的，例如固体表面的几何条件、表面温度以及流体的流动状态等会发生变化，所以流体与固体表面换热时各处的局部表面传热系数并不相同。因此，整个固体表面面积 A 上的总对流换热量可表示为：

$$\Phi = \int_A q_x \mathrm{d}x = \int_A h_x \left(t_w - t_f\right)_x \mathrm{d}A$$

如果固体表面与流体之间的温差处处相等，例如等壁温边界，则平均表面传热系数 h 与局部表面传热系数 h_x 之间的关系式为：

$$h = \frac{\Phi}{(t_w - t_f)A} = \frac{1}{A}\int_A h_x \mathrm{d}A \tag{10-4}$$

需要指出，牛顿冷却公式描述了对流换热量与表面传热系数及温差之间的关系，是表面传热系数的定义式。但牛顿冷却公式本身并没有揭示出表面传热系数与影响它的物理量之间的内在联系，而如何确定表面传热系数的大小是对流换热的核心问题，也是本章讨论的主要内容。

2. 对流换热的影响因素

在对对流换热问题进行定量分析之前，首先对影响对流换热的因素进行定性分析。前面已经指出，对流换热是流体的导热和热对流两种基本传热方式共同作用的结果。因此，凡是影响流体导热和热对流的因素都将对对流换热产生影响。归纳起来，主要有以下五个方面：

（1）流动的起因

根据流动的起因不同，对流换热主要分为强迫对流换热和自然对流换热两大类。

1）强迫对流

强迫对流是指流体在水泵、风机或其他外部动力作用下产生的流动。例如通过水泵或风机对流体做机械功，使流体的动能或静压力提高，从而获得宏观速度，这种流动就是强迫对流。

2）自然对流

自然对流是指流体在不均匀的体积力（重力、离心力或电磁力等）的作用下产生的流动。本书只涉及在重力场作用下产生的自然对流。若流体内部存在温度差，由于流体的密度是温度的函数，流体内部温度场的不均匀会导致密度场的不均匀，在重力作用下，就会产生浮升力而促使流体发生流动，这种流动就是自然对流。例如室内暖气片周围空气的流动就是最典型的自然对流。

流体的流速越高，掺混就越激烈，对流换热就越强。一般地说，强迫对流流速高，自然对流流速较低，因此自然对流换热通常要比强迫对流换热弱，表面传热系数要小。例如，空气的自然对流换热表面传热系数在 5~25 W/(m^2·K) 范围内，而它的强迫对流换热表面传热系数在 10~100 W/(m^2·K) 范围内。

强迫对流和自然对流两种流动情况下，流体内的速度分布、温度分布不同，对流换热的规律也不相同。

（2）流体的流态

由流体力学已经知道，流体流动时由于 Re 不同，流动状态分为层流和湍流以及介于层流和湍流之间的过渡流。在对流换热过程中，流体的流态具有决定性意义，这是因为流体的流态确定了热量传递的关系。

1）层流

① 层流时流速缓慢，流体只沿轴线或沿平行于壁面方向做有规则的缓慢的分层流动，宏观上层与层之间互不混合，此时，垂直于流动方向上的热量传递主要依靠分子扩散(即导热)。例如层流边界层内，热量传递主要依靠导热。

2）湍流

湍流时流体内部存在强烈的脉动和漩涡运动，流体各部分之间处于充分混合状态，这时流体的热量传递除了分子扩散(即导热)之外，主要依靠流体宏观的湍流脉动，即热对流。例如湍流边界层内流体的对流换热，其层流底层中具有很大的速度梯度，也具有很大的温度梯度，热量传递主要依靠导热，而湍流核心区由于强烈的扰动和混合使速度和温度都趋于均匀，热量传递主要依靠对流。

就同种流体而言，湍流对流换热要比层流对流换热强烈，表面传热系数要大。

（3）流体有无相变

有时，在对流换热过程中流体会发生相变，如液体在对流换热过程中被加热而沸腾，由液态变为气态，此时的换热称为沸腾换热。或蒸气在对流换热过程中被冷却而凝结，由气态变为液态，此时的换热称为凝结换热。

对流换热无相变时流体仅有显热变化，而有相变时流体在沸腾和凝结换热过程中吸收或者放出潜热(相变热)，沸腾时流体还受到气泡的强烈扰动，所以流体发生相变的对流换热规律与单相流体不同，换热强度比无相变时要大。

（4）流体的热物理性质

流体的热物理性质对对流换热的强弱有非常大的影响。由于对流换热是导热和对流两种基本传热方式共同作用的结果，所以对导热和对流产生影响的物性参数都将影响对流换热。下面对涉及的主要物性参数作简要分析：

1）密度 ρ 和比热容 c_p

密度和比定压热容的乘积 ρc_p 称为流体的体积热容，其大小反映了单位体积的流体携带并转移热量的能力。ρc_p 值越大，通过对流所转移的热量越多，对流换热越强烈。例如常温下水的体积热容 $\rho c_p = 4\ 186\ \mathrm{kJ/(m^3 \cdot K)}$，而空气的体积热容 $\rho c_p = 121\ \mathrm{kJ/(m^3 \cdot K)}$，两者相差悬殊，所以水的换热能力要远远高于空气的换热能力。

2）导热系数 λ

流体的导热系数 λ 大小会直接影响流体内部的热量传递和温度分布。对于紧贴固体壁面的那部分流体来说，导热系数起着关键作用。流体的导热系数 λ 愈大，导热热阻愈小，对流换热愈强。仍以水和空气为例，常温下水的导热系数比空气的导热系数高出二十几倍，所以仅从 ρc_p 和 λ 两项物性看，在相同流动状态下，水的冷却能力必定大大强于空气。

3）黏度 η

流体的黏度 η 影响速度分布与流体流态(层流或湍流)，从而影响对流换热的强弱。黏度大的流体与壁面摩擦阻力大，黏性力增大，故边界层厚，表面传热系数小。此外，黏度越大的流体，分子间的约束越强，相同流速下不容易发展成湍流状态。所以高黏度的油类较多地处于层流状态，表面传热系数一般比较小。

4）体积膨胀系数 α_V

体积膨胀系数 α_V 对自然对流换热有很大的影响，它将影响重力场中流体因密度差而产生的浮升力。对于理想气体，$\alpha_V=1/T$。

流体的物性参数随流体的种类、温度和压力而变化。对于同种不可压缩牛顿流体，其物性参数的数值主要随温度变化，这一特点给对流换热的计算带来不小的困难。在流体与固体表面存在换热的条件下，流体中各点温度不同，物性参数便不同。为了不使问题复杂化，在求解实际对流换热问题时一般选取某个有代表性的温度值，作为计算物性参数的依据，这个参考温度称为定性温度。定性温度的取法取决于对流换热的类型，常用的定性温度有：流体的平均温度 t_{f}、壁面温度 t_{w} 以及流体与壁面的算术平均温度 $(t_{\mathrm{w}}+t_{\mathrm{f}})/2$ 等。

（5）换热表面的几何因素

换热表面的几何形状、尺寸、相对位置以及表面粗糙度等几何因素将影响流体的流动状态，因而影响流体的速度分布和温度分布，对对流换热产生显著影响。

分析换热表面的几何因素对换热强度的影响，一个首要问题是必须先区分对流换热问题在几何特征方面的类型，即区分是内部流动还是外部流动的换热问题。这两者在速度场、温度场以及换热的特征方面均有相当显著的差异。如图 10-2(a)所示，流体在管内强迫流动和流体横向绕流圆管强迫流动两种情况，前一种是管内流动，属于内部流动的范围；后一种是外掠物体流动，属于外部流动的范围。这两种不同流动情况下的换热规律必定不同。而在同一几何类型的问题中，还必须进一步辨别换热表面的形状、粗糙度、尺寸大小和空间方位(指竖直、水平还是倾斜)等因素。如图 10-2(b)所示，水平壁面空气自然对流换热的两种情况：热面朝上和热面朝下的流动，前者气流受热上升容易展开流动，后者由于热面朝下抑制流动，它们的换热规律也是完全不同的。

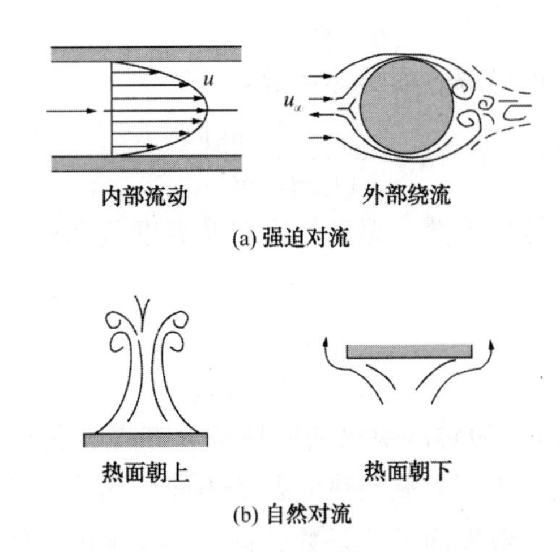

图 10-2　影响对流换热的几何因素示意图

在处理实际对流换热问题时，经常用特征长度来代表几何因素对换热的影响，例如管内流动换热以管内径为特征长度，横向外掠圆管时以圆管外径为特征长度，沿平板的流动则以流动方向的尺寸为特征尺寸。这种处理方法有一定的依据，但也带有经验的性质，使用时有它的局限性。

综上所述，影响对流换热的因素很多，表面传热系数是很多变量的函数，一般函数关系式可表示为：

$$h=f(u,\ t_w,\ t_f,\ \lambda,\ \rho,\ c_p,\ \eta,\ \alpha_V,\ l,\ \psi)$$

对于强迫对流换热：

$$h=f(u,\ \lambda,\ \rho,\ c_p,\ \eta,\ l,\ \psi)$$

对于自然对流换热：

$$h=f(\lambda,\ \rho,\ c_p,\ \eta,\ l,\ \psi,\ \alpha_V\Delta t)$$

式中，ψ 表示换热表面的几何因素，如形状、相对位置等。$\alpha_V\Delta t$ 为浮升力项所包含的因子。

3. 换热微分方程

当流体流过固体壁面时，根据无滑移边界条件，紧靠壁面处的流体是静止的。因此紧靠壁面处流体与壁面之间的热量传递只能依靠导热。如图 10-1 所示，根据傅里叶定律，固体壁面 x 处的局部热流密度为：

$$q_x=-\lambda\left.\frac{\partial t}{\partial y}\right|_{y=0,x}$$

注意，式中 λ 是流体的导热系数，而不是固体壁面的导热系数。从另一个角度看，仍然可以用牛顿冷却公式描述该对流换热现象，即：

$$q_x = h_x(t_w - t_f)_x$$

联立上面两式，可求得局部表面传热系数：

$$h_x = -\frac{\lambda}{(t_w - t_f)_x} \frac{\partial t}{\partial y}\bigg|_{y=0,x} \tag{10-5}$$

如果热流密度、表面传热系数、温度梯度以及温度差都取整个壁面的平均值，则式(10-5)可写成：

$$h = -\frac{\lambda}{t_w - t_f} \frac{\partial t}{\partial y}\bigg|_{y=0} \tag{10-6}$$

式(10-5)、式(10-6)称为对流换热的换热微分方程。它建立了表面传热系数与温度场之间的关系。由上式可知，对流换热问题的表面传热系数归根到底是通过壁面上的温度梯度求得的，即要想求得表面传热系数，首先必须求出流体的温度场。

对流换热的主要研究方法有四种：分析法、数值法、实验法和比拟法。目前，理论分析、数值计算和实验研究相结合是科技工作者广泛采用的解决复杂对流换热问题的主要研究方法。

第二节　对流换热的数学描述

对流换热问题的完整数学描述包括对流换热微分方程组及其单值性条件，它是求解对流换热问题的基础。

1. 对流换热微分方程组

对流换热过程是在流动的流体中发生的热量传递现象。因此，它的综合物理过程需要用一组微分方程来描述，包括：连续性微分方程、动量微分方程、以及能量微分方程。

在建立对流换热的数学描述时，为简化分析，作如下假设：

① 流体为连续性介质。

② 流体的物性参数为常数，不随温度变化。

③ 流体为不可压缩流体。

④ 流体为牛顿流体，即切应力与应变之间的关系为线性，遵循牛顿公式 $\tau = \eta \frac{\partial u}{\partial y}$。

⑤ 流体无内热源，忽略黏性耗散产生的耗散热。

⑥ 对流换热是二维的。

(1) 连续性微分方程

连续性微分方程是根据微元体的质量守恒导出的。二维流动时，其形式为：

$$\frac{\partial u}{\partial x}+\frac{\partial v}{\partial y}=0 \tag{10-7}$$

式中，u、v 分别是 x、y 方向的速度。式(10-7)称为二维常物性不可压缩流体的连续性微分方程。

(2)动量微分方程

动量微分方程是根据微元体的动量守恒导出的，其形式为：

$$\rho\frac{D\vec{V}}{D\tau}=\vec{F}-\text{grad}\ p+\eta\nabla^2V \tag{10-8}$$

x 方向表示为：

$$\rho\left(\frac{\partial u}{\partial\tau}+u\frac{\partial u}{\partial x}+v\frac{\partial u}{\partial y}\right)=F_x-\frac{\partial p}{\partial x}+\eta\left(\frac{\partial^2 u}{\partial x^2}+\frac{\partial^2 u}{\partial y^2}\right) \tag{10-9a}$$

y 方向表示为：

$$\rho\left(\frac{\partial v}{\partial\tau}+u\frac{\partial v}{\partial x}+v\frac{\partial v}{\partial y}\right)=F_y-\frac{\partial p}{\partial y}+\eta\left(\frac{\partial^2 v}{\partial x^2}+\frac{\partial^2 v}{\partial y^2}\right) \tag{10-9b}$$

动量微分方程又称为纳维尔(N. Navier)-斯托克斯(G. G. Stokes)方程。它是描述黏性流体流动的经典方程。动量微分方程表示微元体动量的变化等于作用在微元体上的外力之和。方程式等号左侧表示动量的变化，也称为流体的惯性力项；等号右侧各项依次为体积力项、压力梯度项、黏性力项。方程式适用于不可压缩黏性流体，对层流或湍流均适用。当体积力只在重力场作用时，自然对流换热中的浮升力起重要作用，而在强迫对流换热中可忽略重力项。

(3)能量微分方程

能量微分方程是根据微元体的能量守恒导出的。描述了流体的温度随时间和空间坐标的分布关系。可表示为：

$$\frac{\partial t}{\partial\tau}+u\frac{\partial t}{\partial x}+v\frac{\partial t}{\partial y}=a\left(\frac{\partial^2 t}{\partial x^2}+\frac{\partial^2 t}{\partial y^2}\right) \tag{10-10}$$

或表示为：

$$\frac{Dt}{D\tau}=a\left(\frac{\partial^2 t}{\partial x^2}+\frac{\partial^2 t}{\partial y^2}\right) \tag{10-11}$$

式(10-10)、式(10-11)称为常物性、无内热源、不可压缩牛顿流体二维对流换热的能量微分方程。

若流体静止，则 $u=v=0$，能量微分方程转化为常物性、无内热源、连续性介质的导热微分方程：

$$\frac{\partial t}{\partial\tau}=a\left(\frac{\partial^2 t}{\partial x^2}+\frac{\partial^2 t}{\partial y^2}\right)$$

能量微分方程式(10-10)中等号左侧第一项为非稳态项，若考虑稳态对流换热，该项可以略去；左侧后两项为对流项，它表示由于流体流入、流出微元体产生的净热量，反映了流体的运动和掺混对换热所起的作用。等号右侧为扩散项，它表示由于流体的热传导而净导入微元体的热量，也称为导热项，形式上它与导热微分方程没有什么两样；若流动速度等于零，该方程将自动转化成导热微分方程。

以上连续性微分方程式(10-7)、动量微分方程式(10-9a)、式(10-9b)和能量微分方程式(10-10)这四个方程组成了对流换热微分方程组。该方程组中含有 u、v、p、t 四个未知量，所以方程组是封闭的。流体的温度场和速度场密切相关，流体的速度场由连续微分方程和动量微分方程来描述，而温度场和速度场之间的关系则由能量微分方程来描述。原则上，该方程组适用于所有满足上述假设条件的对流换热，既适用于强迫对流换热，也适用于自然对流换热；既适用于层流换热，也适用于湍流换热。

2. 对流换热的单值性条件

对流换热的微分方程组是对各种对流换热过程中速度场和温度场的一般描述。对于一个具体的对流换热过程，除了给出对流换热的微分方程组外，还必须要给出单值性条件，才能构成其完整的数学描述。对流换热过程的单值性条件就是使对流换热微分方程组获得唯一解的条件。与导热过程类似，对流换热过程的单值性条件包含以下四个方面：

(1) 几何条件

说明对流换热表面的几何形状、尺寸、壁面与流体之间的相对位置、壁面的粗糙度等。

(2) 物理条件

说明流体的热物理性质，例如给出流体热物性参数(λ、ρ、c_p、α 等)的数值及其变化规律等。此外，流体内部有无内热源以及内热源的分布规律等也属于物理条件。

(3) 时间条件

说明对流换热过程进行的时间上的特点，例如是稳态还是非稳态对流换热。对于非稳态对流换热过程，还应该给出初始条件，即过程初始时刻的速度场和温度场。

(4) 边界条件

说明所研究的对流换热在边界上的状态(如边界上流体的速度分布和温度分布)以及与周围环境之间的相互作用。常遇到的对流换热边界条件主要有两类：第一类边界条件和第二类边界条件。

1) 第一类边界条件

第一类边界条件给出边界上的温度分布及其随时间的变化规律，即：

$$\tau>0,\ t_w=f(x,\ y,\ z,\ \tau)$$

若在对流换热过程中固体壁面上的温度为定值，即 t_w = 常数，则称为等壁温边界条件。

2）第二类边界条件：

第二类边界条件给出边界上的热流密度分布及其随时间的变化规律，即：

$$\tau>0,\ q_w=f(x,\ y,\ z,\ \tau)$$

根据傅里叶定律，边界上的热流密度又可表示为：

$$q_w=-\lambda\left.\frac{\partial t}{\partial n}\right|_w$$

若在对流换热过程中固体壁面上的热流密度为定值，即 q_w=常数，则称为常热流边界条件。

对流换热无第三类边界条件，因为求解对流换热问题的主要目的之一就是求解表面传热系数。

第三节　边界层的概念

由于对流换热微分方程组的复杂性，尤其是动量微分方程的复杂性和非线性的特点，要针对实际问题在整个流场内数学上求解对流换热微分方程组是非常困难的。1904年，德国科学家普朗特(L. Prandtl)提出了著名的流动边界层概念，并用它对动量微分方程进行了实质简化。

普朗特在对黏性流体的流动进行大量的仔细的实验观察基础上提出了突破性的新见解，他认为，流体流过固体壁面时，黏性力起作用的区域仅仅局限于紧靠壁面的薄层内。在这个薄层以外，黏性力不起作用而可以使用理想流体的已知解。在这个薄层以内，运用数量级分析法可以使动量微分方程作实质简化，使其分析求解成为可能。类似流动边界层，1921 年，波尔豪森(E. Pohlhausan) 提出了热边界层概念。本节主要介绍流动边界层和热边界层的特性，以及边界层的对流换热微分方程组。

1. 流动边界层

（1）流动边界层的概念

以流体平行外掠平板的强迫对流换热为例，说明流动边界层的概念和特征。设黏性流体以均匀速度 u_∞ 流过平板上方(设垂直纸面方向无限长)，由于黏性力的作用，壁面附近的流体速度下降，与平板接触的流体黏附在平板表面上，即黏性流体与固体壁面之间不存在相对滑移(无滑移条件)，$u|_{y=0}=0$。从壁面处 $y=0$、速度 $u=0$ 开始，速度 u 随着离壁面距离 y 的增加而急剧增大，逐渐接近主流速度 u_∞，如图 10-3 所示。精确测试结果已经证明，速度 u 在 y 方向上只经过一个很小的距离，就已经十分接近远离壁面的

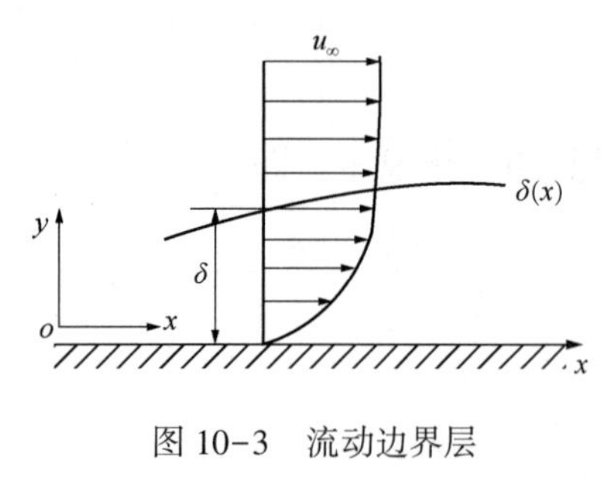

图 10-3　流动边界层

主流速度，这一速度发生明显变化的流体薄层称为流动边界层(或速度边界层)。通常规定速度达到 $0.99u_\infty$ 处的 y 值作为流动边界层的厚度，用 δ 表示。

流动边界层的厚度是很薄的。实测表明，温度为 20 ℃的空气以 $u_\infty=10$ m/s 的速度掠过平板时，在距离平板前缘 100 mm 和 200 mm 处流动边界层的厚度分别约为 1.8 mm 和 2.5 mm。可见，流动边界层的厚度 δ 与流动方向的平板长度 l 相比非常小，相差一个数量级以上。

根据流动边界层的特点，普朗特提出可以把整个流场分为两个区域：紧靠壁面的边界层区和边界层以外的主流区。在边界层区内，速度梯度 $\partial u/\partial y$ 很大，根据黏性切应力公式 $\tau=\eta\dfrac{\partial u}{\partial y}$ 可知，即使是黏性相当小的流体(例如水或空气)，黏性力的作用也不能忽视。黏性力与惯性力处于同一数量级，故边界层内是发生动量传递的主要区域，流体的流动由动量微分方程来描述。在主流区内，速度梯度趋近于零，无论流体的黏性有多大，黏性力的作用可以忽略不计，流体可近似为理想流体，流体的流动由理想流体的欧拉方程来描述。

(2) 流体外掠平板时边界层的形成和发展

假设来流是速度均匀分布的层流，平行流过平板。沿流动方向，流动边界层厚度 δ 的变化情况为：

在平板的前缘 $x=0$ 处，$\delta=0$。随着流体向前流动，由于动量的传递，壁面处黏性力的影响逐渐向流体内部发展，流动边界层厚度逐渐增加，如图 10-4 所示。从平板的前缘 $x=0$ 到平板上某一距离 x_c 以前，由于黏性作用在壁面的极薄层内，扰动在其中不易发展起来，黏性力的作用很大，流体呈现有秩序的分层流动，各层互不干扰，即边界层内的流动处于层流状态，这段边界层称为层流边界层。

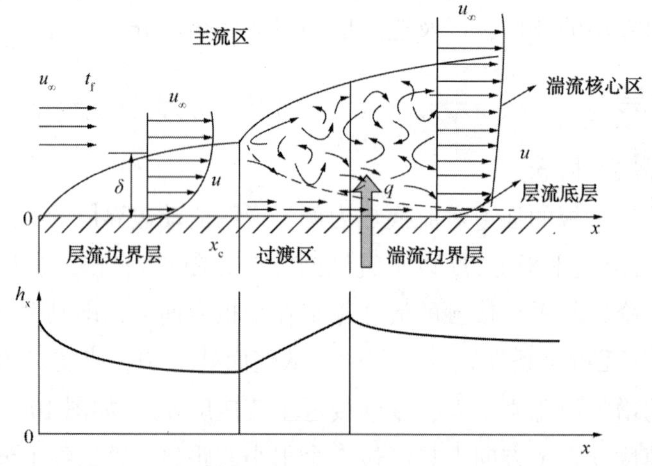

图 10-4　流体外掠平板时流动边界层的形成和发展及局部表面传热系数的变化示意图

流动沿平板继续进行时，流动边界层厚度逐渐增加。边界层边缘处黏性力的影响逐渐减弱，惯性力的影响相对加大。当边界层达到一定厚度时，扰动发展起来。自距离前缘 x_c 处起，流动朝着湍流过渡，逐渐形成旺盛湍流，边界层最终过渡为湍流边界层。在层流边界层和湍流边界层之间存在一段过渡区。

与层流边界层相比，湍流边界层的厚度明显加厚。湍流边界层内存在着具有三层不同流动状态的结构模型：即层流底层、缓冲层、湍流核心区。层流底层紧靠壁面处，黏性力与惯性力相比仍占绝对优势，这一薄层内流体保持层流流态，故称为层流底层(又称黏性底层)。层流底层内具有很大的速度梯度。而湍流核心区内由于强烈的扰动混合使速度趋于均匀，速度梯度很小。层流底层和湍流核心区之间有一层从层流到湍流的过渡层，通常称为缓冲层。边界层从层流开始向湍流过渡的距离 x_c 称为转戾点，又称为临界距离。其大小取决于流体的物性、固体壁面的粗糙度、来流的湍流度以及边界层外流体的压力分布等，由实验确定。临界距离通常由临界雷诺数 Re_c 给出：

$$Re_c = \frac{u_\infty x_c}{\nu}$$

对于流体外掠平板的流动，$Re_c = 2\times10^5 \sim 3\times10^6$，一般情况下取 $Re_c = 5\times10^5$。

2. 热边界层

当温度均匀的流体与它所流过的固体壁面温度不同时，流体与固体壁面发生热量传递。在壁面附近会形成一层温度变化较大的流体层，称为热边界层(或温度边界层)。如图 10-5 所示，在热边界层内，紧贴壁面的流体温度等于壁面温度 t_w。随着流体离壁面的距离越来越远，流体温度逐渐接近主流温度 t_f。一般规定流体过余温度 $t-t_w = 0.99(t_f-t_w)$ 处到壁面的距离作为热边界层的厚度，用 δ_t 表示。

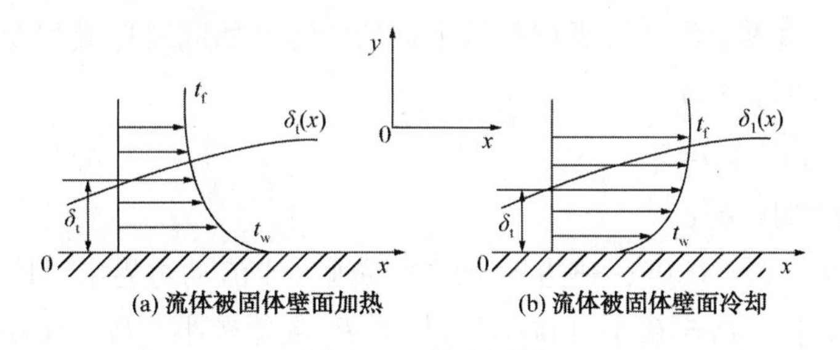

图 10-5　热边界层

相应的，对流换热的温度场可以分为两个区域：热边界层区和热边界层以外的主流区。热边界层区就是存在温度梯度的流体层，因此也是发生热量传递的主要区域，其温度场由能量微分方程描述。主流区温度梯度忽略不计，可以看作等温流动，流体温度为主流温度 t_f。

3. 普朗特数

流体的温度分布受速度分布的影响，但是二者的分布并不相同。层流边界层内，具有较大的速度梯度，速度梯度由大到小变化比较平缓。热边界层内也具有较大的温度梯度，温度梯度的变化也比较平缓。垂直于壁面方向上的热量传递主要依靠导热，换热较弱。湍流边界层内，层流底层中具有很大的速度梯度，也具有很大的温度梯度，热量传递主要依靠导热；而湍流核心区内由于强烈的扰动和混合使速度和温度都趋于均匀，速度梯度和温度梯度都很小，热量传递主要依靠对流，换热较强。对于工业上和日常生活中常见流体的湍流对流换热，除液态金属外，热阻主要在层流底层。

局部表面传热系数的变化趋势如图 10-5 所示。在层流边界层区，热量传递主要依靠导热。随着边界层的加厚，导热热阻增大，局部表面传热系数逐渐减小。在过渡区，随着流体扰动的加剧，对流传热方式的作用越来越大，局部表面传热系数逐渐增大。在湍流边界层区，随着湍流边界层的加厚，热阻也增大，局部表面传热系数随之减小。

一般来说，流动边界层和热边界层的厚度并不相等。如果整个平板都与流体进行对流换热，则流动边界层和热边界层都从平板的前缘开始同时形成和发展。在同一位置处，这两种边界层厚度的相对大小取决于流体的运动黏度 ν 和热扩散率 a 的相对大小。运动黏度反映流体动量扩散的能力，在其他条件相同的情况下，ν 值越大，流动边界层越厚。热扩散率 a 反映物体热量扩散的能力，在其他条件相同的情况下，a 越大，热边界层越厚。引入普朗特数：

$$Pr=\frac{\nu}{a} \tag{10-12}$$

其物理意义为流体的动量扩散能力与热量扩散能力之比。分析结果表明，对于层流边界层，如果流动边界层和热边界层都从平板的前缘开始同时形成和发展，则：

当 $\nu>a$、$Pr>1$ 时，$\delta>\delta_t$

当 $\nu=a$、$Pr=1$ 时，$\delta=\delta_t$

当 $\nu<a$、$Pr<1$ 时，$\delta<\delta_t$

对于液态金属，$Pr<0.05$，热边界层厚度要远大于流动边界层厚度。对于液态金属以外的一般常见流体，$Pr=0.6\sim4\ 000$。气体的 Pr 数值较小，$Pr=0.6\sim0.8$，所以流动边界层的厚度比热边界层厚度略薄。对于高 Pr 数值的油类，$Pr=10^2\sim10^3$，所以流动边界层的厚度要远大于热边界层的厚度。

对于平板只有局部被加热或被冷却时，流动边界层和热边界层就不会同时形成和发展。

综上所述，边界层具有以下几个特征：

① 边界层厚度(δ、δ_t)与壁面特征长度 l 相比是很小的量。

② 流场划分为边界层区和主流区。流动边界层内存在很大的速度梯度，是发生动量扩散(即黏性力作用)的主要区域；流动边界层之外的主流区，流体可近似为理想流体。热边界层内存在较大的温度梯度，是发生热量扩散的主要区域；热边界层之外的主流区温度梯度可以忽略，流体可近似为等温流动。

③ 根据流动状态，边界层分为层流边界层和湍流边界层。湍流边界层具有三层不同流动状态的结构模型：层流底层、缓冲层与湍流核心区。层流底层内的速度梯度和温度梯度远大于湍流核心区。

④ 在层流边界层和层流底层内，垂直于壁面方向上的热量传递主要依靠导热。湍流边界层的主要热阻在层流底层。

以上四点也是边界层理论的基本内容。

4. 边界层内对流换热微分方程组的简化

根据边界层理论的基本内容，运用数量级分析的方法，可以使对流换热微分方程组得到合理的简化，更容易分析求解。

对于常物性、无内热源、不可压缩牛顿流体的二维对流换热，如前所述，对流换热微分方程组可表示为：

$$\frac{\partial u}{\partial x}+\frac{\partial v}{\partial y}=0$$

$$\rho\left(\frac{\partial u}{\partial \tau}+u\frac{\partial u}{\partial x}+v\frac{\partial u}{\partial y}\right)=F_x-\frac{\partial p}{\partial x}+\eta\left(\frac{\partial^2 u}{\partial x^2}+\frac{\partial^2 u}{\partial y^2}\right)$$

$$\rho\left(\frac{\partial v}{\partial \tau}+u\frac{\partial v}{\partial x}+v\frac{\partial v}{\partial y}\right)=F_y-\frac{\partial p}{\partial y}+\eta\left(\frac{\partial^2 v}{\partial x^2}+\frac{\partial^2 v}{\partial y^2}\right)$$

$$\frac{\partial t}{\partial \tau}+u\frac{\partial t}{\partial x}+v\frac{\partial t}{\partial y}=a\left(\frac{\partial^2 t}{\partial x^2}+\frac{\partial^2 t}{\partial y^2}\right)$$

对于稳态、体积力可以忽略的二维强迫对流换热，$\frac{\partial u}{\partial \tau}=\frac{\partial v}{\partial \tau}=\frac{\partial t}{\partial \tau}=0$，$F_x=F_y=0$，则对流换热微分方程组可简化为：

$$\frac{\partial u}{\partial x}+\frac{\partial v}{\partial y}=0 \tag{10-7}$$

$$u\frac{\partial u}{\partial x}+v\frac{\partial u}{\partial y}=-\frac{1}{\rho}\frac{\partial p}{\partial x}+\nu\left(\frac{\partial^2 u}{\partial x^2}+\frac{\partial^2 u}{\partial y^2}\right) \tag{10-13}$$

$$u\frac{\partial v}{\partial x}+v\frac{\partial v}{\partial y}=-\frac{1}{\rho}\frac{\partial p}{\partial y}+\nu\left(\frac{\partial^2 v}{\partial x^2}+\frac{\partial^2 v}{\partial y^2}\right) \tag{10-14}$$

$$u\frac{\partial t}{\partial x}+v\frac{\partial t}{\partial y}=a\left(\frac{\partial^2 t}{\partial x^2}+\frac{\partial^2 t}{\partial y^2}\right) \tag{10-15}$$

对对流换热微分方程组中的各项进行数量级分析，边界层内对流换热微分方程组可简化为：

$$\frac{\partial u}{\partial x}+\frac{\partial v}{\partial y}=0 \tag{10-7}$$

$$u\frac{\partial u}{\partial x}+v\frac{\partial u}{\partial y}=-\frac{1}{\rho}\frac{\partial p}{\partial x}+\nu\frac{\partial^2 u}{\partial y^2} \tag{10-16}$$

$$u\frac{\partial t}{\partial x}+v\frac{\partial t}{\partial y}=a\frac{\partial^2 t}{\partial y^2} \tag{10-17}$$

简化后的方程组只有三个方程，但仍然含有 u、v、p、t 四个未知量。方程组不封闭。由于忽略了 y 方向的压力变化，使边界层内压力沿 x 方向变化与边界层外的主流区压力相同，所以压力 p 可由主流区理想流体的伯努利方程确定。如果忽略位能的变化，伯努利方程可表示为：

$$p+\frac{1}{2}\rho u_{\infty}^2=\text{常数}$$

于是：

$$\frac{\mathrm{d}p}{\mathrm{d}x}=-\rho u_{\infty}\frac{\mathrm{d}u_{\infty}}{\mathrm{d}x} \tag{10-18}$$

显然，当主流速度 u_{∞}=常数时，$\mathrm{d}u_{\infty}/\mathrm{d}x=0$。这样式(10-7)、式(10-16)、式(10-17)和式(10-18)构成了一个封闭的方程组，加上单值性条件，可以求解 u、v、p、t 四个未知量。在求出边界层内的温度分布后，通过换热微分方程式(10-5)可求出局部表面传热系数。

边界层对流换热微分方程组可以应用数学分析法求解，并可求得精确解。但仅适用于符合边界层性质的场合，管内流动不适合，且一般限于少数简单边界条件的情况。

研究对流换热问题的主要任务之一就是确定各种对流换热问题的表面传热系数及其影响因素。分析法、数值法和实验法是解决各种对流换热问题的三种基本方法。这三种方法的共性是都以某一具体对流换热现象的对流换热微分方程组和单值性条件为出发点，但具体实施方法各不相同。采用分析法，求解对流换热微分方程组只能解决少数简单的对流换热问题，主要适用于边界层内的对流换热。

目前，实验研究仍然是解决复杂对流换热问题的一种重要且可靠的方法。运用相似原理，可以将影响对流换热过程的各个物理量组合成无量纲的特征数，如 *Nu*、*Re*、*Pr*、*Gr* 等。

在用实验方法研究对流换热问题时，需要测量特征数中包含的物理量，应该而且也需要把测量结果整理成相似特征数之间的函数关系。

一般地，对稳态无相变的对流换热现象，其特征数关联式为：

$$Nu=f(Re,\ Pr,\ Gr)$$

其中，Nu 为待定特征数，它包含的表面传热系数 h 是需要求解的未知量。Re、Pr、Gr 为已定特征数。

第四节　单相流体强迫对流换热

对于工程上常见的绝大多数单相流体的对流换热问题，经过科技工作者多年的理论分析与实验研究，都已经获得了计算表面传热系数的特征数关联式。这些关联式的准确性已在大量的工程应用中得到了进一步的验证。本节重点介绍几种典型的单相流体对流换热过程及其特征数关联式，主要包括管内强迫对流换热和外部强迫对流换热。熟悉它们的特点及影响因素，并且掌握利用特征数关联式进行对流换热计算的方法，对于一般的传热工程设计具有重要的实用价值。

1. 管内强迫对流换热

单相流体管内强迫对流换热是工业上和日常生活中最常见的换热现象，如各类液体、气体管道内的对流换热以及各类换热器排管内的对流换热等。

(1) 管内强迫对流换热的特点

1) 流态

流体的流动状态对对流换热有显著影响。由流体力学可知，流体在管道内的流动可以分为层流和湍流两大类，主要取决于流体的物性、管道的几何尺寸、管内壁的粗糙度、流体进入管道前的稳定程度等因素。对于工业上和日常生活中常用的一般光滑管道：

当 $Re=\dfrac{u_{m}d}{\nu}\leqslant 2300$，层流；

当 $2300<Re<10^{4}$，层流到湍流的过渡区；

当 $Re>10^{4}$，湍流。

2) 进口段与充分发展段

① 流动进口段与充分发展段

当不可压缩牛顿流体以均匀的速度从大空间稳态流进一根圆管时，从管子的进口处开始，流动边界层沿流动方向从零开始逐渐加厚，圆管截面上的速度分布沿流动方向(轴向)不断变化。当流动边界层的边缘在圆管的中心线汇合之后，圆管横截面上的速度分布沿轴向不再变化，这时称流体进入了流动充分发展段，在此之前的一段称为流动进口段，如图 10-6(a)所示。

对于管内等温层流，流动充分发展段具有以下特征：

a）沿轴向的速度不变，即 $\partial u/\partial x=0$，其他方向的速度为零。

b）圆管横截面上的速度分布为抛物线分布，可表示为：

$$\frac{u(r)}{u_m}=2\left(1-\frac{r^2}{R^2}\right)$$

式中，u_m 为截面平均流速，R 为管内半径，r 为径向坐标。

c）沿流动方向的压力梯度不变，即 dp/dx = 常数，阻力系数 f 为常数，$f=64/Re$。

② 热进口段与热充分发展段：

如果流体与管内壁之间存在温度差，流体流进管内后就会与管壁之间发生对流换热。从管子的进口处开始，热边界层开始发展，并沿流动方向逐渐增厚，流体的温度沿 x 和 r 方向不断变化。当热边界层的边缘在圆管的中心线汇合之后，虽然流体的温度仍然沿 x 方向不断发生变化，但无量纲温度 $\frac{t_w-t}{t_w-t_f}$ 不再随 x 而变，只是 r 的函数，这时称管内的对流换热进入了热充分发展阶段，在此之前的一段称为热进口段，如图 10-6(b) 所示。

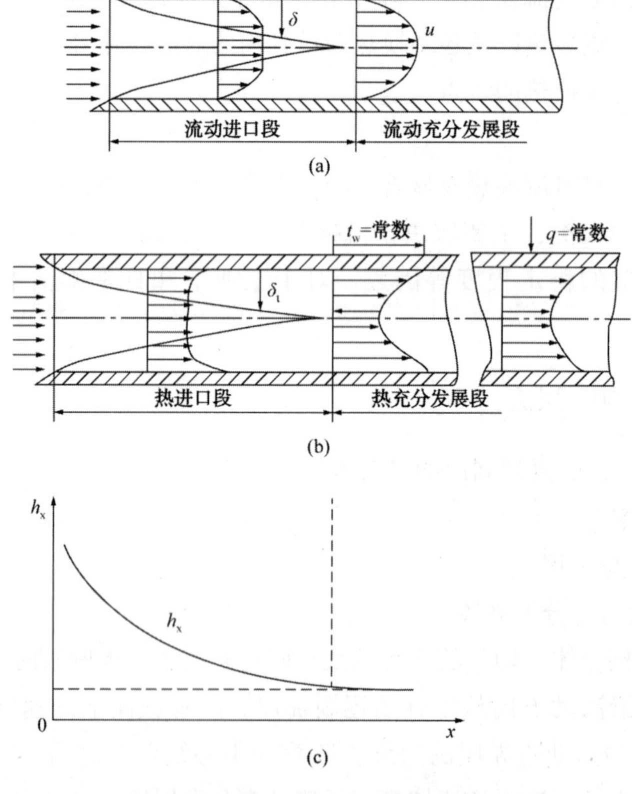

图 10-6　层流进口段与充分发展段

常物性流体管内对流换热，局部表面传热系数的变化特征为：

a）热进口段：在管子进口处边界层很薄，局部表面传热系数 h_x 很大，对流换热较强。随着边界层的增厚，h_x 沿 x 方向逐渐减小，对流换热逐渐减弱，直到进入热充分发展段，如图 10-16(c)所示。

b）热充分发展段：h_x 沿流动方向保持不变。这一结论对于管内层流和湍流、等壁温边界条件和常热流边界条件都适用。

研究表明，对于管内层流，流动进口段的长度可用式(10-19)计算：

$$\frac{l}{d}\approx 0.05Re \tag{10-19}$$

热进口段的长度可用式(10-20)计算：

$$\frac{l}{d}\approx 0.05RePr \tag{10-20}$$

湍流时，只要 $l/d\geqslant 60$，则局部表面传热系数和平均表面传热系数就不受进口段的影响。

比较式(10-19)和式(10-20)可以看出，当 $Pr>1$ 时，流动边界层的发展比热边界层快，即流动进口段比热进口段短；当 $Pr<1$ 时，热边界层的发展比流动边界层快，即热进口段的长度比流动进口段短。

3）两种典型的热边界条件——等壁温和常热流

当流体在管内被加热或被冷却时，加热或冷却壁面的热状况称为热边界条件。实际的工程传热情况是多种多样的，为便于研究和应用，从各种复杂情况中抽象出两类典型的热边界条件：等壁温边界和常热流边界。轴向与周向壁温均匀，称为等壁温边界。轴向与周向热流密度均匀，称为常热流边界。图 10-7 中示意性地给出了在这两种边界条件下沿主流方向流体截面平均温度 $t_f(x)$ 及壁面温度 $t_w(x)$ 的变化情况。

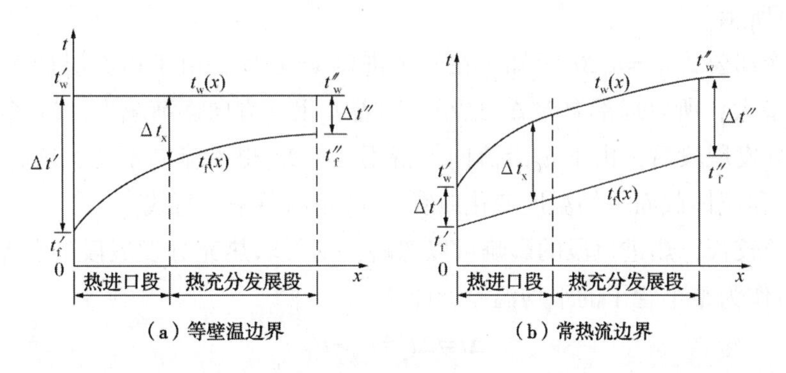

图 10-7　等壁温边界与常热流边界条件下壁面温度与流体截面平均温度沿 x 方向的变化

实验研究时，采用蒸汽凝结来加热壁面或采用液体沸腾来冷却壁面时，就造成了接近均匀壁温的热边界条件。采用均匀缠绕的电热丝来加热壁面时，就造成了接近均匀热流密度的热边界条件。

4）流体的平均温度、流体与壁面的平均温差

确定流体的物性参数时，需要知道流体的定性温度，通常定性温度取为管子进、出口截面流体截面平均温度的算术平均值，即：

$$t_f=\frac{1}{2}(t'_f+t''_f) \tag{10-21}$$

流体截面平均温度可以采用实验方法进行测量。方法是在管道的待测截面处加装混合段，使截面上各部分的流体充分混合，这样才能保证测得的温度是流体的截面平均温度。

运用牛顿冷却公式 $q=h(t_w-t_f)=h\Delta t$ 计算对流换热量时，除了需要确定平均表面传热系数 h 外，还需要知道管壁与流体的平均温差 Δt。一般情况下，管壁温度和流体温度均沿管轴向发生变化，变化规律与边界条件有关。

① 等壁温边界：

对于等壁温边界条件，截面上管壁与流体的局部温差 Δt_x 沿 x 方向按指数函数规律变化。由于管壁温度 t_w = 常数，所以流体截面平均温度 t_f 也按同样的指数函数规律变化，如图 10-7(a)所示。此时，整个管子的平均温差可按对数平均温差计算，即：

$$\Delta t=\frac{\Delta t'-\Delta t''}{\ln\frac{\Delta t'}{\Delta t''}} \tag{10-22}$$

如果进口温差 $\Delta t'$ 与出口温差 $\Delta t''$ 相差不大，$0.5<\Delta t'/\Delta t''<2$ 时，Δt 可近似地取管子进口温差与出口温差的算术平均值，计算结果与对数平均温差的偏差小于 4%。

② 常热流边界：

对于常热流边界条件，流体的截面平均温度 t_f 和管壁温度 t_w 沿流动方向 x 的变化如图 10-12(b)所示。

由牛顿冷却公式 $q_x=h_x\Delta t_x$ 可知，在管子进口 $x=0$ 处，由于边界层最薄，局部表面传热系数 h_x 最大，所以局部温差 Δt_x 最小；随着 h_x 沿 x 方向逐渐减小，Δt_x 逐渐增大，直到进入热充分发展段后，由于 h_x 沿流向保持不变，Δt_x 也沿流向不变，这时壁面温度变化曲线 $t_w(x)$ 和流体截面平均温度变化曲线 $t_f(x)$ 是两条平行直线。

如果管子较长，热进口段的影响可以忽略，则可取热充分发展段的温差（即管子出口处的温差）作为整个管子的平均温差，即：

$$\Delta t=\Delta t''=t''_w-t''_f \tag{10-23}$$

如果管子较短，热进口段的影响不能忽略，则整个管子的平均温差可近似地取管子进口温差 $\Delta t'$ 和出口温差 $\Delta t''$ 的算术平均值，即：

$$\Delta t=\frac{1}{2}(\Delta t'+\Delta t'') \tag{10-24}$$

(2)管内强迫对流换热特征数关联式

1) 层流换热

对于常物性流体在光滑管道内充分发展的层流换热的理论分析工作比较充分。表10-1给出了几种横截面形状的管道的分析结果。

表 10-1　不同截面形状的管内充分发展层流换热的努塞尔数 *Nu*

截面形状	$Nu=\frac{hd_e}{\lambda}$		$f\cdot Re\left(Re=\frac{u_m d_e}{\nu}\right)$
	常热流边界	等壁温边界	
圆形	4.36	3.66	64
等边三角形	3.11	2.47	53
正方形	3.61	2.98	57
正六边形	4.00	3.34	60
长方形(长 a，宽 b)			
$a/b=2$	4.12	3.39	62
$a/b=3$	4.70	3.96	69
$a/b=4$	5.33	4.44	73
$a/b=8$	6.49	5.60	82
$a/b=\infty$	8.24	7.54	96

从表10-1中的数值可以看出，常物性流体管内充分发展的层流换热具有以下特征：

a) Nu 为常数，大小与 Re 无关。

b) 对于同一种截面的管道，常热流边界条件下的 Nu 比等壁温边界条件下高20%左右。

对于非圆形截面管道，采用当量直径 d_e 作为特征长度，并用式(10-25)计算：

$$d_e=\frac{4A_c}{P} \tag{10-25}$$

式中，A_c 为管道流通截面面积，P 为管道流通截面的湿周。

如果管子较长，进口段的影响很小，可以直接利用表中的数据进行计算。如果管子较短，进口段的影响不能忽略，推荐采用席德和塔特(Sieder and Tate)提出的公式计算等壁温管内层流换热的平均努塞尔数 Nu_f：

$$Nu_f=1.86\left(Re_f Pr_f\frac{d}{l}\right)^{1/3}\left(\frac{\eta_f}{\eta_w}\right)^{0.14} \tag{10-26}$$

适用条件：$0.48<Pr_f<16\ 700$，$0.004\ 4<\frac{\eta_f}{\eta_w}<9.75$，$\left(Re_f Pr_f\frac{d}{l}\right)^{1/3}\left(\frac{\eta_f}{\eta_w}\right)^{0.14}\geqslant 0.2$。

式(10-26)中，下角标 f 表示定性温度为流体的平均温度 t_f，η_w 按壁面温度 t_w 确定。

2）湍流换热

对于流体与管壁温度相差不大的情况，例如，对于气体，$\Delta t = t_w - t_f < 50$ ℃；对于水，$\Delta t < 30$ ℃；对于油，$\Delta t < 10$ ℃；可采用迪图斯和贝尔特(Dittus and Boelter)于 1930 年提出的关联式：

$$Nu_f = 0.023\, Re_f^{0.8} Pr_f^n \tag{10-27}$$

适用条件：$t_w > t_f$ 时，$n = 0.4$；$t_w < t_f$ 时，$n = 0.3$。$0.7 \leqslant Pr_f \leqslant 160$，$Re_f \geqslant 10^4$，$l/d \geqslant 60$。

式(10-27)是历史上使用时间最长、应用最广泛的关联式。但是该式规定的流体与壁面的温差以及 l/d 的限制条件常常不能满足，此时可以对式(10-27)进行修正。

① 物性场不均匀的影响：

几乎流体的所有物性参数都是温度的函数。当流体在管内强迫对流换热时，由于流体温度场的不均匀，会引起物性场的不均匀，对管内对流换热产生影响。与流体的其他物性相比，黏度受温度的影响最大。黏度场的不均匀直接影响到流体的速度分布，因此对对流换热的影响最为显著。前面已指出，对于流体在管内充分发展的等温层流流动，速度分布为抛物线，如图 10-8 中曲线 1 所示。由于气体的黏度随温度的升高而增大，液体的黏度随温度的升高而减小，所以当气体被加热或液体被冷却时，越靠近壁面黏度越大，越不容易流动。在质量流量不变的情况下，与等温流动相比，靠近壁面处的流速会降低，管中心处的流速会升高，速度分布如图中曲线 2 所示。当气体被冷却或液体被加热时，情况正好与此相反，速度分布曲线如图中曲线 3 所示。

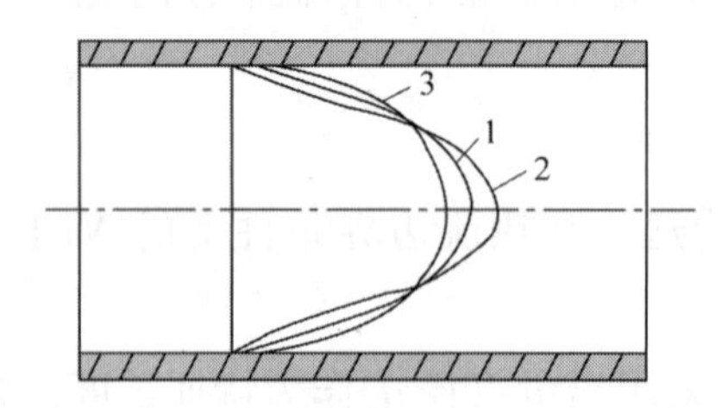

图 10-8　黏度场不均匀对速度分布的影响

1—等温流动；2—气体被加热或液体被冷却；3—气体被冷却或液体被加热

为了考虑物性场不均匀的影响，通常在特征数关联式的右端乘以一个修正系数 c_t。对式(10-27)，修正系数为：

对于气体：

被加热时：

$$c_t = \left(\frac{T_f}{T_w}\right)^{0.5} \tag{10-28a}$$

被冷却时：

$$c_t = 1 \tag{10-28b}$$

对于液体：

被加热时：
$$c_t=\left(\frac{\eta_f}{\eta_w}\right)^{0.11} \tag{10-29a}$$

被冷却时：
$$c_t=\left(\frac{\eta_f}{\eta_w}\right)^{0.25} \tag{10-29b}$$

也有的特征数关联式无论对气体还是液体，都采用：

$$c_t=\left(\frac{Pr_f}{Pr_w}\right)^{n} \tag{10-30}$$

式中，下角标 f 和 w 表示物性参数分别是流体平均温度 t_f 和壁面温度 t_w 下的值。对于不同情况的对流换热，n 的数值会有所不同。

② 进口段的影响：

前面已经分析，在管道的进口处边界层很薄，局部表面传热系数 h_x 很大，对流换热较强。随着边界层的增厚，h_x 沿 x 方向逐渐减小，对流换热逐渐减弱，直到进入热充分发展段后保持不变。因此在计算管内对流换热时要考虑进口段的影响，尤其是短管的对流换热。通常在特征数关联式(10-27)的右端乘以一个修正系数 c_l 来考虑进口段的影响。对于工业上常见管子的管内湍流换热，c_l 可用式(10-31)计算：

$$c_l=1+\left(\frac{d}{l}\right)^{0.7} \tag{10-31}$$

工程技术中常常利用进口段换热效果好这一特点来强化设备的换热。

③ 管道弯曲的影响：

流体在弯管(螺旋管)内流动时，由于管道弯曲使流体流动方向发生改变，在离心力作用下流体在流道内、外侧之间产生二次环流，如图 10-9 所示。二次环流的结果增加了扰动，使表面传热系数增加，对流换热得到强化。弯管的曲率半径越小，二次环流的影响越大。

为了考虑管道弯曲的影响，通常在特征数关联式(10-27)的右端乘以一个修正系数 c_R，c_R 的计算公式如下：

对于气体：
$$c_R=1+1.77\frac{d}{R} \tag{10-32}$$

对于液体：
$$c_R=1+10.3\left(\frac{d}{R}\right)^{3} \tag{10-33}$$

式中，R 为弯管的弯曲半径。对于管内层流换热，管道弯曲影响较小，可以忽略。

对于流体与管壁温度相差较大，流体物性场不均匀影响较大的情况，还可以采用席德-塔特于 1936 年提出的公式：

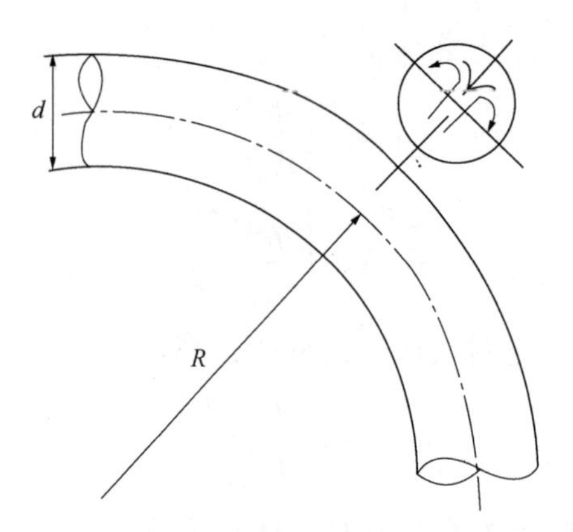

图 10-9　弯曲管道中的二次环流

$$Nu_f = 0.027 Re_f^{0.8} Pr_f^{1/3} \left(\frac{\eta_f}{\eta_w}\right)^{0.14} \tag{10-34}$$

适用条件：$0.7 \leqslant Pr_f \leqslant 16\,700$，$Re_f \geqslant 10^4$，$l/d \geqslant 60$。

式(10-27)、式(10-34)适用于一般光滑管道，对常热流和等壁温边界条件都适用，是形式比较简单的计算管内湍流换热的特征数关联式。但由于提出年代较早，实验数据的偏差较大(达 25%)，因此精确度不高，可用于一般工程计算。

格尼林斯基(Gnilinski)于 1976 年提出了精度较高的计算管内充分发展湍流换热的半经验公式：

$$Nu_f = \frac{(f/8)(Re_f - 1\,000)Pr}{1 + 12.7(f/8)^{1/2}(Pr_f^{2/3} - 1)} \left[1 + \left(\frac{d}{l}\right)^{2/3}\right] c_t \tag{10-35}$$

适用条件：$0.5 \leqslant Pr_f \leqslant 2\,000$，$2\,300 \leqslant Re_f \leqslant 5 \times 10^6$。

式(10-35)中阻力系数 f 可采用贝图霍夫(Petukhov)公式计算：$f = (0.79\ln Re - 1.64)^{-2}$。修正系数 c_t 为：

对于气体：
$$c_t = \left(\frac{T_f}{T_w}\right)^{0.45}, \quad 0.5 \leqslant \frac{T_f}{T_w} \leqslant 1.5 \tag{10-36}$$

对于液体：
$$c_t = \left(\frac{Pr_f}{Pr_w}\right)^{0.11}, \quad 0.05 \leqslant \frac{Pr_f}{Pr_w} \leqslant 20 \tag{10-37}$$

将式(10-35)分别用于气体和液体，可以得到下面进一步简化的公式：

对于气体：
$$Nu_f = 0.021\,4(Re_f^{0.8} - 100)Pr_f^{0.4} \left[1 + \left(\frac{d}{l}\right)^{2/3}\right] \left(\frac{T_f}{T_w}\right)^{0.45} \tag{10-38}$$

适用条件：$0.6 \leqslant Pr_f \leqslant 1.5$，$0.5 < \frac{T_f}{T_w} < 1.5$，$2\,300 \leqslant Re_f \leqslant 5 \times 10^6$。

对于液体：
$$Nu_f = 0.012(Re_f^{0.87} - 280)Pr_f^{0.4} \left[1 + \left(\frac{d}{l}\right)^{2/3}\right] \left(\frac{Pr_f}{Pr_w}\right)^{0.11} \tag{10-39}$$

适用条件：$1.5 \leqslant Pr_f \leqslant 500$，$0.05 < \dfrac{Pr_f}{Pr_w} < 20$，$2\,300 \leqslant Re_f \leqslant 5 \times 10^6$。

从适用条件可见，式(10-35)、式(10-38)、式(10-39)不仅适用于管内旺盛湍流换热，也适用于从层流到湍流之间的过渡流换热。

前面推荐的特征数关联式只适用于普通光滑管道内的对流换热。对于粗糙管，例如工业上常用的铸造管以及为了强化传热有意加工的粗糙内表面管，如内螺纹管等，在高雷诺数(湍流)情况下，其对流换热要比一般的光滑管强。可查阅有关手册进行计算。

根据壁面几何形状的不同，工程上常见的外掠壁面强迫对流换热有：流体外掠平板、横掠单管以及横掠管束的对流换热。下面逐一介绍。

2. 外掠平板

(1) 层流换热

1) 等壁温平板

对于流体沿等壁温平板的层流换热，理论分析已经相当充分，所得结论和实验结果非常吻合，特征数关联式为：

$$Nu_x = 0.332\, Re_x^{1/2} Pr^{1/3} \tag{10-40}$$

$$Nu = 0.664\, Re^{1/2} Pr^{1/3} \tag{10-41}$$

适用条件：t_w = 常数，$0.5 < Pr < 1\,000$，$Re_x \leqslant 5 \times 10^5$。

2) 常热流平板

对于流体沿常热流平板的层流换热，特征数关联式为：

$$Nu_x = 0.453\, Re_x^{1/2} Pr^{1/3} \tag{10-42}$$

$$Nu = 0.680\, Re^{1/2} Pr^{1/3} \tag{10-43}$$

适用条件：q_w = 常数，$0.5 < Pr < 1\,000$，$Re_x \leqslant 5 \times 10^5$。

流体外掠平板层流边界层的厚度 δ 可用式(10-44)计算：

$$\frac{\delta}{x} = 5.0\, Re_x^{-1/2} \tag{10-44}$$

如果从平板前缘 $x=0$ 处开始换热，热边界层的厚度 δ_t 可用式(10-45)计算：

$$\frac{\delta}{\delta_t} = Pr^{-1/3} \tag{10-45}$$

该式的适用条件为：$0.6 < Pr < 15$。

(2) 湍流换热

1) 等壁温平板

对于流体沿等壁温平板的湍流换热，特征数关联式为：

$$Nu_x = 0.029\,6\, Re_x^{4/5} Pr^{1/3} \tag{10-46}$$

如果流体掠过等壁温平板时先形成层流边界层，再过渡到湍流边界层，则整个平板的平均表面传热系数可按式(10-47)计算：

$$Nu=(0.037\,Re^{4/5}-871)\,Pr^{1/3} \tag{10-47}$$

适用条件：t_w=常数，$0.6<Pr<60$，$5\times10^5<Re_x<10^7$。

2）常热流平板

对于流体沿常热流平板的湍流换热，特征数关联式为：

$$Nu_x=0.0308\,Re_x^{4/5}Pr^{1/3} \tag{10-48}$$

适用条件：q_w=常数，$0.6<Pr<60$，$5\times10^5<Re_x<10^7$。

对于常热流平板，湍流边界层的局部努塞尔数比等壁温情况高约4%。

对于流体外掠平板的强迫对流换热，牛顿冷却公式 $q=h(t_w-t_f)$ 中的 t_f 为流体的主流温度，即边界层外的流体温度。特征数关联式中定性温度 t_m 为平板壁面温度与流体主流温度的算术平均值，即 $t_m=(t_w+t_f)/2$。

3. 横掠单管

所谓横掠单管，是指流体沿着垂直于管子轴线的方向流过管子表面。

（1）横掠单管对流换热的特点

1）脱体现象

由流体力学可知，当流体横掠单根圆管或圆柱体时，其流动状态取决于雷诺数 $Re=u_\infty d/\nu$ 的大小，如图 10-10 所示。

$Re<5$	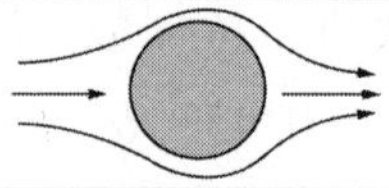	不脱体
$5\sim15<Re<40$	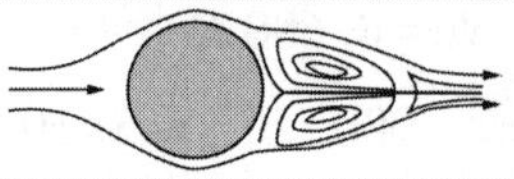	开始脱体，尾流出现漩涡
$40<Re<150$	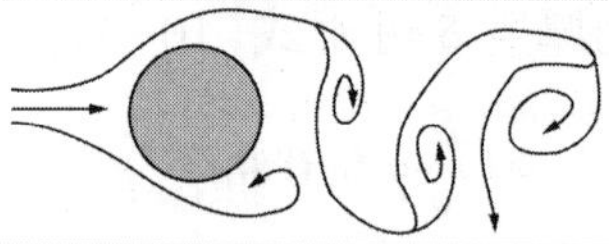	脱体，尾流形成层流涡街
$150<Re<3\times10^5$	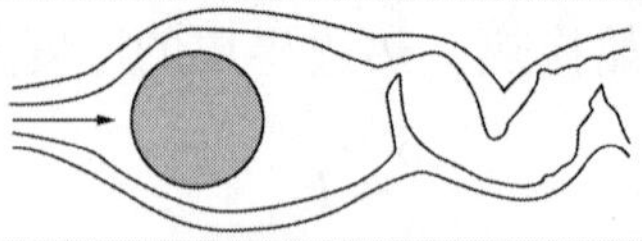	脱体前边界层保持层流，湍流涡街
$3\times10^5<Re<3.5\times10^6$	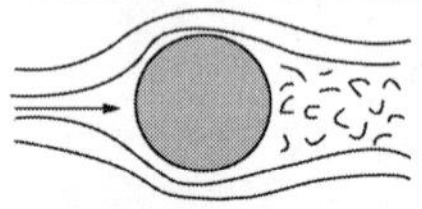	边界层从层流过渡到湍流再脱体，尾流湍乱、变窄
$Re<3.5\times10^6$	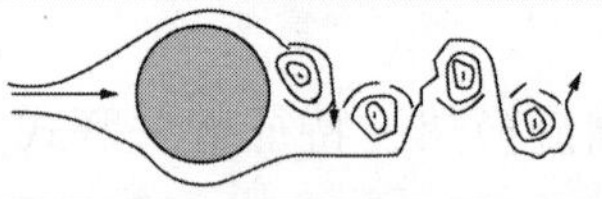	又出现湍流涡街，但比第4种情况狭窄

图 10-10　流体横掠单管时的流动状态

流体横掠单管时除了具有边界层的特征外，还会发生脱体绕流，而产生回流、漩涡和涡束。大量实验观察结果表明，如果 $Re<5$，则流体平滑、无分离地流过管子表面；如果 $Re>5$，则流体在绕流圆管时会发生边界层脱体现象，形成漩涡。这种脱体现象是由于黏性流体流过圆管时流速和压力的变化造成的。

由于黏性力的作用，边界层内靠近壁面处流体的流速较低。当其动量不足以克服压力的增加保持向前流动时，就会产生反方向的流动，形成漩涡，使边界层离开壁面，即发生所谓的脱体现象。如图 10-11 所示。脱体点的位置取决于 Re 数的大小：

当 $5<Re<1.2\times10^5$时，边界层为层流，脱体点在 $\varphi\approx80°\sim85°$处。

当 $Re>1.2\times10^5$时，边界层先从层流转变为湍流，脱体点向后推移到 $\varphi\approx140°$处。

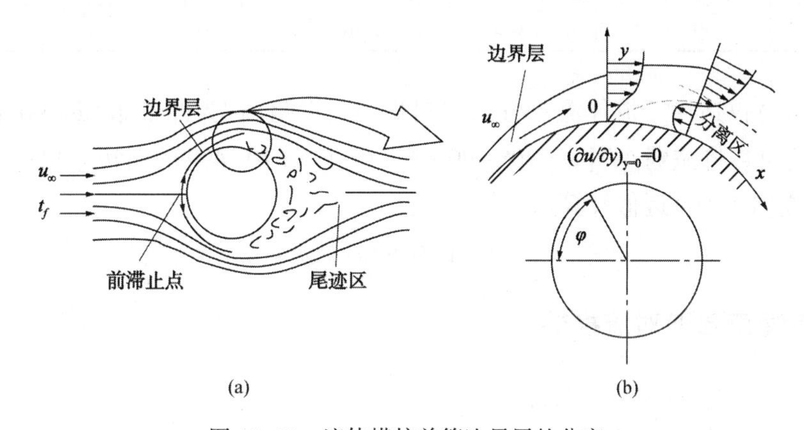

图 10-11 流体横掠单管边界层的分离

2）对流换热的特点

流体沿圆管表面流动状态的变化规律决定了流体横掠圆管时对流换热的特点。图 10-12 所示的是吉特(Giedt)所测得的流体横掠常热流圆管表面时局部努塞尔数 $Nu_\varphi=h_\varphi d/\lambda$ 随角度 φ 的变化曲线。从图 10-12 中可以看出，在 $0\leqslant\varphi<80°\sim85°$范围内，$Nu_\varphi$逐渐减小，这是由于层流边界层逐渐加厚的缘故。下面两条曲线在 80°左右开始回升，是由于雷诺数 Re 较低时层流边界层在 80°左右脱体，扰动使对流换热增强。上面四条曲线出现两次回升，是由于 Re 较高时边界层先由层流过渡到湍流，然后在 $\varphi\approx140°$处发生脱体。

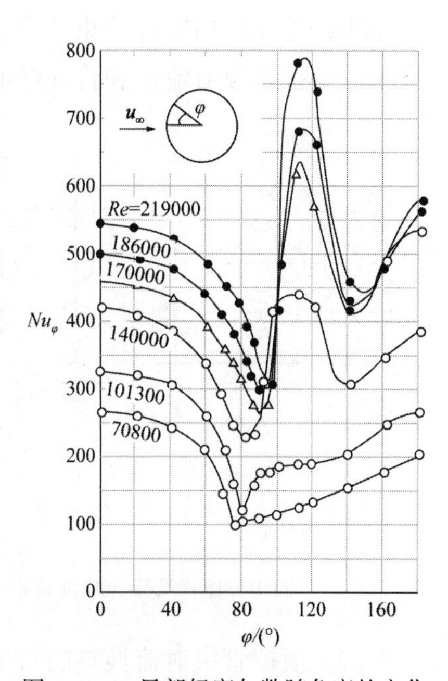

图 10-12 局部努塞尔数随角度的变化

（2）横掠单管对流换热的特征数关联式

对于流体横掠单管的对流换热，茹卡乌思卡斯(A. A. Zukauskas)推荐使用下面特征数关联式：

$$Nu = C\, Re^n Pr^m \left(\frac{Pr}{Pr_w}\right)^{1/4} \tag{10-49}$$

适用条件：0.7<Pr<500，1<Re<10^6。

式(10-49)中，除Pr_w的定性温度为壁面温度t_w外，其他物性的定性温度为主流温度t_f，特征长度为圆管直径d，Re中的速度为主流速度u_∞。对于$Pr \leqslant 10$的流体，$m=0.37$；对于$Pr>10$的流体，$m=0.36$。式中常数C和n的数值列于表10-2中。

表10-2　式(10-49)中常数C和n的数值

Re	C	n	Re	C	n
1~40	0.75	0.4	$10^3 \sim 2\times10^5$	0.26	0.6
40~1 000	0.51	0.5	$2\times10^5 \sim 10^6$	0.076	0.7

式(10-49)仅适用于流体流动方向与圆管轴向夹角(称为冲击角)$\varphi=90°$情况。如果$\varphi<90°$，对流换热将减弱。当$\varphi=30°\sim90°$时，可在式(10-49)的右边乘以一个修正系数ε_φ，ε_φ可用式(10-50)近似计算：

$$\varepsilon_\varphi = 1-0.54\cos^2\varphi \tag{10-50}$$

4. 横掠管束强迫对流换热

(1) 横掠管束对流换热的特点

工业上许多换热设备都是由多根管子组成的管束结构，一种流体在管内流动，另一种流体在管外横向掠过管束。当流体外掠管束时，Re数、Pr数，管束的排列方式、管间距以及管排数对流体和管外壁面之间的对流换热都会产生影响。

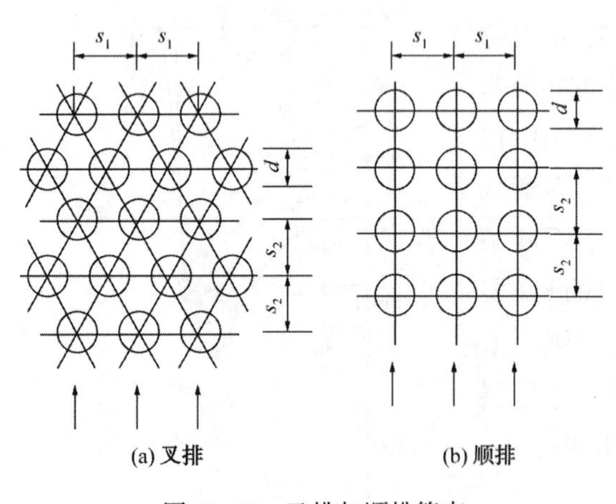

图10-13　叉排与顺排管束

管束的排列方式通常有顺排和叉排两种，如图10-13所示。这两种排列方式各有优缺点：叉排管束中流体在管间交替收缩和扩张的弯曲通道中流动，顺排管束中流体在管间走廊通道中流动，因此叉排对流体的扰动比顺排剧烈，对流换热更强。但顺排管束的流动阻力比叉排小，管束外表面的污垢比较容易清洗。由于管束中后排管的对流换热受到前排管尾流的影响，所以后排管的平均表面传热系数要大于前排，这种影响一般要延伸到16排以上。

(2) 横掠管束对流换热的特征数关联式

对于流体横掠管束的对流换热，茹卡乌思卡斯汇集了大量实验数据，总结出横掠管束对流换热的特征数关联式：

$$Nu_{\mathrm{f}}=C\,Re_{\mathrm{f}}^{m}Pr_{\mathrm{f}}^{0.36}\left(\frac{Pr_{\mathrm{f}}}{Pr_{\mathrm{w}}}\right)^{0.25}\varepsilon_{n} \tag{10-51}$$

适用条件：$0.6<Pr_{\mathrm{f}}<500$，$1<Re_{\mathrm{f}}<2\times10^{6}$。

式(10-51)中，除Pr_{w}采用管束平均壁面温度 t_{w}下的数值外，其他物性参数的定性温度为管束进、出口流体的平均温度 t_{f}。Re_{f}中的流速采用管束最窄流通截面处的平均流速。式中常数 C 和 m 的数值列于表 10-3 中。ε_{n}为管排数的修正系数，其数值列于表 10-4中。

表 10-3　关联式(10-51)中的常数 C 和 m 的数值

管束的排列方式	Re_{f}	C	m
顺排	$1\sim10^{2}$	0.9	0.4
	$10^{2}\sim10^{3}$	0.52	0.5
	$10^{3}\sim2\times10^{5}$	0.27	0.63
	$2\times10^{5}\sim2\times10^{6}$	0.033	0.8.
叉排	$1\sim5\times10^{2}$	1.04	0.4
	$5\times10^{2}\sim10^{3}$	0.7	0.5
	$10^{3}\sim2\times10^{5}$		
	$\frac{s_1}{s_2}\leqslant2$	$0.35\left(\frac{s_1}{s_2}\right)^{0.2}$	0.6
	$\frac{s_1}{s_2}\geqslant2$	0.4	0.6
	$2\times10^{5}\sim2\times10^{6}$	$0.031\left(\frac{s_1}{s_2}\right)^{0.2}$	0.8

表 10-4　关联式(10-51)中的管排修正系数 ε_{n}

管束的排列方式	管排数 n										
	1	2	3	4	5	7	9	10	13	15	≥16
顺排 $Re_{\mathrm{f}}>10^{3}$	0.7	0.80	0.86	0.91	0.93	0.95	0.97	0.98	0.99	0.994	1.0
叉排 $10^{2}<Re_{\mathrm{f}}<10^{3}$	0.83	0.87	0.91	0.94	0.95	0.97	0.98	0.984	0.993	0.996	1.0
$Re_{\mathrm{f}}>10^{3}$	0.62	0.76	0.84	0.90	0.92	0.95	0.97	0.98	0.99	0.997	1.0

式(10-51)仅适用于流体流动方向与管束垂直，即冲击角 $\psi=90°$情况。如果 $\psi<90°$，对流换热将减弱，此时可在式(10-51)的右边乘以一个修正系数 ε_{ψ}来计算管束的平均表面传热系数。修正系数 ε_{ψ}随冲击角的变化曲线如图 10-14 所示。

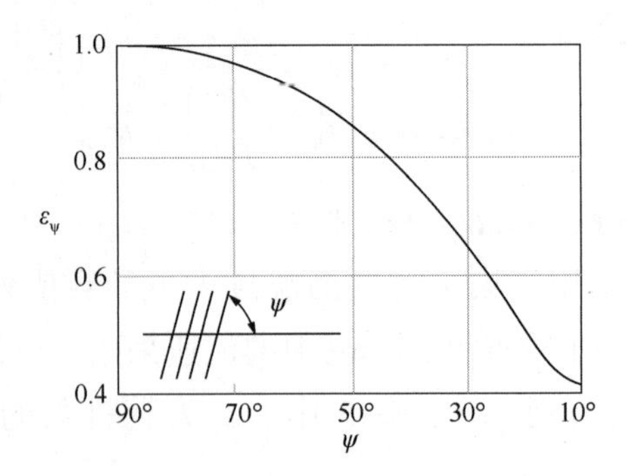

图 10-14　修正系数 ε_{Ψ} 随冲击角的变化曲线

如果冲击角 $\psi=0°$，即流体纵向流过管束，可按管内强迫对流换热的特征数关联式计算，特征长度取管束间流通截面的当量直径 d_e。

例题 10-1：管内强迫对流换热

水流过长 $l=5$ m、壁温均匀的直管时，从 $t'_f=25.3$ ℃被加热到 $t''_f=34.6$ ℃，管子的内径 $d=20$ mm，水在管内的流速 $u=2$ m/s。求管内强迫对流换热的表面传热系数。

解：水的平均温度：

$$t_f=\frac{1}{2}(t'_f+t''_f)=\frac{1}{2}(25.3\ ℃+34.6\ ℃)=30\ ℃$$

以此为定性温度，查水的物性，可得：

$$\lambda=0.618\ \text{W/(m·k)},\ \nu=0.805\times10^{-6}\ \text{m}^2/\text{s},\ Pr=5.42$$

$$\rho=995.7\ \text{kg/m}^3,\ c_p=4.177\ \text{kJ/(kg·K)}$$

计算雷诺数：

$$Re_f=\frac{ud}{\nu}=\frac{2\ \text{m/s}\times0.02\ \text{m}}{0.805\times10^{-6}\ \text{m}^2/\text{s}}=4.97\times10^4>10^4$$

则流动处于旺盛湍流区。

假设换热处于小温差的范围，且已知 $l/d\geqslant60$，由特征数关联式(10-27)，可得：

$$Nu_f=0.023\,Re_f^{0.8}Pr_f^{0.4}=0.023\times(4.97\times10^4)^{0.8}\times5.42^{0.4}=258.5$$

$$h=\frac{\lambda}{d}Nu_f=\frac{0.618\ \text{W/(m·K)}}{0.02\ \text{m}}\times258.5=7\,988\ \text{W/(m}^2\text{·K)}$$

根据管内能量守恒，计算管壁与流体的温差，由：

$$hA(t_w-t_f)=\rho u\frac{\pi d^2}{4}c_p(t''_f-t'_f)$$

有：

$$7\,988\ \text{W/(m}^2\text{·K)}\times0.02\ \text{m}\times\pi\times5\ \text{m}\times(t_w-30\ ℃)$$

$$=995.7\ \text{kg/m}^3\times2\ \text{m/s}\times\frac{\pi\times(0.02\ \text{m})^2}{4}\times4.177\ \text{kJ/(kg·K)}\times(34.6\ ℃-25.3\ ℃)$$

解之：

$$t_w = 39.7\ ℃$$

因此管壁和流体的温差为：

$$\Delta t = t_w - t_f = 39.7\ ℃ - 30\ ℃ = 9.7\ ℃$$

对于水，管壁与流体温差小于30℃，故式(10-27)适用。

分析：本题计算 t_w时，采用的是算术平均温差的方法。实际上，对于均匀壁温的情形，对于整个换热面牛顿冷却公式中的温差 Δt 应该采用对数平均温差，若按对数平均温差计算 t_w，有：

$$hA\frac{t''_f - t'_f}{\ln\dfrac{t_w - t'_f}{t_w - t''_f}} = \rho u\frac{\pi d^2}{4}c_p(t''_f - t'_f)$$

代入数据，计算可得 $t_w = 40\ ℃$，可见计算结果与前面结果相差不多。

例题 10-2：空气外掠平板的强迫对流换热

温度为30 ℃的空气和水分别都以0.5 m/s的速度平行掠过长250 mm、温度为50 ℃的平板。试分别求出平板末端流动边界层和热边界层的厚度，以及空气和水与单位宽度平板的对流换热量。

解：无论对空气还是水，定性温度 t_m都为：

$$t_m = \frac{1}{2}(t_w + t_\infty) = \frac{1}{2}(50\ ℃ + 30\ ℃) = 40\ ℃$$

(1)对于空气

40 ℃时空气的物性参数为：

$$\nu = 16.96\times10^{-6}\ m^2/s,\ \lambda = 2.76\times10^{-2}\ W/(m\cdot K),\ Pr = 0.699$$

在平板末端(距离平板前缘点250 mm处)雷诺数为：

$$Re = \frac{ul}{\nu} = \frac{0.5\ m/s\times0.25\ m}{16.96\times10^{-6}\ m^2/s} = 7.37\times10^3 < 5\times10^5$$

则边界层内流动为层流，由式(10-44)，流动边界层厚度为：

$$\delta = 5.0l\cdot Re^{-1/2} = 5\times0.25m\times(7.37\times10^3)^{-1/2} = 0.0146\ m = 14.6\ mm$$

由式(10-45)，热边界层厚度为：

$$\delta_t = \delta\ Pr^{-1/3} = 0.0146\ m\times0.699^{-1/3} = 16.4\ mm$$

可见，空气的热边界层比流动边界层厚。

整个平板强迫对流换热时：

$$Nu = 0.664\ Re^{1/2}Pr^{1/3} = 0.664\times(7.37\times10^3)^{1/2}\times0.699^{1/3} = 50.6$$

$$h = \frac{\lambda}{d}Nu = \frac{2.76\times10^{-2}\ W/(m\cdot K)}{0.25\ m}\times50.6 = 5.6\ W/(m^2\cdot K)$$

空气与单位宽度平板的对流换热量为：

$$\Phi = Ah(t_w - t_\infty) = 1\text{m} \times 0.25\ \text{m} \times 5.6\ \text{W}/(\text{m}^2 \cdot \text{K}) \times (50-30)\text{K} = 28\ \text{W}$$

(2)对于水

40 ℃时水的物性参数为：

$$\nu = 0.659 \times 10^{-6}\ \text{m}^2/\text{s},\ \lambda = 0.635\ \text{W}/(\text{m} \cdot \text{K}),\ Pr = 4.31$$

在平板末端(距离平板前缘点 250 mm 处)雷诺数为：

$$Re = \frac{ul}{\nu} = \frac{0.5\ \text{m/s} \times 0.25\ \text{m}}{0.659 \times 10^{-6}\ \text{m}^2/\text{s}} = 1.9 \times 10^5 < 5 \times 10^5$$

则边界层内流动为层流，由式(10-44)，流动边界层厚度为：

$$\delta = 5.0\ l \cdot Re^{-1/2} = 5.0 \times 0.25\ \text{m} \times (1.9 \times 10^5)^{-1/2} = 0.0029\ \text{m} = 2.9\ \text{mm}$$

由式(10-45)，热边界层厚度为：

$$\delta_t = \delta\ Pr^{-1/3} = 0.0029\ \text{m} \times 4.31^{-1/3} = 1.8\ \text{mm}$$

可见，在同样温度及流动条件下，水的流动边界层厚度比空气的薄。

整个平板强迫对流换热时：

$$Nu = 0.664\ Re^{1/2} Pr^{1/3} = 0.664 \times (1.9 \times 10^5)^{1/2} \times 4.31^{1/3} = 471$$

$$h = \frac{\lambda}{d} Nu = \frac{0.635\ \text{W}/(\text{m} \cdot \text{K})}{0.25\ \text{m}} \times 471 = 1196\ \text{W}/(\text{m}^2 \cdot \text{K})$$

水与单位宽度平板的对流换热量为：

$$\Phi = hA(t_w - t_\infty) = 1\ 196\ \text{W}/(\text{m}^2 \cdot \text{K}) \times 1\ \text{m} \times 0.25\ \text{m} \times (50-30)\text{K} = 5\ 980\ \text{W}$$

总结：由以上计算结果可见，在同样的温度和流动条件下：①水的流动边界层厚度比空气的薄，水的热边界层厚度也比空气的薄。②水的表面传热系数远远大于空气的表面传热系数；③水的换热能力远远高于空气的换热能力。

例题 10-3：横掠单管的强迫对流换热

在低速风洞中用电加热圆管的方法进行空气横掠水平放置圆管的对流换热实验。实验圆管放置于风洞的两个侧壁上，暴露在空气中的部分长度为 100 mm，外径为 12 mm。实验测得来流温度 $t_\infty = 15$ ℃，换热表面平均温度 $t_w = 125$ ℃，功率 $P = 40.5$ W。由于换热管表面的辐射及换热管两端通过风洞侧壁的导热，估计约有 15%的功率损失掉。试计算此时对流换热的表面传热系数。

解：按照牛顿冷却公式计算整个换热管的平均表面传热系数，由：

$$\Phi = hA(t_w - t_\infty)$$

有：

$$h = \frac{\Phi}{A(t_w - t_\infty)} = \frac{0.85 \times 40.5\ \text{W}}{\pi \times 0.012\ \text{mm} \times 0.1\ \text{m} \times (125\ ℃ - 15\ ℃)} = 83.1\ \text{W}/(\text{m}^2 \cdot \text{K})$$

总结：为了提高表面传热系数测定的精确度，本实验中，应尽量降低换热管的辐射换热以及圆管两端的导热损失。为了减少辐射换热，可在换热管表面镀铬，可使表面发射率下降到 0.1~0.05。为了减少两端的导热损失，在换热管穿过风洞壁面处应采用绝热材料隔开。

例题 10-4：横掠管束的强迫对流换热

在一锅炉中，烟气横掠 4 排管子组成的顺排管束。已知管外径 $d=60$ mm，$s_1/d=2$，$s_2/d=2$，烟气平均温度 $t_f=600$ ℃，管壁温度 $t_w=120$ ℃，烟气通道最窄处平均流速 $u=8$ m/s。试求管束平均表面传热系数。

解：以烟气平均温度为定性温度，查烟气的物性量，有：

$\nu=93.61\times10^{-6}\ \text{m}^2/\text{s}$，$\lambda=7.42\times10^{-2}\ \text{W}/(\text{m}\cdot\text{K})$，$Pr_f=0.62$，$Pr_w=0.686$

计算雷诺数：

$$Re_f=\frac{ud}{\nu}=\frac{8\ \text{m/s}\times0.06\ \text{m}}{93.61\times10^{-6}\ \text{m}^2/\text{s}}=5\ 125$$

由顺排管束、Re、管排数 4 排 $\varepsilon_n=0.91$，查表 10-3，得特征数关联式为：

$$Nu_f=0.27Re_f^{0.63}Pr_f^{0.36}(Pr_f/Pr_w)^{0.25}\varepsilon_n$$
$$=0.27\times5128^{0.63}\times0.62^{0.36}\times(0.62/0.686)^{0.25}\times0.91=43.86$$

$$h=\frac{\lambda}{d}Nu_f=\frac{7.42\times10^{-2}\ \text{W}/(\text{m}\cdot\text{K})}{0.06\ \text{m}}\times43.86=54.24\ \text{W}/(\text{m}^2\cdot\text{K})$$

第五节　自然对流换热

本节只讨论最常见的在重力场作用下的自然对流换热。其产生原因是由于固体壁面与流体之间存在温度差，使流体内部温度场不均匀，导致密度场不均匀，于是在重力场的作用下产生浮升力而促使流体流动，引起热量传递。例如没有通风的室内暖气片与周围空气间的换热，冰箱后面蛇形管散热片的散热，不安装强制冷却装置的电气设备元器件的散热等。自然对流换热不消耗动力，在工业上和日常生活中发挥着重要作用。

1. 自然对流换热的特点

(1) 格拉晓夫数

格拉晓夫数 Gr 的定义为：

$$Gr=\frac{g\alpha_V\Delta tl^3}{\nu^2}$$

它反映了浮升力与黏性力的相对大小。对自然对流换热起到决定作用，Gr 越大，浮升力的相对作用越大，自然对流换热越强。这也是所有自然对流换热的特点。

(2) 流态

格拉晓夫数 Gr 的大小决定了自然对流的流态。有的文献推荐用 Gr 作为自然对流流态的判据，也有的文献推荐用瑞利数 $Ra=Gr\cdot Pr$ 作为自然对流流态的判据。例如对于竖直壁面的自然对流换热，当 $Ra<10^9$ 时，流动为层流；当 $Ra>10^9$ 时，流态为湍流。

（3）边界层中的速度分布和温度分布

下面以大空间沿竖直壁面的自然对流换热为例进行说明。

如图所示，一个具有均匀温度 t_w 的竖直壁面位于一大空间内，远离壁面处的流体处于静止状态，没有强迫对流。假设流体温度低于壁面温度，即 $t_w>t_\infty$，于是壁面和流体之间发生自然对流换热。自然对流边界层有层流和湍流之分，从壁面的下缘开始向上，由层流边界层逐渐过渡到湍流边界层，如图 10-15(a)所示。

自然对流边界层内的流体在浮升力与黏性力的共同作用下运动，边界层内的温度分布和速度分布如图 10-15(b)所示。温度分布的特点为，贴壁处，流体温度等于壁面温度 t_w，沿离开壁面的方向逐渐减小，直至边界层边缘处等于周围环境温度 t_∞。速度分布呈现出两头小中间大的特点。贴壁处，由于黏性作用速度为零。在边界层边缘处由于温度的不均匀作用消失，速度也等于零，最大速度位于边界层内部。

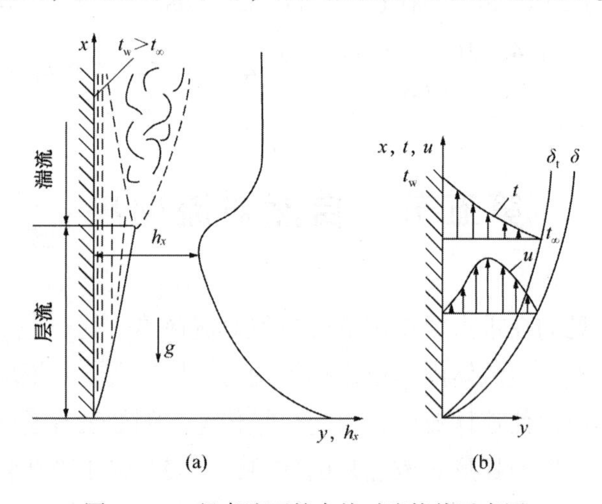

图 10-15　竖直壁面的自然对流换热示意图

（4）局部表面传热系数的变化

随着流态的改变，自然对流换热的强度也随之发生变化。沿竖直壁面高度方向上局部表面传热系数 h_x 的变化如图 10-15(a)所示，随着层流边界层的加厚，对流换热热阻增加，h_x 沿高度方向逐渐减小；当边界层从层流向湍流过渡时，由于边界层内流体的掺混作用使边界层热阻减小，h_x 增大。实验表明，在旺盛湍流阶段，h_x 基本上不随壁面高度变化。

（5）自热对流换热的类型

根据自然对流所在空间的大小、其他物体是否影响自然对流边界层的形成和发展，自然对流换热包括：大空间自然对流和有限空间自然对流。所谓大空间自然对流，是指热边界层的发展不受到干扰和阻碍的自然对流，而并不拘泥于空间上的很大或无限大。

所谓有限空间自然对流，或者边界层的发展受到干扰，或者流体的流动受到限制，从而使其换热规律不同于大空间的情形。

2. 大空间自然对流换热的特征数关联式

理论分析和实验研究的结果都表明，自然对流换热的特征数关联式可以写成下面的幂函数形式：

$$Nu=C\,(GrPr)^{n}=CRa^{n} \tag{10-52}$$

式中，Gr 中的温差 Δt 为壁面温度与流体温度之差，即 $\Delta t=t_{w}-t_{\infty}$。对于符合理想气体性质的气体，体积膨胀系数 $\alpha_{V}=1/T_{m}$。定性温度为壁面温度和流体温度的算术平均温度 $t_{m}=\frac{1}{2}(t_{w}+t_{\infty})$。

常见的自然对流换热有等壁温和常热流两种边界条件，下面分别介绍这两种边界条件下的特征数关联式。

（1）等壁温

对于等壁温边界条件下的自然对流换热，可直接利用式(10-52)进行计算。表 10-5 中列出了几种典型的自然对流换热的 C 和 n 的数值。

表 10-5　式(10-52)中的常数 C 和 n 的数值

壁面形状与位置	流动情况	特征长度	C	n	$GrPr$ 适用范围
竖直平壁或竖直圆柱	H	壁面高度 H	0.59 0.10	1/4 1/3	$10^{4}\sim10^{9}$ $10^{9}\sim10^{15}$
水平圆柱		圆柱外径 d	0.85 0.48 0.125	0.188 1/4 1/3	$10^{2}\sim10^{4}$ $10^{4}\sim10^{7}$ $10^{7}\sim10^{12}$
水平热面朝上或 水平冷面朝下①	或	平壁面积与周长之比 A/U，圆盘取 0.9d	0.54 0.15	1/4 1/3	$10^{4}\sim10^{7}$ $10^{7}\sim10^{11}$
水平热面朝下或 水平冷面朝上	或	平壁面积与周长之比 A/U 圆盘取 0.9d	0.27	1/4	$10^{5}\sim10^{11}$

注：热壁指 $t_{w}>t_{\infty}$，冷壁指 $t_{w}<t_{\infty}$。

对于竖直圆柱，当满足式：

$$\frac{d}{H} \geqslant \frac{35}{Gr^{1/4}} \qquad (10-53)$$

时，可以按竖直壁面处理。否则，直径 d 将影响边界层的厚度，进而影响换热强度。这种情况下，式(10-52)中的常数 C 的数值取为 0.686，n 的数值与竖直平壁的情况相同，对层流和湍流都适用。

（2）常热流

对于常热流边界条件下的自然对流换热，例如电加热器、电子元件表面的散热等，壁面热流密度 q 是给定的，但壁面温度 t_w 未知，并且沿壁面分布不均匀，计算的目的往往是确定局部壁面温度 $t_{w,x}$。

1）竖直壁面

常热流边界条件下竖直壁面自然对流换热的特征数关联式推荐式(10-54)：

对于层流：

$$Nu_x = 0.60\,(Gr_x^* Pr)^{1/5} \qquad (10-54)$$

适用条件：$10^5 < Gr_x^* Pr < 10^{11}$。

对于湍流：

$$Nu_x = 0.17\,(Gr_x^* Pr)^{1/4} \qquad (10-55)$$

适用条件：$2 \times 10^{13} < Gr_x^* Pr < 10^{16}$。

式中，Gr_x^* 称为修正的局部格拉晓夫数，定义为：

$$Gr_x^* = Gr_x Nu_x = \frac{g\alpha_V \Delta t x^3}{\nu^2} \cdot \frac{h_x x}{\lambda} = \frac{g\alpha_V q_w x^4}{\nu^2 \lambda} \qquad (10-56)$$

式(10-54)、式(10-55)中定性温度为局部壁面温度和流体温度的算术平均温度 $t_{m,x} = (t_{w,x} + t_\infty)/2$。但由于 $t_{w,x}$ 未知，定性温度 $t_{m,x}$ 不能确定。对于这种情况，可以采用试算法：先假设一个 $t'_{w,x}$，确定一个定性温度，再根据式(10-54)或式(10-55)求得 h_x，将其代入牛顿冷却公式 $q_x = h_x(t_{w,x} - t_\infty)$ 求出 $t_{w,x}$。如果求出的 $t_{w,x}$ 与假设的 $t'_{w,x}$ 偏差太大，再重新假设，重复上述计算，直到计算结果满意为止。

丘吉尔(Churchill)和朱(Chu)在整理大量文献实验数据的基础上，提出了对等壁温和常热流边界条件都适用的竖直壁面自然对流换热特征数关联式：

$$Nu = \left\{0.825 + \frac{0.387 Ra^{1/6}}{\left[1 + (0.492/Pr)^{9/16}\right]^{8/27}}\right\}^2 \qquad (10-57)$$

适用条件：$10^{-1} < Ra < 10^{12}$，对层流和湍流都适用。

$$Nu = 0.68 + \frac{0.67 Ra^{1/4}}{\left[1 + (0.492/Pr)^{9/16}\right]^{4/9}} \qquad (10-58)$$

适用条件：$Ra < 10^9$ 层流换热。

对于与竖直方向的倾斜角度 $\varphi < 60°$ 的倾斜壁面的自然对流换热，仍然可以使用式(10-57)和式(10-58)进行计算，但需要将 Ra 表达式中的 g 替换成 $g\cos\varphi$。

2）水平长圆柱

对于水平长圆柱表面的自然对流换热，丘吉尔和朱提出了等壁温和常热流边界条件都适用的特征数关联式：

$$Nu=\left\{0.60+\frac{0.387Ra^{1/6}}{\left[1+(0.559/Pr)^{9/16}\right]^{8/27}}\right\}^2 \tag{10-59}$$

适用条件：$Ra<10^{12}$，定性温度为壁面温度和流体温度的算术平均温度 t_m，特征长度为圆柱外径 d。

3）水平壁面

对于常热流边界条件下水平壁面的自然对流换热，推荐下面特征数关联式：

热面朝上或冷面朝下：　$Nu=1.076\,(Gr^* Pr)^{1/6}$　（10-60）

热面朝下或冷面朝上：　$Nu=0.747\,(Gr^* Pr)^{1/6}$　（10-61）

适用条件：$6.37\times10^5<Gr^*<1.12\times10^8$，定性温度为壁面温度和流体温度的算术平均温度 t_m。对于矩形壁面特征长度取短边长，对于圆形壁面特征长度取 $0.9d$。

式(10-60)、式(10-61)中，Gr^* 称为修正的平均格拉晓夫数，定义为：

$$Gr^*=GrNu=\frac{g\alpha_V q l^4}{\nu^2\lambda} \tag{10-62}$$

3. 有限空间自然对流换热的特征数关联式

当自然对流发生在有限空间内时，流体的运动受到空间腔体的限制，流体的加热或冷却也在腔体内进行。例如，北方寒冷地区双层玻璃窗是竖夹层的自然对流换热，水平放置的覆罩有顶盖玻璃的太阳能集热器是水平夹层的自然对流换热。如图 10-16 所示，封闭腔体高温壁面和低温壁面的温度分别为 t_h、t_c，图中未注明温度的另外两个壁面是绝热的，热、冷两个表面间的距离为 δ，此时格拉晓夫数可表示为：

$$Gr=\frac{g\alpha_V(t_h-t_c)\delta^3}{\nu^2} \tag{10-63}$$

式中，定性温度为热、冷两个表面温度的算术平均值，即 $t_m=(t_h+t_c)/2$。Gr 与牛顿冷却公式中的温差为热、冷两个表面温度之差，即 $\Delta t=t_h-t_c$。特征长度为热、冷两个表面的距离 δ。

对于竖夹层，当 $Gr_\delta\leqslant2\,860$ 时；对于水平夹层(底面为热面)，当 $Gr_\delta\leqslant2\,430$ 时，流动尚难展开，夹层内的热量传递为导热。当 Gr_δ超过上述数值时，夹层内开始形成自然对流，并且随着 Gr_δ数值的增加，对流换热越来越剧烈。当 Gr_δ达到一定数值时，会出现从层流向湍流的过渡与转变。除此之外，夹层内的热量传递还有辐射换热。

（1）竖夹层

对于空气在竖夹层内的自然对流换热，推荐下面特征数关联式：

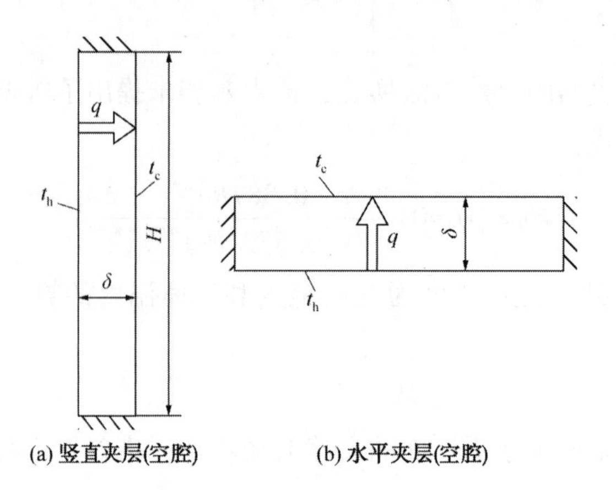

图 10-16　封闭空腔示意图

$$Nu=0.197\,(Gr_\delta Pr)^{1/4}\left(\frac{H}{\delta}\right)^{-1/9} \tag{10-64a}$$

适用条件：　$8.6\times10^3\leqslant Gr_\delta\leqslant 2.9\times10^5$

$$Nu=0.073\,(Gr_\delta Pr)^{1/3}\left(\frac{H}{\delta}\right)^{-1/9} \tag{10-64b}$$

适用条件：　$2.9\times10^5\leqslant Gr_\delta\leqslant 1.6\times10^7$

式(10-64a)、式(10-64b)中实验范围为 $11\leqslant\frac{H}{\delta}\leqslant 42$。

(2) 水平夹层(底面向上散热)

$$Nu=0.212\,(Gr_\delta Pr)^{1/4} \tag{10-65a}$$

适用条件：　$1.0\times10^4\leqslant Gr_\delta\leqslant 4.6\times10^5$

$$Nu=0.061\,(Gr_\delta Pr)^{3} \tag{10-65b}$$

适用条件：　$Gr_\delta\geqslant 4.6\times10^5$

例题 10-5：竖直壁面的大空间自然对流换热

某厂房车间内竖直悬吊一高度为 3 m 的热钢板。已知钢板表面温度 $t_w=170$ ℃，厂房内环境温度 $t_f=10$ ℃。试计算钢板表面自然对流换热的平均表面传热系数。

解：定性温度 $t_m=\frac{1}{2}(t_w+t_f)=\frac{1}{2}(170\text{ ℃}+10\text{ ℃})=90$ ℃

查取空气的物性量为：

$$\nu=22.10\times10^{-6}\ \mathrm{m^2/s},\ \lambda=3.13\times10^{-2}\ \mathrm{W/(m\cdot K)},\ Pr=0.690$$

$$\alpha_V=\frac{1}{T_m}=\frac{1}{(273+90)\,\mathrm{K}}=2.75\times10^{-3}\ \mathrm{K^{-1}}$$

$$Gr=\frac{g\alpha_V(t_w-t_f)H^3}{\nu^2}$$

$$=\frac{9.8\ m/s^2\times2.75\times10^{-3}\ K^{-1}\times(170-10)K\times(3\ m)^3}{(22.10\times10^{-6}\ m/s)^2}=2.41\times10^{11}$$

由表 10-5，对竖直平壁，$C=0.10$，$n=1/3$，则特征数关联式为：

$$Nu=0.10\ (GrPr)^{1/3}=0.10\times(2.41\times10^{11}\times0.69)^{1/3}=549.9$$

$$h=\frac{\lambda}{d}Nu=\frac{3.13\times10^{-2}W/(m\cdot K)}{3\ m}\times549.9=5.74\ W/(m^2\cdot K)$$

总结：该问题中，热钢板与环境的换热存在着对流和辐射两种方式。这里仅考虑自然对流换热，辐射换热将在后面介绍。

例题 10-6：有限空间的自然对流换热

有一竖直封闭空腔夹层，两壁是边长为 0.5 m 的方形壁，两壁间距为 15 mm，温度分别为 100 ℃和 40 ℃。试计算通过此空气夹层的自然对流换热量。

解：定性温度为封闭空腔两壁面温度的平均值，即：

$$t_m=\frac{1}{2}(t_{w1}+t_{w2})=\frac{1}{2}(100\ ℃+40\ ℃)=70\ ℃$$

由此查空气的物性量为：

$$\nu=20.02\times10^{-6}\ m^2/s,\ \lambda=0.0296\ W/(m\cdot K),\ Pr=0.694$$

$$\alpha_V=\frac{1}{T_m}=\frac{1}{(273+70)K}=2.915\times10^{-3}\ K^{-1}$$

计算 Gr_δ：

$$Gr_\delta=\frac{g\alpha_V(t_{w1}-t_{w2})\delta^3}{\nu^2}$$

$$=\frac{9.8\ m/s^2\times2.915\times10^{-3}\ K^{-1}\times(100-40)K\times(0.015\ m)^3}{(20.02\times10^{-6}\ m/s)^2}=1.444\times10^4$$

由式(10-64a)，得：

$$Nu=0.197(Gr_\delta Pr)^{1/4}\left(\frac{H}{\delta}\right)^{-1/9}$$

$$=0.197(1.444\times10^4\times0.694)^{1/4}\left(\frac{0.5\ m}{0.015\ m}\right)^{-1/9}=1.335$$

$$h=\frac{\lambda}{d}Nu=\frac{0.0296\ W/(m\cdot K)}{0.015\ m}\times1.335=2.63\ W/(m^2\cdot K)$$

空气夹层的自然对流换热量为：

$$\Phi=hA(t_{w1}-t_{w2})=2.63\ W/(m^2\cdot K)\times0.5\ m\times0.5\ m\times(100-40)K=39.45\ W$$

习 题

1. 什么是流动边界层和热边界层？它们的厚度是如何规定的？

2. 层流边界层和湍流边界层在传热机理上有何区别？

3. 边界层理论对求解对流换热问题有何意义？

4. 边界层对流换热微分方程组为什么不适用于黏性油？为什么不适用于液态金属？

5. 努塞尔数 Nu 和毕渥数 Bi 表达式的形式完全相同，二者有何区别？

6. 外掠单管与管内流动这两个流动现象在本质上有什么不同？

7. 管内强迫对流换热时，短管修正系数 $c_l \geqslant 1$，弯管修正系数 $c_R \geqslant 1$；而流体横掠管束时管排修正系数 $\varepsilon_n \leqslant 1$，为什么？

8. 管内强迫对流换热时的表面传热系数 h 与速度 u 和管内径 d 有何依变关系？若 u 提高一倍，h 提高多少？若 d 减少一半，h 提高多少？

9. 沿竖直壁面大空间自然对流换热的边界层速度分布与沿竖直壁面的强迫对流换热有何相同点与不同点？

10. 夏季和冬季天花板内表面对流换热的表面传热系数是否相同？

11. 对于油、空气及液态金属，分别有 $Pr>>1$、$Pr\approx 1$、$Pr<<1$。试就外掠等温平板的层流边界层流动，画出三种流动边界层的速度分布和温度分布的大概图像(要能够显示出 δ 与 δ_t 的相对大小)。

12. 水和空气均以 $u_\infty = 1$ m/s 速度分别平行流过平板，边界层的平均温度均为 50 ℃，试求距离平板前缘 100 mm 处流动边界层和热边界层的厚度。

13. 一常物性的流体同时流过温度与之不同的两根直管 1 和 2，且 $d_1 = 2d_2$。流动与换热均已处于湍流充分发展区域。试确定在下列两种情形下两根直管内平均表面传热系数的相对大小：

(1) 流体以同样流速流过两根直管；

(2) 流体以同样质量流过两根直管。

14. 空气以 1.3 m/s 的速度在内径为 22 mm、长为 2.25 m 的管内流动，空气的平均温度为 38.5 ℃，管壁温度为 58 ℃。试求管内对流换热的表面传热系数数值。

15. 一套管式换热器，内管外径 $d_1 = 12$ mm，外管内径 $d_2 = 16$ mm，管长为 400 mm。在内、外管之间的环形通道内水的流速 $u = 2.4$ m/s、水流平均温度 $t_f = 73$ ℃，内管壁温度 $t_w = 96$ ℃。试求内管外表面处对流换热的表面传热系数。

16. 流量为 0.8 kg 的水在直径为 2.5 cm 的管内从 35 ℃加热到 40 ℃，管壁温度为 90 ℃。试问需要多长的管子才能完成这样的加热？

17. 计算水平行流过长度为 0.4 m 的平板时，在距平板前缘点 $x=0.1$ m、0.2 m、0.3 m、0.4 m 处的局部表面传热系数。已知水的来流温度 $t_\infty=20$ ℃、速度 $u_\infty=1$ m/s，平板的壁面温度 $t_w=60$ ℃。

18. 温度为 0 ℃的冷空气以 6 m/s 的速度平行地吹过一太阳能集热器的表面。该表面呈方形，尺寸为 1 m×1 m，其中一边与来流方向垂直。如果集热器表面的平均温度为 20 ℃，试计算由于对流而散失的热量。

19. 温度为 50 ℃，压力为 1.013×10^5 Pa 的空气，平行掠过一块表面温度为 100 ℃的平板上表面，平板下表面绝热。平板沿流动方向长度为 0.2 m，宽度为 0.1 m，按平板长度计算的雷诺数为 4×10^4。试确定：

(1) 平板表面与空气间的表面传热系数和传热量；

(2) 如果空气流速增加一倍，压力增加 10.13×10^5 Pa，计算表面传热系数和传热量。

20. 飞机以 800 km/h(相对于地面)的速度在高空中飞行。如果空气温度 $t_\infty=8.5$ ℃，压力 $p=9\times10^4$ Pa，风速 $u_\infty=10$ m/s，机翼弦长(沿气流方向的长度)为 1.5 m，表面温度 $t_w=31.5$ ℃。求飞机在顺风和逆风飞行时机翼表面的平均表面传热系数。

21. 有一外径为 25 mm、长为 200 mm 的水平圆管横置于风洞中进行空气横掠圆管的对流换热实验，管内用电加热器加热。已测得圆管外壁面的平均温度为 100 ℃，来流空气温度为 20 ℃，空气流速为 5 m/s。试计算圆管外壁面对流换热的表面传热系数和电加热器的功率。

22. 水式量热计为一外径 $d=15$ mm 的管子，用空气斜向吹过。空气速度 $u=2$ m/s，与管子轴线的交角为 60°，空气温度 $t_\infty=20$ ℃。稳定时量热计管子外壁面温度 $t_w=80$ ℃。试计算管壁对空气的对流换热表面传热系数以及单位管长的对流换热量。

23. 空气横掠一光滑管束空气换热器。已知管束有 22 排，每排 24 根管，管子外径为 25 mm，管长为 1.2 m，管束叉排布置，管子间距 $s_1=50$ mm，$s_2=38$ mm，管壁温度为 100 ℃，空气最大流速 $u_{max}=6$m/s，平均温度为 30 ℃。试求表面传热系数以及换热量。

24. 某锅炉厂生产的 220 t/h 高压锅炉，其低温段空气预热器的设计参数为：叉排布置，管子间距 $s_1=76$ mm，$s_2=44$ mm，管径 40×1.5 mm，空气横向冲刷管束。管排中心截面上的流速 $u_f=6.03$ m/s，空气的平均温度 $t_f=133$ ℃，管壁温度 $t_w=200$ ℃，流动方向总排数 $n=44$。求管束与空气间的平均传热系数。

25. 若把上题空气预热器改为横向冲刷顺排布置和纵向冲刷，计算管束与空气间的平均传热系数。

26. 室内有一外径为 76 mm 的水平暖气管道，壁面温度为 80 ℃，室内空气温度为 20 ℃。试求暖气管外壁面处自然对流换热的表面传热系数及单位管长的换热量。

27. 室内火炉上烟囱的外径为 15 cm，其竖直段高度为 1.6 m，壁面平均温度为 150 ℃；水平段长度为 5 m，壁面平均温度为 100 ℃。室内空气温度为 18 ℃。试求每小时烟囱与室内空气间的对流换热量。

28. 冬季，某一顶层房间的室内温度为 25 ℃，天花板的表面温度为 13 ℃，天花板的尺寸为 4×5 m^2。试计算该天花板的自然对流表面传热系数和散热量。

29. 高 1.2 m、宽 0.8 m 的双层玻璃窗夹层间隙为 0.06 m，玻璃窗夹层的两个内表面温度分别为 20 ℃和−10 ℃，试计算通过夹层的热损失。

30. 如习题图 1 所示，平板太阳能集热器的吸热板高 1 m，宽 0.6 m，板平均温度 $t_{w1}=80$ ℃。若单层玻璃盖板的下表面温度 $t_{w2}=50$ ℃，空气夹层的厚度为 25 mm。试比较集热板采用竖直、水平和倾斜 45°三种摆放方式时夹层的自然对流热损失。

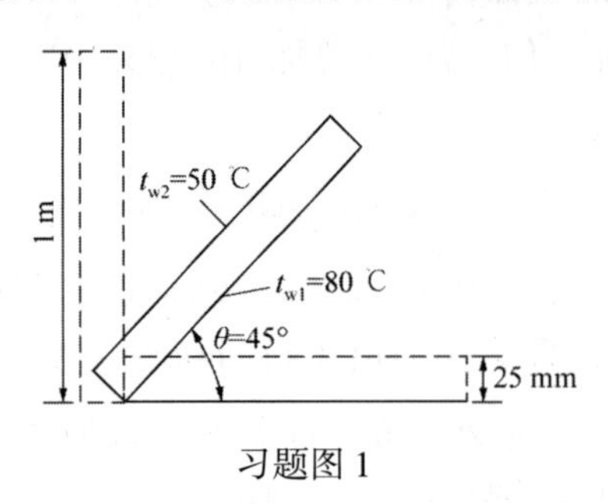

习题图 1

Chapter 10 Convection Heat Transfer

Heat convection is the heat transfer caused by the bulk fluid motion. Convection heat transfer is the mode of heat transfer between a solid surface and the adjacent liquid or gas that is in motion, and it involves the combined effects of conduction and fluid motion. The rate of convection heat transfer can be expressed by Newton's law of cooling, which defines the convection heat transfer coefficient. In this chapter most of our attention will be focused on methods for determining h, the convection heat-transfer coefficient.

10.1 Principles of Convection

10.1.1 Newton's Law of Cooling

Convection heat transfer is complicated by the fact that it involves fluid motion as well as heat conduction. The rate of convection heat transfer is observed to be proportional to the temperature difference and is conveniently expressed by Newton's law of cooling as

$$\Phi = hA\Delta t \tag{10-1}$$

or

$$q = h\Delta t \tag{10-2}$$

For fluid heated $\Delta t = t_w - t_f$

For fluid cooled $\Delta t = t_f - t_w$

where, h is the average convection heat transfer coefficient, $W/(m^2 \cdot K)$; t_w is the average temperature of the surface, ℃; t_f is the temperature of the fluid sufficiently far from the surface, ℃; A is the heat transfer surface area, m^2

For the local convection heat transfer in the local position of the surface, as shown in Figure 10-1, the local heat flux can be expressed as

$$q_x = h_x (t_w - t_f)_x \tag{10-3}$$

The total heat rate can be obtained by integral the Equation (10-3)

$$\Phi = \int_A q_x \mathrm{d}x = \int_A h_x (t_w - t_f)_x \mathrm{d}A$$

Assume the temperature difference between the surface and the fluid is uniform along the solid surface, the average convection heat transfer coefficient over the surface of the solid surface becomes

$$h = \frac{\Phi}{(t_w - t_f)A} = \frac{1}{A}\int_A h_x \mathrm{d}A \tag{10-4}$$

The convection heat transfer coefficient h can be defined as the rate of heat transfer between a solid surface and a fluid per unit surface area per unit temperature difference.

10.1.2 The Convection Heat Transfer Coefficient

Convection is the mode of energy transfer between a solid surface and the adjacent liquid or gas that is in motion, and it involves the combined of conduction and fluid motion. The convection heat transfer coefficient depends on many factors. In general, it depends on five aspects.

(1) Natural Convection and Forced Convection

Convection is classified as natural and forced convection, depending on how the fluid motion is initiated. In forced convection, the fluid is forced to flow over a surface or in a pipe by external means, such as a pump or a fan. In natural convection, any fluid motion is caused by natural means such as the buoyancy effect, which arise from the density differences generated by temperature variations as the warmer fluid rises and the cooler fluid falls.

(2) Laminar Flow and Turbulent Flow

Some flows are smooth and orderly while others are rather chaotic. The highly ordered fluid motion characterized by smooth streamline is called laminar. The flow of high-viscosity fluids such as oils at low velocities is typically laminar. The highly disordered fluid motion that typically occurs at high velocities characterized by velocity fluctuations is called turbulent. The flow of low-viscosity fluids such as air at high velocities is typically turbulent. The flow regime greatly influences the heat transfer rates and the required power for pumping.

(3) Boiling and Condensation Heat Transfer

When the temperature of a subcooled liquid is raised to the saturation temperature, vaporization or boiling occurs. On the other hand, when the temperature of a superheated vapour is lowered to saturation temperature, condensation occurs. The study of boiling and condensation heat transfer deals with liquid-to-vapor and vapour-to-liquid phase-change processes.

(4) The Fluid Properties

Experience shows that convection heat transfer strongly depends on the fluid properties, which include dynamic viscosity η, thermal conductivity λ, density ρ, specific heat c_p, and volume expansion coefficient α_V.

(5) Internal and External Flow

Convection heat transfer also depends on the geometry and the roughness of the solid surface. A fluid flow is classified as being internal and external, depending on whether the fluid is forced to flow in a confined channel or over a surface. The flow of an unbounded fluid over a surface such as a plate, a cylinder, or a sphere is external flow. The flow in a pipe or duct is internal flow, and air flow over an exposed pipe during a windy day is external flow.

In general, the convection heat transfer coefficient depends on many parameters, and it can be expressed as

$$h=f(u,\ t_w,\ t_f,\ \lambda,\ \rho,\ c_p,\ \eta,\ \alpha_V,\ l,\ \psi)$$

For forced flow $$h=f(u,\ \lambda,\ \rho,\ c_p,\ \eta,\ l,\ \psi)$$

For natural flow $$h=f(\lambda,\ \rho,\ c_p,\ \eta,\ \alpha_V\Delta t,\ l,\ \psi)$$

10. 1. 3 Convection Heat-Transfer Equation

When a fluid is forced to flow over a solid surface, the fluid layer in direct contact with the solid surface "sticks" to the surface and there is no slip. In fluid flow, this phenomenon is known as the no-slip-condition. The heat transfer from the solid surface to the fluid layer adjacent to the surface is by pure conduction, since the fluid layer is motionless. The local heat flux at local point x on the solid surface can be expressed from Fourier's law of heat conduction as

$$q_x = -\lambda \left.\frac{\partial t}{\partial y}\right|_{y=0,\ x}$$

According to Newton's law of cooling, the local convection heat transfer can also be expressed as

$$q_x = h_x\,(t_w - t_f)_x$$

Note that convection heat transfer from the solid surface to the fluid is merely the conduction heat transfer from the solid surface to the fluid layer adjacent to the surface. Therefore, the local convection heat transfer coefficient can be expressed as

$$h_x = -\frac{\lambda}{(t_w - t_f)_x}\left.\frac{\partial t}{\partial y}\right|_{y=0,\ x} \tag{10-5}$$

A similar analysis for heat transfer of the whole solid surface, the average convection heat transfer coefficient can be expressed as

$$h = -\frac{\lambda}{t_w - t_f}\left.\frac{\partial t}{\partial y}\right|_{y=0} \tag{10-6}$$

Equations (10-5), (10-6) are called convection heat-transfer equations, which determine the convection heat transfer coefficients when the temperature distribution within the fluid is known.

The engineering analysis of convection heat–transfer processes can be achieved by means of theoretical approaches or experimental approaches, with the experimental approach sometimes being supplemented by dimensional analysis.

10.2 Mathematical Formulation of Convection Heat Transfer

The mathematical formulation of convection heat transfer consists of the differential equations of convection heat transfer and single valueness conditions. It is the principle equations of convection heat transfer.

10.2.1 Differential Equations of Convection Heat Transfer

The differential convection equations involve three equations: continuity, momentum, and energy equations derived from three fundamental laws: conservation of mass, conservation of momentum, and conservation of energy.

Consider the parallel flow of a fluid over a surface. To simplify analysis we assume the flow to be continuous and two–dimensional, no heat generation, and the fluid to be incompressible Newtonian with constant properties (density, viscosity, thermal conductivity, etc.)

(1) Conservation of Mass Equation

The conservation of mass principle is simply a statement that mass cannot be created or destroyed, and all the mass must be accounted for during an analysis. For two–dimensional flow, the conservation of mass equation can be expressed as

$$\frac{\partial u}{\partial x}+\frac{\partial v}{\partial y}=0 \tag{10-7}$$

This is the conservation of mass relation, also known as the continuity equation, or mass balance for two–dimensional flow of a fluid with constant density.

(2) Conservation of Momentum Equation

Newton's second law is an expression for the conservation of momentum, and the differential momentum equation can be expressed as.

$$\rho\frac{D\vec{V}}{D\tau}=\vec{F}-\text{grad }p+\eta\nabla^2 V \tag{10-8}$$

In the x direction

$$\rho\left(\frac{\partial u}{\partial \tau}+u\frac{\partial u}{\partial x}+v\frac{\partial u}{\partial y}\right)=F_x-\frac{\partial p}{\partial x}+\eta\left(\frac{\partial^2 u}{\partial x^2}+\frac{\partial^2 u}{\partial y^2}\right) \tag{10-9a}$$

In the y direction

$$\rho\left(\frac{\partial v}{\partial \tau}+u\frac{\partial v}{\partial x}+v\frac{\partial v}{\partial y}\right)=F_y-\frac{\partial p}{\partial y}+\eta\left(\frac{\partial^2 v}{\partial x^2}+\frac{\partial^2 v}{\partial y^2}\right) \tag{10-9b}$$

This is the relation for the conservation of momentum, also known as the N-S equation, which can be stated as the net force acting on the control volume is equal to the net rate of momentum outflow from the control volume. The forces acting on the control volume consist of the inertia forces that act throughout the entire body and are proportional to the density and the velocity of the fluid, the body forces that act throughout the entire body of the control volume and are proportional to the volume of the body, pressure forces that act on the control surface and are proportional to the surface area, and the viscous forces that act on the surface and within the fluid and are proportional to the velocity gradients. The Equation (10-8) is valid for laminar or tululent flow, natural or forced flow.

(3) Conservation of Energy Equation

The energy balance for any system undergoing any process is expressed as $E_{in}-E_{out}=\Delta E_{system}$, which states that the change in the energy content of a system during a process is equal to the difference between the energy input and the energy output. The energy equation for the two-dimensional flow of a fluid with constant properties to be

$$\frac{\partial t}{\partial \tau}+u\frac{\partial t}{\partial x}+v\frac{\partial t}{\partial y}=a\left(\frac{\partial^2 t}{\partial x^2}+\frac{\partial^2 t}{\partial y^2}\right) \tag{10-10}$$

or

$$\frac{Dt}{D\tau}=a\left(\frac{\partial^2 t}{\partial x^2}+\frac{\partial^2 t}{\partial y^2}\right) \tag{10-11}$$

This is the conservation of energy equation for the no heat generation two-dimensional flow of a fluid with constant properties. The first term of left side is called unsteady-state term. For the steady flow of the fluid, this term can be negligible. The second and third terms of the left side is called convection term, and the term of the right side is called conduction term.

For the special case of a stationary fluid, $u=v=0$ and the energy equation reduces to the two-dimensional heat conduction equation.

$$\frac{\partial t}{\partial \tau}=a\left(\frac{\partial^2 t}{\partial x^2}+\frac{\partial^2 t}{\partial y^2}\right)$$

10.2.2 Condition of Single Valuedness for Convection Heat Transfer

The differential convection equations are the general formation of a kind of convection heat transfer problems, and the solutions of the differential convection equations are the general solutions, which involve the velocity and temperature distributions of the flow for the kind of the convection heat transfer problem. To obtain a unique solution of the differential convection equations to the problem, we need to know some single valuedness for the problem. Similar to the single valuedness conditions of the conduction problems, the single valuedness conditions for a convection heat transfer problem include four aspects, geometric condition, condition in physical property, condition in time, and boundary conditions.

(1) Geometric Condition

The geometric conditions involve the geometry shape and the dimension size of heat transfer surfaces.

(2) Conditions in Physical Property

The conditions in physical property involve the physical properties of fluid, such as λ, ρ, c, and the heat source within the fluid.

(3) Condition in Time

Conditions in time describe the characteristic in time of the convection heat transfer process. For unsteady-state convection heat transfer, the initial conditions can be specified in the general form as

$$\vec{V}\big|_{\tau=0} = f(x, y, z), \ t\big|_{\tau=0} = f(x, y, z)$$

(4) Boundary Conditions

The boundary conditions give the velocity distribution and thermal conditions imposed at the heat transfer surface. The boundary conditions of the heat transfer surfaces encountered in practice are the specified temperature and specified heat flux conditions.

1) Specified Temperature Boundary Condition

The specified temperature boundary condition gives the temperature distribution at the heat transfer surface. The specified temperature boundary can be expressed as

$$\tau > 0, \ t_w = f(x, y, z, \tau)$$

For the case of constant surface temperature, t_w = constant .

2) Specified Heat Flux Boundary Condition

The specified heat flux boundary condition gives the heat flux at the heat transfer surface. The specified heat flux boundary can be expressed as

$$\tau > 0, \ q_w = f(x, y, z, \tau)$$

The heat flux on the surface can also be expressed as

$$q_w = -\lambda \frac{\partial t}{\partial n}\bigg|_w$$

For the case of constant surface heat flux, q_w = constant .

However, there is no the convection boundary condition since the main task in the convection heat transfer is to solve the convection heat transfer coefficient.

10.3 The Boundary Layers

10.3.1 The Velocity Boundary Layer

The concept of the velocity boundary layer was introduced in 1904 by Prandtl. Velocity boundary layer is the region of flow that develops from the leading edge of the flat plate in which the effects of viscosity are observed.

Consider the parallel flow of viscosity fluid over a flat plate as shown in Figure 10-3. Beginning at the leading edge of the plate, a region develops where the influence of viscous forces is felt. Now analyze the velocity distribution of the fluid field over the plate. We define the vertical direction of the plate is y coordinate. Then the velocity of the fluid is zero on the plate because of the viscosity of the fluid, that is $u|_{y=0}=0$, and this equation is also called no-slip condition. The velocity increases as the y position increases. The position where the boundary layer ends is usually chosen as the y coordinate where the velocity becomes 99 percent of the free-stream value, and the thickness of the velocity boundary layer is designed as δ. The value of the thickness δ of the velocity boundary layer is very small compared with the value of the length l of the plate.

The hypothetical line of $u=0.99u_\infty$ divides the flow over a plate into two regions: the boundary layer region and free stream region. Inside the boundary layer region, the normal velocity gradient is distinguished, and so the viscous force is distinguished. The viscous shear force τ between the fluid layers can be expressed as $\tau=\eta\frac{\mathrm{d}u}{\mathrm{d}y}$. The flow of fluid is described in terms of the momentum differential equation. While outside the boundary layer, the normal velocity gradient is negligible, and so the viscous is negligible, the fluid can be considered as ideal fluid.

Consider a laminar flow over a flat plate. Initially, the boundary-layer development is laminar, but at some critical distance from the leading edge, depending on the flow field and fluid properties, small disturbances in the flow begin to become amplified, and a transition process takes place until the flow becomes turbulent. The turbulent-flow region may be pictured as a random churning action with chunks of fluid moving to and fro in all direction, as shown in Figure 10-4. The turbulent boundary layer can be considered to consist of three layers. The very thin layer next to the wall where the viscous effects are dominant is the laminar sublayer.

Next to the laminar sublayer is the buffer layer, in which the turbulent effects are significant but not dominant of the diffusion effects, and next to it is the turbulent layer, in which the turbulent effects dominate. The transition from laminar to turbulent flow occurs when

$$Re_c = \frac{u_\infty x_c}{\nu}$$

Although the critical Reynolds number for transition on a flat plate is usually taken as 5×10^5 for most analytical purposes, The normal range for the transition process is between 2×10^5 to 3×10^6.

10. 3. 2 The Thermal Boundary Layer

The concept of the thermal boundary layer was introduced in 1921 by Pohlhausan. Just as the velocity boundary layer was defined as that region of the flow where viscous forces are felt, a thermal boundary layer may be defined as that region where temperature gradients are present in the flow. Consider a system shown in Figure 10-5. The temperature of the wall is t_w, the temperature of the fluid outside the thermal boundary layer is t_f. The position where the thermal boundary layer ends is usually chosen as the y coordinate where the temperature difference of $t-t_w$ becomes 99 percent of the temperature difference of t_f-t_w, and the thickness of the thermal boundary layer is designed as δ_t. The value of thickness δ_t of the thermal boundary layer is very small compared with the value of length l of the plate.

Inside the thermal boundary layer, the temperature of the fluid as the y coordinate is varied from the value of t_w on the wall to the value of t_f at the edge of the thermal boundary layer, and the temperature gradient is distinguished. These temperature gradients would result from a heat-exchange process between the fluid and the wall. While outside the thermal boundary layer, the temperature gradient is negligible, the fluid can be considered in uniform temperature. The temperature distribution is indicated in Figure 10-5.

10. 3. 3 Prandtl Number

The relative thickness of the velocity and the thermal boundary layers is best described by the Prandtl number, defined as

$$Pr = \frac{\nu}{a} \tag{10-12}$$

The kinematic viscosity of a fluid conveys information about the rate at which momentum may diffuse through the fluid because of molecular motion. The thermal diffusivity tells us the same thing in regard to the diffusion of heat in the fluid. Thus the ratio of these two quantities should express the relative magnitudes of diffusion of momentum and heat in the fluid. Large diffusivities mean that the viscous or temperature influence is felt farther out in the flow field. The Prandtl number is thus the connecting link between the velocity field and the temperature field. The Prandtl number has been found to be the parameter that relates the relative thickness of the velocity and thermal boundary layers.

For $\nu>a$, $Pr>1$, $\delta<\delta_t$

For $\nu=a$, $Pr=1$, $\delta=\delta_t$

For $\nu<a$, $Pr<1$, $\delta<\delta_t$

For most fluids and gases, the Prandtl number is covered the range from 0. 6 to 4 000. Liquid metals are a notable exception, they have Prandtl numbers of less than the value of 0. 05. For gases, they have Prandtl numbers of the value of 0. 6 to 0. 8, thus the thickness of the velocity boundary layer is less than that of the thermal boundary layer. For oils, they have the higher value of Prandtl number of 10^2 to 10^3, and the thickness of the velocity boundary layer is much larger than that of the thermal boundary layer.

In the case of the plate being heated or cooled partly, the thermal boundary layer can not be developed at the leading edge of the plate.

Now we conclude the characteristics of the boundary layers:

① The thickness of boundary layers (δ, δ_t) are small quantities compared to the length of the plate.

② The flow field can be divided into two different regions: boundary-layer region and free -stream region.

③ There are two type flows of boundary layer: laminar and turbulent flows. And there are three-layer structure model for turbulent boundary layer: laminar sub-layer, buffer layer, and turbulent region.

④ The heat transfer is by conduction for laminar layer and laminar sub-layer, while the heat transfer is by convection for turbulent region.

10. 3. 4 Differential Convection Equations of Boundary Layer

Consider the parallel flow of a fluid over a surface. We assume the flow to be two - dimensional, no heat generation, and the fluid to be incompressible Newtonian with constant properties. The differential convection equations can be expressed as

$$\frac{\partial u}{\partial x}+\frac{\partial v}{\partial y}=0$$

$$\rho\left(\frac{\partial u}{\partial \tau}+u\frac{\partial u}{\partial x}+v\frac{\partial u}{\partial y}\right)=F_x-\frac{\partial p}{\partial x}+\eta\left(\frac{\partial^2 u}{\partial x^2}+\frac{\partial^2 u}{\partial y^2}\right)$$

$$\rho\left(\frac{\partial v}{\partial \tau}+u\frac{\partial v}{\partial x}+v\frac{\partial v}{\partial y}\right)=F_y-\frac{\partial p}{\partial y}+\eta\left(\frac{\partial^2 v}{\partial x^2}+\frac{\partial^2 v}{\partial y^2}\right)$$

$$\frac{\partial t}{\partial \tau}+u\frac{\partial t}{\partial x}+v\frac{\partial t}{\partial y}=a\left(\frac{\partial^2 t}{\partial x^2}+\frac{\partial^2 t}{\partial y^2}\right)$$

For steady, forced flow, $\frac{\partial u}{\partial \tau}=\frac{\partial v}{\partial \tau}=\frac{\partial t}{\partial \tau}=0$, $F_x=F_y=0$, and the differential convection equations become

$$\frac{\partial u}{\partial x}+\frac{\partial v}{\partial y}=0 \tag{10-7}$$

$$u\frac{\partial u}{\partial x}+v\frac{\partial u}{\partial y}=-\frac{1}{\rho}\frac{\partial p}{\partial x}+\nu\left(\frac{\partial^2 u}{\partial x^2}+\frac{\partial^2 u}{\partial y^2}\right) \tag{10-13}$$

$$u\frac{\partial v}{\partial x}+v\frac{\partial v}{\partial y}=-\frac{1}{\rho}\frac{\partial p}{\partial y}+\nu\left(\frac{\partial^2 v}{\partial x^2}+\frac{\partial^2 v}{\partial y^2}\right) \tag{10-14}$$

$$u\frac{\partial t}{\partial x}+v\frac{\partial t}{\partial y}=a\left(\frac{\partial^2 t}{\partial x^2}+\frac{\partial^2 t}{\partial y^2}\right) \tag{10-15}$$

Using an order-of magnitude analysis, the differential convection equations is simplified as

$$\frac{\partial u}{\partial x}+\frac{\partial v}{\partial y}=0 \tag{10-7}$$

$$u\frac{\partial u}{\partial x}+v\frac{\partial u}{\partial y}=-\frac{1}{\rho}\frac{\partial p}{\partial x}+\nu\frac{\partial^2 u}{\partial y^2} \tag{10-16}$$

$$u\frac{\partial t}{\partial x}+v\frac{\partial t}{\partial y}=a\frac{\partial^2 t}{\partial y^2} \tag{10-17}$$

Together with the Bernoulli equation out of the velocity boundary layer:

$$\frac{\mathrm{d}p}{\mathrm{d}x}=-\rho u_\infty\frac{\mathrm{d}u_\infty}{\mathrm{d}x} \tag{10-18}$$

Equations (10-7), (10-16), (10-17), and (10-18) make up an enclosed equations, and can determine the quantities of velocities u, v, pressure p, and temperature t in the boundary layer.

10.4 Forced Convection Heat Transfer

A fluid flow is classified as being internal and external, depending on whether the fluid is forced to flow in a confined channel or over a surface. The flow in a pipe or duct is internal flow. The flow of an unbounded fluid over a surface such as a plate, a cylinder, or a tube bank is external flow. In this part, we consider the flow through pipes or ducts, parallel flow over flat plates, cross flow over cylinders, and cross flow over tube banks. For all these four situations, we obtain the empirical relations for convection coefficients and Nusselt numbers, and demonstrate their use.

10.4.1 Heat Transfer in Tube Flow

Liquid or gas flow through pipes or ducts is commonly used in heating and cooling applications. The fluid in such applications is forced to flow by a fan or pump through a tube that is sufficiently long to accomplish the desired heat transfer.

(1) Characteristics of Forced Flow in Tubes

1) Flow Type

Flow in a tube can be laminar or turbulent, depending on the flow conditions, fluid properties, surface roughness, pipe vibrations, and the fluctuations in the flow. Fluid flow is streamlined and thus laminar at low velocities, but turns turbulent as the velocity is increased beyond a critical value. Transition from laminar to turbulent flow does not occur suddenly; rather, it occurs over some range of velocity where the flow fluctuates between laminar and turbulent flows before it becomes fully turbulent. Most pipe flows encountered in practice are turbulent. Laminar flow is encountered when highly viscous fluids such as oils flow in small diameter tubes or narrow passages.

The Reynolds number is used as a criterion for laminar and turbulent flow. Under most practical conditions

$Re=\dfrac{u_m d}{\nu}\leqslant 2300$, laminar flow

$2300<Re<10^4$, transitional flow

$Re>10^4$, turbulent flow

2) The Entrance and Fully Developed Regions

Consider a fluid entering a circular tube at a uniform velocity, as shown in Figure 10-6 (a). A velocity boundary layer forms at the entrance, and develops along the tube. The thickness of the velocity boundary layer increases in the flow direction until the boundary layer reaches the tube center and thus fills the entire tubes. The flow in the tube can be divided into two flow regions: hydrodynamic entrance region and fully developed region. The region from the tube inlet to the point at which the boundary layer merges at the centerline is called the hydrodynamic entrance region. The region beyond the entrance region is called hydrodynamic fully developed region.

Now consider a fluid at a uniform temperature entering a circular tube whose surface is maintained at a different temperature. This will initiate convection heat transfer in the tube and the development of a thermal boundary layer along the tube. The thickness of the thermal boundary layer also increases in the flow direction until the thermal boundary layer reaches the tube center and thus fills the entire tube, as shown in Figure 10-6(b). The region of flow over which the thermal boundary layer develops and reaches the tube center is called the thermal entrance region. The region beyond the thermal entrance region is called the thermally fully developed region.

The region in which the flow is both hydrodynamically and thermally developed and thus both the velocity and dimensionless temperature profiles remain unchanged is called fully developed flow. That is

a) Hydrodynamically fully developed $\frac{\partial u}{\partial x}=0$

b) Velocity distribution $\frac{u(r)}{u_m}=2\left(1-\frac{r^2}{R^2}\right)$

c) Thermally fully developed $\frac{\partial}{\partial r}\left(\frac{t_w-t}{t_w-t_f}\right)=0$

In the fully developed flow, both the friction and convection coefficients remain constant in the fully developed region of a tube.

In laminar flow, the hydrodynamic and thermal entry lengths are given approximately as

Hydrodynamic entry length

$$\frac{l}{d}\approx 0.05Re \tag{10-19}$$

Thermal entry length

$$\frac{l}{d}\approx 0.05RePr \tag{10-20}$$

For turbulent flow, the length of entrance region is determined by $l/d>60$.

3) Thermal Conditions at the Surface

The thermal conditions at the surface can usually be approximated with reasonable accuracy to be constant surface temperature, that is t_w = constant, or constant surface heat flux, that is q_w = constant. The variations of the mean fluid temperature and the surface temperature for the case of constant temperature and constant heat flux are shown in Figure 10-7. In experiment research, the constant surface temperature condition is realized when a phase change process such as boiling or condensation occurs at the outer surface of a tube. The constant surface heat flux condition is realized when the tube is subjected to radiation of electric resistance heating uniformly from all direction.

4) Characteristic Temperature and Average Temperature

In order to determine the properties of the fluid, we need to know the temperature corresponding to the properties of the fluid, and this temperature is called characteristic temperature. In the tube flow, the characteristic temperature can be determined by the arithmetic mean temperature difference of fluids at the inlet and the exit of the tube. In this case, this arithmetic mean temperature difference is also called bulk temperature. That is

$$t_f=\frac{1}{2}(t_f'+t_f'') \qquad (10\text{-}21)$$

In Newton's law of cooling $q=h(t_w-t_f)=h\Delta t$, the temperature difference Δt is the average temperature difference between the fluid and the surface. In the constant surface temperature case, the temperature difference Δt can be expressed as

$$\Delta t=\frac{\Delta t'-\Delta t''}{\ln\frac{\Delta t'}{\Delta t''}} \qquad (10\text{-}22)$$

For the case that the temperature difference of $\Delta t'$ and $\Delta t''$ is not big, the temperature difference Δt can be expressed approximately by the arithmetic mean temperature difference as

$$\Delta t=\frac{1}{2}(\Delta t'+\Delta t'') \qquad (10\text{-}24)$$

In the constant heat flux case, the surface temperature and fluid temperature will increase in the flow direction. However, the temperature difference Δt at any cross section in the fully developed region remains constant. Thus the temperature difference can be expressed by virtue of the temperature difference at any cross section in the fully developed region, that is

$$\Delta t=\Delta t''=\Delta t_w''-\Delta t_f'' \qquad (10\text{-}23)$$

(2) Empirical Relations for Fluid Flow in Tubes

1) Empirical Relations for Laminar Flow in Tubes

In this section we consider the steady laminar flow of an incompressible fluid with constant properties in the fully developed region of a straight circular tube. The Nusselt number relation for constant surface temperature and constant surface heat flux obtained is shown as in Table 10–1.

The Table 10–1 shows that:

a) For fully developed laminar flow in a tube under both conditions of the constant surface temperature or constant surface heat flux, the Nusselt number is a constant. There is no dependence on the Reynolds or the Prandtl numbers.

b) For the same cross section type tube, the value of Nusselt number under the constant surface heat flux is larger than that of the constant surface temperature.

For flow through noncircular tubes, the Reynolds number is based on the equivalent diameter d_e defined as

$$d_e = \frac{4A_c}{P} \tag{10-25}$$

where A_c is the cross sectional area of the tube and P is its perimeter. The Nusselt number relation for fully developed laminar flow in ducts with a variety of flow cross sections are also shown in Table 10-1.

If the tube is sufficiently long so that the entrance effects are negligible, the Nusselt numbers is determined by the Table 10-1. However, for a circular tube of length l subject to constant surface temperature, the average Nusselt number for the thermal entrance region can be determined from Sieder and Tate.

$$Nu_f = 1.86\left(Re_f Pr_f \frac{d}{l}\right)^{1/3}\left(\frac{\eta_f}{\eta_w}\right)^{0.14} \tag{10-26}$$

Applicability: $0.48<Pr_f<16\ 700$, $0.004\ 4<\frac{\eta_f}{\eta_w}<9.75$, $\left(Re_f Pr_f \frac{d}{l}\right)^{1/3}\left(\frac{\eta_f}{\eta_w}\right)^{0.14} \geqslant 0.2$.

In this formula all fluid properties are evaluated at the mean bulk temperature of the fluid, except η_w, which is evaluated at the wall temperature.

2) Empirical Relations for Turbulent Flow in Tubes

A traditional expression for calculation of heat transfer in fully developed turbulent flow in smooth tubes is that recommended by Dittus and Boelter in 1930

$$Nu_f = 0.023\ Re_f^{0.8}\ Pr_f^n \tag{10-27}$$

Applicability: where $n=0.4$ for heating $t_w>t_f$; $n=0.3$ for cooling $t_w<t_f$. $0.7\leqslant Pr_f\leqslant 160$, $Re\geqslant 10^4$, $l/d\geqslant 60$.

The properties in this equation are evaluated at the average fluid bulk temperature $t_f=(t'_f+t''_f)/2$, and the characteristic length is the tube diameter d.

If wide temperature differences are present in the flow, there may be an appreciable change in the fluid properties between the wall of the tube and the central flow. To take into account the property variations, Sieder and Tate in 1936 recommend the following relation

$$Nu_f = 0.027\ Re_f^{0.8} Pr_f^{1/3}\left(\frac{\eta_f}{\eta_w}\right)^{0.14} \tag{10-30}$$

Applicability: $0.7\leqslant Pr_f\leqslant 16\ 700$, $Re_f\geqslant 10^4$, $l/d\geqslant 60$

All properties are evaluated at bulk-temperature conditions, except η_w, which is evaluated at the wall temperature.

The above equations offer simplicity in computation, but uncertainties on the order of ±25 percent are not uncommon. More recent information by Gnielinski suggests that better results for turbulent flow in smooth tubes may be obtained from the following

$$Nu_f=\frac{(f/8)(Re_f-1\,000)Pr}{1+12.7(f/8)^{1/2}(Pr_f^{2/3}-1)}\left[1+\left(\frac{d}{l}\right)^{2/3}\right]c_t \quad (10-35)$$

Applicability: $0.5\leqslant Pr_f\leqslant 2\,000$, $2\,300\leqslant Re_f\leqslant 5\times10^6$

where the friction factor may be obtained from Petukhov formula, $f=(0.79\ln Re-1.64)^{-2}$. The modified coefficient c_t is determined by the following formulas

For gases $$c_t=\left(\frac{T_f}{T_w}\right)^{0.45},\quad 0.5\leqslant\frac{T_f}{T_w}\leqslant 1.5 \quad (10-36)$$

For liquids $$c_t=\left(\frac{Pr_f}{Pr_w}\right)^{0.11},\quad 0.05\leqslant\frac{Pr_f}{Pr_w}\leqslant 20 \quad (10-37)$$

In this part, we consider the parallel flow of the fluid over flat plates, cross flow over cylinders, and cross flow over tube banks.

10.4.2 Parallel Flow over Flat Plates

(1) Laminar Flow

Consider the parallel flow of a fluid over a flat plate of length in the flow direction, as shown in Figure 10-4. The flow in the velocity boundary layer starts out as laminar, but if the plate is sufficiently long, the flow will become turbulent at a distance from the leading edge where the Reynolds number reaches its critical value for turbulent. For the constant surface temperature condition, the local and average Nusselt numbers over the flat plate are given by

$$Nu_x=0.332\,Re_x^{1/2}Pr^{1/3} \quad (10-40)$$

$$Nu=0.664\,Re^{1/2}Pr^{1/3} \quad (10-41)$$

Applicability: t_w = constant, $0.5<Pr<1\,000$, $Re_x\leqslant 5\times10^5$.

For the constant surface heat flux, the local and average Nusselt numbers over the flat plate are given by

$$Nu_x=0.453\,Re_x^{1/2}Pr^{1/3} \quad (10-42)$$

$$Nu=0.680\,Re^{1/2}Pr^{1/3} \quad (10-43)$$

Applicability: q_w = constant, $0.5<Pr<1\,000$, $Re_x\leqslant 5\times10^5$.

The velocity boundary layer thickness at location x for laminar flow over a flat plate is given by

$$\frac{\delta}{x}=5.0\,Re_x^{-1/2} \quad (10-44)$$

The thermal boundary layer thickness for laminar flow from the leading edge of the plate is given by

$$\frac{\delta}{\delta_t}=Pr^{-1/3} \tag{10-45}$$

where $0.6<Pr<15$.

(2) Turbulent Flow

The local Nusselt number at a location x for turbulent flow along an isothermal flat plate is

$$Nu_x=0.0296\,Re_x^{4/5}Pr^{1/3} \tag{10-46}$$

In some cases, a flat plate is sufficiently long for the flow to become turbulent, but not long enough to disregard the laminar flow region. In such cases, the average Nusselt number from laminar flow to turbulent flow through the whole constant surface temperature is

$$Nu=(0.037\,Re^{4/5}-871)Pr^{1/3} \tag{10-47}$$

Applicability: t_w=constant, $0.6<Pr<60$, $5\times10^5<Re_x<10^7$

When a flat plate is subjected to constant surface heat flux, the local Nusselt number is given by

$$Nu_x=0.0308\,Re_x^{4/5}\,Pr^{1/3} \tag{10-48}$$

Applicability: q_w=constant, $0.6<Pr<60$, $5\times10^5<Re_x<10^7$

These relations give values that are 36 percent higher for laminar flow and 4 percent higher for turbulent flow relative to the isothermal plate case.

Note that the temperature t_f in Newton's law of cooling is the free-stream temperature, which is the fluid temperature beyond the boundary layer. The fluid properties vary with temperature, and are usually evaluated at the so-called film temperature, defined as $t_m=(t_w+t_f)/2$, which is the arithmetic average of the surface and the free-stream temperature.

10.4.3 Flow Across Cylinders

(1) Characteristics of Flow Across Cylinders

When the fluids flow across a cylinder, the boundary layer is developed wrapping around the cylinder. It is necessary to include the pressure gradient in the analysis because this influences the boundary-layer velocity profile to an appreciable extent. In fact, it is this pressure gradient that causes a separated flow region to develop on the back side of the cylinder when the free-stream velocity is sufficiently large.

The phenomenon of boundary-layer separation is indicated in Figure 10-11. As the flow progresses along the front side of the cylinder, the pressure would decrease and then increase along the back side of the cylinder, resulting in an increase in free-velocity on the front side of the cylinder and a decrease on the back side. The transverse velocity would decrease from a value of u_∞ at the outer edge of the boundary layer to zero at the surface. As the flow proceeds to the back side of the cylinder, the pressure increase causes a reduction in velocity in the free stream and throughout the boundary layer. We note that reverse flow may begin in the boundary layers near the surface; that is, the momentum of the fluid layer is not sufficiently high to overcome the increase in pressure. When the velocity gradient at the surface becomes zero, the flow is said to have reached a separation point, As the flow proceeds past the separation point, reverse-flow phenomena may occur, as shown in Figure 10-11. The location of the separation point depends on the value of Reynolds number.

At low Reynolds number of the order of unity $Re<5$, there is no flow separation. At Reynolds number of $5<Re<1.2\times10^5$, the boundary layer flow is laminar, the separation point is at the location of $\varphi=80°\sim85°$. At Reynolds number of $Re>1.2\times10^5$, the boundary layer may become turbulent, resulting extremely late flow separation at the location of $\varphi\approx140°$, as shown in Figure 10-11.

The boundary - layer development on the cylinder determines the heat - transfer characteristics. The detailed behavior of the heat transfer from a heated cylinder to air has been investigated by Giedt, and the results are summarized in Figure 10-12. At the lower Reynolds numbers (70 800 and 101 300) a minimum point in the heat-transfer coefficient occurs at approximately the point of separation $\varphi=80°\sim85°$. There is a subsequent increase in the heat-transfer coefficient on the rear side of the cylinder, resulting from the turbulent eddy motion in the separated flow. At the higher Reynolds numbers two minimum points are observed. The first occurs at the point of transition from laminar to turbulent boundary layer, and the second minimum occurs when the turbulent boundary layer separation $\varphi=140°$. There is a rapid increase in heat transfer when the boundary layer becomes turbulent and another when the increased eddy motion at separation in encountered.

(2) Empirical Relations for Flow Across Cylinders

Zukauskas suggested the following correlation for average heat-transfer coefficients in cross flow over circular cylinders

$$Nu=CRe^nPr^m\left(\frac{Pr}{Pr_w}\right)^{1/4} \tag{10-49}$$

Applicability: $0.7<Pr<500$, $1<Re<10^6$.

In Equation (10-49), all properties are evaluated at the free-stream temperature, except Pr_w, which is evaluated at the wall temperature. The characteristic length is the outer diameter d. The constants C and n are given in Table 10-2. For fluids of $Pr\leqslant10$, $m=0.37$; fluid of $Pr>10$, $m=0.36$.

10.4.4 Flow Across Tube Banks

Many heat-exchanger arrangements involve multiple rows of tubes, such as the condensers and evaporators of power plants, the heat-transfer characteristics for tube banks are of important practical interest. There are two types of tube banks in arrangement: in-line tube rows and staggered tube rows in the direction of flow, as shown in Figure 10-13. The heat-transfer characteristics of staggered and in-line tube banks depend on the values of Reynolds and Prandtl numbers, the distances of transverse s_1 and longitudinal s_2, the numbers of tube rows in the direction of flow, and the fluid temperature differences between the inlet and the exit of the tube banks. The Reynolds number is based on the maximum velocity occurring in the tube bank; that is, the velocity through the minimum-flow area.

Flow through tube banks is studied experimentally since it is too complex to be treated analytically. For tube banks with 16 or more rows in the direction of flow, Zukauskas presents the following correlation that takes into account wide ranges of Reynolds numbers and property variation

$$Nu_f = C\,Re_f^m\,Pr_f^{0.36}\left(\frac{Pr_f}{Pr_w}\right)^{0.25}\varepsilon_n \qquad (10\text{-}51)$$

Applicability: $0.6 < Pr_f < 500$, $1 < Re_f < 2 \times 10^5$.

In Equation (10-51) all properties are evaluated at the average fluid bulk temperature t_f except Pr_w is at the wall temperature, and the values of the constants c and m are given in Table 10-3 for in-line or staggered tube rows both in the case of greater than 16 rows of the tubes. Once again, note that the Reynolds numbers is based on the maximum velocity in the tube banks. For less than 16 rows in the direction of flow the correction factor in Table 10-4 should be applied.

10.5 Natural Convection

Natural, or free, convection is observed as a result of the motion of the fluid due to density change arising from the heating process. Many familiar heat transfer applications involve natural convection, such as a hot radiator used for heating a room, condenser used for heat rejection in the refrigeration, heat transfer from electric baseboard heaters or steam radiator. The movement of the fluid in natural convection results from the buoyancy forces imposed on the fluid when its density in the proximity of the heat-transfer surface is decreased as a result of the heating process.

10.5.1 Characteristics for Natural Convection

(1) The Grashof Number

The Grashof number Gr is defined as

$$Gr = \frac{g\alpha_V \Delta t l^3}{v^2}$$

The Grashof number represents the ratio of the buoyancy force to the viscous force acting on the fluid.

(2) Flow Regime

The flow regime in natural convection is governed by the Grashof number. The role played by the Reynolds number in forced convection is played by the Grashof number in natural convection. The Grashof number is used as a criterion in determining whether the fluid flow is laminar or turbulent in natural convection. For air in natural convection on a vertical flat plate, for example, the critical Grashof number is observed to be about 10^9. Therefore, the flow regime on a vertical plate becomes turbulent when Grashof number is greater than 10^9. The product of the Grashof and Prantle numbers is called the Rayleigh number: $Ra = GrPr$. The Rayleigh number is also used as the criterion in determining whether the fluid flow is laminar or turbulent in natural convection.

(3) Velocity and Temperature Profiles on a Vertical Flat Plate

Consider a vertical hot flat plate shown in Figure 10-15(a). We assume the natural convection flow to be steady, laminar, and two-dimensional, and the fluid to be Newtonian with constant properties. Because the plate is hot, the natural convection boundary layer is formed from the bottom edge of the plate. The initial boundary layer development is laminar, but at some distance from the leading edge, turbulent eddies are formed, and transition to a turbulent boundary layer begins. Further up the plate the boundary layer may become fully turbulent.

The velocity and temperature profiles for natural convection over a vertical hot plate are also shown in Figure 10-15(b). The velocity profile in this boundary layer is quite unlike the velocity profile in a forced convection boundary layer. The fluid velocity at the surface is zero because of the no-slip condition. It increases with distance from the surface, reaches a maximum value and then decreases to zero at the edge of the boundary layer since the fluid beyond the boundary layer is motionless. The fluid temperature at the surface is equal to the plate temperature, and gradually decreases to the temperature of the surrounding fluid at the edge of the boundary layer.

(4) Variation of the Local Convection Heat Transfer Coefficient

At the bottom edge of the plate, the convection heat transfer coefficient has a maximum value since the thickness of the boundary layer at this point is zero. Then it decreases with the increase of thickness of the boundary layer upward the direction. When the boundary layer develops from the laminar to the fully turbulent, the convection heat transfer coefficient increases to a constant value.

(5) Two Types of Natural Convection

Natural convection can be divided into two types: in infinite space and in enclosed space, depending on the surrounding space of the plate.

10.5.2 Empirical Relations for Natural Convection in Infinite Spaces

Over the years of theory analysis and experimental studies, it has been found that the empirical relations for natural convection can be represented in the following functional form for a variety of circumstance

$$Nu = C\,(GrPr)^n = C\,Ra^n \tag{10-52}$$

The functional form of Equation (10-52) is used for many different geometries, and the values of the constants C and n depend on the geometry of the surface and the flow regime. The characteristic length to be used in the Nusselt and Grashof numbers depends on the geometries of the problem. All fluid properties are to be evaluated at the film temperature $t_m = \frac{1}{2}(t_w + t_\infty)$. The temperature difference in the Grashof number is $\Delta t = t_w - t_\infty$, which is the difference of the surface and fluid temperature. For ideal gases, the volume coefficient of expansion may be calculated from $\alpha_V = 1/T_m$.

The natural convectionis classified as being isothermal surfaces and constant heat flux surface.

(1) Isothermal Surfaces

For isothermal surfaces, the empirical relations for various geometries are shown in Table 10-5. In this Table, the characteristic lengths of the geometries and the ranges of Rayleigh number in which the relation are applicable.

For vertical cylinders, the general criterion is that a vertical cylinder can be treated as a vertical plate when

$$\frac{d}{H} \geqslant \frac{35}{Gr^{1/4}} \tag{10-53}$$

where d is the diameter of the cylinder. When this criterion is met, the relations for vertical plates can also be used for vertical cylinders. If the vertical cylinder is too small to meet this criteria, the value of constant $C = 0.686$, and the value of constant n is same as the vertical plates. These are available for both laminar and turbulent flows.

(2) Constant Heat Flux Surfaces

1) Vertical flat plates

For constant heat flux surfaces, the Grashof number is presented in terms of a modified Grashof number Gr_x^*

$$Gr_x^* = Gr_x Nu_x = \frac{g\alpha_V \Delta t x^3}{v^2} \cdot \frac{h_x x}{\lambda} = \frac{g\alpha_V q_w x^4}{v^2 \lambda} \tag{10-56}$$

The local Nusselt number are correlated by the following relations for the laminar flow

$$Nu_x = 0.60(Gr_x^* Pr)^{1/5} \tag{10-54}$$

Applicability: $10^5 < Gr_x^* Pr < 10^{11}$.

For the turbulent flow, the local Nusselt number are correlated with

$$Nu_x = 0.17(Gr_x^* Pr)^{1/4} \tag{10-55}$$

Applicability: $2\times10^{13} < Gr_x^* Pr < 10^{16}$.

All properties in Equations (10-54) and (10-55) are evaluated at the local film temperature.

Based on the experimental data, Churchill and Chu provide a relation that is applicable over wider ranges of the Reyleigh number

$$Nu = \left\{0.825 + \frac{0.387 Ra^{1/6}}{[1+(0.492/Pr)^{9/16}]^{8/27}}\right\}^2 \tag{10-57}$$

where the values of Rayleigh number is $10^{-1} < Ra < 10^{12}$. The Equation (10-57) is also apply to both isothermal surfaces and constant heat flux surfaces, laminar flow and turbulent flow.

For laminar flow of $Ra < 10^9$, a more precise form is

$$Nu = 0.68 + \frac{0.67 Ra^{1/4}}{[1+(0.492/Pr)^{9/16}]^{4/9}} \tag{10-58}$$

2) Horizontal Cylinders

For horizontal cylinders, a more complicated expression for use over a wider range of Reyleigh number is given by Churchill and Chu

$$Nu = \left\{0.60 + \frac{0.387 Ra^{1/6}}{[1+(0.559/Pr)^{9/16}]^{8/27}}\right\}^2 \tag{10-59}$$

where the value of $Ra < 10^{12}$, All properties in Equation (10-59) are evaluated at the film temperature. The characteristic length is the outer diameter of the cylinder.

3) Horizontal Plates

For horizontal plates, the empirical relations for the heated surface facing upward or cooled surface downward are

$$Nu = 1.076\,(Gr^{*}Pr)^{1/6} \qquad (10-60)$$

The empirical relations for the heated surface facing downward or cooled surface upward are

$$Nu = 0.747\,(Gr^{*}Pr)^{1/6} \qquad (10-61)$$

where the values of the modified Grashof number is $6.37\times10^{5} < Gr^{*} < 1.12\times10^{8}$, and all properties are evaluated at the film temperature t_{m}. The characteristic length is $0.9d$ for a circular disk, and the length of the short side for a square.

10.5.3 Empirical Relations for Natural Convection in Enclosed Spaces

Enclosures are frequently encountered in practice, and heat transfer through them is of practical interest and also very complex. Some examples of enclosures include double pane windows, wall cavities, and solar collectors. Consider an enclosure system shown in Figure 10-16, where a fluid is contained between two vertical plates separated by the distance δ. The temperatures of the high temperature and low temperature surfaces are t_h, t_c, respectively. The Grashof number for an enclosed spaces are determined from

$$Gr = \frac{g\alpha_V(t_h - t_c)\Delta t\delta^3}{v^2} \qquad (10-63)$$

where the characteristic length is the distance δ between the hot and cold surfaces, and the temperature difference in the Grashof number and Newton's law of cooling are the same from the temperature difference of hot and cold surfaces temperature $\Delta t = t_h - t_c$. All properties are evaluated at the film temperature, that is the average temperature of hot and cold surfaces $t_m = (t_h + t_c)/2$.

For a vertical enclosed space of $Gr_\delta \leqslant 2\,860$ and horizontal enclosed space (hot surface is at the bottom) of $Gr_\delta \leqslant 2\,430$, no convection currents develop in the enclosed spaces, and heat transfer in these cases are by pure conduction. When Grashof number increases, the buoyancy force overcome the fluid resistance and initiates natural convection current, and the flow regime is laminar flow. With the further increase in Grashof number, the fluid motion will become turbulent. For a horizontal enclosed space with a hot surface at the top, heat transfer in the enclosed space will be only by pure conduction. In fact, heat transfer in the enclosed space is also by radiation.

(1) Vertical Enclosed Spaces

For vertical enclosed spaces, the empirical relations are given from

$$Nu = 0.197\,(Gr_{\delta}Pr)^{1/4}\left(\frac{H}{\delta}\right)^{-1/9} \tag{10-64a}$$

Applicability: $8.6\times10^{3} \leqslant Gr_{\delta} \leqslant 2.9\times10^{5}$.

$$Nu = 0.073\,(Gr_{\delta}Pr)^{1/3}\left(\frac{H}{\delta}\right)^{-1/9} \tag{10-64b}$$

Applicability: $2.9\times10^{5} \leqslant Gr_{\delta} \leqslant 1.6\times10^{7}$.

where $11 \leqslant \frac{H}{\delta} \leqslant 42$.

(2) Horizontal Enclosed Spaces

For horizontal enclosed spaces with the hot surface at the bottom, the empirical relations are given from

$$Nu = 0.212\,(Gr_{\delta}Pr)^{1/4} \tag{10-65a}$$

Applicability: $1.0\times10^{4} \leqslant Gr_{\delta} \leqslant 4.6\times10^{5}$.

$$Nu = 0.061\,(Gr_{\delta}Pr)^{3} \tag{10-65b}$$

Applicability: $Gr_{\delta} \geqslant 4.6\times10^{5}$.

第十一章　辐射换热

热辐射是热量传递的基本方式之一，是物体内部微观粒子的热运动状态改变时激发出来的电磁波能量。所有温度高于 0 K 的物体，总在不断地向外发射热辐射能量，同时也在不断地吸收周围物体投射到其表面上的辐射能量。辐射换热就是指物体之间相互发射和吸收的总效果。

热辐射是依靠电磁波在真空或介质中传播的。理论上，热辐射的电磁波波长可以包括整个波谱。但在日常生活和工业上经常遇到的温度范围内，热辐射的波长主要位于 0.1~100 μm 之间，包括部分紫外线、全部可见光和部分红外线三个波段。其中可见光的波段，即波长为 0.38~0.76 μm 的波段，以及位于紫外线的波段，即波长为 0.1~0.38 μm 的波段所占的比例很小。因此热辐射主要是指红外线波段内的辐射。太阳表面温度约为 5 800 K，其辐射的能量主要集中在 0.2~2 μm 的波长范围内，可见光波段占有很大的比例。

工程中存在着大量的辐射换热问题，例如物体干燥、辐射换热器、利用辐射原理测量物体的温度、太阳能利用等等。近年来，在现代科学技术推动下，辐射换热有了很大发展，人们对它提出了愈来愈高的要求。

第一节　热辐射的基本概念

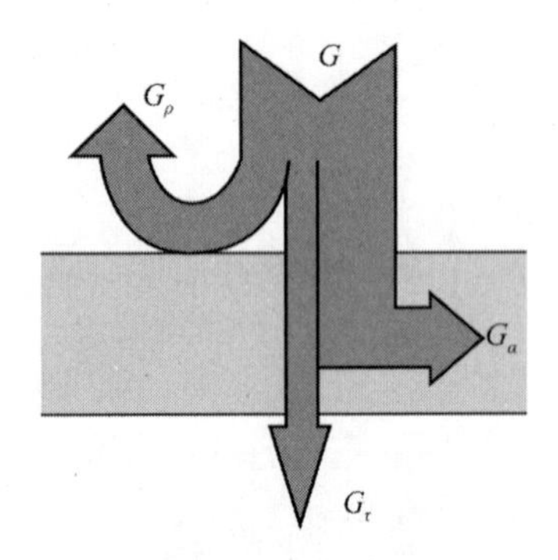

图 11-1　物体对热辐射的吸收、反射和透射示意图

1. 吸收、反射和透射

(1) 吸收比、反射比和透射比

当热辐射的能量投射到物体表面时，和可见光一样，将有一部分被物体吸收，有一部分被物体表面反射，其余部分透过物体，如图 11-1 所示。

定义单位时间内投射到单位面积物体表面上的全部波长范围内的辐射能量称为投入辐射，用 G 表示，单位为 W/m^2。其中被物体吸收、反射和透射的部分分别为 G_α、G_ρ和 G_τ。根据能量守恒，有：

$$G=G_{\alpha}+G_{\rho}+G_{\tau} \tag{11-1}$$

或写为：

$$\frac{G_{\alpha}}{G}+\frac{G_{\rho}}{G}+\frac{G_{\tau}}{G}=1$$

$$\alpha+\rho+\tau=1 \tag{11-2}$$

式中，α、ρ、τ 分别称为物体对投入辐射的吸收比、反射比和透射比。

如果投入辐射是某一波长 λ 的辐射能 G_{λ}，其中被物体吸收、反射和透射的部分分别为 $G_{\alpha\lambda}$、$G_{\rho\lambda}$ 和 $G_{\tau\lambda}$，则有：

$$G_{\lambda}=G_{\alpha\lambda}+G_{\rho\lambda}+G_{\tau\lambda}$$

或写为：

$$\frac{G_{\alpha\lambda}}{G_{\lambda}}+\frac{G_{\rho\lambda}}{G_{\lambda}}+\frac{G_{\tau\lambda}}{G_{\lambda}}=1$$

$$\alpha_{\lambda}+\rho_{\lambda}+\tau_{\lambda}=1 \tag{11-3}$$

式中，α_{λ}、ρ_{λ}、τ_{λ}分别称为物体对该波长辐射能的光谱吸收比、光谱反射比和光谱透射比。

（2）不同物体表面的辐射特性

当热辐射的能量投射到固体或液体表面时，一部分会被物体表面反射，其余部分会在距物体表面很薄的表面层内被完全吸收。因此可以认为固体或液体不允许热辐射透过，即 $\tau=0$，因此：

$$\alpha+\rho=1 \tag{11-4}$$

对于金属，这一表面层厚度只有 1 μm 的数量级。对于绝大多数非金属材料，这一表面层的厚度也于 1 mm。

物体表面对热辐射的反射有两种现象：镜反射和漫反射。镜反射遵循入射角等于反射角的规则，如图 11-2(a)所示。漫反射是把来自任意方向、任意波长的投入辐射以均匀的强度反射到半球空间的所有方向上，如图 11-2(b)所示。

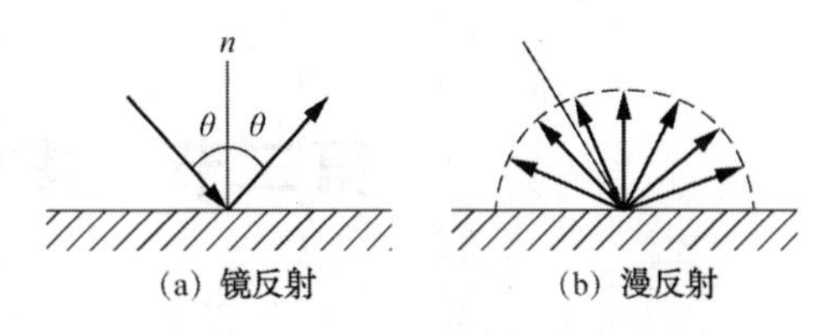

图 11-2　镜反射与漫反射示意图

物体表面对热辐射的反射情况取决于物体表面的粗糙度和投入辐射能的波长。当物体表面的粗糙尺寸小于投入辐射能的波长时，就会产生镜反射。例如经过特殊处理高度抛光的金属表面就会产生镜反射。当物体表面的粗糙尺寸大于投入辐射能的波长时，就会产生漫反射。对全波长范围内的热辐射能完全镜反射或完全漫反射的实际物体是不存在的。绝大多数工程材料对热辐射均可近似看作漫射表面。所谓漫射表面包含两层含义：漫发射和漫反射，即物体表面的自身发射与对外界投入辐射的反射都遵循“漫”射规律的表面。

当热辐射的能量投射到气体表面时，实际气体对热辐射几乎没有反射能力，可以认为$\rho=0$，既有：

$$\alpha+\tau=1 \tag{11-5}$$

正是由于固体或液体对投入辐射具有在物体表面进行的特点，不涉及内部状况，故称之对热辐射具有表面性。而气体对投入辐射具有在整个气体容积中进行的特点，故称之对热辐射具有容积性。

2. 黑体、镜体和绝对透热体

吸收比$\alpha=1$的物体称为绝对黑体，简称黑体。在所有物体中，黑体吸收热辐射的能力最强，它能将所有投射在其表面上的辐射能全部吸收。另外，在温度相同的物体之中，黑体发射辐射能的能力也最强。

反射比$\rho=1$的物体称为镜体(漫反射时称为白体)，透射比$\tau=1$的物体称为绝对透明体，简称透明体。黑体、镜体和透明体都是一种理想物体，自然界中并不存在，但有接近于它们的物体。煤烟炱和黑丝绒最接近于黑体，其吸收比约为$\alpha=0.98$。对称性的双原子气体，如氧、氮以及空气等其透射比约为$\tau=1$，接近透明体。将黑体、镜体和透明体作为理论分析、研究时的参照物是非常重要的。尤其是黑体的概念，是整个热辐射研究和工程应用的理论基础。

需要指出，热辐射中所说的黑体、白体与日常生活中所说的黑色物体和白色物体不同。颜色只是对于可见光而言，而可见光在热辐射的波长范围内只占很小部分。所以不能凭物体颜色来判断它对热辐射吸收的大小。例如白雪对可见光的反射比很高，在人眼中呈现白色，但对红外线的吸收比$\alpha=0.94$左右，接近黑体。白布、黑布对可见光的吸收比差别很大，但对红外线的吸收比基本相同。玻璃可以透过可见光，但对红外线几乎不透过。

第二节　黑体辐射的基本定律

黑体是一种理想化的物体表面，是研究热辐射理论和进行辐射换热的工程计算中必不可少的一个重要概念。黑体辐射的基本定律包括普朗克定律、维恩位移定律、斯忒藩-玻耳兹曼定律和兰贝特定律。

1. 斯忒藩-玻耳兹曼定律

(1) 辐射力

单位时间内、单位面积的物体表面向半球空间的所有方向发射的全部波长的辐射能量，称为该物体表面的辐射力，又称为半球向总辐射力，用符号E表示，单位为

W/m^2。对黑体辐射，以角码 b 表示，辐射力用符号 E_b 表示。

（2）斯忒藩-玻耳兹曼定律

在热辐射的分析计算中，确定黑体的辐射力是至关重要的。斯忒藩-玻耳兹曼定律确定了黑体的辐射力 E_b 与热力学温度 T 之间的关系。这个关系式在普朗克量子理论出现前，首先由斯忒藩(J. Stefan)于 1879 年通过实验方法得出(应用测量黑体模型的自身辐射方法)，后来由玻耳兹曼(D. Boltzmann)于 1884 年从热力学理论出发经过证明得到了同样的关系式。因此该定律称为斯忒藩-玻耳兹曼定律：

$$E_b = \sigma T^4 = C_0 \left(\frac{T}{100}\right)^4 \tag{11-6}$$

式中，T 为黑体表面温度，K；σ 为黑体辐射常数，$\sigma = 5.67\times10^{-8}$ W/($m^2 \cdot K^4$)；C_0 为黑体辐射系数，$C_0 = 5.67$ W/($m^2 \cdot K^4$)。

斯忒藩-玻耳兹曼定律说明黑体的辐射力 E_b 与热力学温度 T 的四次方成正比，故又称为四次方定律，是热辐射工程计算的基础。

2. 普朗克定律

（1）光谱辐射力

单位时间内、单位面积的物体表面向半球空间的所有方向发射的某一波长的辐射能量，称为光谱辐射力，用符号 E_λ 表示，单位为 W/m^3。对黑体辐射，光谱辐射力用符号 $E_{b\lambda}$ 表示。

辐射力 E 和光谱辐射力 E_λ 的关系为：

$$E = \int_0^\infty E_\lambda \mathrm{d}\lambda \tag{11-7}$$

（2）普朗克定律

物体在一定温度下会发射出各种不同波长的热射线，而且在全部波长范围内辐射能量的分布也是不均匀的。1900 年，普朗克(M. Planck)根据量子理论揭示了黑体辐射能在不同温度下按波长分布的规律，给出了黑体的光谱辐射力 $E_{b\lambda}$ 与波长 λ 和热力学温度 T 之间的函数关系，称之为普朗克定律，即：

$$E_{b\lambda} = \frac{C_1 \lambda^{-5}}{e^{C_2/\lambda T} - 1} \tag{11-8}$$

式中，λ 为波长，m；T 为热力学温度，K；C_1 为普朗克第一常数，$C_1 = 3.742\times10^{-16}$ W·m^2；C_2 为普朗克第二常数，$C_2 = 1.439\times10^{-2}$ m·K。

不同温度下黑体的光谱辐射力随波长的变化如图 11-3 所示，图中用几条恒温曲线清楚地显示出不同温度下黑体辐射力随波长的变化情况：

① 温度一定时，黑体的光谱辐射力随波长的变化规律：

温度 T 一定时，黑体的光谱辐射力 $E_{b\lambda}$ 随波长 λ 的增加先是迅速增加，至 $E_{b\lambda,max}$ 后，

对应的波长 λ_m 称为峰值波长，又减小至 0。如图 11-3 所示，$\lambda=0$ 时，$E_{b\lambda}=0$；$\lambda=\lambda_m$ 时，$E_{b\lambda}$ 达到最大值 $E_{b\lambda,max}$；$\lambda\to\infty$ 时，$E_{b\lambda}=0$。

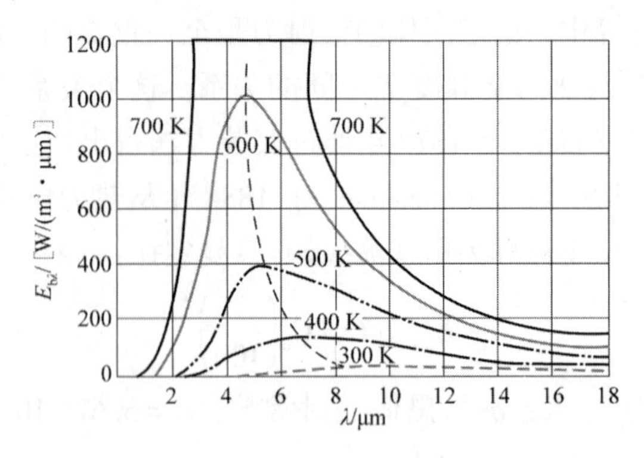

图 11-3　黑体的光谱辐射力 $E_{b\lambda}=f(\lambda,\ T)$

② 波长一定时，黑体的光谱辐射力与温度的关系：

温度 T 愈高，同一波长 λ 下黑体的光谱辐射力 $E_{b\lambda}$ 愈大，辐射力 E_b 也愈大(恒温曲线下的面积)。

③ 随着温度 T 的升高，光谱辐射力取得最大值 $E_{b\lambda,max}$ 时对应的波长 λ_m 向短波方向移动。

3. 维恩位移定律

维恩位移定律揭示了黑体的光谱辐射力取得最大值 $E_{b\lambda,max}$ 时，对应的峰值波长 λ_m 与热力学温度 T 之间的关系。由维恩(Wien)在 1894 年采用经典热力学的方法首先提出。

$$\lambda_m T=2.897\,6\times10^{-3}\approx2.9\times10^{-3}\ \text{m}\cdot\text{K} \tag{11-9}$$

对维恩位移定律进行几点说明：

① 维恩位移定律表明峰值波长 λ_m 与热力学温度 T 成反比。热力学温度 T 愈高，峰值波长 λ_m 愈短。

② 利用普朗克定律，可得出光谱辐射力最大值 $E_{b\lambda,max}$ 与热力学温度 T 之间的关系：

$$E_{b\lambda,max}=1.106\times10^{-5}T^5\ \text{W/m}^3 \tag{11-10}$$

③ 利用维恩位移定律，可以估算一些无法直接测量的接近黑体的物体温度。例如分析太阳光谱的能量分布，找出 $\lambda_m=0.5\ \mu\text{m}$，可以计算出太阳表面温度：

$$T=\frac{2\,897.6}{0.5}=5\,795\ \text{K}$$

④ 工业上一般高温范围内(2 000 K 以下)，与 $E_{b\lambda,max}$ 对应的峰值波长 λ_m 位于红外线波段；温度等于太阳表面温度(5 800 K)时，与 $E_{b\lambda,max}$ 对应的峰值波长 λ_m 位于可见光波段。

计算表明，当温度 $T\leqslant1\,000$ K 时，黑体辐射能量中可见光所占的比例极少(<

0.1%），1 500 K 时约占 0.22%，2 000 K 时约占 1.95%；当 $T=6\,000$ K 时，可见光的比例可达到 46%左右，接近太阳辐射总能量的一半。

4. 兰贝特定律

（1）立体角

立体角是一个空间角度，它是以立体角的角端为中心，以 r 为半径，作一半球，用半球表面上被立体角切割的面积 A 除以半径的平方 r^2 来度量，即：

$$\Omega=\frac{A}{r^2} \tag{11-11}$$

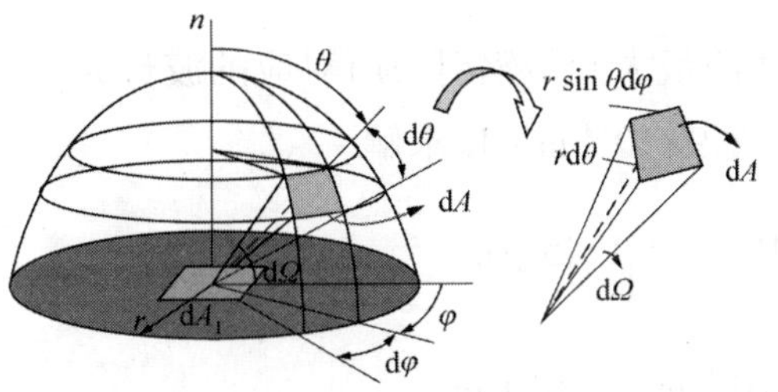

图 11-4　立体角示意图

立体角的单位为球面度，用 sr 表示。对整个半球，表面积 $A=2\pi r^2$，则立体角 $\Omega=2\pi$ sr。对微元立体角，如图 11-4 所示，微元面积 $\mathrm{d}A=r\mathrm{d}\theta\cdot r\sin\theta\mathrm{d}\varphi$，则微元立体角为 $\mathrm{d}\Omega=\frac{\mathrm{d}A}{r^2}=\sin\theta\mathrm{d}\theta\mathrm{d}\varphi$ sr，其中 θ 角的取值范围为 $0\sim\pi/2$，φ 角的取值范围为 $0\sim2\pi$。

（2）定向辐射强度

一个物体表面向其半球空间不同方向发射的辐射能量是不同的。在生产实践中，我们会感到在以辐射表面 $\mathrm{d}A$ 为中心的半球上，沿表面的法线方向辐射能量最大，而随着沿法线方向 θ 角的增加，辐射能量将逐渐减弱。这是因为该表面在不同方向上的可见辐射面积（或投影面积）不同。在表面的法线方向上，可见辐射面积就是垂直于热射线的原有面积 $\mathrm{d}A$，而在 θ 方向上，由于可见辐射面积减小为 $\mathrm{d}A\cos\theta$，故辐射能量较法线方向有所减弱，如图 11-5 所示。

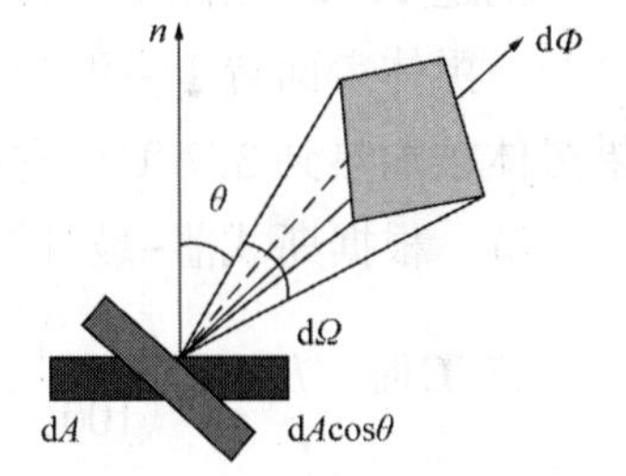

图 11-5　定向辐射强度示意图

单位时间内、单位可见辐射表面上发射出去的单位立体角内的所有波长的辐射能量，称为定向辐射强度，简称辐射强度，可表示为：

$$L(\theta,\ \varphi)=\frac{\mathrm{d}\Phi}{\mathrm{d}A\cos\theta\mathrm{d}\Omega} \tag{11-12}$$

定向辐射强度的单位为 W/(m^2·sr)，其大小不仅取决于物体种类、表面性质、表面温度，还与方向有关。对于各向同性的物体表面，定向辐射强度与 φ 角无关，$L(\theta,\varphi)=L(\theta)$。

（3）兰贝特定律

理论证明，黑体辐射的定向辐射强度与方向无关，即半球空间各方向上的定向辐射强度都相等。这种黑体辐射的定向辐射强度所遵循的空间均匀分布规律称为兰贝特定律。由兰贝特(Lambert)于 1760 年提出。可表示为：

$$L(\theta)=L_b=\text{常数} \tag{11-13}$$

根据兰贝特定律，还可以确定黑体的辐射力 E_b 与定向辐射强度 L_b 之间的关系：

$$E_b=\int_{\Omega=2\pi}L_b\cos\theta\mathrm{d}\Omega=L_b\int_0^{2\pi}\mathrm{d}\varphi\int_0^{\frac{\pi}{2}}\sin\theta\cos\theta d\theta=\pi L_b \tag{11-14}$$

即黑体的辐射力是定向辐射强度的 π 倍。定向辐射强度在空间各个方向都相等的物体称为漫发射体。兰贝特定律适用于黑体和漫发射体。但对实际物体表面，各个方向的定向辐射强度并不是常数。

例题 11-1：维恩位移定律

试分别计算温度为 2 000 K 和 5 800 K 的黑体的最大光谱辐射力所对应的波长 λ_m。

解：采用维恩位移定律 $\lambda_m T=2.897\ 6\times10^{-3}\approx2.9\times10^{-3}\ \mathrm{m\cdot K}$ 求解。

$T=2\ 000$ K 时，$\lambda_m=\dfrac{2.9\times10^{-3}\mathrm{m\cdot K}}{2\ 000\mathrm{K}}=1.45\times10^{-6}\ \mathrm{m}=1.45\ \mu\mathrm{m}$

$T=5\ 800$ K 时，$\lambda_m=\dfrac{2.9\times10^{-3}\ \mathrm{m\cdot K}}{5\ 800\ \mathrm{K}}=0.50\times10^{-6}\ \mathrm{m}=0.50\ \mu\mathrm{m}$

总结：在工业上的一般高温范围内(2 000 K)，黑体辐射的最大光谱辐射力的波长位于红外线区段，而温度等于太阳表面温度(约 5 800 K)时，黑体辐射的最大光谱辐射力的波长则位于可见光区段。

例题 11-2：斯忒藩-玻耳兹曼定律

一黑体表面置于室温为 27 ℃的厂房中。试求热平衡条件下黑体表面的辐射力。如果黑体被加热到 327 ℃，它的辐射力又是多少？

解：根据斯忒藩-玻耳斯曼定律求解黑体的辐射力。

27 ℃时，$E_b=C_0\left(\dfrac{T_1}{100}\right)^4=5.67\ \mathrm{W/(m^2\cdot K^4)}\times\left(\dfrac{27+273}{100}\right)\ \mathrm{K^{-4}}=459\ \mathrm{W/m^2}$

327 ℃时，$E_b=C_0\left(\dfrac{T_2}{100}\right)^4=5.67\ \mathrm{W/(m^2\cdot K^4)}\times\left(\dfrac{327+273}{100}\right)\ \mathrm{K^{-4}}=7\ 348\ \mathrm{W/m^2}$

总结：因为辐射力与热力学温度的四次方成正比，所以随着温度的升高辐射力急剧增大。由上题可见，虽然热力学温度 T_2 和 T_1 仅相差两倍，但是二者的辐射力之比却相差达 16 倍。

第三节　实际物体的辐射特性

黑体能够吸收所有的投入辐射，同时也是辐射力最强的物体。实际物体的辐射特性与黑体有很大区别，同温度下实际物体的辐射力总是小于黑体的辐射力，而且其光谱辐射力随波长和温度发生不规则变化。

1. 实际物体的发射特性

实际物体的发射特性可以用发射率、光谱发射率，以及定向发射率来表示。

（1）实际物体的发射率

实际物体的辐射力与同温度下黑体的辐射力之比称为该物体的发射率(习惯上称为黑度)，用符号 ε 表示，即：

$$\varepsilon=\frac{E}{E_{\mathrm{b}}} \tag{11-15}$$

发射率反映了实际物体发射辐射能的能力大小，其数值介于 0 和 1 之间。发射率数值的大小取决于材料的种类、温度和表面状况，通常由实验确定。

在工程计算中，实际物体的辐射力 E 可以根据发射率 ε 的定义式(11-15)计算：

$$E=\varepsilon E_{\mathrm{b}}=\varepsilon\sigma T^4 \tag{11-16}$$

由于实际物体的发射率与温度有关，因此实际物体的辐射力 E 并不严格同 T^4 成正比。

（2）实际物体的光谱发射率

实际物体的光谱辐射力与同温度下黑体的光谱辐射力之比称为该物体的光谱发射率(又称为光谱黑度)，用符号 ε_λ 表示。

$$\varepsilon_\lambda=\frac{E_\lambda}{E_{\mathrm{b}\lambda}} \tag{11-17}$$

实际物体的光谱辐射力随波长的变化较大。图 11-6 所示是同温度下黑体、灰体和实际物体的光谱辐射力随波长变化的示意图，可以看出，实际物体的光谱辐射力随波长的变化规律完全不同于黑体和灰体。图 11-7 所示是黑体、灰体和实际物体的光谱发射率随波长变化的示意图。

（3）实际物体的定向发射率

实际物体并不是漫发射体，即定向辐射强度在空间各个方向的分布不遵循兰贝特定律，是方向角 θ 的函数。为了说明实际物体辐射强度的方向性，引入定向发射率的定义：实际物体在 θ 方向上的定向辐射强度 $L(\theta)$ 与同温度下黑体在该方向的定向辐射强度 L_{b} 之比称为该物体在 θ 方向的定向发射率(又称为定向黑度)，用符号 ε_θ 表示，即：

$$\varepsilon_\theta=\frac{L(\theta)}{L_{\mathrm{b}}} \tag{11-18}$$

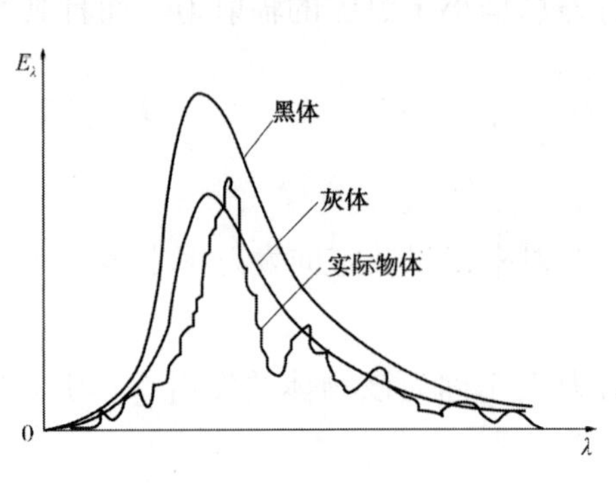

图 11-6　光谱辐射力随波长变化示意图

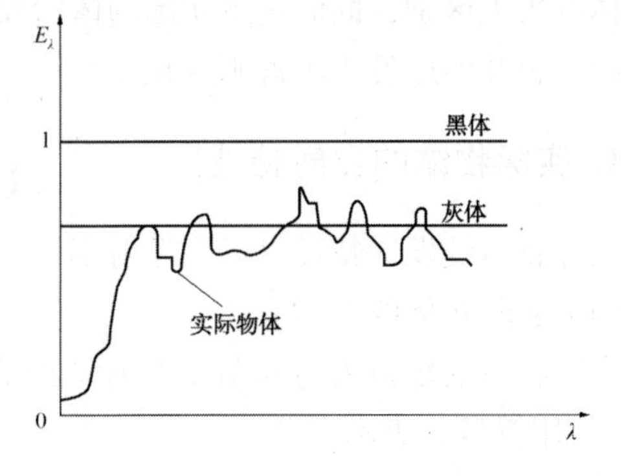

图 11-7　光谱发射率随波长变化示意图

实际物体的定向发射率与方向有关，是方向角 θ 的函数。对于黑体和漫发射体，各方向上的定向发射率都相等。图 11-8 和图 11-9 分别绘出了几种金属和非金属材料表面的定向发射率 ε_θ随方向角 θ 的变化情况。

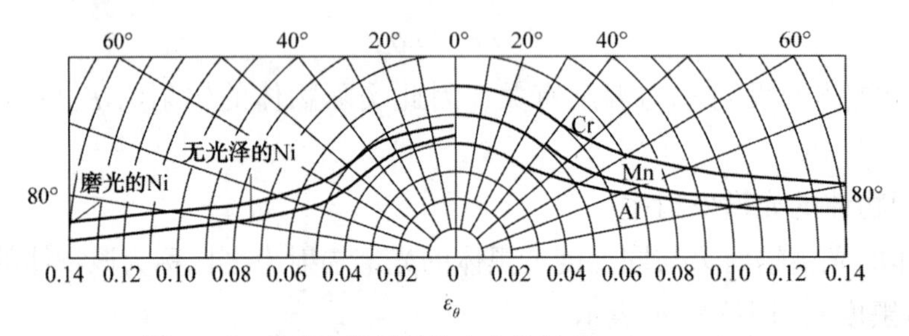

图 11-8　几种金属材料的定向发射率 ε_θ(t=150 ℃)

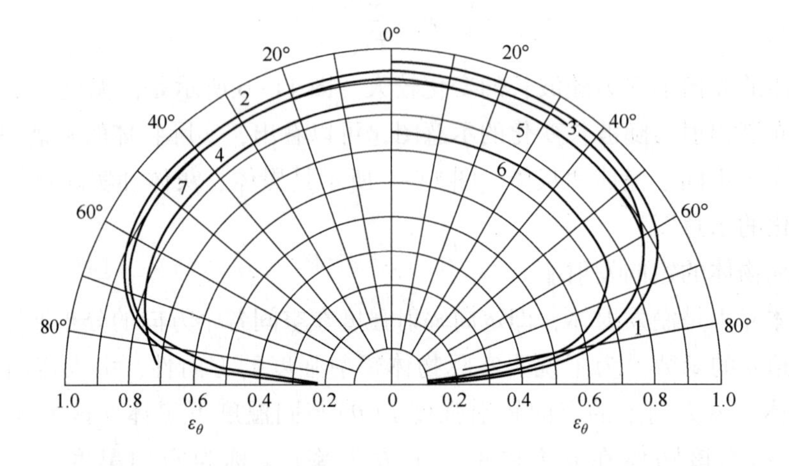

图 11-9　几种非金属材料的定向发射率 ε_θ(t=0~93. 3 ℃)

1—潮湿的冰；2—木材；3—玻璃；4—纸；5—黏土；6—氧化铜；7—氧化铝

对于金属材料，由图 11-8 可见，ε_θ在 $\theta\leqslant40°$的范围内几乎不变；当 $\theta>40°$时，ε_θ随着 θ 的增大迅速增大，直到 θ 接近 90°时，ε_θ又迅速减小，趋近于零(因范围太小，图

中并未画出）。

对于非金属材料，由图 11-9 可见，ε_θ在 $\theta\leqslant60°$的范围内约为常数；当 $\theta>60°$时，ε_θ随着 θ 的增大迅速减小，然后逐渐趋近于零。

实测表明，实际物体的发射率 ε 与 $\theta=0°$时法向发射率 ε_n相比差别不大，对于金属，$\varepsilon/\varepsilon_n=1.0\sim1.2$；对于非金属，$\varepsilon/\varepsilon_n=0.95\sim1.0$。对于工程中遇到的绝大多数材料，都可以忽略 ε_θ随 θ 的变化，近似地看作漫发射体。

2. 实际物体的吸收特性

（1）实际物体的吸收比

前面已介绍过，实际物体对投入辐射所吸收的百分数称为实际物体的吸收比，用符号 α 表示。吸收比取决于两方面因素：一方面是实际物体的本身状况，主要指物体种类、表面温度和表面状况；第二方面是投入辐射特性，主要指投入辐射的方向、波长分布。

（2）实际物体的光谱吸收比

实际物体对某一特定波长的辐射能所吸收的百分数称为实际物体的光谱吸收比，用符号 α_λ表示。实际物体的光谱吸收比与黑体不同，是波长的函数。

图 11-10 和图 11-11 分别绘出了几种金属和非金属材料在室温下的光谱吸收比随波长的变化情况。图中显示：有些材料，如磨光的铜和磨光的铝，光谱吸收比随波长变化不大；但有些材料，如阳极氧化的铝、粉墙面、白瓷砖等，光谱吸收比随波长变化较大。这种实际物体的吸收特性随波长变化的性质称为实际物体对波长吸收的选择性。工农业生产中，温室效应就是利用了玻璃对辐射能吸收和透过的选择性。太阳辐射的可见光和短波长的红外线绝大部分能透过玻璃进入温室，而温室内的物体在常温下所发射的波长较长的红外线却不能透过玻璃传到外界环境，从而达到了保温的目的。

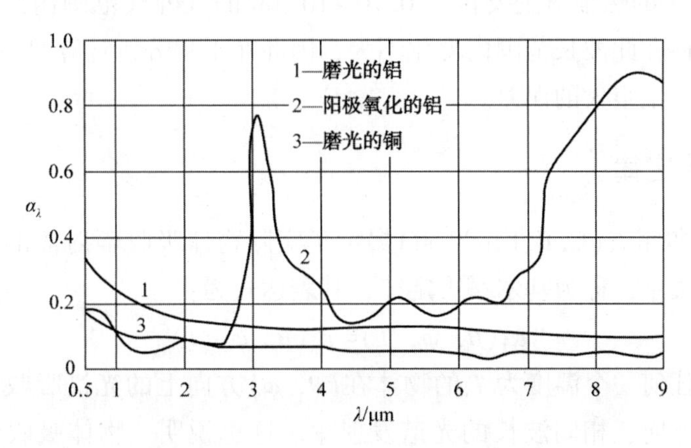

图 11-10　一些金属材料的光谱吸收比

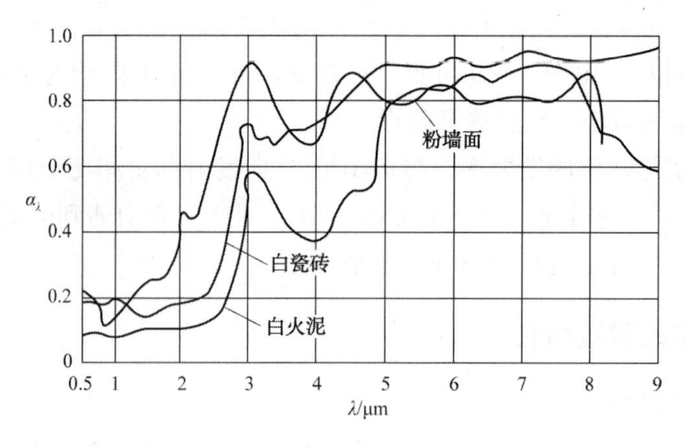

图 11-11　一些非金属材料的光谱吸收比

3. 灰体

实际物体的光谱辐射特性随波长的变化给辐射换热的分析计算带来很大困难。为简化工程分析计算引入了灰体的概念。所谓灰体，是指光谱辐射特性不随波长变化的物体，即：

$$\varepsilon=\varepsilon_\lambda,\ \alpha=\alpha_\lambda \tag{11-19}$$

对灰体概念的几点说明：

① 灰体是一种理想物体，其 ε_λ、α_λ 与 λ 无关，只取决于实际物体本身特性，与外界投入辐射无关。

② 就辐射特性，即发射和吸收辐射的规律而言，灰体和黑体完全相同，但在数量上有差别。灰体的 ε、α 分别体现了它与黑体在发射和吸收辐射能数量上的百分比关系。

③ 由于工程上的热辐射主要位于 0.76～10 μm 的红外线范围内，绝大多数工程材料的光谱辐射特性在此波长范围内变化不大，因此在工程分析计算时可以近似地当作灰体处理，而不会产生很大的误差。

4. 基尔霍夫定律

1860 年，基尔霍夫(G. R. Kirchhoff)揭示了实际物体吸收辐射能的能力与发射辐射能的能力之间的关系，称为基尔霍夫定律，其表达式为：

$$\alpha_\lambda(\theta,\ \varphi,\ T)=\varepsilon_\lambda(\theta,\ \varphi,\ T) \tag{11-20}$$

该式表明，任何一个温度为 T 的物体在$(\theta,\ \varphi)$方向上的光谱吸收比等于该物体在相同温度、相同方向、相同波长的光谱发射率。这也说明，物体吸收辐射能的能力愈强，其发射辐射能的能力也愈强。在温度相同的条件下，黑体吸收辐射能的能力最强，发射辐射能的能力也最强。

基尔霍夫定律的几个推论：

① 对于漫射物体，辐射特性与方向无关，基尔霍夫定律可表示为：

$$\alpha_{\lambda}(T)=\varepsilon_{\lambda}(T) \tag{11-21}$$

② 对于灰体，辐射特性既与方向无关，又与波长无关，其 $\varepsilon=\varepsilon_{\lambda}$，$\alpha=\alpha_{\lambda}$，基尔霍夫定律可表示为：

$$\alpha(T)=\varepsilon(T) \tag{11-22}$$

对于工程上常见的温度范围($T\leqslant 2\,000$ K)，大部分辐射能位于红外线波段内，绝大多数工程材料可以近似为灰体，因此已知发射率数值就可由式(11-22)确定吸收比的数值，而不会引起很大的误差。需要指出，当投入辐射来自太阳辐射时，不能把物体表面近似为灰体，即不能错误地认为对太阳辐射的吸收比等于物体自身辐射的发射率。这是因为，太阳辐射的近50%位于可见光的波长范围内，而物体自身的热辐射位于红外线波长范围内。由于实际物体的光谱吸收比对投入辐射的波长具有选择性，所以一般物体对太阳辐射的吸收比与自身辐射的发射率有较大的差别。

第四节　辐射角系数

不同物体表面之间进行辐射换热时，影响辐射换热的因素主要有：物体的表面温度、表面的几何特性、物体表面之间的相对位置以及表面的辐射特性等。为简化辐射换热的分析和计算，作以下假设：

① 进行辐射换热的物体表面之间是不参与辐射换热的介质或真空。

② 参与辐射换热的物体表面都是漫射灰体或黑体表面。

③ 每个表面的温度、辐射特性及投入辐射均匀分布。

物体之间的辐射换热必然与物体表面的几何形状、大小及相对位置有关。角系数是反映这些几何因素对辐射换热影响的重要参数。

1. 角系数的定义

如图11-12所示，考察两个任意位置的物体表面1和表面2，表面1直接投射到表面2的辐射能与其向半球空间发射的总辐射能的比值，称为表面1对表面2的角系数，用符号 $X_{1,2}$表示，即：

$$X_{1,2}=\frac{\Phi_{1\to 2}}{\Phi_{1}} \tag{11-23}$$

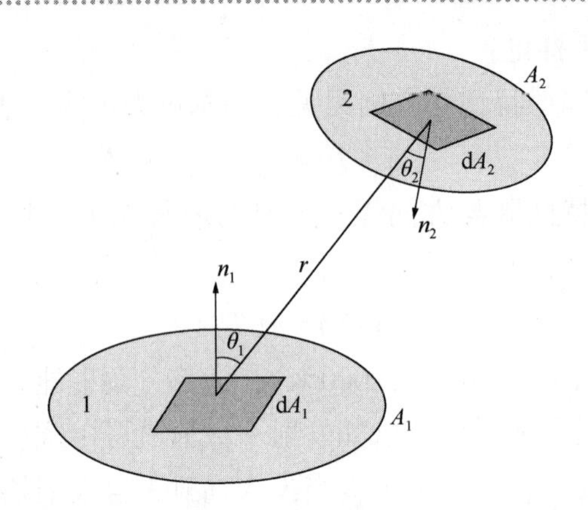

图 11-12　任意位置的两个物体表面之间的辐射换热

同样地，表面 2 直接投射到表面 1 的辐射能与其向半球空间发射的总辐射能的比值，称为表面 2 对表面 1 的角系数，用符号 $X_{2,1}$表示，即：

$$X_{2,1}=\frac{\Phi_{2\to1}}{\Phi_2} \tag{11-24}$$

根据角系数的定义，$X_{1,2}$和 $X_{2,1}$还可表示为：

$$X_{1,2}=\frac{1}{A_1}\int_{A_1}\int_{A_2}\frac{\cos\theta_1\cos\theta_2}{\pi r^2}\mathrm{d}A_1\mathrm{d}A_2 \tag{11-25}$$

$$X_{2,1}=\frac{1}{A_2}\int_{A_1}\int_{A_2}\frac{\cos\theta_1\cos\theta_2}{\pi r^2}\mathrm{d}A_1\mathrm{d}A_2 \tag{11-26}$$

由式(11-25)、式(11-26)可知，角系数是几何量，只取决于两个物体表面的几何形状、大小和相对位置，与物体的种类和表面温度无关。

2. 角系数的性质

(1) 非自见面的角系数等于零

非自见面是指其向半球空间所投射的辐射能量不能直接投射到其自身的表面，例如平面、凸表面。如图 11-15 中的平面 1，凸面 1，非自见面的角系数可表示为 $X_{1,1}=0$。

(2) 角系数的相对性

由式(11-25)、式(11-26)可得：

$$A_1X_{1,2}=A_2X_{2,1} \tag{11-27}$$

该式描述了两个任意位置的漫射表面之间角系数的相互关系，称为角系数的相对性。只要知道其中一个角系数，就可以根据角系数的相对性求出另一个角系数。

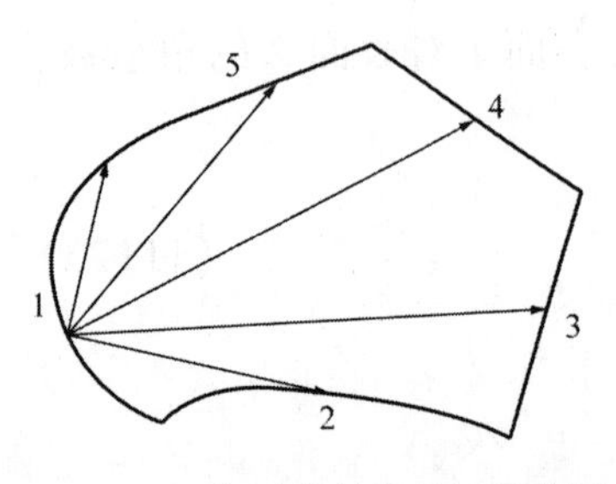

图 11-13　角系数的完整性示意图

(3) 角系数的完整性

考察由 n 个物体表面构成的封闭空腔，如图 11-13 所示。

对表面 1，根据能量守恒有：

$$\Phi_1=\Phi_{1\to1}+\Phi_{1\to2}+\Phi_{1\to3}+\cdots+\Phi_{1\to i}+\cdots+\Phi_{1\to n}$$

两边同除以 Φ_1，有：

$$X_{1,1}+X_{1,2}+X_{1,3}+\cdots+X_{1,i}+\cdots+X_{1,n}=1 \quad (11-28)$$

或表示为：

$$\sum_{i=1}^{n} X_{1,\ i}=1 \quad (11-29)$$

这说明表面 1 对构成封闭空腔的所有表面的角系数之和等于 1，该式称为角系数的完整性。

(4) 角系数的可加性

角系数的可加性实质上是辐射能的可加性。如图 11-14 所示，分析组合表面(2+3)对表面 1 的辐射角系数。由角系数的完整性：

$$X_{1,(2+3)}=X_{1,2}+X_{1,3} \quad (11-30)$$

或：

$$A_1X_{1,(2+3)}=A_1X_{1,2}+A_1X_{1,3}$$

根据角系数的相对性，上式可表示为：

$$A_{2+3}X_{(2+3),1}=A_2X_{2,1}+A_3X_{3,1}$$

因此：

$$X_{(2+3),1}=\frac{A_2}{A_{2+3}}X_{2,1}+\frac{A_3}{A_{2+3}}X_{3,1} \quad (11-31)$$

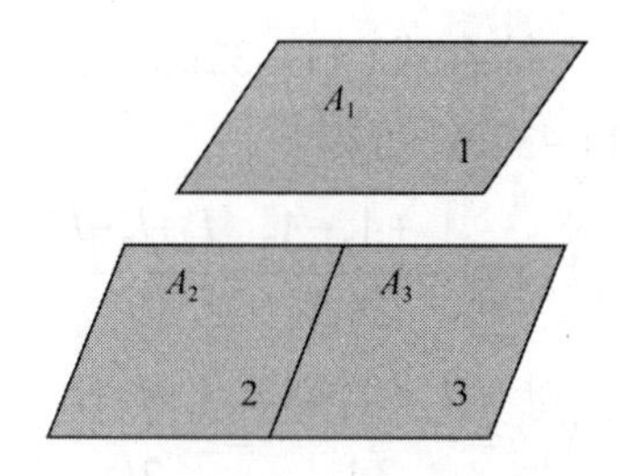

图 11-14　角系数的可加性示意图

3. 角系数的计算方法

角系数的计算方法有很多种，主要有积分法、代数法、图解法(投影法)、电模拟法等。下面重点介绍代数法。

代数法由卜略克于 1935 年首先提出。这种方法是利用角系数的定义及性质，通过代数运算确定角系数的方法，下面举例说明如何利用代数法确定角系数。

(1) 两个表面构成的封闭空腔

考察由一个非自见面 1 和一个自见面 2 构成的封闭空腔。如图 11-15 所示，由

$X_{1,1}=0$，有 $X_{1,2}=1$，因此根据角系数的相对性，有：

$$A_1X_{1,2}=A_2X_{2,1}$$

可求：

$$X_{2,1}=\frac{A_1}{A_2}X_{1,2}$$

再由角系数的完整性，可得：

$$X_{2,2}=1-X_{2,1}=1-\frac{A_1}{A_2}$$

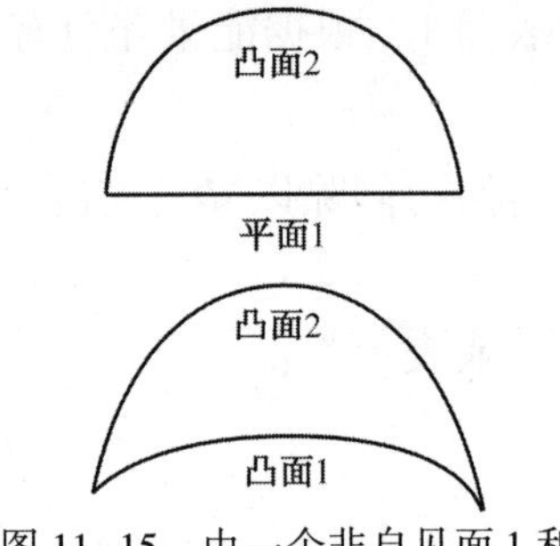

图 11-15　由一个非自见面 1 和一个自见面 2 构成的封闭空腔

(2) 三个非自见面构成的封闭空腔

如图 11-16 所示，是由三个垂直于纸面方向无限长的非自见面构成的封闭空腔，三个表面的面积分别为 A_1、A_2、A_3。由于三个表面为非自见面，因此有 $X_{1,1}=X_{2,2}=X_{3,3}=0$。根据角系数的完整性，可以写出：

$$X_{1,1}+X_{1,2}+X_{1,3}=1 \tag{11-32a}$$

$$X_{2,1}+X_{2,2}+X_{2,3}=1 \tag{11-32b}$$

$$X_{3,1}+X_{3,2}+X_{3,3}=1 \tag{11-32c}$$

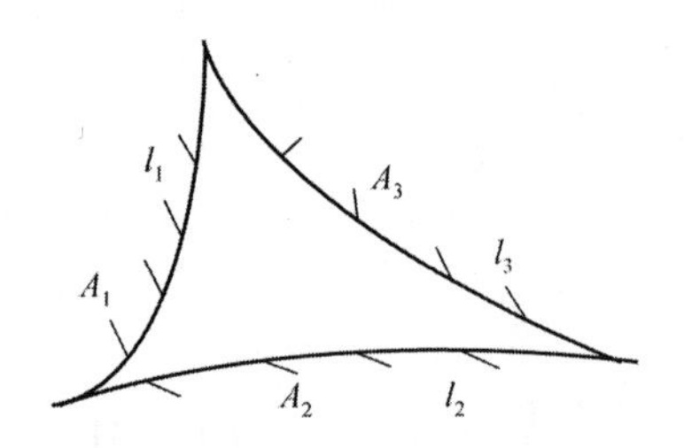

图 11-16　三个非凹表面构成的封闭空腔

再根据角系数的相对性，还可以写出：

$$A_1X_{1,2}=A_2X_{2,1} \tag{11-32d}$$

$$A_1X_{1,3}=A_3X_{3,1} \tag{11-32e}$$

$$A_2X_{2,3}=A_3X_{3,2} \tag{11-32f}$$

综合式(11-32a)、式(11-32b)、式(11-32c)、式(11-32d)、式(11-32e)、式(11-32f),可得：

$$X_{1,2}=\frac{A_1+A_2-A_3}{2A_1}=\frac{l_1+l_2-l_3}{2l_1} \tag{11-33a}$$

$$X_{1,3}=\frac{A_1+A_3-A_2}{2A_1}=\frac{l_1+l_3-l_2}{2l_1} \tag{11-33b}$$

$$X_{2,3}=\frac{A_2+A_3-A_1}{2A_2}=\frac{l_2+l_3-l_1}{2l_2} \tag{11-33c}$$

式中，l_1、l_2、l_3分别为表面 1、2、3 的横断面交线长度。

对几种典型情况下的角系数已经利用积分法求得，并绘制成线算图，如图 11-17、图 11-18、图 11-19 所示，可供工程计算时使用。

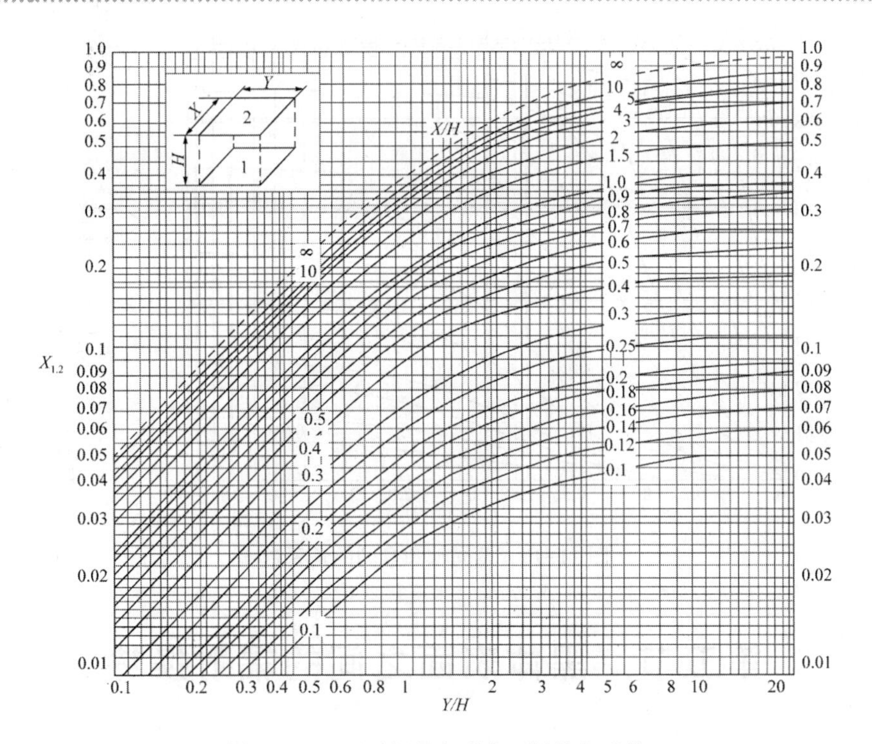

图 11-17 两平行长方形表面间的角系数

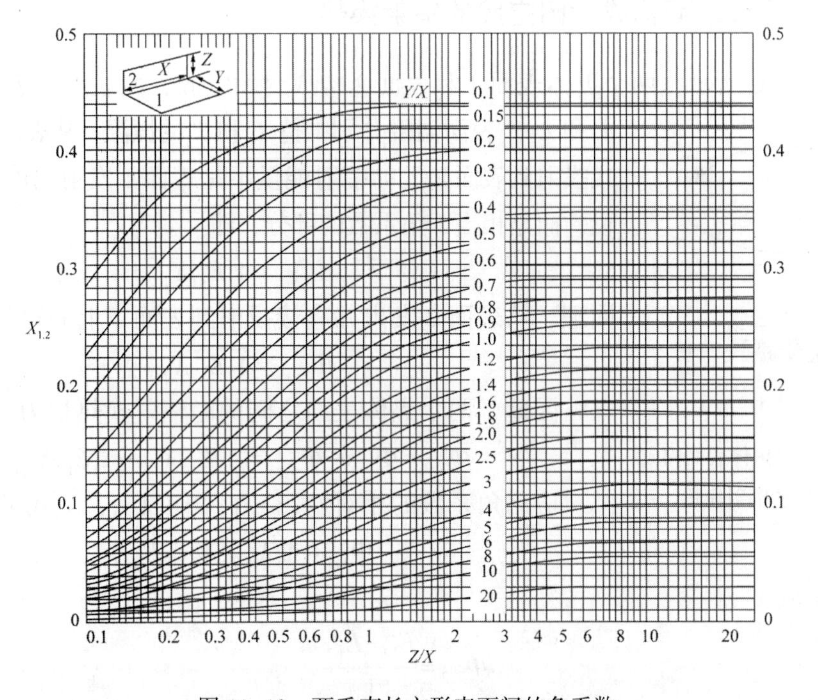

图 11-18 两垂直长方形表面间的角系数

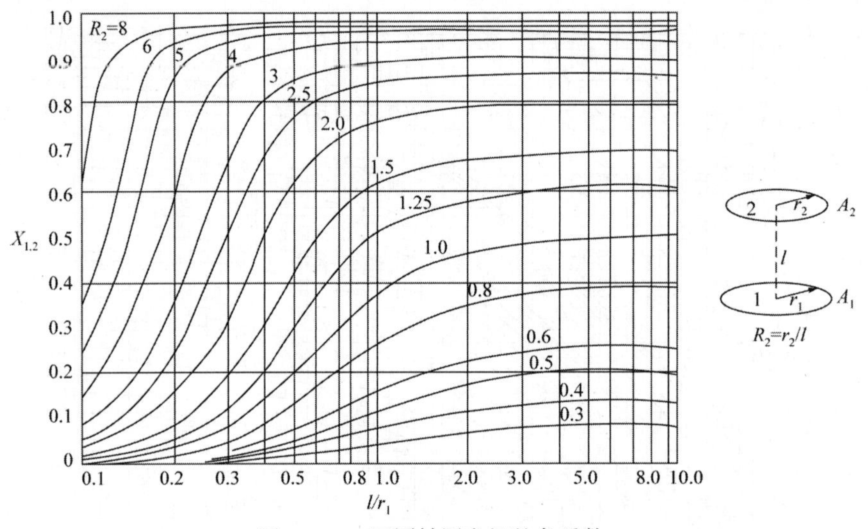

图 11-19　两同轴圆盘间的角系数

第五节　黑体表面之间的辐射换热

1. 两个黑体表面构成封闭空腔的辐射换热

如图 11-20 所示，两个黑体表面 1 和表面 2 构成封闭空腔，两表面的表面积分别为 A_1 和 A_2，表面温度分别维持 T_1 和 T_2 的恒温。从表面 1 发出并直接投射到表面 2 上的辐射能量不是表面 1 发射出的全部辐射能量，而是相当于角系数的部分，即：

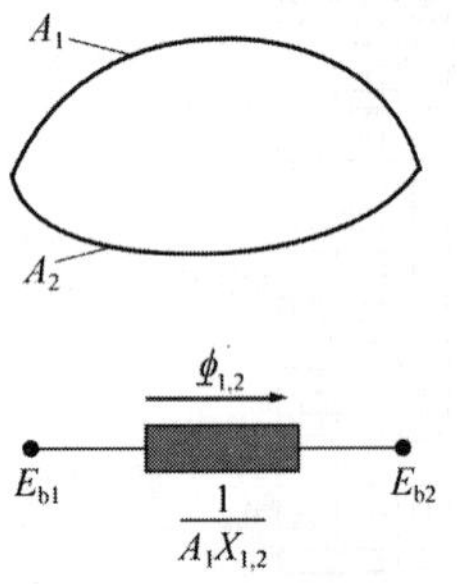

$$\Phi_{1\to 2}=A_1E_{b1}X_{1,2}$$

同理，从表面 2 发出并直接投射到表面 1 上的辐射能量为：

$$\Phi_{2\to 1}=A_2E_{b2}X_{2,1}$$

A_1 A_2 $\phi_{1,2}$ E_{b1} E_{b2} $\dfrac{1}{A_1X_{1,2}}$

图 11-20　两个黑体表面构成封闭空腔的辐射换热

因此，两个黑体表面之间的净辐射换热量为：

$$\Phi_{1,2}=\Phi_{1\to 2}-\Phi_{2\to 1}=A_1E_{b1}X_{1,2}-A_2E_{b2}X_{2,1}$$

应用角系数的相对性，$A_1X_{1,2}=A_2X_{2,1}$，上式可以写成：

$$\Phi_{1,2}=A_1X_{1,2}(E_{b1}-E_{b2}) \tag{11-34}$$

或表示成：

$$\Phi_{1,2}=\frac{E_{b1}-E_{b2}}{\dfrac{1}{A_1X_{1,2}}} \tag{11-35}$$

式中，$\dfrac{1}{A_1X_{1,2}}$称为空间辐射热阻，单位为 m^{-2}。它与两个表面的几何形状、大小及相对位置有关，与表面的辐射特性无关。

黑体表面 1 和表面 2 之间的辐射换热可以用辐射换热网络图表示，如图 11-20 所示，其中 E_{b1}、E_{b2}相当于直流电源。

2. 多个黑体表面构成封闭空腔的辐射换热

考察由 n 个黑体表面构成的封闭空腔，设每个表面各自具有均匀温度 T_1、T_2、…、T_n。其中，表面 1 的净辐射换热量是该表面与封闭空腔中所有表面之间辐射换热量的代数和，可表示为：

$$\begin{aligned}\Phi_1 = \sum_{j=1}^{n} \Phi_{1,j} &= A_1 X_{1,2}(E_{b1} - E_{b2}) \\ &+ A_1 X_{1,3}(E_{b1} - E_{b3}) \\ &+ \cdots \\ &+ A_1 X_{1,n}(E_{b1} - E_{bn})\end{aligned}$$

或：

$$\Phi_1 = \sum_{j=1}^{n} \Phi_{1,j} = \sum_{j=1}^{n} A_1 X_{1,j}(E_{b1} - E_{bj}) = \sum_{j=1}^{n} A_1 X_{1,j}\sigma(T_1^4 - T_j^4) \tag{11-36}$$

同理，第 i 个黑体表面的净辐射换热量为：

$$\begin{aligned}\Phi_i = \sum_{j=1}^{n} \Phi_{i,j} &= \sum_{j=1}^{n} A_i X_{i,j}(E_{bi} - E_{bj}) \\ &= \sum_{j=1}^{n} A_i X_{i,j}\sigma(T_i^4 - T_j^4)\end{aligned} \tag{11-37}$$

对三个黑体表面构成的封闭空腔，辐射换热网络图如图 11-21 所示。

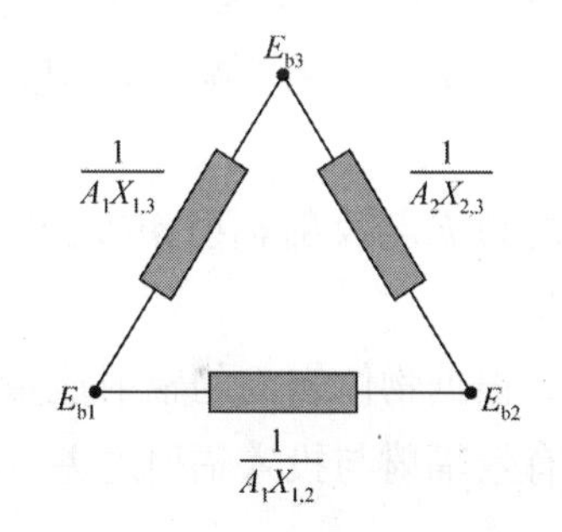

图 11-21　三个黑体表面构成封闭空腔的辐射换热网络图

例题 11-3：两个黑体表面之间的辐射换热

有两个相互平行的黑体矩形表面，其尺寸为 1 m×2 m，相距为 1 m。若两个表面的温度分别为 727 ℃和 227 ℃，试计算两个黑体表面之间的辐射换热量。

解：首先确定两个黑体表面之间的角系数：

由已知 $X/D = 2\text{m}/1\text{m} = 2$，$Y/D = 1\text{m}/1\text{m} = 1$，查图11-17，得角系数 $X_{1,2} = 0.285$。则两个黑体表面之间的辐射换热量为：

$$\begin{aligned}\Phi_{1,2} &= A_1 X_{1,2}(E_{b1} - E_{b2}) = A_1 X_{1,2} C_0 \left[\left(\frac{T_1}{100}\right)^4 - \left(\frac{T_2}{100}\right)^4\right] \\ &= 2\ \text{m}^2 \times 0.285 \times 5.67\ \text{W/(m}^2\cdot\text{K}^4) \times \left[\left(\frac{1000}{100}\right)^4 - \left(\frac{500}{100}\right)^4\right]\text{K}^4 \\ &= 30.3\ \text{kW}\end{aligned}$$

第六节　漫灰表面之间的辐射换热

漫射灰体表面，简称漫灰表面。漫灰表面之间的辐射换热比黑体表面之间的辐射换热要复杂得多。这是因为漫灰表面的吸收比小于1，投射到漫灰表面上的辐射能只有一部分被吸收，其余部分则被反射出去，因此形成辐射能在表面之间多次吸收和反射的现象。漫灰表面之间辐射换热的计算方法主要有：多次反射法、有效辐射法和积分法等。其中有效辐射法引用“有效辐射”的概念，分析在辐射换热过程中参与辐射换热的各物体之间的净辐射换热量。该方法简单，常用于工程计算。

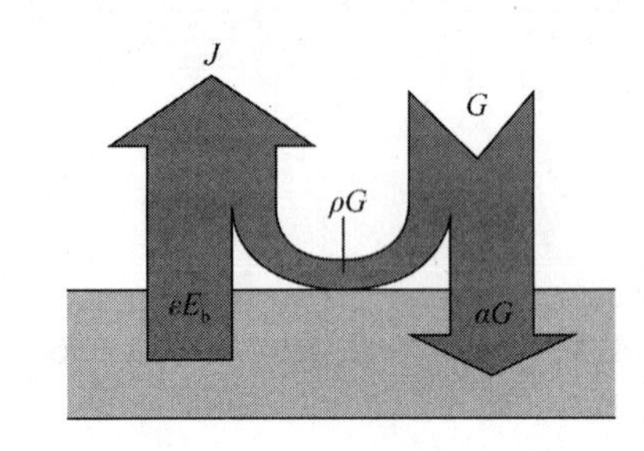

图 11-22　有效辐射示意图

1. 有效辐射

设有一任意漫射灰体表面，如图 11-22 所示，其表面温度均匀为 T，表面积为 A，发射率为 ε，吸收比为 α。与该物体表面有关的辐射能量有：投入辐射 G、吸收辐射 αG、反射辐射 ρG、以及物体自身辐射力 E，$E=\varepsilon E_b$。

有效辐射是指单位时间内离开单位面积物体表面的总辐射能，用 J 表示，单位为 W/m^2，它是物体自身辐射力 E 与反射辐射 ρG 之和。即：

$$J=E+\rho G=\varepsilon E_b+(1-\alpha)G \tag{11-38}$$

根据物体表面的辐射能量平衡，单位时间、单位面积物体表面的净辐射换热量 q 等于有效辐射与投入辐射之差，即：

$$q=J-G \tag{11-39}$$

同时，q 也等于物体自身辐射力与吸收辐射之差，即：

$$q=E-\alpha G=\varepsilon E_b-\alpha G \tag{11-40}$$

联立式(11-39)和式(11-40)，消去 G，且考虑漫灰表面 $\varepsilon=\alpha$，可得：

$$q=\frac{E_b-J}{\dfrac{1-\varepsilon}{\varepsilon}} \tag{11-41}$$

对表面积为 A 的物体表面，有：

$$\Phi=\frac{E_b-J}{\dfrac{1-\varepsilon}{A\varepsilon}} \tag{11-42}$$

式中，分母$\dfrac{1-\varepsilon}{A\varepsilon}$称为表面辐射热阻，单位为 m^{-2}。它是由于物体表面不是黑体，因而对投射辐射能不能全部吸收而产生的热阻。对于黑体表面，$\varepsilon=1$，其表面辐射热阻为零，$J=E_b$。对每一个参与辐射换热的漫灰表面，都可以用式(11-41)计算该表面的净辐射换热量。式(11-41)表示的表面辐射热阻网络单元如图 11-23 所示，它是辐射换热网络图中的一个组成部分。

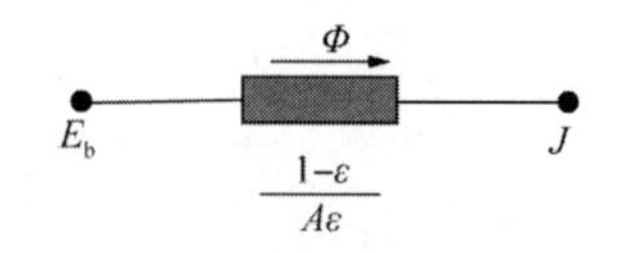

图 11-23　表面辐射热阻网络单元

2. 两个漫灰表面构成封闭空腔的辐射换热

(1) 两个漫灰表面构成封闭空腔的辐射换热

设有两个漫灰表面 1 和表面 2 构成的封闭空腔，如图 11-24 所示，表面积分别为 A_1 和 A_2，表面温度分别为 T_1 和 T_2，且 $T_1>T_2$。其中表面 1 投射到表面 2 的辐射能量为 $J_1A_1X_{1,2}$，表面 2 投射到表面 1 的辐射能量为 $J_2A_2X_{2,1}$，因此表面 1 和表面 2 之间的净辐射换热量为：

$$\Phi_{1,2}=J_1A_1X_{1,2}-J_2A_2X_{2,1}$$

根据角系数的相对性，上式可写成：

$$\Phi_{1,2}=\frac{J_1-J_2}{\dfrac{1}{A_1X_{1,2}}} \tag{11-43}$$

又根据式(11-42)，表面 1 的净辐射换热量为：

$$\Phi_1=\frac{E_{b1}-J_1}{\dfrac{1-\varepsilon_1}{A_1\varepsilon_1}} \tag{11-42a}$$

表面 2 的净辐射换热量为：

$$\Phi_2=\frac{E_{b2}-J_2}{\dfrac{1-\varepsilon_2}{A_2\varepsilon_2}} \tag{11-42b}$$

由辐射换热系统热平衡，有 $\Phi_1=-\Phi_2=\Phi_{1,2}$。联立式(11-43)、式(11-42a)和式(11-42b)，消去 J_1 和 J_2，可得：

$$\Phi_{1,2}=\frac{E_{b1}-E_{b2}}{\dfrac{1-\varepsilon_1}{A_1\varepsilon_1}+\dfrac{1}{A_1X_{1,2}}+\dfrac{1-\varepsilon_2}{A_2\varepsilon_2}} \tag{11-44}$$

式(11-44)是两个漫灰表面构成封闭空腔时，两个表面之间辐射换热的一般计算公式。由式(11-44)可见，两个漫灰表面之间的辐射换热热阻由三个辐射热阻串联组成，其中两个为表面辐射热阻：$\dfrac{1-\varepsilon_1}{A_1\varepsilon_1}$与$\dfrac{1-\varepsilon_2}{A_2\varepsilon_2}$，一个为空间辐射热阻$\dfrac{1}{A_1X_{1,2}}$。式(11-44)可用相应的辐射换热网络图表示，如图 11-24 所示，空间辐射热阻网络单元如图 11-25 所示。

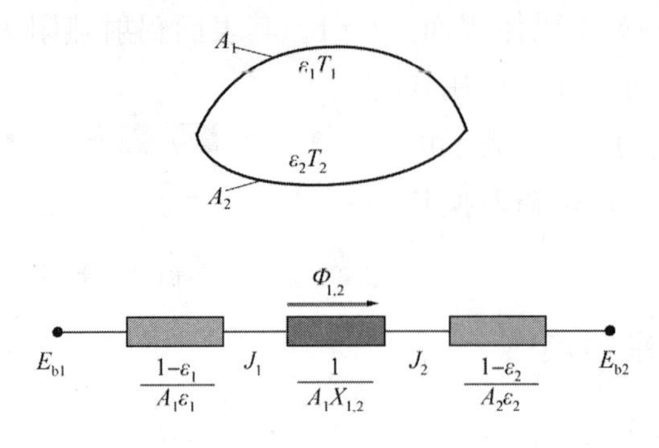

图 11-24　两个漫灰表面构成封闭空腔的辐射换热网络图

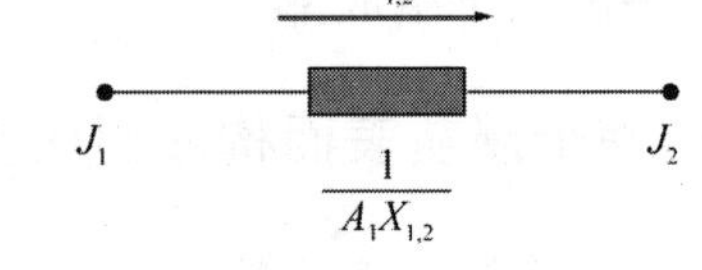

图 11-25　空间辐射热阻网络单元

（2）系统黑度

式(11-44)还可表示为：

$$\Phi_{1,2}=\frac{A_1(E_{b1}-E_{b2})}{\left(\frac{1}{\varepsilon_1}-1\right)+\frac{1}{X_{1,2}}+\frac{A_1}{A_2}\left(\frac{1}{\varepsilon_2}-1\right)}=\varepsilon_s A_1(E_{b1}-E_{b2}) \tag{11-45}$$

式中：

$$\varepsilon_s=\frac{1}{\left(\frac{1}{\varepsilon_1}-1\right)+\frac{1}{X_{1,2}}+\frac{A_1}{A_2}\left(\frac{1}{\varepsilon_2}-1\right)} \tag{11-46}$$

ε_s 称为系统黑度。系统黑度与角系数和物体表面的发射率有关。当辐射换热系统的几何关系一定时，系统黑度只取决于物体表面的发射率。因此可通过改变辐射换热表面的发射率来增强或减弱辐射换热。例如，为增加各种电器设备表面的辐射能力，可在其表面涂上发射率很大的油漆。而在需要减少辐射换热的场合(如保温瓶的夹层)，可在其表面镀以发射率较小的银、铝等薄层。

3. 多个漫灰表面构成封闭空腔的辐射换热

多个漫灰表面构成封闭空腔的辐射换热可以利用辐射换热网络法求解。辐射换热网络法运用有效辐射的概念，将辐射换热系统模拟成相应的电路系统，然后借助于电学中的基尔霍夫电流定律求解辐射换热问题。该方法直观、明了，求解多个漫灰表面构成封闭空腔的辐射换热较为简便。

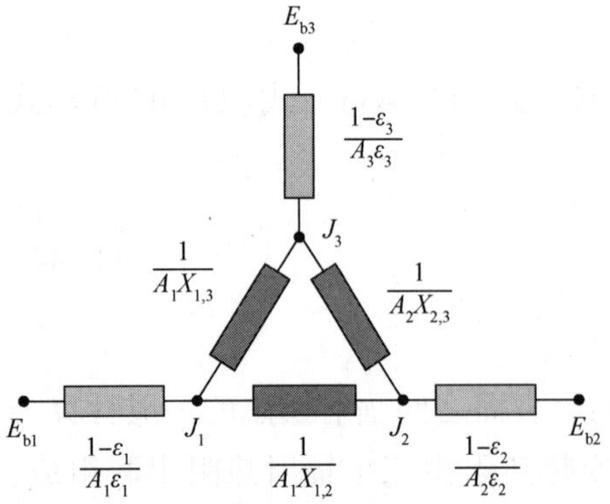

图 11-26　三个漫灰表面构成封闭空腔的辐射换热网络图

下面以三个漫灰表面构成的封闭空腔为例，介绍辐射换热网络法的求解步骤和内容。

步骤 1：绘制辐射换热网络图，如图 11-26

所示。其中 J_1、J_2、J_3 为有效辐射节点。

步骤 2：借助于电路中的基尔霍夫定律，令注入每个节点的热流之和等于零，列出每个节点有效辐射的关系式。

节点 J_1：
$$\frac{E_{b1}-J_1}{\dfrac{1-\varepsilon_1}{A_1\varepsilon_1}}+\frac{J_2-J_1}{\dfrac{1}{A_1X_{1,2}}}+\frac{J_3-J_1}{\dfrac{1}{A_1X_{1,3}}}=0 \tag{11-47a}$$

节点 J_2：
$$\frac{E_{b2}-J_2}{\dfrac{1-\varepsilon_2}{A_2\varepsilon_2}}+\frac{J_1-J_2}{\dfrac{1}{A_1X_{1,2}}}+\frac{J_3-J_2}{\dfrac{1}{A_2X_{2,3}}}=0 \tag{11-47b}$$

节点 J_3：
$$\frac{E_{b3}-J_3}{\dfrac{1-\varepsilon_3}{A_3\varepsilon_3}}+\frac{J_1-J_3}{\dfrac{1}{A_1X_{1,3}}}+\frac{J_2-J_3}{\dfrac{1}{A_2X_{2,3}}}=0 \tag{11-47c}$$

步骤 3：若已知三个漫灰表面的温度 T_1、T_2、T_3，表面积 A_1、A_2、A_3，反射率 ε_1、ε_2、ε_3，以及角系数 $X_{1,2}$、$X_{1,3}$、$X_{2,3}$。由式(11-47a)、式(11-47b)、式(11-47c)，可以求解每个表面的有效辐射 J_1、J_2、J_3，进一步可以求解每个表面的净辐射换热量 q_1、q_2、q_3。

例题 11-4：两个漫灰表面之间的辐射换热

液氧储存容器为双壁镀银的夹层结构，如图 11-27 所示。外壁内表面温度 $t_{w1}=20$ ℃，内壁外表面温度 $t_{w2}=-183$ ℃，镀银壁的发射率 $\varepsilon=0.02$。试计算由于辐射换热每单位面积容器壁的散热量。

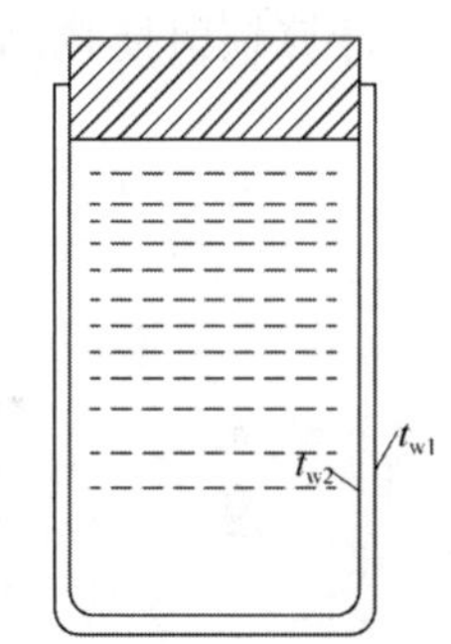

图 11-27　例题 11-4 附图

解：因为容器夹层的间隙很小，可认为容器内、外壁之间的辐射换热为无限大平行表面之间的辐射换热问题，则容器壁单位面积的辐射换热量为：

$$q_{1,2}=\frac{E_{b1}-E_{b2}}{\dfrac{1}{\varepsilon_1}+\dfrac{1}{\varepsilon_2}-1}=\frac{C_0\left[\left(\dfrac{T_{w1}}{100}\right)^4-\left(\dfrac{T_{w2}}{100}\right)^4\right]}{\dfrac{2}{\varepsilon}-1}$$

$$=\frac{5.67\ \text{W}/(\text{m}^2\cdot\text{K}^4)\times\left[\left(\dfrac{293}{100}\right)^4-\left(\dfrac{90}{100}\right)^4\right]\ \text{K}^4}{\dfrac{2}{0.02}-1}=4.18\ \text{W/m}^2$$

总结：采用镀银壁对降低辐射散热量的作用很大。

例题 11-5：三个漫灰表面之间的辐射换热

两块尺寸均为 1 m×2 m、间距为 1 m 的平行平板置于室温 $t_3=27$ ℃的大厂房内。平板背面不参与换热。已知两手板的温度和发射率分别为 $t_1=827$ ℃、$t_2=327$ ℃和 $\varepsilon_1=$

0.2、$\varepsilon_2=0.5$，试计算每块平板的净辐射散热量及厂房墙壁所得到的辐射热量。

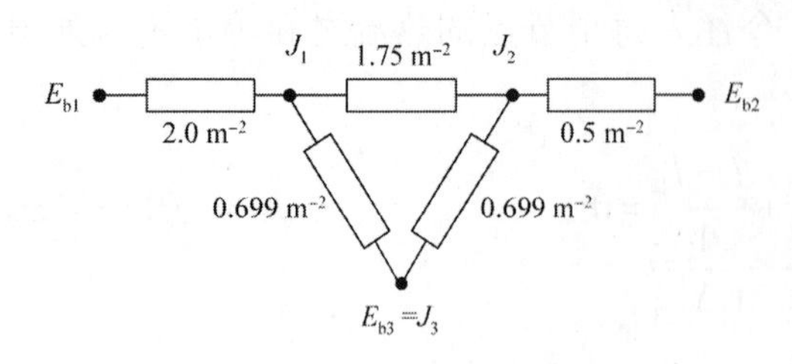

图 11-28　例题 11-5 附图

解：本题可看作是三个漫灰表面组成封闭空腔的辐射换热问题。因厂房墙壁表面积 A_3 很大，其表面热阻 $(1-\varepsilon_3)/\varepsilon_3A_3$ 可取为零，因此 $J_3=E_{b3}$ 是个已知量，其等效辐射换热网络图如图 11-28 所示。

三个漫灰表面温度下黑体的辐射力分别为：

$$E_{b1}=C_0\left(\frac{T_1}{100}\right)^4=5.67\ \text{W}/(\text{m}^2\cdot\text{K}^4)\times\left(\frac{1\ 100}{100}\right)^4\text{K}^4=83.01\times10^3\ \text{W}/\text{m}^2$$

$$E_{b2}=C_0\left(\frac{T_2}{100}\right)^4=5.67\ \text{W}/(\text{m}^2\cdot\text{K}^4)\times\left(\frac{600}{100}\right)^4\text{K}^4=7.348\times10^3\ \text{W}/\text{m}^2$$

$$E_{b3}=C_0\left(\frac{T_3}{100}\right)^4=5.67\ \text{W}/(\text{m}^2\cdot\text{K}^4)\times\left(\frac{300}{100}\right)^4\text{K}^4=459\ \text{W}/\text{m}^2$$

根据给定的几何特性，$X/D=2$，$Y/D=1$，由图 11-17，可查得：$X_{1,2}=X_{2,1}=0.285$ 因此 $X_{1,3}=X_{2,3}=1-X_{1,2}=1-0.285=0.715$。

计算辐射换热网络中各辐射热阻：

$$\frac{1-\varepsilon_1}{\varepsilon_1A_1}=\frac{1-0.2}{0.2\times2\ \text{m}^2}=2.0\ \text{m}^{-2}$$

$$\frac{1-\varepsilon_2}{\varepsilon_2A_2}=\frac{1-0.5}{0.5\times2\ \text{m}^2}=0.5\ \text{m}^{-2}$$

$$\frac{1}{A_1X_{1,2}}=\frac{1}{2\ \text{m}^2\times0.285}=1.75\ \text{m}^{-2}$$

$$\frac{1}{A_1X_{1,3}}=\frac{1}{2\ \text{m}^2\times0.715}=0.699\ \text{m}^{-2}$$

$$\frac{1}{A_2X_{2,3}}=\frac{1}{2\ \text{m}^2\times0.715}=0.699\ \text{m}^{-2}$$

以上各热阻的数值已标注在辐射换热网络图中。对节点 J_1、J_2 应用直流电路的基尔霍夫定律，得：

节点 J_1：
$$\frac{E_{b1}-J_1}{2.0}+\frac{J_2-J_1}{1.75}+\frac{E_{b3}-J_1}{0.699}=0$$

节点 J_2：
$$\frac{E_{b2}-J_2}{0.5}+\frac{J_1-J_2}{1.75}+\frac{E_{b3}-J_2}{0.699}=0$$

解之，$J_1=18.33\ \text{kW}/\text{m}^2$，$J_2=6.347\ \text{kW}/\text{m}^2$。

因此板 1 的净辐射换热量为：

$$\Phi_1=\frac{E_{b1}-J_1}{\frac{1-\varepsilon_1}{\varepsilon_1 A_1}}=\frac{83.01\times10^3\ \text{W/m}^2-18.33\times10^3\ \text{W/m}^2}{2.0\ \text{m}^{-2}}=32.34\times10^3\ \text{W}$$

板 2 的净辐射换热量为：

$$\Phi_2=\frac{E_{b2}-J_2}{\frac{1-\varepsilon_2}{\varepsilon_2 A_2}}=\frac{7.348\times10^3\ \text{W/m}^2-6.437\times10^3\ \text{W/m}^2}{0.5\ \text{m}^{-2}}=1.822\times10^3\ \text{W}$$

厂房墙壁的辐射换热量为：

$$\Phi_3=\frac{E_{b3}-J_1}{\frac{1}{A_1X_{1,3}}}+\frac{E_{b3}-J_2}{\frac{1}{A_2X_{2,3}}}=-(\Phi_1+\Phi_2)=-34.16\times10^3\ \text{W}$$

总结：表面 1、2 的净辐射换热量 Φ_1、Φ_2 均为正值，说明两个表面都向环境放出热量。根据能量守恒，这份能量被墙壁吸收。因此墙壁的辐射换热量为负值。

例题 11-6：例题 11-5 中，如果大房间的墙壁为重辐射面，在其他条件不变时，试计算温度较高表面的净辐射换热量。

解：本例与例题 11-5 的区别在于房间墙壁表面为重辐射面，即辐射绝热面。因此房间壁面不参与辐射换热。此时辐射换热网络图如图 11-29 所示。表面 1、2 之间辐射换热的热阻为：

$$R_{1,2}=\frac{1-\varepsilon_1}{\varepsilon_1 A_1}+R_\Sigma+\frac{1-\varepsilon_1}{\varepsilon_2 A_2}$$

式中，$\frac{1}{R_\Sigma}=\frac{1}{\frac{1}{A_1X_{1,2}}}+\frac{1}{\frac{1}{A_1X_{1,3}}+\frac{1}{A_2X_{2,3}}}=\frac{1}{1.75\ \text{m}^{-2}}+\frac{1}{0.699\ \text{m}^{-2}+0.699\ \text{m}^{-2}}=1.29\ \text{m}^2$

则有，$R_{1,2}=(2.0+0.78+0.5)\text{m}^{-2}=3.28\ \text{m}^{-2}$。

温度较高表面的净辐射换热量为：

$$\Phi_{1,2}=\frac{E_{b1}-E_{b2}}{R_{1,2}}=\frac{83.01\times10^3\ \text{W/m}^2-7.348\times10^3\ \text{W/m}^2}{3.28\ \text{m}^{-2}}=23.07\times10^3\ \text{W}$$

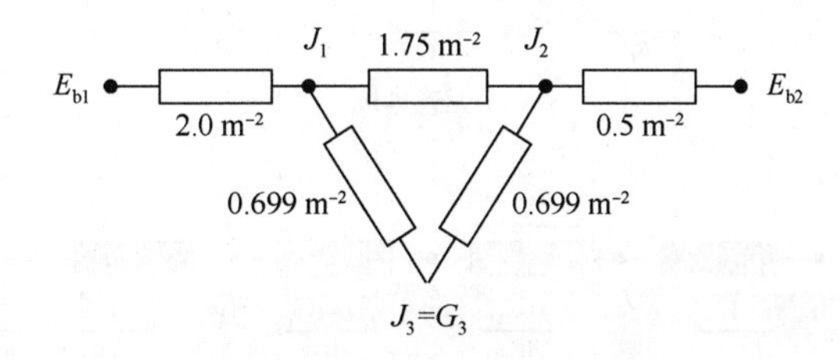

图 11-29　例题 11-6 附图

第七节 遮热板

为了减小物体表面之间的辐射换热，可以采用的方法主要有两种：一是采用反射率较高的物体表面；二是采用遮热板。遮热板是放置在两个辐射换热表面之间用以削弱辐射换热的薄板。

遮热板在整个辐射换热系统中的净辐射换热量等于零，即遮热板既不向原系统放出辐射能量，也不从系统吸收辐射能量。它只是在热流通路中增大了系统的辐射热阻，使物体表面之间的辐射换热受到阻碍，其作用就是削弱辐射换热。

为了说明遮热板的工作原理，以两块平行平板之间的辐射换热为例，分析放置一块遮热板所引起的辐射换热变化。如图 11-30 所示，设两块平行平板 1、2 的面积分别为 A_1、A_2，温度分别为 T_1、T_2，发射率分别为 ε_1、ε_2。在两块平板之间放置一块金属遮热板 3，其面积为 A_3，且有 $A_1=A_2=A_3=A$，表面温度为 T_3，发射率为 ε_3，由于遮热板较薄，导热热阻忽略不计。分析有、无遮热板时两块平行平板之间辐射换热量的变化。

当无遮热板时，两块平行平板 1、2 之间的辐射换热量为：

$$q_{1,2}=\frac{E_{b1}-E_{b2}}{\frac{1}{\varepsilon_1}+\frac{1}{\varepsilon_2}-1} \tag{11-48}$$

对应的辐射换热网络图如图 11-30(a)所示。

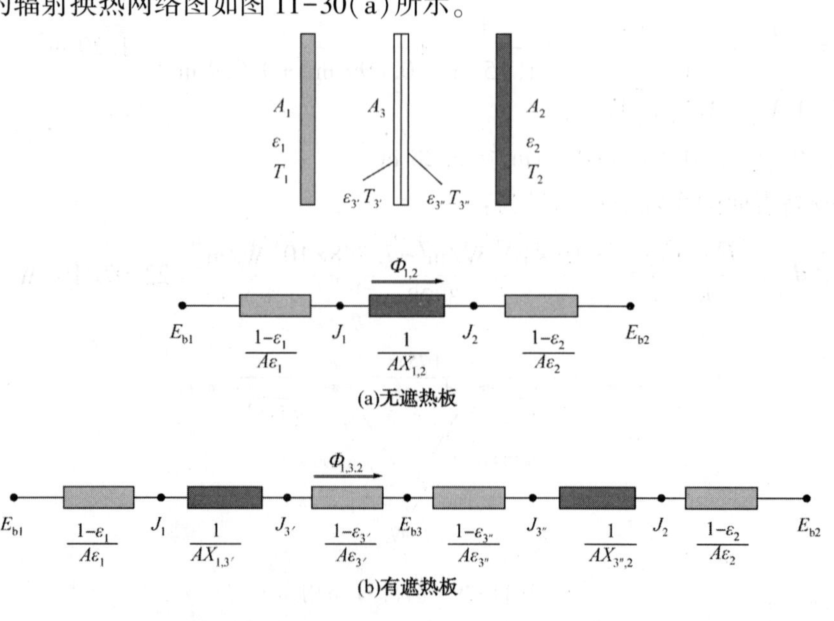

图 11-30 有、无遮热板时辐射换热网络图

当有遮热板时，平板 1 与遮热板 3 之间的辐射换热量为：

$$q_{1,3}=\frac{E_{b1}-E_{b3}}{\frac{1}{\varepsilon_1}+\frac{1}{\varepsilon_3}-1} \tag{11-48a}$$

遮热板 3 与平板 2 之间的辐射换热量为：

$$q_{3,2}=\frac{E_{b3}-E_{b2}}{\frac{1}{\varepsilon_3}+\frac{1}{\varepsilon_2}-1} \tag{11-48b}$$

为方便分析，设发射率 $\varepsilon_1=\varepsilon_2=\varepsilon_3$。在热平衡条件下，有 $q_{1,3}=q_{3,2}=q_{1,3,2}$，将式(11-48a)和式(11-48b)相加，可得：

$$q_{1,3,2}=\frac{1}{2}q_{1,2}=\frac{1}{2}\frac{E_{b1}-E_{b2}}{\frac{1}{\varepsilon_1}+\frac{1}{\varepsilon_2}-1} \tag{11-49}$$

对式(11-49)的几点说明：

① 与无遮热板相比，在两块平行平板之间加入 1 块大小相同，表面发射率相同的遮热板后，总辐射热阻增加了 2 倍，在平行平板表面温度不变的条件下，辐射换热量减少为原来的 1/2。

② 以此类推，如果加 n 块同样的遮热板，辐射换热量将减小为原来的 $1/(n+1)$，即：

$$q_{1,n,2}=\frac{1}{n+1}q_{1,2} \tag{11-50}$$

这说明遮热板层数越多，遮热效果越好。

③ 实际上，工程中往往选择表面反射率高、发射率小的材料，如选择表面高度抛光的薄铝板作遮热板，此时 $\varepsilon_3<<\varepsilon_1$、$\varepsilon_3<<\varepsilon_2$，削弱辐射换热的效果更显著。对应的辐射换热网络图如图 11-30(b)所示。

由于在辐射换热的同时，还往往存在导热和对流换热，所以在工程中，为了增加隔热保温效果，通常在多层遮热板中间抽真空，将导热和对流换热减少到最低限度。这种隔热保温技术在航天器的多层真空舱壁、低温技术中的多层隔热容器中广泛应用。

遮热板在测温技术中也得到应用。在用热电偶测量高温气体的温度时，为了减少辐射换热产生的测温误差，需要给热电偶加装遮热屏蔽(遮热罩)。图 11-31 所示为单层遮热罩抽气式热电偶测温示意图。遮热罩做成抽气式的作用是强化高温气体与热电偶端点之间的对流换热，以提高表面传热系数，进一步减少测温误差。

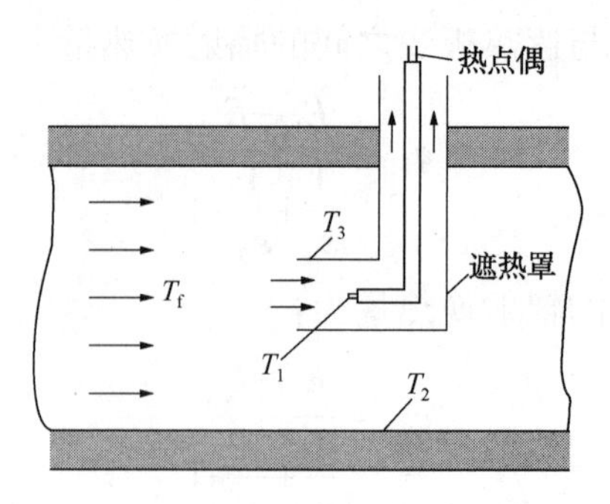

图 11-31　带遮热罩的抽气式热电偶测温示意图

例题 11-7：遮热板原理

在两块发射率均为 0.8 的大平行平板之间插入一块发射率为 0.05 的薄金属板，试分析金属板的遮热作用。

解：无遮热板时的热流量为：

$$\Phi_{1,2}=\frac{A(E_{b1}-E_{b2})}{\dfrac{1}{\varepsilon_1}+\dfrac{1}{\varepsilon_2}-1}=\frac{A\sigma(T_1^4-T_2^4)}{\dfrac{1}{0.8}+\dfrac{1}{0.8}-1}=\frac{2}{3}\sigma A(T_1^4-T_2^4)$$

有遮热板时的热流量为：

$$\Phi_{1,3,2}=\frac{A(E_{b1}-E_{b2})}{\dfrac{1}{\varepsilon_1}+\dfrac{1}{\varepsilon_3}-1+\dfrac{1}{\varepsilon_3}+\dfrac{1}{\varepsilon_2}-1}=\frac{A\sigma(T_1^4-T_2^4)}{\dfrac{1}{0.8}+\dfrac{1}{0.05}-1+\dfrac{1}{0.05}+\dfrac{1}{0.8}-1}=\frac{2}{81}\sigma A(T_1^4-T_2^4)$$

将有遮热板和无遮热板相比，热流量减少，且有：

$$\frac{\Phi_{1,3,2}}{\Phi_{1,2}}=\frac{1}{27}$$

总结：采用发射率为 0.8 的薄金属板作遮热板时，可使辐射热流量减少为无遮热板时的 1/2；而采用发射率为 0.05 的薄金属板作遮热板，却可使辐射热流量减少为无遮热板时的 1/27。可见遮热板的发射率对遮热作用有显著影响。

习　题

1. 什么是黑体、灰体？引入黑体、灰体的概念对热辐射理论和辐射换热计算有何意义？

2. 什么是辐射力、光谱辐射力、定向辐射强度？它们之间有何关系？

3. 简述基尔霍夫定律的主要内容，写出其数学表达式，说明其适用条件。

4. 什么是角系数？角系数是几何量还是物理量？角系数的性质有哪些？

5. 什么是一个表面的自身辐射、投入辐射及有效辐射？有效辐射的引入对于灰体表面之间的辐射换热计算有什么作用？

6. 什么是表面辐射热阻？什么是空间辐射热阻？对于黑体，相应的热阻有什么变化？

7. 有人说："颜色愈黑的物体发射率愈大"，这种说法是否正确？

8. 试用普朗克定律计算温度 $t = 423$ ℃、波长 $\lambda = 0.4$ μm 时黑体的光谱辐射力 $E_{b\lambda}$。并计算这一温度下黑体的最大光谱辐射力 $E_{b\lambda,\max}$ 是多少？

9. 上题中，黑体的辐射力是多少？对于发射率 $\varepsilon = 0.82$ 的钢板，在这一温度下的辐射力、吸收比和反射率各为多少？

10. 试确定习题图 1 中的角系数 $X_{1,2}$。

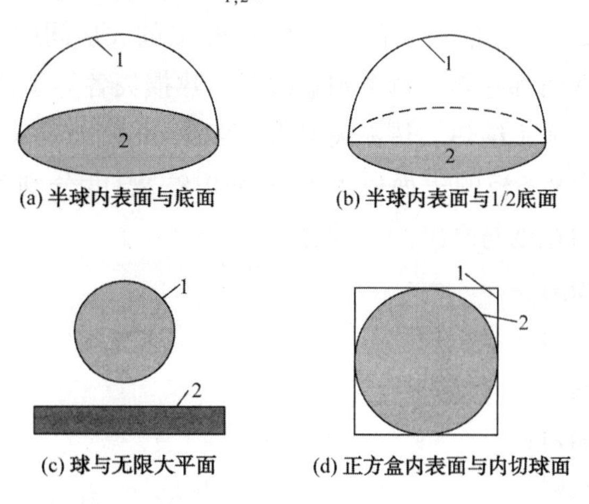

习题图 1

11. 有一直径和高度都为 20 cm 的圆桶，如习题图 2 所示，试求桶底和桶侧壁之间的角系数 $X_{A,B}$。

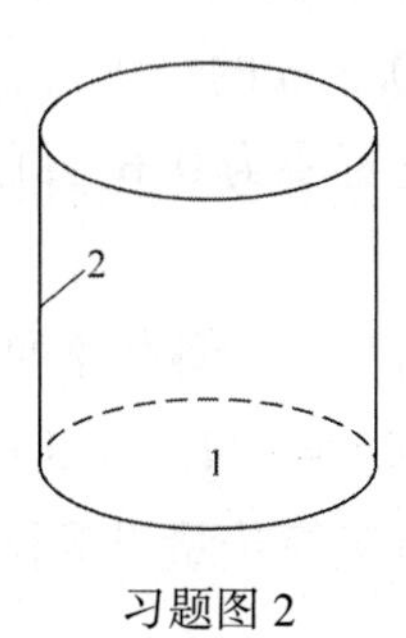

习题图 2

12. 有两块相互垂直的正方形表面，位置分别如习题图 3(a)、习题图 3(b) 所示，试求角系数 $X_{1,2}$。

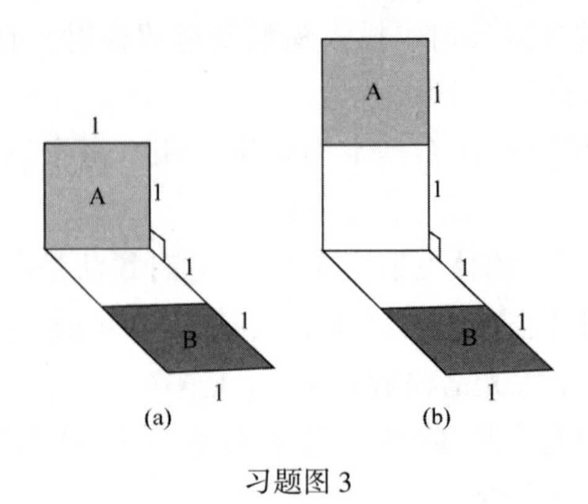

习题图 3

13. 两个直径分别等于 0.5 m 的圆盘状物体可视为黑体，温度分别为 80 ℃和 60 ℃，平行且同心，相距 0.2 m。它们被放置在温度为 20 ℃的大房间中。试确定：

（1）如果圆盘的反面都绝热，每个圆盘的辐射热损失各等于多少？

（2）如果圆盘的反面不绝热，热损失又将是多少？

14. 两块平行放置的平板的表面发射率均为 0.8，温度分别为 $t_1 = 527$ ℃及 $t_2 = 27$ ℃，板间距远小于板的宽度与高度。试计算：

（1）板 1 的自身辐射；

（2）板 1 的投入辐射；

（3）板 1 的反射辐射；

（4）板 1 的有效辐射；

（5）板 2 的有效辐射；

（6）板 1、2 之间的辐射换热量。

15. 一外径为 100 mm 的钢管横穿过室温为 27 ℃的大房间，钢管外壁温度为 100 ℃，表面发射率为 0.85。试计算单位管长的热损失。

16. 一长 0.5 m、宽 0.4 m、高 0.3 m 的小炉窑，窑顶和四周壁面温度为 300 ℃，发射率为 0.8；窑底温度为 150 ℃，发射率为 0.6。试计算窑顶和四周壁面对窑底的辐射换热量。

17. 薄壁真空球形空腔 A_2 包围着另一个球体表面 A_1，构成了封闭空间。已知两表面的发射率 $\varepsilon_1 = \varepsilon_2 = 0.8$，直径 $d_1 = 0.125$ m、$d_2 = 0.5$ m，表面 A_1 的温度 $t_1 = 427$ ℃、表面 A_2 外侧空气温度 $t_f = 37$ ℃。A_2 外侧对流换热量设为同侧辐射换热量的 5 倍。试计算表面 A_1 和 A_2 之间的辐射换热量 $\Phi_{1,2}$。

18. 某车间的辐射采暖板尺寸为 1.5 m×1 m，板面的发射率 $\varepsilon_1 = 0.94$，板面平均温度 $t_1 = 100$ ℃，车间周围壁面温度 $t_2 = 11$ ℃。如果不考虑采暖板背面和侧面的热作用，试求辐射采暖板与车间周围壁面的辐射换热量。

19. 两个相距 1 m、直径为 2 m 的平行放置的圆盘，相对表面的温度分别为 $t_1 = 500$

℃及 $t_2=200$ ℃，发射率分别为 $\varepsilon_1=0.3$ 及 $\varepsilon_2=0.6$，圆盘另外两个表面的换热忽略不计。试确定下列两种情况下每个圆盘的净辐射换热量：

（1）两圆盘放置于温度 $t_3=20$ ℃的大房间中；

（2）两圆盘放置于一绝热空腔中。

20. 远红外烘干窑的尺寸如习题图 4 所示。热表面 1 呈半圆柱形，温度 $t_1=320$ ℃，表面发射率 $\varepsilon_1=0.87$。被加热工件表面 2 的温度 $t_2=112$ ℃，表面发射率 $\varepsilon_2=0.93$，侧壁表面 3 绝热。求烘干窑每米长度所需要的加热功率以及烘干窑的侧壁表面温度。

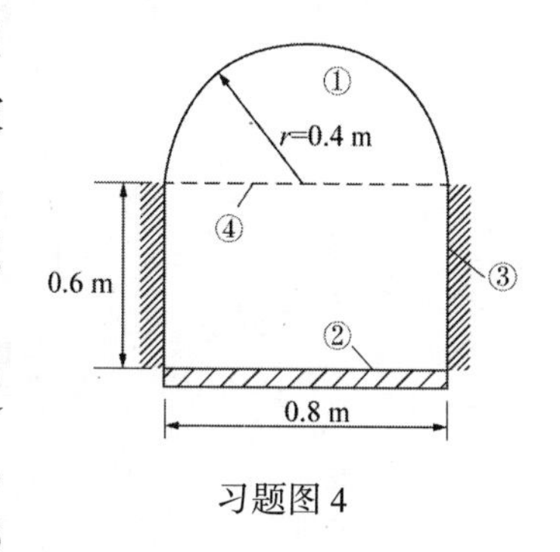

习题图 4

21. 在两块平行放置的相距很近的大平板 1 和 2 之间，插入一块很薄且两个表面发射率不等的第三块平板。已知 $t_1=300$ ℃、$t_2=100$ ℃，$\varepsilon_1=0.5$、$\varepsilon_2=0.8$。当板 3 的 A 面朝向表面 1 时，板 3 的稳态温度为 176.4 ℃；当板 3 的 B 面朝向表面 1 时，板 3 的稳态温度为 255.5 ℃。试确定板 3 的两个表面 A、B 各自的发射率。

22. 在内径为 5 mm、发射率为 0.7 的圆管内放入直径为 0.25 mm、发射率为 0.8 的电热丝。假设电热丝的温度为 300 ℃，管子内壁面的温度为 100 ℃，管内为真空。求电热丝消耗的功率。如在电热丝和管子之间加上发射率为 0.6、直径为 2.5 mm 的薄壁管，其他条件不变，此时电热丝消耗的功率减少多少？

23. 用裸露热电偶测量管道内高温烟气的温度，如习题图 5 所示。热电偶的指示温度 $t_1=700$ ℃，烟道内壁面温度 $t_2=550$ ℃，热电偶端点和烟道壁面的发射率均为 0.8，烟气和热电偶端点之间对流换热的表面传热系数 $h=40\ \mathrm{W/(m^2\cdot K)}$。忽略热电偶线的导热，试确定由于热电偶端点和烟道壁面之间的辐射换热所引起的测温误差以及烟气的真实温度。

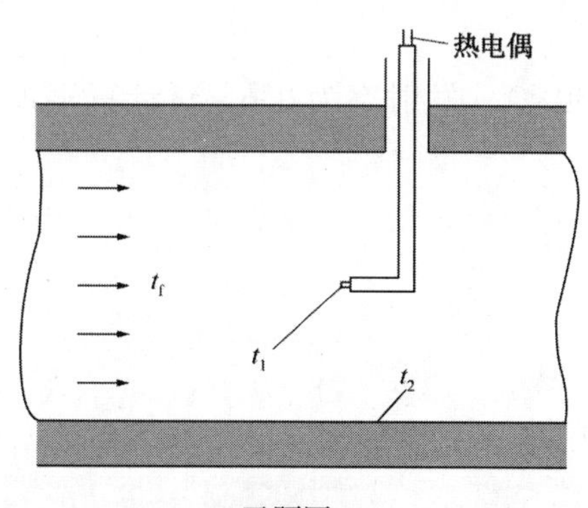

习题图 5

24. 为了减小上题中的测温误差，给热电偶加装遮热罩，同时安装抽气装置，以强化烟气和热电偶端点之间的对流换热，如习题图 6 所示。如果遮热罩内外壁面的发射率均为0.2，烟气和热电偶端点之间对流换热的表面传热系数加大为80 W/(m² · K)，其他参数如上题，试确定测量误差。

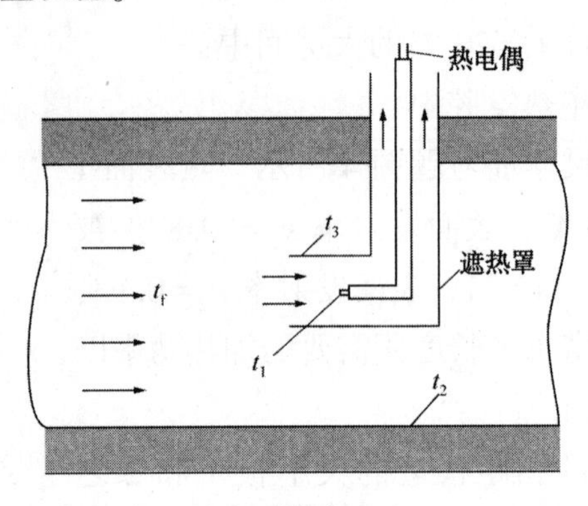

习题图6

Chapter 11 Radiation Heat Transfer

In this chapter, we wish to consider the third mode of heat transfer: thermal radiation, which is a type of electromagnetic radiation. Thermal radiation is that electromagnetic radiation emitted by a body as a result of its temperature. All bodies at a temperature above absolute zero emit thermal radiation. Radiation heat transfer involves the combined of radiation emitted and absorbed.

The thermal radiation emitted by bodies at above absolute zero extends from about 0. 1 to 100 μm of the electromagnetic spectrum, which includes the entire visible (0. 83—0. 76 μm) and infrared (0. 76—100μm) radiation as well as a portion of the ultraviolet (0. 1—0. 38 μm) radiation. However, the most ranges of the thermal radiation fall into the infrared region of the spectrum, which extends from 0. 76 to 100 μm.

11. 1 Basic Conceptions of Thermal Radiation

11. 1. 1 Absorptivity, Reflectivity, and Transmissivity

When radiant energy strikes a material surface, part of the radiation is absorbed, part is reflected, and part is transmitted, as shown in Figure 11-1. We define the incident radiation that is the energy stroked to a material surface in per unit time, per unit area, and over the entire wavelength range, donated by G, W/m^2. The parts of absorbed, reflected, and transmitted are represented by G_α, G_ρ and G_τ, respectively. Thus

$$G=G_\alpha+G_\rho+G_\tau \tag{11-1}$$

or

$$\frac{G_\alpha}{G}+\frac{G_\rho}{G}+\frac{G_\tau}{G}=1$$

$$\alpha+\rho+\tau=1 \tag{11-2}$$

where we define the absorptivity α as the fraction absorbed, the reflectivity ρ as the fraction reflected, and the transmissivity τ as the fraction transmitted.

Most solids and liquids do not transmit thermal radiation, so the transmissivity may be taken as zero. When radiant energy strikes a solid or liquid surface, part of the radiation is reflected; part is absorbed only through a small distant from the body surface, Then

$$\alpha+\rho=1 \tag{11-4}$$

Two types of reflection phenomena may be observed when radiation strikes a surface, specular and diffuse reflections. If the angle of incidence is equal to the angle of reflection, the reflection is called specular. On the other hand, when an incident beam is distributed uniformly in all directions after reflection, the reflection is called diffuse. These two types of reflection are depicted in Figure 11-2. Ordinarily, a rough surface exhibits diffuse behavior better than a highly polished surface. Similarly, a polished surface is more specular than a rough surface. The influence of surface roughness on thermal-radiation properties of materials is a matter of serious concern.

Real gases do not reflect, so the reflectivity may be taken as zero. When radiant energy strikes a gas surface, part of the radiation is absorbed; part is transmitted through the whole gas space. Then

$$\alpha+\tau=1 \tag{11-5}$$

The radiation property of solids and liquids is also called surface phenomena, while the radiation property of gases is called volumetric phenomena.

11.1.2 Blackbody, Whitebody, and Transmitbody

A body at a temperature above zero emits radiation in all direction over a wide range of wavelengths. The amount of radiation energy emitted from a surface at a given wavelength depends on the material of the body and the condition of its surface as well as the surface temperature. Therefore, different bodies may emit different amounts of radiation per unit surface area, even when they are at the same temperature. Thus, it is natural to the curious about the maximum amount of radiation that can be emitted by a surface at a given temperature. Satisfying this curiosity requires the definition of an idealized body, called a blackbody, to serve as a standard against which the radiation properties of real surfaces may be compared.

Blackbody, whitebody, and transmitbody are ideal bodies in the analysis of radiation heat transfer. A blackbody is defined as a perfect emitter and absorber of radiation. At a specified temperature and wavelength, no surface can emit more energy than a blackbody. A blackbody absorbs all incident radiation, regardless of wavelength and direction. Also, a blackbody emits radiation energy uniformly in all directions per unit area normal to direction of emission. That is, a blackbody is a diffuse emitter. For blackbody, $\alpha=1$; whitebody, $\rho=1$; and transmitbody $\tau=1$.

Note that the blackbody is quite different with the black color body. For example, snow reflects light and thus appears white. But it is essentially black for infrared radiation since it strongly absorb long - wave length radiation, and $\alpha = 0.94$, which approaches idealized blackbody behavior.

11.2 The Laws of Blackbody Radiation

Blackbody is an ideal radiator, which serves as a standard against which the radiation properties of real surfaces may be compared. The laws of blackbody radiation include the Stefan-Boltzmann law, Planck's law, Wien's displacement law, and Lambert's law.

11.2.1 Stefan-Boltzmann Law

(1) Emissive Power

The emissive power of a body is defined as the energy emitted by the body per unit time, per unit area, and in all direction into the hemisphere above the surface over all wavelengths, donated by E, W/m^2. For a blackbody, donated by E_b.

(2) Stefan-Boltzmann Law

The Stefan - Boltzmann law describes the relationship between the emissive power of a blackbody E_b and its surface temperature T. It is proposed first by Stefan from experiment in 1879, and then by Boltzmann from thermodynamic theory in 1884.

$$E_b = \sigma T^4 = C_0 \left(\frac{T}{100}\right)^4 \tag{11-6}$$

where T is the absolute temperature of the blackbody surface in K, σ is the Stefan-Boltzmann constant, $\sigma = 5.67 \times 10^{-8}$ W/(m^2 · K^4), C_0 is the Stefan-Boltzmann coefficient, $C_0 = 5.67$ W/(m^2 · K^4).

The Stefan-Boltzmann law indicates that the emissive power of a blackbody is proportional to the fourth power of the absolute temperature.

11.2.2 Planck's Law

(1) Spectral Emissive Power

The spectral emissive power of a body is defined as the energy emitted by the body per unit time, per unit area, per unit wavelength, and in all direction into the hemisphere above the surface, donated by E_λ, W/m^3. For a blackbody, donated by $E_{b\lambda}$.

The relationship between the emissive power and spectral emissive power of the body can be expressed as

$$E = \int_0^{\infty} E_{\lambda} d\lambda \tag{11-7}$$

(2) Planck's Law

Planck's law describes the functional relation of the spectral blackbody emissive power $E_{b\lambda}$ with wavelength λ and absolute temperature T. It is derived by Planck by introducing the quantum concept for electromagnetic energy in 1900.

$$E_{b\lambda} = \frac{C_1 \lambda^{-5}}{e^{C_2/\lambda T} - 1} \tag{11-8}$$

where T is the absolute temperature of the surface, K; λ is the wavelength of the radiation emitted, m; C_1 is the first radiation constant, $C_1 = 3.742 \times 10^{-16}$ W · m^2; C_2 is the second radiation constant, $C_2 = 1.439 \times 10^{-2}$ m · K.

A plot of $E_{b\lambda}$ as a function of temperature and wavelength is given in Figure 11-3, which shows the variation of the blackbody spectral emissive power with wavelength for selected temperature. Several observations can be made from this figure.

① The emitted radiation is a continuous function of wavelength. At any specified temperature T, $E_{b\lambda}$ increases with wavelength λ, reaches a peak $E_{b\lambda,max}$, and then decreases with increasing wavelength.

② At any wavelength λ, the amount of emitted radiation $E_{b\lambda}$ increases with increasing temperature T.

③ As temperature increases, the curves shift to the left to the shorter - wavelength region. Consequently, a larger fraction of the radiation is emitted at shorter wavelengths at higher temperatures.

11.2.3 Wien's Displacement Law

Notice that as the temperature increases, the peak of the curve in Figure 11-3 is shifted to the shorter wavelength for the higher temperatures. These maximum points in the radiation curves are related by Wien's displacement law.

$$\lambda_m T = 2.897\,6 \times 10^{-3} \approx 2.9 \times 10^{-3} \text{ m} \cdot \text{K} \tag{11-9}$$

This relation was originally developed by Willy Wien in 1894 using classical thermodynamics. According to the Planck's law, the relation of the maximum spectral emissive power $E_{b\lambda,max}$ and the absolute temperature T can be expressed by

$$E_{b\lambda,max}=1.106\times10^{-5}T^5\text{W/m}^3 \tag{11-10}$$

The peak of the solar radiation occurs at $\lambda_m=0.5$ μm, which is near the middle of the visible range. The peak of the radiation emitted by a surface at below 2 000 K occurs at above $\lambda_m=1.45$ μm, which is well into the infrared region of the spectrum.

11.2.4 Lambert's Law

(1) Solid Angle

The solid angle is an angle formed in a three-dimensional space. In analogy to plane angle, we can say that the area of a surface on a sphere of unit radius is equivalent in magnitude to the solid angle it subtends.

$$\Omega=\frac{A}{r^2} \tag{11-11}$$

The solid angle is denoted by Ω, and its unit is the steradian (sr), as shown in Figure 11-4. For a hemisphere, the surface area of a hemisphere $A=2\pi r^2$, the solid angle $\Omega=2\pi$ sr. The differential solid angle $\text{d}\Omega$ subtended by a differential area $\text{d}A=r\text{d}\theta\cdot r\sin\theta\,\text{d}\varphi$ on a sphere of radius r can be expressed as $\text{d}\Omega=\frac{\text{d}A}{r^2}=\sin\theta\text{d}\theta\text{d}\varphi$ sr, and θ from 0 to $\pi/2$, and φ from 0 to 2π.

(2) Radiation Intensity

Radiation is emitted by all parts of a surface in all direction into the hemisphere above the surface, and the directional distribution of emitted radiation is usually not uniform. Consider the emission of radiation by a differential area element of a surface, as shown in Figure 11-5. Radiation is emitted in all directions into the hemispherical space, and the intensity of emitted radiation from the surface area $\text{d}A$ to the direction θ is proportional to the solid angle $\text{d}\Omega$. It is also proportional to the observed radiating area $\text{d}A\cos\theta$, which varies from a maximum of $\text{d}A(\theta=0°)$ to a minimum of zero$(\theta=90°)$.

The radiation intensity for emitted radiation $L(\theta, \varphi)$ is defined as the rate at which radiation energy $\text{d}\Phi$ is emitted in the (θ, φ) direction per unit area normal to this direction and per unit solid angle about this direction, the unit is W/(m^2 · sr). That is

$$L(\theta,\varphi)=\frac{\text{d}\Phi}{\text{d}A\cos\theta\text{d}\Omega} \tag{11-12}$$

(3) Lambert's Law

For a blackbody, the intensity of the emitted radiation is independent of direction, and thus the radiation intensity from the blackbody surface into the hemisphere is uniform in all radiation direction, and it is called Lambert's law proposed by Lambert in 1760.

$$L(\theta) = L_b = \text{constant} \tag{11-13}$$

The emissive power from the blackbody surface into the hemisphere surrounding can be determined by

$$E_b = \int_{\Omega = 2\pi} L_b \cos\theta \mathrm{d}\Omega = L_b \int_0^{2\pi} \mathrm{d}\varphi \int_0^{\frac{\pi}{2}} \sin\theta\cos\theta \mathrm{d}\theta = \pi L_b \tag{11-14}$$

That is the emissive power of the blackbody is π times of the intensity radiation emitted by the blackbody. For a diffusely emitting surface, the intensity of the emitted radiation is independent of direction, and thus Lambert's law is also available for the diffusely emitting surface. However, the intensity of the radiation emitted by an actual surface varies with the direction.

11.3 Radiation Properties of Real Surfaces

A blackbody is a perfect emitter and absorber of radiation and nobody can emit more radiation than the blackbody at the same temperature. The blackbody absorbs all incident radiation, regardless of wavelength and direction. Therefore, a blackbody can serve as a convenient reference in describing the emission and absorption characteristics of real surface.

11.3.1 Emissive Properties of Real Surfaces

The emissive properties of a real surface include: emissivity, spectral emissivity, and directional emissivity.

(1) Emissivity

The emissivity of a surface represents the ratio of the emissive power of the surface at a given temperature to the emissive power of a blackbody at the same temperature, denoted by ε.

$$\varepsilon = \frac{E}{E_b} \tag{11-15}$$

The emissivity of a real surface varies with the surface condition, temperature of the surface as well as the wavelength and the direction of the emitted radiation. The value of emissivity varies between zero and 1, that is $0 \leqslant \varepsilon \leqslant 1$, and it is a measure of how closely a surface approximates a blackbody, for which $\varepsilon = 1$. The emissivity can be determined by experiment studies.

(2) Spectral Emissivity

The spectral emissivity of a surface is defined as the ratio of the spectral emissive power of the surface at a given temperature to the spectral emissive power of a blackbody at the same temperature and wavelengths, denoted by ε_λ.

$$\varepsilon_\lambda = \frac{E_\lambda}{E_{b\lambda}} \tag{11-17}$$

Note that the emissivity of a surface at a given wavelength can be different at different temperatures since the spectral distribution of emitted radiation changed with temperature. For a blackbody, a gray body, and a real surface, the variation of the spectral emissive power with wavelength is illustrated in Figure 11-6, and the variation of the spectral emissivity with wavelength is illustrated in Figure 11-7.

(3) Directional Emissivity

The directional emissivity of a surface is defined as the ratio of the directional radiation intensity of the surface at a given temperature and in a specified direction to the directional radiation intensity of a blackbody at the same temperature and direction, denoted by ε_θ.

$$\varepsilon_\theta = \frac{L(\theta)}{L_b} \tag{11-18}$$

The directional emissivity of a surface varies with the direction. However, the directional emissivity of a blackbody and a gray body is independence of direction, and it is same at all hemisphere direction. The directional emissivity characteristics of several types of surface are shown in Figure 11-8 and Figure 11-9. These curves illustrate the characteristically different behavior of electric conductors and nonconductors.

11.3.2 Absorption Properties of Real Surfaces

The absorption characteristics of radiation from a real surface are a function not only of the surface itself but also of the surroundings. These properties are dependent on the direction and wavelength of the incident radiation. The absorptivity of a surface is defined as the total energy absorbed to the total energy incident on the surface. The spectral absorptivity is defined as the absorbed fractions of radiation incident at a specified wavelength, denoted by α_λ.

The variation of absorptivity with the wavelength for metals and nonmentals at room temperature are illustrated in Figure 11-10 and Figure 11-11.

11.3.3 The Gray Body

Radiation is a complex phenomenon. The radiation properties of a body are dependent of two aspects. One aspect is the surface itself, which is dependent of the type, temperature, and conditions of the surface, and another aspect is the incident radiation, which is dependent of the direction, wavelength of the incident radiation. The gray body is defined such that the radiation properties are independent of wavelength, which is the spectral emissivity of the gray body is independent of wavelength, and the spectral absorptivity is also independent of wavelength. That is

$$\varepsilon=\varepsilon_{\lambda}, \quad \alpha=\alpha_{\lambda} \tag{11-19}$$

11.3.4 Kirchhoff's Law

Kirchhoff's law is described as the total hemispherical emissivity of a surface at temperature is equal to its total hemispherical absorptivity for radiation coming from a blackbody at the same temperature. That is $\alpha(T)=\varepsilon(T)$. This relation was first developed by Gustav Kirchhoff in 1860 and is called Kirchhoff's law. Kirchhoff's law is also described as the emissivity of a surface at a specified wavelength, direction, and temperature is always equal to its absorptivity at the same wavelength, direction, and temperature. That is

$$\alpha_{\lambda}(\theta, \varphi, T)=\varepsilon_{\lambda}(\theta, \varphi, T) \tag{11-20}$$

The derivations from Kirchhoff's law are

① For diffuse body, the radiation properties are independent of direction, and thus

$$\alpha_{\lambda}(T)=\varepsilon_{\lambda}(T) \tag{11-21}$$

② For gray body, the radiation properties are independent of direction and wavelength, and thus

$$\alpha(T)=\varepsilon(T) \tag{11-22}$$

11.4 Radiation Shape Factor

Radiation heat transfer between surfaces depends on the orientation of the surfaces relative to each other as well as their radiation properties and temperatures. To account for the effects of orientation on radiation heat transfer between two surfaces, we define a new parameter called the shape factor. The shape factor based on the assumptions that the surfaces are diffuse gray, or blackbody surfaces, and the temperature of the surfaces are uniform.

11.4.1 Radiation Shape Factor

Consider two surfaces 1 and 2, as shown in Figure 11-12. We wish to obtain a general expression for the energy exchange between these surfaces when they are maintained at different temperatures. The radiation shape factor $X_{1,2}$ from surface 1 to surface 2 is defined as the fraction of radiation leaving surface 1 that strikes surface 2 directly. That is

$$X_{1,2}=\frac{\Phi_{1\to2}}{\Phi_1} \tag{11-23}$$

where $\Phi_{1\to2}$ is the energy that leaves the surface 1 and reaches the surface 2, Φ_1 is the total energy that leaves the surface 1.

Similarity, for surface 2, the shape factor $X_{2,1}$ from surface 2 to surface 1 is expressed as

$$X_{2,1}=\frac{\Phi_{2\to1}}{\Phi_2} \tag{11-24}$$

The shape factor $X_{1,2}$ and $X_{2,1}$ are also expressed by

$$X_{1,2}=\frac{1}{A_1}\int_{A_1}\int_{A_2}\frac{\cos\theta_1\cos\theta_2}{\pi r^2}\mathrm{d}A_1\mathrm{d}A_2 \tag{11-25}$$

$$X_{2,1}=\frac{1}{A_2}\int_{A_1}\int_{A_2}\frac{\cos\theta_1\cos\theta_2}{\pi r^2}\mathrm{d}A_1\mathrm{d}A_2 \tag{11-26}$$

The Equations (11-25) and (11-26) show that the shape factor is a purely geometric quantity and is independent of the surface properties and temperature.

11.4.2 Shape Factor Relations

(1) For bodies of plane and convex surfaces do not see themselves. That is $X_{1,1}=0$.

The shape factor from a surface to itself will be zero unless the surface " see " itself. Therefore, there are the shape factors $X_{1,1}=0$ for plane or convex surfaces and $X_{1,1}\neq0$ for concave surfaces.

(2) The Reciprocity Rule

According to Equations (11-25) and (11-26), the pair of shape factors $X_{1,2}$ and $X_{2,1}$ are related to each other by

$$A_1X_{1,2}=A_2X_{2,1} \tag{11-27}$$

This relation is referred to as the reciprocity rule, and it enables us to determine the counterpart of a shape factor from a knowledge of the other and the areas of the two surfaces.

(3) The Summation Rule

Consider an enclosure consisting of n surfaces, the conservation of energy principle requies that the entire radiation leaving surface 1 of an enclosure be intercepted by the surfaces of the enclosure. Therefore, the sum of the shape factors from surface 1 of an enclosure to all surfaces of the enclosure, including to itself, must equal unity, as shown in Figure 11-13. This is known as the summation rule for an enclosure and is expressed as

$$\Phi_1=\Phi_{1\to1}+\Phi_{1\to2}+\Phi_{1\to3}+\cdots+\Phi_{1\to i}+\cdots+\Phi_{1\to n}$$

Divided by Φ_1, we have

$$X_{1,1}+X_{1,2}+X_{1,3}+\cdots+X_{1,i}+\cdots+X_{1,n}=1 \quad (11-28)$$

or

$$\sum_{i=1}^{n} X_{1,i}=1 \quad (11-29)$$

The summation rule can be applied to each surface of an enclosure by varying i from 1 to n. Therefore, the summation rule applied to each of the n surfaces of an enclosure gives n relations for the determination of the shape factors.

(4) The Superposition Rule

The superposition rule is expressed as the shape factor from a surface i to a surface j is equal to the sum of the shape factors from surface i to the parts of surface j. Note that the reverse of this is not true. That is, the shape factor from a surface j to a surface i is not equal to the sum of the shape factors from the parts of surface j to surface i.

Consider the geometry in Figure 11-14, the radiation that leaves surface 1 and strikes the combined surfaces 2 and 3 is equal to the sum of the radiation that strikes surfaces 2 and 3. Therefore, the shape factor from surface 1 to the combined surfaces 2 and 3 is

$$X_{1,(2+3)}=X_{1,2}+X_{1,3} \quad (11-30)$$

To obtain a relation for the shape factor $X_{(2+3),1}$, we multiply equation above by A_1,

$$A_1X_{1,(2+3)}=A_1X_{1,2}+A_1X_{1,3}$$

and apply the reciprocity rule to each term to get

$$A_{2+3}X_{(2+3),1}=A_2X_{2,1}+A_3X_{3,1}$$

or

$$X_{(2+3),1}=\frac{A_2}{A_{2+3}}X_{2,1}+\frac{A_3}{A_{2+3}}X_{3,1} \quad (11-31)$$

11.5 Calculation of Radiation Heat Transfer: Black Surfaces

The analysis of radiation exchange between surfaces, in general, is complicated because of reflection: a radiation beam leaving a surface may be reflected several times, with partial reflection occurring at each surface, before it is completely absorbed. The analysis is simplified greatly when the surfaces involved can be approximated as blackbodies because of the absence of reflection. In this section, we will consider radiation exchange between blackbody surfaces, and the analysis for diffuser surfaces will consider in next section.

11.5.1 Radiation Heat Transfer in Two Black Surfaces Enclosures

Consider two black surfaces of arbitrary shape maintained at uniform temperature T_1 and T_2, as shown in Figure 11-20, and with the surface areas of A_1 and A_2. The energy leaving surface 1 and arriving at surface 2 is

$$\Phi_{1\to2}=A_1E_{b1}X_{1.2}$$

and the energy leaving surface 2 and arriving at surface 1 is

$$\Phi_{2\to1}=A_2E_{b2}X_{2.1}$$

Since the surfaces are black, all the incident radiation will be absorbed, and the net energy exchange is

$$\Phi_{1,2}=\Phi_{1\to2}-\Phi_{2\to1}=A_1E_{b1}X_{1.2}-A_2E_{b2}X_{2,1}$$

From the reciprocity relation, we have $A_1X_{1.2}=A_2X_{2,1}$, the net heat exchange is therefore

$$\Phi_{1,2}=A_1X_{1.2}(E_{b1}-E_{b2}) \tag{11-34}$$

or

$$\Phi_{1,2}=\frac{E_{b1}-E_{b2}}{\dfrac{1}{A_1X_{1,2}}}$$

where $1/A_1X_{1,2}$ is called space resistance to radiation, m^{-2}. The radiation network for an enclosure of two black surfaces is shown in Figure 11-20.

11.5.2 Radiation Heat Transfer in N Black Surfaces Enclosures

Now consider an enclosure consisting of n black surfaces maintained at specified temperature. The net radiation heat transfer from surface 1 of this enclosure is determined by adding the net radiation heat transfers from surface 1 to each of the n surfaces of the enclosure.

$$\begin{aligned}\Phi_1 = \sum_{j=1}^{n}\Phi_{1,j} &= A_1X_{1,2}(E_{b1}-E_{b2})\\ &+ A_1X_{1,3}(E_{b1}-E_{b3})\\ &+\cdots\\ &+ A_1X_{1,n}(E_{b1}-E_{bn})\end{aligned} \tag{11-36}$$

or

$$\Phi_1=\sum_{j=1}^{n}\Phi_{1,j}=\sum_{j=1}^{n}A_1X_{1,j}(E_{b1}-E_{bj})=\sum_{j=1}^{n}A_1X_{1,j}\sigma(T_1^4-T_j^4)$$

Similarly, the net radiation heat transfer from surface i is equal to the sum of the net heat transfers from surface i to each of the n surfaces of the enclosure. That is

$$\Phi_i = \sum_{j=1}^{n} \Phi_{i,j} = \sum_{j=1}^{n} A_i X_{i,j}(E_{bi} - E_{bj}) = \sum_{j=1}^{n} A_i X_{i,j}\sigma(T_i^4 - T_j^4) \tag{11-37}$$

The radiation network for an enclosure of three black surfaces is shown in Figure 11-21.

11.6 Radiation Heat Transfer: Diffuse, Gray Surfaces

The calculation of the radiation heat transfer between black surfaces is relatively easy because all the radiation energy that strikes a surface is absorbed. However, most enclosures encountered in practice involve nonblack surfaces, which allow multiple reflections to occur, and the situation is much more complex because the radiation energy can be reflected back and forth between the heat-transfer surfaces several times. The analysis of the problem must take into consideration these multiple reflections if correct conclusions are to be drawn.

To make a simple radiation analysis possible, it is common to assume the surfaces of an enclosure to be opaque diffuse gray surface, and their radiation properties are independent of wavelength. Also, both the incoming and outgoing radiation is uniform over each surface.

11.6.1 Radiosity

Now consider a diffuse, gray surface with a uniform temperature T, the area of the surface A, emissivity ε, and absorptivity α, as shown in Figure 11-22. The energies involved in the surface include: incident radiation G, absorption radiation αG, reflection radiation ρG, and emissive power of the surface E, $E=\varepsilon E_b$.

The surface can emit radiation as well as reflect it, and thus the radiation leaving the surface consists of emitted and reflected parts. We define the total energy that leaves the surface per unit time and per unit area as radiosity, denoted by J, and has the unit of W/m^2. The radiosity is the sum of the energy emitted E and the energy reflected ρG when no energy is transmitted, that is

$$J=E+\rho G=\varepsilon E_b+(1-\alpha)G \tag{11-38}$$

The net energy leaving the surface is the difference between the radiosity and the incident radiation

$$q=J-G \tag{11-39}$$

The net energy can also be expressed as the difference between the emissive power and the absorbed radiation

$$q=E-\alpha G=\varepsilon E_b-\alpha G \tag{11-40}$$

Solving for G in terms of J from Equation (11-39) and Equation (11-40), and $\varepsilon=\alpha$

$$q=\frac{E_b-J}{\dfrac{1-\varepsilon}{\varepsilon}} \tag{11-41}$$

The total net energy leaving the surface A is

$$\Phi=\frac{E_b-J}{\dfrac{1-\varepsilon}{A\varepsilon}} \tag{11-42}$$

where $\frac{1-\varepsilon}{A\varepsilon}$ is called surface resistance to radiation, W/m^2. The surface resistance to radiation for a blackbody is zero since $\varepsilon=1$ and $J=E_b$. The element representing surface resistance in the radiation network method is shown in Figure 11-23.

11.6.2 Radiation Heat Transfer in Two-Surface Enclosures

Now consider the exchange of radiation energy by two surfaces, with the surface areas of A_1 and A_2, temperatures of T_1 and T_2, and $T_1>T_2$, as shown in Figure 11-24. Of that total radiation leaving surface 1, the amount that reaches surface 2 is $J_1A_1X_{1,2}$, and of that total energy leaving surface 2, the amount that reaches surface 1 is $J_2A_2X_{2,1}$. The net radiation heat transfer between the two surfaces is

$$\Phi_{1,2}=J_1A_1X_{1,2}-J_2A_2X_{2,1}$$

Applying the reciprocity $A_1X_{1,2}=A_2X_{2,1}$ and rearranging the equation above, the net radiation heat transfer between surface 1 and surface 2 is

$$\Phi_{1,2}=\frac{J_1-J_2}{\dfrac{1}{A_1X_{1,2}}} \tag{11-43}$$

The net radiation of surface 1 from Equation (11-42) is

$$\Phi_1=\frac{E_{b1}-J_1}{\dfrac{1-\varepsilon_1}{A_1\varepsilon_1}} \tag{11-42a}$$

and the net radiation of surface 2 is

$$\Phi_2=\frac{E_{b2}-J_2}{\dfrac{1-\varepsilon_2}{A_2\varepsilon_2}} \tag{11-42b}$$

Notice that the radiation energy balance in the enclosure, $\Phi_1=-\Phi_2=\Phi_{1,2}$, we have

$$\Phi_{1,2}=\frac{E_{b1}-E_{b2}}{\dfrac{1-\varepsilon_1}{A_1\varepsilon_1}+\dfrac{1}{A_1X_{1,2}}+\dfrac{1-\varepsilon_2}{A_2\varepsilon_2}} \tag{11-44}$$

This important result is applicable to any two diffuse gray surfaces that form an enclosure. The radiation network constructed for this two-surface enclosure is shown in Figure 11-24, which consists of two surface resistances $\frac{1-\varepsilon_1}{A_1\varepsilon_1}$ and $\frac{\varepsilon_2}{A_2\varepsilon_2}$, and one space resistance $\frac{1}{A_1X_{1,2}}$. The element representing space resistance in the radiation network method is shown in Figure 11-25.

11.6.3 Radiation Heat Transfer in Three-Surface Enclosures

Consider an enclosure consisting of three diffuse gray surfaces, as shown in Figure 11-26. In this system, each of the surfaces exchanges heat with the other two. To determine the radiation heat transfer of this system, the values of the radiosities must be calculated. The most convenient method is to construct a radiation network for this system, and then apply Kirchhoff's current law to the network, which states that the sum of the currents entering a node is zero.

The radiation network of this system is constructed by following the standard procedure:

Step 1, Draw a surface resistance associated with each of three surfaces and connect these surface resistances with space resistances, as shown in Figure 11-26, and then construct the network of this system. The three endpoint potentials are E_{b1}, E_{b2}, E_{b3}, and three nodes are J_1, J_2, J_3.

Step 2, Apply Kirchhoff's current law to the network, and give the energy balance equation for each node: the algebraic sum of the currents at each node must equal zero. That is

For node 1
$$\frac{E_{b1}-J_1}{\frac{1-\varepsilon_1}{A_1\varepsilon_1}}+\frac{J_2-J_1}{\frac{1}{A_1X_{1,2}}}+\frac{J_3-J_1}{\frac{1}{A_1X_{1,3}}}=0 \tag{11-47a}$$

For node 2
$$\frac{E_{b2}-J_2}{\frac{1-\varepsilon_2}{A_2\varepsilon_2}}+\frac{J_1-J_2}{\frac{1}{A_1X_{1,2}}}+\frac{J_3-J_2}{\frac{1}{A_2X_{2,3}}}=0 \tag{11-47b}$$

For node 3
$$\frac{E_{b3}-J_3}{\frac{1-\varepsilon_3}{A_3\varepsilon_3}}+\frac{J_1-J_3}{\frac{1}{A_1X_{1,3}}}+\frac{J_2-J_3}{\frac{1}{A_2X_{2,3}}}=0 \tag{11-47c}$$

Step 3, The surface areas A_1, A_2, and A_3; emissivities ε_1, ε_2, and ε_3; and uniform temperature T_1, T_2, and T_3 are known. The three endpoint potentials E_{b1}, E_{b2}, and E_{b3} are considered known, since the surface temperatures are specified. Then all need to solve are the radiosities J_1, J_2, and J_3, and the net rate of radiation heat transfers at each surface can be determined.

11.7 Radiation Shields

There are two main methods to reduce the radiation heat transfer between the two surfaces. One way of reducing radiation heat transfer between two particular surfaces is to use materials that are highly reflective. An alternative method is to insert a thin, high-reflectivity shell between the two heat-exchange surfaces. Such highly reflective thin plates or shells are called radiation shields. The shields do not deliver or remove any heat from the overall system. The role of the radiation shield is to reduce the rate of radiation heat transfer by placing additional resistances in the path of radiation heat flow.

Consider two parallel infinite plates shown in Figure 11-30. The heat exchange between these two surfaces may be calculated as

$$q_{1,2}=\frac{E_{b1}-E_{b2}}{\frac{1}{\varepsilon_1}+\frac{1}{\varepsilon_2}-1} \tag{11-48}$$

The radiation network for two parallel plates without a radiation shield is shown in Figure 11-30(a).

Now consider the same two plates, but with a radiation shield placed between them, as shown in Figure 11-30. The heat transfer will be calculated for this latter case and compared with the heat transfer without the shield.

The radiation heat transfer between surface 1 and surface 3 is

$$q_{1,3}=\frac{E_{b1}-E_{b3}}{\frac{1}{\varepsilon_1}+\frac{1}{\varepsilon_3}-1} \tag{11-48a}$$

The radiation heat transfer between surface 3 and surface 2 is

$$q_{3,2}=\frac{E_{b3}-E_{b2}}{\frac{1}{\varepsilon_3}+\frac{1}{\varepsilon_2}-1} \tag{11-48b}$$

Since the shield does not deliver or remove heat from the system, the heat transfer between plate 1 and the shield must be precisely the same as that between the shield and plate 2, and this is the overall heat transfer. Thus $q_{1,3}=q_{3,2}=q_{1,3,2}$. If the emissivities of all three surfaces are equal, that is $\varepsilon_1=\varepsilon_2=\varepsilon_3$, and combining the Equations (11-48a) and (11-48b), the heat transfer with radiation shield is

$$q_{1,3,2}=\frac{1}{2}q_{1,2}=\frac{1}{2}\frac{E_{b1}-E_{b2}}{\frac{1}{\varepsilon_1}+\frac{1}{\varepsilon_2}-1} \tag{11-49}$$

Notes about the radiation shield

① The heat flow with radiation shield is just one-half of that which would be experienced if there were no shield present when all emissivities are equal. The radiation network with shield is shown in Figure 11-30(b), and the radiation heat transfer is impeded by the insertion of three resistances more than would be present with just two surfaces facing each other: an extra space resistance and two extra surface resistances for the shield.

② Multiple-radiation-shield problems may be treated in the same manner as that outlined above. Considering the radiation network with the number n of radiation shields, if the emissivities of all the surfaces are equal, the resistance with the shields in place is $n+1$ times as large as when the shields are absent. Thus the heat transfer reduces to

$$q_{1,n,2}=\frac{1}{n+1}q_{1,2} \tag{11-50}$$

③ The lower the emissivity of the radiation shield, the higher the resistance, the better the effect of reducing the radiation heat transfer.

附　录

附表 1　主要符号表

英文字母

a 热扩散率，m^2/s	Thermal diffusivity
A 面积，m^2	Area
c 比热容(质量热容)，$J/(kg \cdot K)$	Specific heat
c_f 速度，m/s	Velocity
c_n 多变比热容，$J/(kg \cdot K)$	Polytropic specific heat
c_p 比定压热容，$J/(kg \cdot K)$	Specific heat at constant pressure
c_V 比定容热容，$J/(kg \cdot K)$	Specific heat at constant volume
C_m 摩尔热容，$J/(mol \cdot K)$	Molar specific heat
C_V 体积热容，$J/(mol \cdot K)$	Volume specific heat
d 含湿量，kg(水蒸气)/kg(干空气)	Specific humidity
直径，m	Diameter
d_e 当量直径，m	Equivalent diameter
e 比总储存能，J/kg	Stored energy per unit mass
e_k 比宏观动能，J/kg	Kinetic energy per unit mass
e_p 比宏观位能，J/kg	Potential energy per unit mass
E 总储存能，J	Stored energy, or total energy
辐射力，W/m^2	Emissive power
E_k 宏观动能，J	Kinetic energy
E_p 宏观位能，J	Potential energy
f 摩擦系数	Friction factor
F 作用力，N	Force
g 重力加速度，m/s^2	Acceleration of gravity
G 投入辐射，W/m^2	Incident radiation
G_α 吸收辐射，W/m^2	Absorbed radiation
G_ρ 反射辐射，W/m^2	Reflected radiation

G_τ 透射辐射，W/m^2	transmitted radiation
h 比焓，J/kg	Enthalpy per unit mass
高度，m	Height
对流换热的表面传热系数，$W/(m^2\cdot K)$	Convection heat transfer coefficient
H 焓，J	Enthalpy
高度，m	Height
I 做功能力损失，J	Irreversibility
J 有效辐射，W/m^2	Radiosity
k 传热系数，$W/(m^2\cdot K)$	Heat-transfer coefficient
l 长度，m	Length
特征长度，m	Characteristic length
L 定向辐射强度(辐射强度)，$W/(m^2\cdot sr)$	Radiation intensity
m 质量，kg	Mass
M 摩尔质量，kg/mol	Molar mass
n 物质的量，mol	Molar
多变指数	Polytropic index
法向	Normal direction
管束的排数	Rows of tube bank
p 绝对压力，Pa	Absolute pressure
p_b 大气压力；Pa	Atmosphere pressure
p_e 表压力，Pa	Gage pressure
p_s 饱和压力，Pa	Saturated pressure
p_v 真空度，Pa	Vaccum
水蒸气分压力，Pa	Partial pressure of water vapor
P 功率，W	Power
湿周，m	Wetted perimeter
q 比热量，J/kg	Heat on a unit mass basis
热流密度，W/m^2	Heat flux
q_m 质量流量，kg/s	Mass rate of flow
q_V 体积流量，m^3/s	Volume rate of flow
Q 热量，J	Heat
热流量，W	Heat-transfer rate
r 半径，m	Radius
径向坐标	Radial coordinate

汽化潜热，kJ/kg	Latent heat of vaporization
R 半径，m	Radius
通用气体常数，J/(mol·K)	Universal gas constant
热阻，K/W	Thermal resistance
R_g 气体常数，J/(kg·K)	Gas constant
s 比熵，J/kg	Entropy per unit mass
管间距，m	Tube pitch
S 熵，J	Entropy
t 摄氏温度,℃	Degree Celsius
t_d 露点温度,℃	Dew point temperature
t_s 饱和温度,℃	Saturation temperature
T 热力学温度，K	Thermodynamic temperature
u 比热力学能，J/kg	Internal energy per unit mass
U 热力学能，J;	Internal energy
周长，m	Perimeter
v 比体积，m^3/kg;	Specific volume
速度，m/s	Velocity
V 体积，m^3	Volume
V_m 摩尔体积，m^3/mol	Molar volume
w 比膨胀功，J	Expansion work on a unit mass basis
w_f 比流动功，J/kg	Flow work on a unit mass basis
w_{net} 比循环净功，J/kg	Net work on a unit mass basis
w_s 比轴功，J/kg	Shaft work on a unit mass basis
w_t 比技术功，J/kg	Technical work on a unit mass basis
W 膨胀功，J	Expansion work
W_f 流动功，J	Flow work
W_{net} 循环净功，J	Net work
W_s 轴功，J	Shaft work
W_t 技术功，J	Technical work
x 干度	Quantity
笛卡尔坐标	Space coordinates in Cartesian system
$X_{i,j}$ 角系数	Shape factor, or view factor
y 笛卡尔坐标	Space coordinates in Cartesian system
z 高度	Height
笛卡尔坐标	Space coordinates in Cartesian system

希腊字母

α 抽气量，kg	Extraction fraction
α_V 体积膨胀系数	Volume coefficient of expansion
吸收比	Absorptivity
β 肋化系数	Rib change coefficient
γ 比热容比	Ratio of specific heats
δ 厚度，m	Thickness
流动边界层厚度，m	Velocity-boundary-layer thickness
δ_t 热边界层厚度，m	Thermal-boundary-layer thickness
ε 制冷系数	Coefficient of performance
压缩比	Compression ratio
发射率(黑度)	Emissivity
ε_λ 光谱发射率	Spectral emissivity
ε_θ 定向发射率	Directional emissivity
η 效率	Efficiency
动力黏性系数，Pa · s	Dynamic viscosity
η_t 热效率	Thermal efficiency
η_C 卡诺循环热效率	Thermal efficiency of Carnot cycle
κ 绝热指数	Adiabatic index
φ 径向坐标	Radial coordinate
冲击角，(°)	Impact angle
相对湿度	Relative humidity
ψ 几何因素	Geometrical factor
λ 升压比；	Pressure ratio
导热系数，W/(m · K)	Thermal conductivity
波长，m	Wavelength
π 增压比	Pressure ratio
ν 运动黏性系数，m^2/s	Kinematic viscosity
θ 法向角度，(°)	Normal angle
过余温度，℃或 K	Temperature excess
ρ 密度，kg/m^3	Density
预胀比	Cutoff ratio
反射比	Reflectivity
τ 时间，s	Time

透射比　Transmissivity

τ_c 时间常数，s　Time constant

Φ 热流量，W　Heat-transfer rate

$\dot{\Phi}$ 内热源强度，W/m^3　Heat generated per unit volume

Ω 立体角，sr　Solid angle

相似特征数

$Bi=\frac{hl}{\lambda}$ 毕渥数　Biot number

$Fo=\frac{a\tau}{l^2}$ 傅里叶数　Fourier number

$Gr=\frac{\alpha_V g\Delta t l^3}{\nu^2}$ 格拉晓夫数　Grashof number

$Nu=\frac{hl}{\lambda}$ 努塞尔数　Nusselt number

$Pe=\frac{ul}{a}$ 贝克莱数　Peclet number

$Pr=\frac{\nu}{\alpha}$ 普朗特数　Prandtl number

$Re=\frac{ul}{\nu}$ 雷诺数　Reynolds number

$Ra=GrPr$ 瑞利数　Rayleigh number

附表 2　常用单位换算

序号	物理量	符号	定义式	我国法定单位	米制工程单位	备注
1	质量	m		kg 1 9. 807	kgf · s^2/m 0. 1020 1	
2	温度	T 或 t		K $T=t+T_0$	℃ $t=T-T_0$	$T_0=273.15$ K
3	力	F	ma	N 1 9. 807	kgf 0. 1020 1	
4	压力 （即压强）	p	$\frac{F}{A}$	Pa 1 9.807×10^4	at 或 kgf/cm^2 1.0197×10^{-5} 1	1 atm = 1. 033 at $=1.033\times10^4$ kgf/m^2 $=1.013\times10^5$ Pa

续表

<table>
<tr><th>序号</th><th>物理量</th><th>符号</th><th>定义式</th><th>我国法定单位</th><th colspan="2">米制工程单位</th><th>备注</th></tr>
<tr><td>5</td><td>密度</td><td>ρ</td><td>$\frac{m}{V}$</td><td>kg/m^3
1
9. 807</td><td colspan="2">$kgf \cdot s^2/m^4$
0. 1020
1</td><td></td></tr>
<tr><td>6</td><td>能量
功量
热量</td><td>W 或 Q</td><td>Fr 或 $\Phi\tau$</td><td>J
1×10^3
4.187×10^3</td><td colspan="2">kcal
0. 238 8
1</td><td></td></tr>
<tr><td>7</td><td>功率
热流量</td><td>P 或 Φ</td><td>W/τ 或
Q/τ</td><td>W
1
9. 807
1. 163</td><td>kgf · m/s
0. 1020
1
0. 1186</td><td>kcal/h
0. 8598
8. 434
1</td><td></td></tr>
<tr><td>8</td><td>比热容</td><td>c</td><td>$\frac{Q}{m\Delta t}$</td><td>J/(kg · K)
1
4. 187</td><td colspan="2">kcal/(kg · ℃)
0. 2388
1</td><td></td></tr>
<tr><td>9</td><td>动力黏度</td><td>η</td><td>ρv</td><td>Pa · s 或 kg/(m · s)
1
9. 807</td><td colspan="2">$kgf \cdot s/m^2$
0. 1020
1</td><td>v：运动黏度，
单位均为 m^2/s</td></tr>
<tr><td>10</td><td>热导率</td><td>λ</td><td>$\frac{\Phi\Delta l}{A\Delta t}$</td><td>W/(m · K)
1
1. 163</td><td colspan="2">kcal/(m · h · ℃)
0. 8598
1</td><td></td></tr>
<tr><td>11</td><td>表面传热系数
总传热系数</td><td>h
K</td><td>$\frac{\Phi}{A\Delta t}$</td><td>$W/(m^2 \cdot K)$
1
1. 163</td><td colspan="2">$kcal/(m^2 \cdot h \cdot ℃)$
0. 8598
1</td><td></td></tr>
<tr><td>12</td><td>热流密度</td><td>q</td><td>$\frac{\Phi}{A}$</td><td>W/m^2
1
1. 163</td><td colspan="2">$kcal/(m^2 \cdot h)$
0. 8598
1</td><td></td></tr>
</table>

附表 3　一些常用气体的摩尔质量和临界参数

物质	分子式	M/(g/mol)	R_g/[J/(kg · K)]	T_{cr}/K	p_{cr}/MPa	Z_{cr}
乙炔	C_2H_2	26. 04	319	309	6. 28	0. 274
空气		28. 97	287	133	3. 77	0. 284
氨	NH_3	17. 04	488	406	11. 28	0. 242
氩	Ar	39. 94	208	151	4. 86	0. 290
苯	C_6H_6	78. 11	106	563	4. 93	0. 274
正丁烷	C_4H_{10}	58. 12	143	425	3. 80	0. 274

续表

物质	分子式	$M/(g/mol)$	$R_g/[J/(kg \cdot K)]$	T_{cr}/K	p_{cr}/MPa	Z_{cr}
二氧化碳	CO_2	44.01	189	304	7.39	0.276
一氧化碳	CO	28.01	297	133	3.50	0.294
乙烷	C_2H_6	30.07	277	305	4.88	0.285
乙醇	C_2H_5OH	46.07	180	516	6.38	0.249
乙烯	C_2H_4	28.05	296	283	5.12	0.270
氦	He	4.003	2077	5.2	0.23	0.300
氢	H_2	2.018	4124	33.2	1.30	0.304
甲烷	CH_4	16.04	518	191	4.64	0.290
甲醇	CH_3OH	32.05	259	513	7.95	0.220
氮	N_2	28.01	297	126	3.39	0.291
正辛烷	C_8H_{18}	114.22	73	569	2.49	0.258
氧	O_2	32.00	260	154	5.05	0.290
丙烷	C_3H_8	44.09	189	370	4.27	0.276
丙烯	C_3H_6	42.08	198	365	4.62	0.276
R12	CCl_2F_2	120.92	69	385	4.12	0.278
R22	$CHClF_2$	86.48	96	369	4.98	0.267
R134a	CF_3CH_2F	102.03	81	374	4.07	0.260
二氧化硫	SO_2	64.06	130	431	7.87	0.268
水蒸气	H_2O	18.02	461	647.3	22.09	0.233

本表引自：Michael J. Moran，Howard N. Shpiro. Fundamentals of engineering thermodynamics. 3rd ed. New York：John Wiley&Sons Inc.，1995.

附表 4 常用气体的平均比定压热容 $c_p\big|_0^t$ kJ/(kg·K)

温度/℃ \ 气体	O_2	N_2	CO	CO_2	H_2O	SO_2	空气
0	0.915	1.039	1.040	0.815	1.859	0.607	1.004
100	0.923	1.040	1.042	0.866	1.873	0.636	1.006
200	0.935	1.043	1.046	0.910	1.894	0.662	1.012
300	0.950	1.049	1.054	0.949	1.919	0.687	1.019
400	0.965	1.057	1.063	0.983	1.948	0.708	1.028
500	0.979	1.066	1.075	1.013	1.978	0.724	1.039
600	0.993	1.076	1.086	1.040	2.009	0.737	1.050

续表

温度/℃ \ 气体	O_2	N_2	CO	CO_2	H_2O	SO_2	空气
700	1.005	1.087	1.098	1.064	2.042	0.754	1.061
800	1.016	1.097	1.109	1.085	2.075	0.762	1.071
900	1.026	1.108	1.120	1.104	2.110	0.775	1.081
1 000	1.035	1.118	1.130	1.122	2.144	0.783	1.091
1 100	1.043	1.127	1.140	1.138	2.177	0.791	1.100
1 200	1.051	1.136	1.149	1.153	2.211	0.795	1.108
1 300	1.058	1.145	1.158	1.166	2.243		1.117
1 400	1.065	1.153	1.166	1.178	2.274		1.124
1 500	1.071	1.160	1.173	1.189	2.305		1.131
1 600	1.077	1.167	1.180	1.200	2.335		1.138
1 700	1.083	1.174	1.187	1.209	2.363		1.144
1 800	1.089	1.180	1.192	1.218	2.391		1.150
1 900	1.094	1.186	1.198	1.226	2.417		1.156
2 000	1.099	1.191	1.203	1.233	2.442		1.161
2 100	1.104	1.197	1.208	1.241	2.466		1.166
2 200	1.109	1.201	1.213	1.247	2.489		1.171
2 300	1.114	1.206	1.218	1.253	2.512		1.176
2 400	1.118	1.210	1.222	1.259	2.533		1.180
2 500	1.123	1.214	1.226	1.264	2.554		1.184
2 600	1.127				2.574		
2 700	1.131				2.594		
2 800					2.612		
2 900					2.630		
3 000							

附表 5　常用气体的平均比定容热容　$c_V\big|_0^t$　kJ/(kg·K)

温度/℃ \ 气体	O_2	N_2	CO	CO_2	H_2O	SO_2	空气
0	0.655	0.742	0.743	0.626	1.398	0.477	0.716
100	0.663	0.744	0.745	0.677	1.411	0.507	0.719
200	0.675	0.747	0.749	0.721	1.432	0.532	0.724
300	0.690	0.752	0.757	0.760	1.457	0.557	0.732
400	0.705	0.760	0.767	0.794	1.486	0.578	0.741

续表

温度/℃ \ 气体	O_2	N_2	CO	CO_2	H_2O	SO_2	空气
500	0. 719	0. 769	0. 777	0. 824	1. 516	0. 595	0. 752
600	0. 733	0. 779	0. 789	0. 851	1. 547	0. 607	0. 762
700	0. 745	0. 790	0. 801	0. 875	1. 581	0. 621	0. 773
800	0. 756	0. 801	0. 812	0. 896	1. 614	0. 632	0. 784
900	0. 766	0. 811	0. 823	0. 916	1. 618	0. 615	0. 794
1 000	0. 775	0. 821	0. 834	0. 933	1. 682	0. 653	0. 804
1 100	0. 783	0. 830	0. 843	0. 950	1. 716	0. 662	0. 813
1 200	0. 791	0. 839	0. 857	0. 964	1. 749	0. 666	0. 821
1 300	0. 798	0. 848	0. 861	0. 977	1. 781		0. 829
1 400	0. 805	0. 856	0. 869	0. 989	1. 813		0. 837
1 500	0. 811	0. 863	0. 876	1. 001	1. 843		0. 844
1 600	0. 817	0. 870	0. 883	1. 011	1. 873		0. 851
1 700	0. 823	0. 877	0. 889	1. 020	1. 902		0. 857
1 800	0. 829	0. 883	0. 896	1. 029	1. 929		0. 863
1 900	0. 834	0. 889	0. 901	1. 037	1. 955		0. 869
2 000	0. 839	0. 894	0. 906	1. 045	1. 980		0. 874
2 100	0. 844	0. 900	0. 911	1. 052	2. 005		0. 879
2 200	0. 849	0. 905	0. 916	1. 058	2. 028		0. 884
2 300	0. 854	0. 909	0. 921	1. 064	2. 050		0. 889
2 400	0. 858	0. 914	0. 925	1. 070	2. 072		0. 893
2 500	0. 863	0. 918	0. 929	1. 075	2. 093		0. 897
2 600	0. 868				2. 113		
2 700	0. 872				2. 132		
2 800					2. 151		
2 900					2. 168		
3 000							

附表 6　空气的热力性质

T/K	t/℃	h/(kJ/kg)	u/(kJ/kg)	s^0/[kJ/(kg · K)]
200	−73. 15	200. 13	142. 72	6. 295 0
220	−53. 15	220. 18	157. 03	6. 390 5
240	−33. 15	240. 22	171. 34	6. 477 7
260	−13. 15	260. 28	185. 65	6. 558 0

续表

T/K	t/℃	h/(kJ/kg)	u/(kJ/kg)	s^0/[kJ/(kg·K)]
280	6.85	280.35	199.98	6.632 3
300	26.85	300.43	214.32	6.701 6
320	46.85	320.53	228.68	6.766 5
340	66.85	340.66	243.07	6.827 5
360	86.85	360.81	257.48	6.885 1
380	106.85	381.01	271.94	6.939 7
400	126.85	401.25	286.43	6.991 6
450	176.85	452.07	322.91	7.111 3
500	226.85	503.30	359.79	7.219 3
550	276.85	555.01	397.15	7.317 8
600	326.85	607.26	435.04	7.408 7
650	376.85	660.09	473.52	7.493 3
700	426.85	713.51	512.59	7.572 5
750	476.85	767.53	552.26	7.647 0
800	526.85	822.15	592.53	7.717 5
850	576.85	877.35	633.37	7.784 4
900	626.85	933.10	674.77	7.848 2
950	676.85	989.38	716.70	7.909 0
1 000	726.85	1 046.16	759.13	7.967 3
1 200	926.85	1 277.73	933.29	8.178 3
1400	1 126.85	1 515.18	1 113.34	8.361 2
1 600	1 326.85	1 757.19	1 297.94	8.522 8
1 800	1 526.85	2 002.78	1 486.12	8.667 4
2 000	1 726.85	2 251.28	1 677.22	8.798 3
2 200	1 926.85	2 502.20	1 870.73	8.917 9
2 400	2 126.85	2 755.17	2 066.29	9.027 9
2 600	2 326.85	3 009.91	2 263.63	9.129 9
2 800	2 526.85	3 266.21	2 462.52	9.224 8
3 000	2 726.85	3 523.87	2 662.78	9.313 7
3 200	2 926.85	3 782.75	2 864.25	9.397 2
3 400	3 126.85	4 042.71	3 066.80	9.476 2

附表7　饱和水与饱和水蒸气的热力性质(按温度排序)

温度	压力	比体积		比焓		汽化潜热	比熵	
		液体	蒸汽	液体	蒸汽		液体	蒸汽
t/℃	p/MPa	v'/(m^3/kg)	v''/(m^3/kg)	h'/(kJ/kg)	h''/(kJ/kg)	r/(kJ/kg)	s'/[kJ/(kg·K)]	s''/[kJ/(kg·K)]
0.00	0.000 611 2	0.001 000 22	206.154	−0.05	2 500.51	2 500.6	−0.000 2	9.154 4
0.01	0.000 611 7	0.001 000 21	206.012	0.00①	2 500.53	2 500.5	0.000 0	9.154 1
1	0.000 657 1	0.001 000 18	192.464	4.18	2 502.35	2 498.2	0.015 3	9.127 8
2	0.000 705 9	0.001 000 13	179.787	8.39	2 504.19	2 495.8	0.030 6	9.101 4
3	0.000 758 0	0.001 000 09	168.041	12.61	2 506.03	2 493.4	0.045 9	9.075 2
4	0.000 813 5	0.001 000 08	157.151	16.82	2 507.87	2 491.1	0.061 1	9.049 3
5	0.000 872 5	0.001 000 08	147.048	21.02	2 509.71	2 488.7	0.076 3	9.023 6
6	0.000 935 2	0.001 000 10	137.670	25.22	2 511.55	2 486.3	0.091 3	8.998 2
7	0.001 001 9	0.001 000 14	128.961	29.42	2 513.39	2 484.0	0.106 3	8.973 0
8	0.001 072 8	0.001 000 19	120.868	33.62	2 515.23	2 481.6	0.121 3	8.948 0
9	0.001 148 0	0.001 000 26	113.342	37.81	2 517.06	2 479.3	0.136 2	8.923 3
10	0.001 227 9	0.001 000 34	106.341	42.00	2 518.90	2 476.9	0.151 0	8.898 8
11	0.001 312 6	0.001 000 43	99.825	46.19	2 520.74	2 474.5	0.165 8	8.874 5
12	0.001 402 5	0.001 000 54	93.756	50.38	2522.57	2 472.2	0.180 5	8.850 4
13	0.001 497 7	0.001 000 66	88.101	54.57	2 524.41	2 469.8	0.195 2	8.826 5
14	0.001 598 5	0.001 000 80	82.828	58.76	2 526.24	2 467.5	0.209 8	8.802 9
15	0.001 705 3	0.001 000 94	77.910	62.95	2 528.07	2 465.1	0.224 3	8.779 4
16	0.001 818 3	0.001 001 10	73.320	67.13	2 529.90	2 462.8	0.238 8	8.756 2
17	0.001 937 7	0.001 001 27	69.034	71.32	2 531.72	2 460.4	0.253 3	8.733 1
18	0.002 064 0	0.001 001 45	65.029	75.50	2 533.55	2 458.1	0.267 7	8.710 3
19	0.002 197 5	0.001 001 65	61.287	79.68	2 535.37	2 455.7	0.282 0	8.687 7
20	0.002 338 5	0.001 001 85	57.786	83.86	2 537.20	2 453.3	0.296 3	8.665 2
22	0.002 644 4	0.001 002 29	51.445	92.23	2 540.84	2 448.6	0.324 7	8.621 0
24	0.002 984 6	0.001 002 76	45.884	100.59	2 544.47	2 443.9	0.353 0	8.577 4
26	0.003 362 5	0.001 003 28	40.997	108.95	2 548.10	2 439.2	0.381 0	8.534 7
28	0.003 781 4	0.001 003 83	36.694	117.32	2 551.73	2 434.4	0.408 9	8.492 7
30	0.004 245 1	0.001 004 42	32.899	125.68	2 555.35	2 429.7	0.436 6	8.451 4
35	0.005 626 3	0.001 006 05	25.222	146.59	2564.38	2 417.8	0.505 0	8.351 1
40	0.007 381 1	0.001 007 89	19.529	167.50	2 573.36	2 405.9	0.572 3	8.255 1
45	0.009 589 7	0.001 009 93	15.263 6	188.42	2 582.30	2 393.9	0.638 6	8.163 0
50	0.012 344 6	0.001 012 16	12.036 5	209.33	2 591.19	2 381.9	0.703 8	8.074 5
55	0.015 752	0.001 014 55	9.572 3	230.24	2 600.02	2 369.8	0.768 0	7.989 6

续表

温度	压力	比体积		比焓		汽化潜热	比熵	
		液体	蒸汽	液体	蒸汽		液体	蒸汽
t/℃	p/MPa	v'/(m^3/kg)	v''/(m^3/kg)	h'/(kJ/kg)	h''/(kJ/kg)	r/(kJ/kg)	s'/[kJ/(kg·K)]	s''/[kJ/(kg·K)]
60	0. 019 933	0. 001 017 13	7. 674 0	251. 15	2 608. 79	2 357. 6	0. 831 2	7. 908 0
65	0. 025 024	0. 001 019 86	6. 199 2	272. 08	2 617. 48	2 345. 4	0. 893 5	7. 829 5
70	0. 031 178	0. 001 022 76	5. 044 3	293. 01	2 626. 10	2 333. 1	0. 955 0	7. 754 0
75	0. 038 565	0. 001 025 82	4. 133 0	313. 96	2 634. 63	2 320. 7	1. 015 6	7. 681 2
80	0. 047 376	0. 001 029 03	3. 408 6	334. 93	2 643. 06	2 308. 4	1. 075 3	7. 611 2
85	0. 057 818	0. 001 032 40	2. 828 8	355. 92	2 651. 40	2 295. 5	1. 134 3	7. 543 6
90	0. 070 121	0. 001 035 93	2. 361 6	376. 94	2 659. 63	2 282. 7	1. 192 6	7. 478 3
95	0. 084 533	0. 001 039 61	1. 982 7	397. 98	2 667. 73	2 269. 7	1. 250 1	7. 415 4
100	0. 101 325	0. 001 043 44	1. 673 6	419. 06	2 675. 71	2 256. 6	1. 306 9	7. 354 5
110	0. 143 243	0. 001 051 56	1. 210 6	461. 33	2 691. 26	2 229. 9	1. 418 6	7. 238 6
120	0. 198 483	0. 001 060 31	0. 892 19	503. 76	2 706. 18	2 202. 4	1. 527 7	7. 129 7
130	0. 270 018	0. 001 069 68	0. 668 73	546. 38	2 720. 39	2 174. 0	1. 634 6	7. 027 2
140	0. 361 190	0. 001 079 72	0. 509 00	589. 21	2 733. 81	2 144. 6	1. 739 3	6. 930 2
150	0. 475 71	0. 001 090 46	0. 392 86	632. 28	2746. 35	2 114. 1	1. 842 0	6. 838 1
160	0. 617 66	0. 001 101 93	0. 307 09	675. 62	2 757. 92	2 082. 3	1. 942 9	6. 750 2
170	0. 791 47	0. 001 114 20	0. 242 83	719. 25	2 768. 42	2 049. 2	2 . 042 0	6. 666 1
180	1. 001 93	0. 001 127 32	0. 194 03	763. 22	2 777. 74	2 014. 5	2. 139 6	6. 585 2
190	1. 254 17	0. 001 141 36	0. 156 50	807. 56	2 785. 80	1 978. 2	2. 235 8	6. 507 1
200	1. 553 66	0. 001 156 41	0. 127 32	852. 34	2 792. 47	1 940. 1	2. 330 7	6. 431 2
210	1. 906 17	0. 001 172 58	0. 104 38	897. 62	2 797. 65	1 900. 0	2 424 5	6. 357 1
220	2. 317 83	0. 001 190 00	0. 086 157	943. 46	2 801. 20	1857. 7	2. 517 5	6. 284 6
230	2. 795 05	0. 001 208 82	0. 071 553	989. 95	2 803. 00	1 813. 0	2. 609 6	6. 213 0
240	3. 344 59	0. 001 229 22	0. 059 743	1 037. 2	2 802. 88	1 765. 7	2. 701 3	6. 142 2
250	3. 973 51	0. 001 251 45	0. 050 112	1 085. 3	2 800. 66	1 715. 4	2. 792 6	6. 071 6
260	4. 689 23	0. 001 275 79	0. 042 195	1 134. 3	2 796. 14	1 661. 8	2. 883 7	6. 000 7
270	5. 499 56	0. 001 302 62	0. 035 637	1 184. 5	2 789. 05	1 604. 5	2. 975 1	5. 929 2
280	6. 412 73	0. 001 332 42	0. 030 165	1 236. 0	2 779. 08	1 543. 1	3. 066 8	5. 856 4
290	7. 437 46	0. 001 365 82	0. 025 565	1 289. 1	2 765. 81	1 476. 7	3. 159 4	5. 781 7
300	8. 583 08	0. 001 403 69	0. 021 669	1 344. 0	2 748. 71	1 404. 7	3. 253 3	5. 704 2
310	9. 859 7	0. 001 447 28	0. 018 343	1 401. 2	2 727. 01	1 325. 9	3. 349 0	5. 622 6

续表

温度	压力	比体积		比焓		汽化潜热	比熵	
		液体	蒸汽	液体	蒸汽		液体	蒸汽
t/℃	p/MPa	v′/(m³/kg)	v″/(m³/kg)	h′/(kJ/kg)	h″/(kJ/kg)	r/(kJ/kg)	s′/[kJ/(kg·K)]	s″/[(kJ/(kg·K)]
320	11.278	0.001 498 44	0.015 479	1 461.2	2 699.72	1 238.5	3.447 5	5.535 6
330	12.851	0.001 360 08	0.012 987	1 524.9	2 665.30	1 140.4	3.550 0	5.440 8
340	14.593	0.001 637 28	0.010 790	1 593.7	2 621.32	1 027.6	3.658 6	5.334 5
350	16.521	0.001 740 08	0.008 812	1 670.3	2 563.39	893.0	3.777 3	5.210 4
360	18.657	0.001 894 23	0.006 958	1 761.1	2 481.68	720.6	3.915 5	5.053 6
370	21.033	0.002 214 80	0.004 982	1 891.7	2 338.79	447.1	4.112 5	4.807 6
371	21.286	0.002 279 69	0.004 735	1 911.8	2 314.11	402.3	4.142 9	4.767 4
372	21.542	0.002 365 30	0.004 451	1 936.1	2 282.99	346.9	4.179 6	4.717 3
373	21.802	0.002 496 00	0.004 087	1 968.8	2 237.98	269.2	4.229 2	4.645 8
373.99	22.064	0.003 106	0.003 106	2 085.9	2 085.9	0.0①	4.409 2	4.409 2

临界参数：T_{cr}=647.14 K，h_{cr}=2 085.9 kJ/kg，p_{cr}=22.064 MPa，s_{cr}=4.409 2 kJ/(kg·K)，v_{cr}=0.003 106 m³/kg。

①精确值应为 0.000 612 kJ/kg。

附表 8　饱和水与饱和水蒸气的热力性质(按压力排序)

压力	温度	比体积		比焓		汽化潜热	比熵	
		液体	蒸汽	液体	蒸汽		液体	蒸汽
p/MPa	t/℃	v′/(m³/kg)	v″/(m³/kg)	h′/(kJ/kg)	h″/(kJ/kg)	r/(kJ/kg)	s′/[kJ/(kg·K)]	s″/[kJ/(kg·K)]
0.001 0	6.949 1	0.001 0001	129.185	29.21	2513.29	2484.1	0.105 6	8.973 5
0.002 0	17.540 3	0.001 001 4	67.008	73.58	2 532.71	2 459.1	0.261 1	8.722 0
0.003 0	24.114 2	0.001 002 8	45.666	101.07	2 544.68	2 443.6	0.354 6	8.575 8
0.004 0	28.953 3	0.001 004 1	34.796	121.30	2 553.45	2 432.2	0.422 1	8.472 5
0.005 0	32.879 3	0.001 005 3	28.191	137.72	2 560.55	2 422.8	0.476 1	8.393 0
0.006 0	36.166 3	0.001 006 5	23.738	151.47	2 566.48	2 415.0	0.520 8	8.328 3
0.007 0	38.996 7	0.001 007 5	20.528	163.31	2 571.56	2 408.3	0.558 9	8.273 7
0.008 0	41.507 5	0.001 008 5	18.102	173.81	2 576.06	2 402.3	0.592 4	8.226 6
0.009 0	43.790 1	0.001 009 4	16.204	183.36	2 580.15	2 396.8	0.622 6	8.185 4
0.010	45.798 8	0.001 010 3	14.673	191.76	2 583.72	2 392.0	0.649 0	8.148 1
0.015	53.970 5	0.001 014 0	10.022	225.93	2 598.21	2 372.3	0.754 8	8.006 5
0.020	60.065 0	0.001 017 2	7.649 7	251.43	2 608.90	2 357.5	0.832 0	7.906 8
0.025	64.972 6	0.001 019 8	6.204 7	271.96	2 617.43	2 345.5	0.893 2	7.829 8
0.030	69.104 1	0.001 022 2	5.229 6	289.26	2 624.56	2 335.3	0.944 0	7.767 1

续表

压力	温度	比体积		比焓		汽化潜热	比熵	
		液体	蒸汽	液体	蒸汽		液体	蒸汽
p/MPa	t/℃	v'/(m^3/kg)	v''/(m^3/kg)	h'/(kJ/kg)	h''/(kJ/kg)	r/(kJ/kg)	s'/[kJ/(kg·K)]	s''/[kJ/(kg·K)]
0. 040	75. 872 0	0. 001 026 4	3. 993 9	317. 61	2 636. 10	2 318. 5	1. 026 0	7. 668 8
0. 050	81. 338 8	0. 001 029 9	3. 240 9	340. 55	2 645. 31	2 304. 8	1. 091 2	7. 592 8
0. 060	85. 949 6	0. 001 033 1	2. 732 4	359. 91	2 652. 97	2 293. 1	1. 145 4	7. 531 0
0. 070	89. 955 6	0. 001 035 9	2. 365 4	376. 75	2 659. 55	2 282. 8	1. 192 1	7. 478 9
0. 080	93. 510 7	0. 001 038 5	2. 087 6	391. 71	2 665. 33	2 273. 6	1. 233 0	7. 433 9
0. 090	96. 712 1	0. 001 040 9	1. 869 8	405. 20	2 670. 48	2 265. 3	1. 269 6	7. 394 3
0. 10	99. 634	0. 001 043 2	1. 694 3	417. 52	2 675. 14	2 257. 6	1. 302 8	7. 358 9
0. 12	104. 810	0. 001 047 3	1. 428 7	439. 37	2 683. 26	2 243. 9	1. 360 9	7. 297 8
0. 14	109. 318	0. 001 051 0	1. 236 8	458. 44	2 690. 22	2 231. 8	1. 411 0	7. 246 2
0. 16	113. 326	0. 001 054 4	1. 091 59	475. 42	2 696. 29	2 220. 9	1. 455 2	7. 201 6
0. 18	116. 941	0. 001 057 6	0. 977 67	490. 76	2 701. 69	2 210. 9	1. 494 6	7. 162 3
0. 20	120. 240	0. 001 060 5	0. 885 85	504. 78	2 706. 53	2 201. 7	1. 530 3	7. 127 2
0. 25	127. 444	0. 001 067 2	0. 718 79	535. 47	2 716. 83	2 181. 4	1. 607 5	7. 052 8
0. 30	133. 556	0. 001 073 2	0. 605 87	561. 58	2 725. 26	2 163. 7	1. 672 1	6. 992 1
0. 35	138. 891	0. 001 078 6	0. 524 27	584. 45	2 732. 37	2 147. 9	1. 727 8	6. 940 7
0. 40	143. 642	0. 001 083 5	0. 462 46	604. 87	2 738. 49	2 133. 6	1. 776 9	6. 896 1
0. 50	151. 867	0. 001 092 5	0. 374 86	640. 35	2 748. 59	2 108. 2	1. 861 0	6. 821 4
0. 60	158. 863	0. 001 100 6	0. 315 63	670. 67	2 756. 66	2 086. 0	1. 931 5	6. 760 0
0. 70	164. 983	0. 001 107 9	0. 272 81	697. 32	2 763. 29	2 066. 0	1. 992 5	6. 707 9
0. 80	170. 444	0. 001 114 8	0. 240 37	721. 20	2 768. 86	2 047. 7	2. 046 4	6. 662 5
0. 90	175. 389	0. 001 121 2	0. 214 91	742. 90	2 773. 59	2 030. 7	2. 094 8	6. 622 2
1. 00	179. 916	0. 001 127 2	0. 194 38	762. 84	2 777. 67	2 014. 8	2. 138 8	6. 585 9
1. 10	184. 100	0. 001 133 0	0. 177 47	781. 35	2 781. 21	1 999. 9	2. 179 2	6. 552 9
1. 20	187. 995	0. 001 138 5	0. 163 28	798. 64	2 784. 29	1 985. 7	2. 216 6	6. 522 5
1. 30	191. 644	0. 001 143 8	0. 151 20	814. 89	2 786. 99	1 927. 1	2. 251 5	6. 494 4
1. 40	195. 078	0. 001 148 9	0. 140 79	830. 24	2 789. 37	1 959. 1	2. 284 1	6. 468 3
1. 50	198. 327	0. 001 153 8	0. 131 72	844. 82	2 791. 46	1 946. 6	2. 314 9	6. 443 7
1. 60	201. 410	0. 001 158 6	0. 123 75	858. 69	2 793. 29	1 934. 6	2. 344 0	6. 420 6
1. 70	204. 346	0. 001 163 3	0. 116 68	871. 96	2 794. 91	1 923. 0	2. 371 6	6. 398 8
1. 80	207. 151	0. 001 167 9	0. 110 37	884. 67	2 796. 33	1 911. 7	2. 397 9	6. 378 1
1. 90	209. 838	0. 001 172 3	0. 104 707	896. 88	2 797. 58	1 900. 7	2. 423 0	6. 358 3
2. 00	212. 417	0. 001 176 7	0. 099 588	908. 64	2 798. 66	1 890. 0	2. 447 1	6. 339 5

续表

压力	温度	比体积		比焓		汽化潜热	比熵	
		液体	蒸汽	液体	蒸汽		液体	蒸汽
p/MPa	t/℃	v'/(m^3/kg)	v''/(m^3/kg)	h'/(kJ/kg)	h''/(kJ/kg)	r/(kJ/kg)	s'/[kJ/(kg·K)]	s''/[kJ/(kg·K)]
2.20	217.289	0.001 185 1	0.090 700	930.97	2 800.41	1 869.4	2.492 4	6.304 1
2.40	221.829	0.001 193 3	0.083 244	951.91	2 801.67	1 849.8	2.534 4	6.271 4
2.60	226.085	0.001 201 3	0.076 898	971.67	2 802.51	1 830.8	2.573 6	6.240 9
2.80	230.096	0.001 209 0	0.071 427	990.41	2 803.01	1 812.6	2.610 5	6.212 3
3.00	233.893	0.001 216 6	0.066 662	1 008.2	2 803.19	1 794.9	2.645 4	6.185 4
3.50	242.597	0.001 234 8	0.057 054	1 049.6	2 802.51	1 752.9	2.725 0	6.123 8
4.00	250.394	0.001 252 4	0.049 771	1 087.2	2 800.53	1 713.4	2.796 2	6.068 8
5.00	263.980	0.001 286 2	0.039 439	1 154.2	2 793.64	1 639.5	2.920 1	5.972 4
6.00	275.625	0.001 319 0	0.032 440	1 213.3	2 783.82	1 570.5	3.026 6	5.888 5
7.00	285.869	0.001 351 5	0.027 371	1 266.9	2 771.72	1 504.8	3.121 0	5.812 9
8.00	295.048	0.001 384 3	0.023 520	1 316.5	2 757.70	1 441.2	3.206 6	5.743 0
9.00	303.385	0.001 417 7	0.020 485	1 363.1	2 741.92	1 378.9	3.285 4	5.677 1
10.0	311.037	0.001 452 2	0.018 026	1 407.2	2 724.46	1 317.2	3.359 1	5.613 9
11.0	318.118	0.001 488 1	0.015 987	1 449.6	2 705.34	1 255.7	3.428 7	5.552 5
12.0	324.715	0.001 526 0	0.014 263	1 490.7	2 684.50	1 193.8	3.495 2	5.492 0
13.0	330.894	0.001 566 2	0.012 780	1 530.8	2 661.80	1 131.0	3.559 4	5.431 8
14.0	336.707	0.001 609 7	0.011 486	1 570.4	2 637.07	1 066.7	3.622 0	5.371 1
15.0	342.196	0.001 657 1	0.010 340	1 609.8	2 610.01	1 000.2	3.683 6	5.309 1
16.0	347.396	0.001 709 9	0.009 311	1 649.4	2 580.21	930.8	3.745 1	5.245 0
17.0	352.334	0.001 770 1	0.008 373	1 690.0	2 547.01	857.1	3.807 3	5.177 6
18.0	357.034	0.001 840 2	0.007 503	1 732.0	2 509.45	777.4	3.871 5	5.105 1
19.0	361.514	0.001 925 8	0.006 679	1 776.9	2 465.87	688.9	3.939 5	5.025 0
20.0	365 .789	0.002 037 9	0.005 870	1 827.2	2 413.05	585.9	4.015 3	4.932 2
21.0	369.868	0.002 207 3	0.005 012	1 889.2	2 341.67	352.4	4.108 8	4.812 4
22.0	373.752	0.002 704 0	0.003 684	2 013.0	2 084.02	71.0	4.296 9	4.406 6
22.064	373.99	0.003 106	0.003 106	2 085.9	2 085.9	0.0①	4.409 2	4.409 2

①精确值应为 0.000612 kJ/kg。

附表9　未饱和水与过热水蒸气的热力性质

p	0.001 MPa(t_s=6.949 ℃)			0.005 MPa(t_s=32.879 ℃)		
	v'	h'	s'	v'	h'	s'
	0.001 001	29.21	0.105 6	0.001 005 3	137.72	0.476 1
	m^3/kg	kJ/kg	kJ/(kg·K)	m^3/kg	kJ/kg	kJ/(kg·K)
	v''	h''	s''	v''	h''	s''
	129.185	2 513.3	8.973 5	28.191	2 560.6	8.393 0
	m^3/kg	kJ/kg	kJ/(kg·K)	m^3/kg	kJ/kg	kJ/(kg·K)
t/℃	v/(m^3/kg)	h/(kJ/kg)	s/[kJ/(kg·K)]	v/(m^3/kg)	h/(kJ/kg)	s/[kJ/(kg·K)]
0	0.001 002	−0.005	−0.0002	0.001 0002	−0.05	−0.000 2
10	130.598	2 519.0	8.993 8	0.001 000 3	42.01	0.151 0
20	135.226	2 537.7	9.058 8	0.001 001 8	83.87	0.296 3
40	1 44.475	2 575.2	9.182 3	28.854	2 574.0	8.436 6
60	153.717	2 612.7	9.298 4	30.712	2 611.8	8.553 7
80	162.956	2 650.3	9.408 0	32.566	2 649.7	8.663 9
100	172.192	2 688.0	9.512 0	34.418	2 687.5	8.768 2
120	181.426	2 725.9	9.610 9	36.269	2 725.5	8.867 4
140	190.660	2 764.0	9.705 4	38.118	2 763.7	8.962 0
160	199.893	2 802.3	9.795 9	39.967	2 802.0	9.052 6
180	209.126	2 840.7	9.882 7	41.815	2 840.5	9.139 6
200	218.358	2 879.4	9.966 2	43.662	2 879.2	9.223 2
220	227.590	2 918.3	10.046 8	45.510	2 918.2	9.303 8
240	236.821	2 957.5	10.124 6	47.357	2 957.3	9.381 6
260	246.053	2 996.8	10.199 8	49.204	2 996.7	9.436 9
280	255.284	3 036.4	10.272 7	51.051	3 036.3	9.529 8
300	264.515	3 076.2	10.343 4	52.898	3 076.1	9.600 5
350	287.592	3 176.8	10.511 7	57.514	3 176.7	9.768 8
400	310.669	3 278.9	10.669 2	62.131	3 278.8	9.926 4
450	333.746	3 382.4	10.817 6	66.747	3 382.4	10.074 7
500	356.823	3 487.5	10.958 1	71.362	3 487.5	10.215 3
550	379.900	3 594.4	11.092 1	75.978	3 594.4	10.349 3
600	402.976	3 703.4	11.220 6	80.594	3 703.4	10.477 8

续表

p	0.01 MPa(t_s=45.799 ℃)			0.10 MPa(t_s=99.634 ℃)		
	v' 0.001 010 3 m^3/kg	h' 191.76 kJ/kg	s' 0.649 0 kJ/(kg·K)	v' 0.001 043 1 m^3/kg	h' 417.52 kJ/kg	s' 1.302 8 kJ/(kg·K)
	v'' 14.673 m^3/kg	h'' 2 583.7 kJ/kg	s'' 8.148 1 kJ/(kg·K)	v'' 1.694 3 m^3/kg	h'' 2 675.1 kJ/kg	s'' 7.358 9 kJ/(kg·K)
t/℃	v/(m^3/kg)	h/(kJ/kg)	s/[kJ/(kg·K)]	v/(m^3/kg)	h/(kJ/kg)	s/[kJ/(kg·K)]
0	0.001 000 2	−0.04	−0.000 2	0.001 000 2	0.05	−0.000 2
10	0.001 000 3	42.01	0.151 0	0.001 000 3	42.10	0.151 0
20	0.001 001 8	83.87	0.296 3	0.001 001 8	83.96	0.296 3
40	0.001 007 9	167.01	0.572 3	0.001 007 8	167.59	0.572 3
60	15.336	2 610.8	8.231 3	0.001 017 1	251.22	0.831 2
80	16.268	2 648.9	8.342 2	0.001 029 0	334.97	1.075 3
100	17.196	2 686.9	8.447 1	1.696 1	2 675.9	7.360 9
120	18.124	2 725.1	8.546 6	1.793 1	2 716.3	7.466 5
140	19.050	2 763.3	8.641 4	1.888 9	2 756.2	7.565 4
160	19.976	2 801.7	8.732 2	1.983 8	2 795.8	7.659 0
180	20.901	2 840.2	8.819 2	2.078 3	2 835.3	7.748 2
200	21.826	2 879.0	8.902 9	2.172 3	2 874.8	7.833 4
220	22.750	2 918.0	8.983 5	2.265 9	2 914.3	7.915 2
240	23.674	2 957.1	9.061 4	2.359 4	2 953.9	7.994 0
260	24.598	2 996.5	9.136 7	2.452 7	2 993.7	8.070 1
280	25.522	3 036.2	9.209 7	2.545 8	3 033.6	8.143 6
300	26.446	3 076.0	9.280 5	2.638 8	3 073.8	8.214 8
350	28.755	3 176.6	9.448 8	2.870 9	3 174.9	8.384 0
400	31.063	3 278.7	9.606 4	3.102 7	3 277.3	8.542 2
450	33.372	3 382.3	9.754 8	3.334 2	3 381.2	8 690 9
500	35.680	3 487.4	9.895 3	3.565 6	3 486.5	8.831 7
550	37.988	3 594.3	10.029 3	3.796 8	3 593.5	8.965 9
600	40.296	3 703.4	10.157 9	4.027 9	3 702.7	9.094 6

续表

p	0.5 MPa(t_s = 151.867 ℃)			1 MPa(t_s = 179.916 ℃)		
	v' 0.001 092 5 m^3/kg	h' 640.35 kJ/kg	s' 1.861 0 kJ/(kg·K)	v' 0.001 127 2 m^3/kg	h' 762.84 kJ/kg	s' 2.138 8 kJ/(kg·K)
	v'' 0.374 90 m^3/kg	h'' 2 748.6 kJ/kg	s'' 6.821 4 kJ/(kg·K)	v'' 0.194 40 m^3/kg	h'' 2 777.7 kJ/kg	s'' 6.585 9 kJ/(kg·K)
t/℃	v/(m^3/kg)	h/(kJ/kg)	s/[kJ/(kg·K)]	v/(m^3/kg)	h/(kJ/kg)	s/[(kJ/(kg·K)]
0	0.001 000 0	0.46	-0.000 1	0.000 999 7	0.97	-0.000 1
10	0.001 000 1	42.49	0.151 0	0.000 999 9	42.98	0.150 9
20	0.001 001 6	84.33	0.296 2	0.001 001 4	84.80	0.296 1
40	0.001 007 7	167.94	0.572 1	0.001 007 4	168.38	0.571 9
60	0.001 016 9	251.56	0.831 0	0.001 016 7	251.98	0.830 7
80	0.001 028 8	335.29	1.075 0	0.001 028 6	335.69	1.074 7
100	0.001 043 2	419.36	1.306 6	0.001 043 0	419.74	1.306 2
120	0.001 060 1	503.97	1.527 5	0.001 059 9	504.32	1.527 0
140	0.001 079 6	589.30	1.739 2	0.001 078 3	589.62	1.738 6
160	0.383 58	2 767.2	6.864 7	0.001 101 7	675.84	1.942 4
180	0.404 50	2 811.7	6.965 1	0.194 43	2 777.9	6.586 4
200	0.424 87	2 854.9	7.058 5	0.205 90	2 827.3	6.693 1
220	0.444 85	2 897.3	7.146 2	0.216 86	2 874.2	6.790 3
240	0.464 55	2 939.2	7.229 5	0.227 45	2 919.6	6.880 4
260	0.484 04	2 980.8	7.309 1	0.237 79	2 963.8	6.965 0
280	0.503 36	3 022.2	7.385 3	0.247 93	3 007.3	7.045 1
300	0.522 55	3 063.6	7.458 8	0.257 93	3 050.4	7.121 6
350	0.570 12	3 167.0	7.631 9	0.282 47	3 157.0	7.299 9
400	0.617 29	3 271.1	7.792 4	0.306 58	3 263.1	7.463 8
420	0.636 08	3 312.9	7.853 7	0.316 15	3 305.6	7.526 0
440	0.654 83	3 354.9	7.913 5	0.325 68	3 348.2	7.586 6
450	0.664 20	3 376.0	7.942 8	0.330 43	3 369.6	7.616 3
460	0.673 56	3 397.2	7.971 9	0.335 18	3 390.9	7.645 6
480	0.692 26	3 439.6	8.028 9	0.344 65	3 433.8	7.703 3
500	0.710 94	3 482.2	8.084 8	0.354 10	3 476.8	7.759 7
550	0.757 55	3 589.9	8.219 8	0.377 64	3 585.4	7.895 8
600	0.804 08	3 699.6	8.349 1	0.401 09	3 695.7	8.025 9

续表

p	3 MPa(t_s=233.893 ℃)			5 MPa(t_s=263.980 ℃)		
	v' 0.001 216 6 m^3/kg	h' 1 008.2 kJ/kg	s' 2.645 4 kJ/(kg·K)	v' 0.001 286 1 m^3/kg	h' 1 154.2 kJ/kg	s' 2.920 0 kJ/(kg·K)
	v'' 0.066 700 m^3/kg	h'' 2 803.2 kJ/kg	s'' 6.185 4 kJ/(kg·K)	v'' 0.039 400 m^3/kg	h'' 2 793.6 kJ/kg	s'' 5.972 4 kJ/(kg·K)
t/℃	v/(m^3/kg)	h/(kJ/kg)	s/[kJ/(kg·K)]	v/(m^3/kg)	h/(kJ/kg)	s/[kJ/(kg·K)]
0	0.000 998 7	3.01	0.000 0	0.000 997 7	5.04	0.000 2
10	0.000 998 9	44.92	0.150 7	0.000 997 9	46.87	0.150 6
20	0.001 000 5	86.68	0.295 7	0.000 999 6	88.55	0.295 2
40	0.001 006 6	170.15	0.571 1	0.001 005 7	171.92	0.570 4
60	0.001 015 8	253.66	0.829 6	0.001 014 9	255.34	0.828 6
80	0.001 027 6	377.28	1.073 4	0.001 026 7	338.87	1.072 1
100	0.001 042 0	421.24	1.304 7	0.001 041 0	422.75	1.303 1
120	0.001 058 7	505.73	1.525 2	0.001 057 6	507.14	1.523 4
140	0.001 078 1	590.92	1.736 6	0.001 076 8	592.23	1.734 5
160	0.001 100 2	677.01	1.940 0	0.001 098 8	678.19	1.937 7
180	0.001 125 6	764.73	2.136 9	0.001 124 0	765.25	2.134 2
200	0.001 154 9	852.93	2.328 4	0.001 152 9	853.75	2.325 3
220	0.001 189 1	943.65	2.516 2	0.001 186 7	944.21	2.512 5
240	0.068 184	2 823.4	6.225 0	0.001 226 6	1 037.3	2.697 6
260	0.072 828	2 884.4	6.341 7	0.001 275 1	1 134.3	2.882 9
280	0.077 101	2 940.1	6.444 3	0.042 228	2 855.8	6.086 4
300	0.084 191	2 992.4	6.537 1	0.045 301	2 923.3	6.206 4
350	0.090 520	3 114.4	6.741 4	0.051 932	3 067.4	6.447 7
400	0.099 352	3 230.1	6.919 9	0.057 804	3 194.9	6.644 6
420	0.102 787	3 275.4	6.986 4	0.060 033	3 243.6	6.715 9
440	0.106 180	3 320.5	7.050 5	0.062 216	3 291.0	6.784 0
450	0.107 864	3 343.0	7.081 7	0.063 291	3 315 2	6.817 0
460	0.109 540	3 365.4	7.112 5	0.064 358	3 338.8	6.849 4
480	0.112 870	3 410.1	7.172 8	0.066 469	3 385.6	6.912 5
500	0.116 174	3 454.9	7.231 4	0.068 552	3 432.2	6.973 5
550	0.124 349	3 566.9	7.371 8	0.073 664	3 548.0	7.118 7
600	0.132 427	3 679.9	7.505 1	0.078 675	3 663.9	7.255 3

续表

p	7 MPa(t_s=285.869 ℃)			10 MPa(t_s=311.037 ℃)		
	v' 0.001 351 5 m^3/kg	h' 1 266.9 kJ/kg	s' 3.121 0 kJ/(kg·K)	v' 0.001 452 2 m^3/kg	h' 1 407.2 kJ/kg	s' 3.359 1 kJ/(kg·K)
	v'' 0.027 400 m^3/kg	h'' 2 771.7 kJ/kg	s'' 5.812 9 kJ/(kg·K)	v'' 0.018 000 m^3/kg	h'' 2 724.5 kJ/kg	s'' 5.613 9 kJ/(kg·K)
t/℃	v/(m^3/kg)	h/(kJ/kg)	s/[kJ/(kg·K)]	v/(m^3/kg)	h/(kJ/kg)	s/[kJ/(kg·K)]
0	0.000 996 7	7.07	0.000 3	0.000 995 2	10.09	0.000 4
10	0.000 997 0	48.80	0.150 4	0.000 995 6	51.70	0.150 0
20	0.000 998 6	90.42	0.294 8	0.000 997 3	93.22	0.294 2
40	0.001 004 8	173.69	0.569 6	0.001 003 5	176.34	0.568 4
60	0.001 014 0	257.01	0.827 5	0.001 012 7	259.53	0.825 9
80	0.001 025 8	340.46	1.070 8	0.001 024 4	342.85	1.068 8
100	0.001 039 9	424.25	1.301 6	0.001 038 5	426.51	1.299 3
120	0.001 056 5	508.55	1.521 6	0.001 054 9	510.68	1.519 0
140	0.001 075 6	593.54	1.732 5	0.001 073 8	595.50	1.729 4
160	0.001 097 4	679.37	1.935 3	0.001 095 3	681.16	1.931 9
180	0.001 122 3	766.28	2.131 5	0.001 119 9	767.84	2.127 5
200	0.001 151 0	854.59	2.322 2	0.001 148 1	855.88	2.317 6
220	0.001 184 2	944.79	2.508 9	0.001 180 7	945.71	2.503 6
240	0.001 223 5	1 037.6	2.693 3	0.001 219 0	1 038.0	2.687 0
260	0.001 271 0	1 134.0	2.877 6	0.001 265 0	1 133.6	2.869 8
280	0.001 330 7	1 235.7	3.064 8	0.001 322 2	1 234.2	3.054 9
300	0.029 457	2 837.5	5.929 1	0.001 397 5	1 342.3	3.246 9
350	0.035 225	3 014.8	6.226 5	0.022 415	2 922.1	5.942 3
400	0.039 917	3 157.3	6.446 5	0.026 402	3 095.8	6.210 9
450	0.044 143	3 286.2	6.631 4	0.029 735	3 240.5	6.418 4
500	0.048 110	3 408.9	6.795 4	0.032 750	3 372.8	6.595 4
520	0.049 649	3 457.0	6.856 9	0.033 900	3 423.8	6.660 5
540	0.051 166	3 504.8	6.916 4	0.035 027	3 474.1	6.723 2
550	0.051 917	3 528.7	6.945 6	0.035 582	3 499.1	6.753 7
560	0.052 664	3 552.4	6.974 3	0.036 133	3 523.9	6.783 7
580	0.054 147	3 600.0	7.030 6	0.037 222	3 573.3	6.842 3
600	0.055 617	3 647.5	7.085 7	0.038 297	3 622.5	6.899 2

续表

p	14.0 MPa(t_s=336.707 ℃)			20.0 MPa(t_s=365.789 ℃)		
	v' 0.001 609 7 m^3/kg	h' 1 570.4 kJ/kg	s' 3.622 0 kJ/(kg·K)	v' 0.002 037 9 m^3/kg	h' 1 827.2 kJ/kg	s' 4.015 3 kJ/(kg·K)
	v'' 0.011 500 m^3/kg	h'' 2 637.1 kJ/kg	s'' 5.371 1 kJ/(kg·K)	v'' 0.005 870 2 m^3/kg	h'' 2 413.1 kJ/kg	s'' 4.932 2 kJ/(kg·K)
t/℃	$v/(m^3/kg)$	h/(kJ/kg)	s/[kJ/(kg·K)]	$v/(m^3/kg)$	h/(kJ/kg)	s/[kJ/(kg·K)]
0	0.000 993 3	14.10	0.000 5	0.000 990 4	20.08	0.000 6
10	0.000 993 8	55.55	0.149 6	0.000 991 1	61.29	0.148 8
20	0.000 995 5	96.95	0.293 2	0.000 992 9	102.50	0.291 9
40	0.001 001 8	179.86	0.566 9	0.000 999 2	185.13	0.564 5
60	0.001 010 9	262.88	0.823 9	0.001 008 4	267.90	0.820 7
80	0.001 022 6	346.04	1.066 3	0.001 019 9	350.82	1.062 4
100	0.001 036 5	429.53	1.296 2	0.001 033 6	434.06	1.291 7
120	0.001 052 7	513.52	1.515 5	0.001 049 6	517.79	1.510 3
140	0.001 071 4	598.14	1.725 4	0.001 067 9	602.12	1.719 5
160	0.001 092 6	683.56	1.927 3	0.001 088 6	687.20	1.920 6
180	0.001 116 7	769.96	2.122 3	0.001 112 1	773.19	2.114 7
200	0.001 144 3	857.63	2.311 6	0.001 138 9	860.36	2.302 9
220	0.001 176 1	947.00	2.496 6	0.001 169 5	949.07	2.486 5
240	0.001 213 2	1 038.6	2.678 8	0.001 205 1	1 039.8	2.667 0
260	0.001 257 4	1 133.4	2.859 9	0.001 246 9	1 133.4	2.845 7
280	0.001 311 7	1 232.5	3.042 4	0.001 297 4	1 230.7	3.024 9
300	0.001 381 4	1 338.2	3.230 0	0.001 360 5	1 333.4	3.207 2
350	0.013 218	2 751.2	5.556 4	0.001 664 5	1 645.3	3.727 5
400	0.017 218	3 001.1	5.943 6	0.009 945 8	2 816.8	5.552 0
450	0.020 074	3 174.2	6.191 9	0.012 701 3	3 060.7	5.902 5
500	0.022 512	3 322.3	6.390 0	0.014 768 1	3 239.3	6.141 5
520	0.023 418	3 377.9	6.461 0	0.015 504 6	3 303.0	6.222 9
540	0.024 295	3 432.1	6.528 5	0.016 206 7	3 364.0	6 298 9
550	0.024 724	3 458.7	6.561 1	0.016 547 1	3 393.7	6.335 2
560	0.025 147	3 485.2	6.593 1	0.016 881 1	3 422.9	6.370 5
580	0.025 978	3 537.5	6.655 1	0.017 532 8	3 480.3	6.438 5
600	0.026 792	3 589.1	6.714 9	0.018 165 5	3 536.3	6.503 5

续表

p	25 MPa			30 MPa		
t/℃	v/(m³/kg)	h/(kJ/kg)	s/[kJ/(kg·K)]	v/(m³/kg)	h/(kJ/kg)	s/[kJ/(kg·K)]
0	0.000 988 0	25.01	0.000 6	0.000 985 7	29.92	0.000 5
10	0.000 988 8	66.04	0.148 1	0.000 986 6	70.77	0.147 4
20	0.000 990 8	107.11	0.290 7	0.000 988 7	111.71	0.289 5
40	0.000 997 2	189.51	0.562 6	0.000 995 1	193.87	0.560 6
60	0.001 006 3	272.08	0.818 2	0.001 004 2	276.25	0.815 6
80	0.001 017 7	354.80	1.059 3	0.001 015 5	358.78	1.056 2
100	0.001 031 3	437.85	1.288 0	0.001 029 0	441.64	1.284 4
120	0.001 047 0	521.36	1.506 1	0.001 044 5	524.95	1.501 9
140	0.001 065 0	605.46	1.714 7	0.001 062 2	608.82	1.710 0
160	0.001 085 4	690.27	1.915 2	0.001 082 2	693.36	1.909 8
180	0.001 108 4	775.94	2.108 5	0.001 104 8	778.72	2 102 4
200	0.001 134 5	862.71	2.295 9	0.001 130 3	865.12	2.289 0
220	0.001 164 3	950.91	2.478 5	0.001 159 3	952.85	2.470 6
240	0.001 198 6	1 041.0	2.657 5	0.001 192 5	1 042.3	2.648 5
260	0.001 238 7	1 133.6	2.834 6	0.001 231 1	1 134.1	2.823 9
280	0.001 286 6	1 229.6	3.011 3	0.001 276 6	1 229.0	2.998 5
300	0.001 345 3	1 330.3	3.190 1	0.001 331 7	1 327.9	3.174 2
350	0.001 598 1	1 623.1	3.678 8	0.001 552 2	1 608.0	3.642 0
400	0.006 001 4	2 578.0	5.138 6	0.002 792 9	2 150.6	4.472 1
450	0.009 166 6	2 950.5	5.675 4	0.006 736 3	2 822.1	5.443 3
500	0.011 122 9	3 164.1	5.961 4	0.008 676 1	3 083.3	5.793 4
520	0.011 789 7	3 236.1	6.053 4	0.009 303 3	3 165.4	5.898 2
540	0.012 415 6	3 303.8	6.137 7	0.009 882 5	3 240.8	5.992 1
550	0.012 716 1	3 336.4	6.177 5	0.010 158 0	3 276.6	6.035 9
560	0.013 009 5	3 368.2	6.216 0	0.010 425 4	3 311.4	6.078 0
580	0.013 577 8	3 430.2	6.289 5	0.010 939 7	3 378.5	6.157 6
600	0.014 124 9	3 490.2	6.359 1	0.011 431 0	3 442.9	6.232 1

说明：粗水平线之上为未饱和水，粗水平线之下为过热水蒸气。

附表 10 干空气的热物理性质 ($p=1.013\ 25\times10^5$ Pa)①

t/℃	ρ	c_p	$\lambda\times10^2$	$a\times10^6$	$\eta\times10^6$	$\upsilon\times10^6$	Pr
	kg/m^3	kJ/(kg·K)	W/(m·K)	m^2/s	kg/(m·s)	m^2/s	
-50	1.584	1.013	2.04	12.7	14.6	9.23	0.728
-40	1.515	1.013	2.12	13.8	15.2	10.04	0.728
-30	1.453	1.013	2.20	14.9	15.7	10.80	0.723
-20	1.395	1.009	2.28	16.2	16.2	11.61	0.716
-10	1.342	1.009	2.36	17.4	16.7	12.43	0.712
0	1.293	1.005	2.44	18.8	17.2	13.28	0.707
10	1.247	1.005	2.51	20.0	17.6	14.16	0.705
20	1.205	1.005	2.59	21.4	18.1	15.06	0.703
30	1.165	1.005	2.67	22.9	18.6	16.00	0.701
40	1.128	1.005	2.76	24.3	19.1	16.96	0.699
50	1.093	1.005	2.83	25.7	19.6	17.95	0.698
60	1.060	1.005	2.90	27.2	20.1	18.97	0.696
70	1.029	1.009	2.96	28.6	20.6	20.02	0.694
80	1.000	1.009	3.05	30.2	21.1	21.09	0.692
90	0.972	1.009	3.13	31.9	21.5	22.10	0.690
100	0.946	1.009	3.21	33.6	21.9	23.13	0.688
120	0.898	1.009	3.34	36.8	22.8	25.45	0.686
140	0.854	1.013	3.49	40.3	23.7	27.80	0.684
160	0.815	1.017	3.64	43.9	24.5	30.09	0.682
180	0.779	1.022	3.78	47.5	25.3	32.49	0.681
200	0.746	1.026	3.93	51.4	26.0	34.85	0.680
250	0.674	1.038	4.27	61.0	27.4	40.61	0.677
300	0.615	1.047	4.60	71.6	29.7	48.33	0.674
350	0.566	1.050	4.91	81.9	31.4	55.46	0.676
400	0.524	1.068	5.21	93.1	33.0	63.09	0.678
500	0.456	1.093	5.74	115.3	36.2	79.38	0.687
600	0.404	1.114	6.22	138.3	39.1	96.89	0.699
700	0.362	1.135	6.71	163.4	41.8	115.4	0.706
800	0.329	1.156	7.18	188.8	44.3	134.8	0.713
900	0.301	1.172	7.63	216.2	46.7	155.1	0.717
1 000	0.277	1.185	8.07	245.9	49.0	177.1	0.719
1 100	0.257	1.197	8.50	276.2	51.2	199.3	0.722
1 200	0.239	1.210	9.15	316.5	53.5	233.7	0.724

①$1.013\ 25\times10^5$ Pa = 760 mmHg，下同。

附表 11　饱和水的热物理性质

t/℃	$p\times10^{-5}$ /Pa	ρ/(kg /m³)	h'/(kJ /kg)	c_p/[kJ /(kg·K)]	$\lambda\times10^2$/[W /(m·K)]	$a\times10^8$ /(m²/s)	$\eta\times10^6$ /Pa·s	$\upsilon\times10^6$ /(m²/s)	$\alpha_V\times10^4$ /K⁻¹	$\gamma\times10^4$ /(N/m)	Pr
0	0.006 11	999.9	0	4.212	55.1	13.1	1788	1.789	−0.81	756.4	13.67
10	0.012 27	999.7	42.04	4.191	57.4	13.7	1306	1.306	+0.87	741.6	9.52
20	0.023 38	998.2	83.91	4.183	59.9	14.3	1004	1.006	2.09	726.9	7.02
30	0.042 41	995.7	125.7	4.174	61.8	14.9	801.5	0.805	3.05	712.2	5.42
40	0.073 75	992.2	167.5	4.174	63.5	15.3	653.3	0.659	3.86	696.5	4.31
50	0.123 35	988.1	209.3	4.174	64.8	15.7	549.4	0.556	4.57	676.9	3.54
60	0.199 20	983.1	251.1	4.179	65.9	16.0	469.9	0.478	5.22	662.2	2.99
70	0.311 6	977.8	293.0	4.187	66.8	16.3	406 1	0.415	5.83	643.5	2.55
80	0.473 6	971.8	355.0	4.195	67.4	16.6	355.1	0.365	6.40	625.9	2.21
90	0.701 1	965.3	377.0	4.208	68.0	16.8	314.9	0.326	6.96	607.2	1.95
100	1.013	958.4	419.1	4.220	68.3	16.9	282.5	0.295	7.50	588.6	1.75
110	1.43	951.0	461.4	4.233	68.5	17.0	259.0	0.272	8.04	569.0	1.60
120	1.98	943.1	503.7	4.250	68.6	17.1	237.4	0.252	8.58	548.4	1.47
130	2.70	934.8	546.4	4.266	68.6	17.2	217.8	0.233	9.12	528.8	1.36
140	3.61	926.1	589.1	4.287	68.5	17.2	201.1	0.217	9.68	507.2	1.26
150	4.76	917.0	632.2	4.313	68.4	17.3	186.4	0.203	10.26	486.6	1.17
160	6.18	907.0	675.4	4.346	68.3	17.3	173.6	0.191	10.87	466.0	1.10
170	7.92	897.3	719.3	4.380	67.9	17.3	162.8	0.181	11.52	443.4	1.05
180	10.03	886.9	763.3	4.417	67.4	17.2	153.0	0.173	12.21	422.8	1.00
190	12.55	876.0	807.8	4.459	67.0	17.1	144.2	0.165	12.96	400.2	0.96
200	15.55	863.0	852.8	4.505	66.3	17.0	136.4	0.158	13.77	376.7	0.93
210	19.08	852.3	897.7	4.555	65 5	16.9	130.5	0.153	14.67	354.1	0.91
220	23.20	840.3	943.7	4.614	64.5	16.6	124.6	0.148	15.67	331.6	0.89
230	27.98	827.3	990.2	4.681	63.7	16.4	119.7	0.145	16.80	310.0	0.88
240	33.48	813.6	1 037.5	4.756	62.8	16.2	114.8	0.141	18.08	285.5	0.87
250	39.78	799.0	1 085.7	4.844	61.8	15.9	109.9	0.137	19.55	261.9	0.86
260	46.94	784.0	1 135.7	4.949	60.5	15.6	105.9	0.135	21.27	237.4	0.87
270	55.05	767.9	1 185.7	5.070	59.0	15.1	102.0	0.133	23.31	214.8	0.88
280	64.19	750.7	1 236.8	5.230	57.4	14.6	98.1	0.131	25.79	191.3	0.90
290	74.45	732.3	1 290.0	5.485	55.8	13.9	94.2	0.129	28.84	168.7	0.93
300	85.92	712.5	1 344.9	5.736	54.0	13.2	91.2	0.128	32.73	144.2	0.97
310	98.70	691.1	1 402.2	6.071	52.3	12.5	88.3	0.128	37.85	120.7	1.03
320	112.90	667.1	1 462.1	6.574	50.6	11.5	85.3	0.128	44.91	98.10	1.11
330	128.65	640.2	1 526.2	7.244	48.4	10.4	81.4	0.127	55.31	76.71	1.22

续表

t/℃	$p\times10^{-5}$ /Pa	ρ/(kg /m^3)	h'/(kJ /kg)	c_p/[kJ /(kg·K)]	$\lambda\times10^2$/[W /(m·K)]	$a\times10^8$ /(m^2/s)	$\eta\times10^6$ /Pa·s	$\upsilon\times10^6$ /(m^2/s)	$\alpha_V\times10^4$ /K^{-1}	$\gamma\times10^4$ /(N/m)	Pr
340	146. 08	610. 1	1 594. 8	8. 165	45. 7	9. 17	77. 5	0. 127	72. 10	56. 70	1. 39
350	165. 37	574. 4	1 671. 4	9. 504	43. 0	7. 88	72. 6	0. 126	103. 7	38. 16	1. 60
360	186. 74	528. 0	1 761. 5	13. 984	39. 5	5. 36	66. 7	0. 126	182. 9	20. 21	2. 35
370	210. 53	450. 5	1 892. 5	40. 321	33. 7	1. 86	56. 9	0. 126	676. 7	4. 709	6. 79

①α_v 值选自 Steam Tables in SI Units，2nd Ed.，Ed. by Grigull U et. al.，Springer Verlag，1984。

附表 12　金属材料的密度、比热容和导热系数(热导率)

材料名称	20℃			热导率 λ/[W/(m·K)]									
	密度 ρ /(kg/ m^3)	比定压热容 c_p /[J/ (kg·K)]	热导率 λ /[W/ (m·K)]	温度/℃									
				-100	0	100	200	300	400	600	800	1 000	1 200
纯铝	2 710	902	236	243	236	240	238	234	228	215			
杜拉铝(96Al-4Cu，微量 Mg)	2 790	881	169	124	160	188	188	193					
铝合金(92Al-8Mg)	2 610	904	107	86	102	123	148						
铝合金(87Al-13Si)	2 660	871	162	139	158	173	176	180					
铍	1 850	1758	219	382	218	170	145	129	118				
纯铜	8 930	386	398	421	401	393	389	384	379	366	352		
铝青铜(90Cu-10Al)	8 360	420	56		49	57	66						
青铜(89Cu-11Sn)	8 800	343	24. 8		24	28. 4	33. 2						
黄铜(70Cu-30Zn)	8 440	377	109	90	106	131	143	145	148				
铝合金(60Cu-40Ni)	8 920	410	22. 2	19	22. 2	23. 4							
黄金	19 300	127	315	331	318	313	310	305	300	287			
纯铁	7 870	455	81. 1	96. 7	83. 5	72. 1	63. 5	56. 5	50. 3	39. 4	29. 6	29. 4	31. 6
阿姆口铁	7 860	455	73. 2	82. 9	74. 7	67. 5	61. 0	54. 8	49. 9	38. 6	29. 3	29. 3	31. 1
灰铸铁($w_C\approx3\%$)	7570	470	39. 2		28. 5	32. 4	35. 8	37. 2	36. 6	20. 8	19. 2		
碳钢($w_C\approx0.5\%$)	7 840	465	49. 8		50. 5	47. 5	44. 8	42. 0	39. 4	34. 0	29. 0		
碳钢($w_C\approx1.0\%$)	7 790	470	43. 2		43. 0	42. 8	42. 2	41. 5	40. 6	36. 7	32. 2		
碳钢($w_C\approx1.5\%$)	7 750	470	36. 7		36. 8	36. 6	36. 2	35. 7	34. 7	31. 7	27. 8		
铬钢($w_{Cr}\approx5\%$)	7 830	460	36. 1		36. 3	35. 2	34. 7	33. 5	31. 4	28. 0	27. 2	27. 2	27. 2
铬钢($w_{Cr}\approx13\%$)	7 740	460	26. 8		26. 5	27. 0	27. 0	27. 0	27. 6	28. 4	29. 0	29. 0	

续表

材料名称	20℃			热导率 λ/[W/(m·K)]									
	密度 ρ /(kg/m^3)	比定压热容 c_p /[J/(kg·K)]	热导率 λ /[W/(m·K)]	温度/℃									
				-100	0	100	200	300	400	600	800	1 000	1 200
铬钢($w_{Cr}\approx17\%$)	7 710	460	22		22	22.2	22.6	22.6	23.3	24.0	24.8	25.5	
铬钢($w_{Cr}\approx26\%$)	7 650	460	22.6		22.6	23.8	25.5	27.2	28.5	31.8	35.1	38	
铬镍钢(18-20 Cr/8-12Ni)	7 820	460	15.2	12.2	14.7	16.6	18.0	19.4	20.8	23.5	26.3		
铬镍钢(17-19 Cr/9-13Ni)	7 830	460	14.7	11.8	14.3	16.1	17.5	18.8	20.2	22.8	25.5	28.2	30.9
镍钢($w_{Ni}\approx1\%$)	7 900	460	45.5	40.8	45.2	46.8	46.1	44.1	41.2	35.7			
镍钢($w_{Ni}\approx3.5\%$)	7 910	460	36.5	30.7	36.0	38.8	39.7	39.2	37.8				
镍钢($w_{Ni}\approx25\%$)	8 030	460	13.0										
镍钢($w_{Ni}\approx35\%$)	8 110	460	13.8	10.9	13.4	15.4	17.1	18.6	20.1	23.1			
镍钢($w_{Ni}\approx44\%$)	8 190	460	15.8		15.7	16.1	16.5	16.9	17.1	17.8	18.4		
镍钢($w_{Ni}\approx50\%$)	8260	460	19.6	17.3	19.4	20.5	21.0	21.1	21.3	22.5			
锰钢($w_{Ma}\approx12\%\sim13\%$，$w_{Ni}\approx3\%$)	7 800	487	13.6			14.8	16.0	17.1	18.3				
锰钢($w_{Mn}\approx0.4\%$)	7 860	440	51.2			51.0	50.0	47.0	43.5	35.5	27		
钨钢($w_W\approx5\%\sim6\%$)	8 070	436	18.7		18.4	19.7	21.0	22.3	23.6	24.9	26.3		
铅	11 340	128	35.3	37.2	35.5	34.3	32.8	31.5					
镁	1 730	1 020	156	160	157	154	152	150					
钼	9 590	255	138	146	139	135	131	127	123	116	109	103	93.7
镍	8 900	444	91.4	144	94	82.8	74.2	67.3	64.6	69.0	73.3	77.6	81.9
铂	21 450	133	71.4	73.3	71.5	71.6	72.0	72.8	73.6	76.6	80.0	84.2	88.9
银	10 500	234	427	431	428	422	415	407	399	384			
锡	7 310	228	67	75	68.2	63.2	60.9						
钛	4 500	520	22	23.3	22.4	20.7	19.9	19.5	19.4	19.9			
铀	19 070	116	27.4	24.3	27	29.1	31.1	33.4	35.7	40.6	45.6		
锌	7 140	388	121	123	122	117	112						
锆	6 570	276	22.9	26.5	23.2	21.8	21.2	20.9	21.4	22.3	24.5	26.4	28.0
钨	19 350	134	179	204	182	166	153	142	134	125	119	114	110

附表 13　保温、建筑及其他材料的密度和导热系数(热导率)

材料名称	温度 t/℃	密度 ρ/(kg/m^3)	热导率 λ/[W/(m·K)]
膨胀珍珠岩散料	25	60~300	0.021~0.062
沥青膨胀珍珠岩	31	233~282	0.069~0.076
磷酸盐膨胀珍珠岩制品	20	200~250	0.044~0.052
水玻璃膨胀珍珠岩制品	20	200~300	0.056~0.065
岩棉制品	20	80~150	0.035~0.038
膨胀蛭石	20	100~130	0.051~0.07
沥青蛭石板管	20	350~400	0.081~0.10
石棉粉	22	744~1 400	0.099~0.19
石棉砖	21	384	0.099
石棉绳		590~730	0.10~0.21
石棉绒		35~230	0.055~0.077
石棉板	30	770~1 045	0.10~0.14
碳酸镁石棉灰		240~490	0.077~0.086
硅藻土石棉灰		280~380	0.085~0.11
粉煤灰砖	27	458~589	0.12~0.22
矿渣棉	30	207	0.058
玻璃丝	35	120~492	0.058~0.07
玻璃棉毡	28	18.4~38.3	0.043
软木板	20	105~437	0.044~0.079
木丝纤维板	20	245	0.048
稻草浆板	20	325~365	0.068~0.084
麻秆板	25	108~147	0.056~0.11
甘蔗板	20	282	0.067~0.072
葵芯板	20	95.5	0.05
玉米梗板	22	25.2	0.065
棉花	20	117	0.049
丝	20	57.7	0.036
锯木屑	20	179	0.083
硬泡沫塑料	30	29.5~56.3	0.041~0.048
软泡沫塑料	30	41~162	0.043~0.056
铝箔间隔层(5层)	21		0.042
红砖(营造状态)	25	1 860	0.87
红砖	35	1 560	0.49
松木(垂直木纹)	15	496	0.15
松木(平行木纹)	21	527	0.35

续表

材料名称	温度 t/℃	密度 ρ/(kg/m^3)	热导率 λ/[W/(m·K)]
水泥	30	1 900	0.30
混凝土板	35	1 930	0.79
耐酸混凝土板	30	2 250	1.5~1.6
黄砂	30	1580~1 700	0.28~0.34
泥土	20		0.83
瓷砖	37	2 090	1.1
玻璃	45	2 500	0.65~0.71
聚苯乙烯	30	24.7~37.8	0.04~0.043
花岗石		2 643	1.73~3.98
大理石		2 499~2 707	2.70
云母		290	0.58
水垢	65		1.31~3.14
冰	0	913	2.22
黏土	27	1 460	1.3

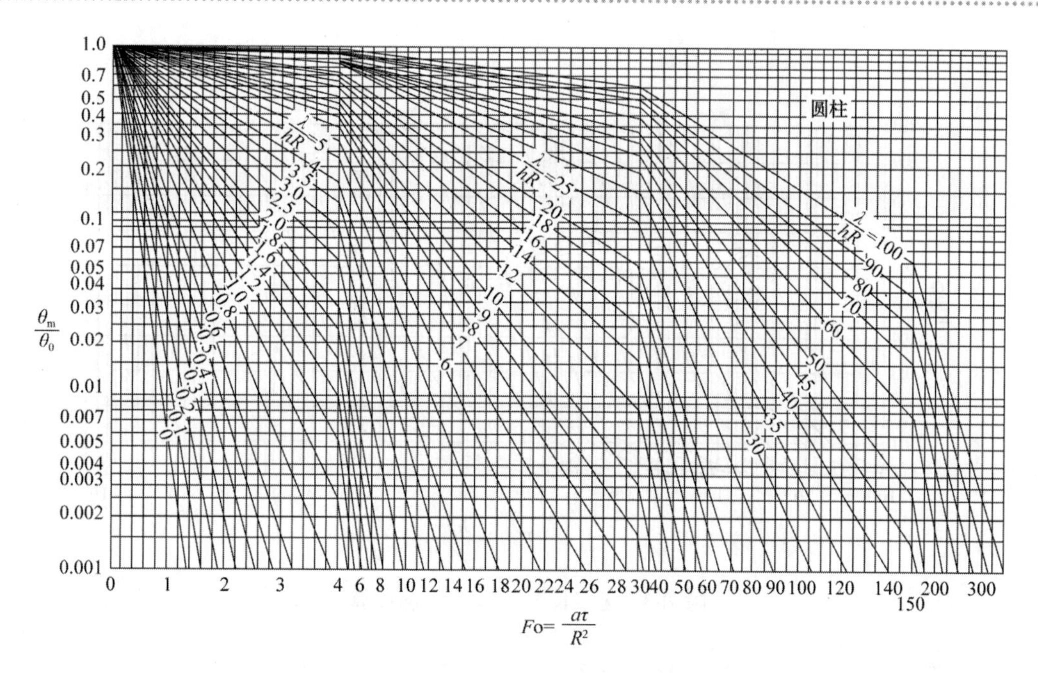

附图 1　无限长圆柱体的中心温度 θ_m/θ_0 线算图

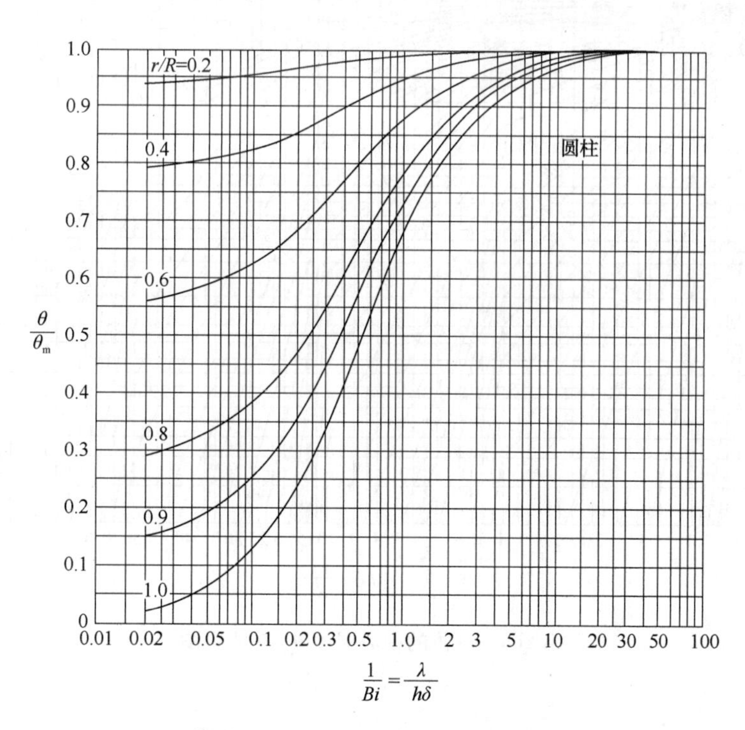

附图 2　无限长圆柱体的 θ/θ_m 线算图

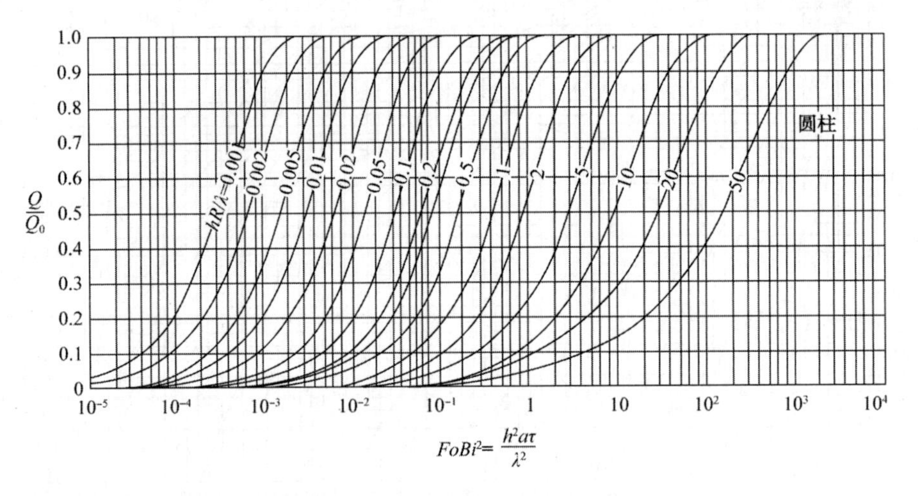

附图 3　无限长圆柱体的 Q/Q_0 线算图

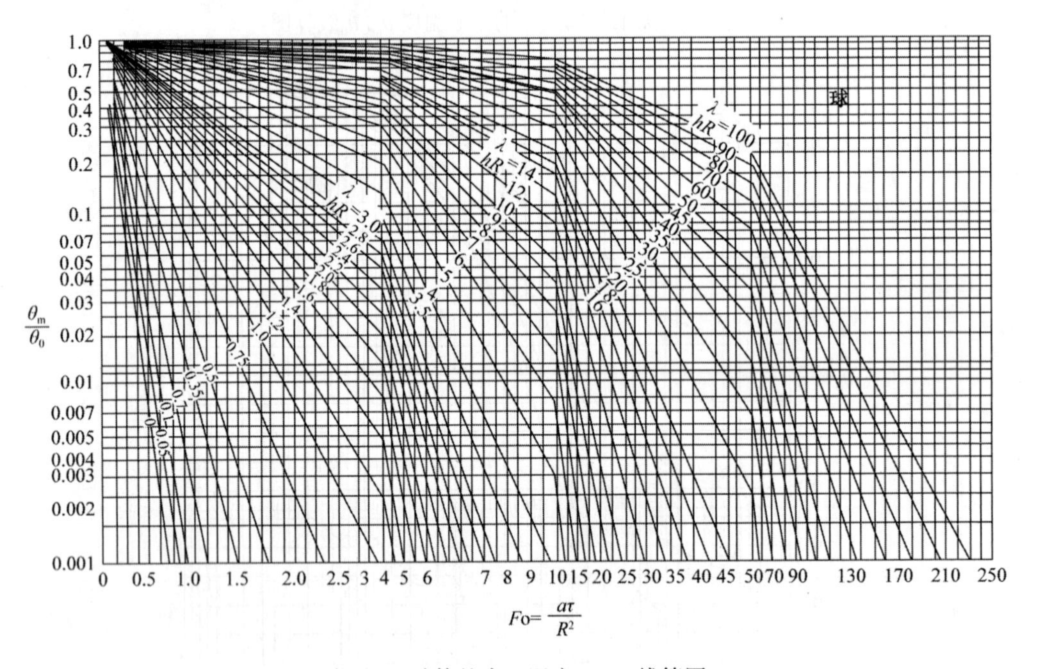

附图 4　球体的中心温度 θ_m/θ_0 线算图

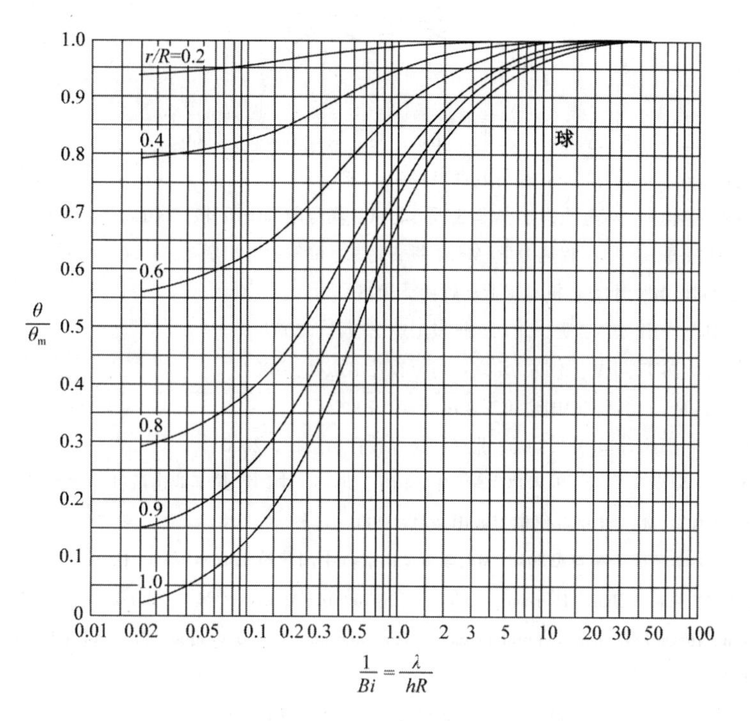

附图 5　球体的 θ/θ_m 线算图

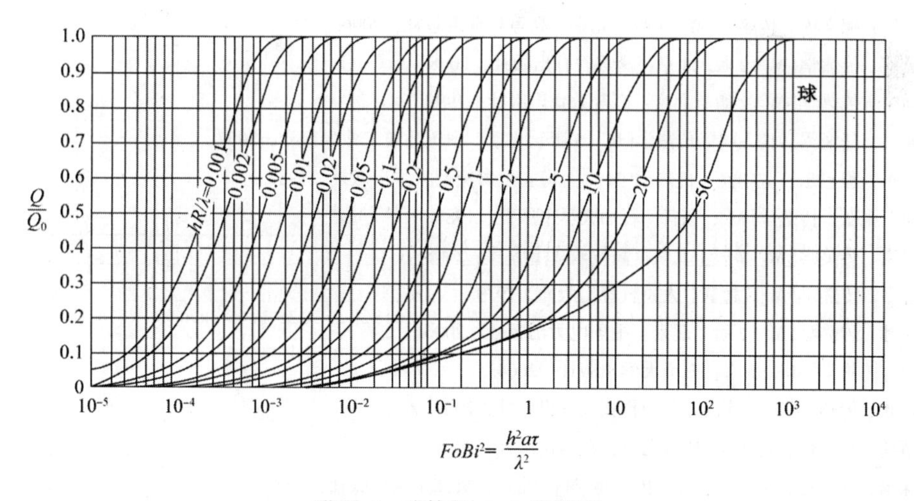

附图 6　球体的 Q/Q_0 线算图

参考文献

[1] 张学学，李桂馥，史琳．热工基础[M]．2 版．北京：高等教育出版社，2006.

[2] 王补宣．热工基础[M]．4 版．北京：高等教育出版社，1981.

[3] 沈维道，蒋智敏，童钧耕．工程热力学[M]．3 版．北京：高等教育出版社，2001.

[4] 曾丹苓，敖越，朱克雄，等．工程热力学[M]．2 版．北京：高等教育出版社，1986.

[5] 王修彦．工程热力学[M]．北京：机械工业出版社，2008.

[6] 傅秦生．热工基础与应用[M]．2 版．北京：机械工业出版社，2007.

[7] 陈黔，吴味隆，等．热工学[M]．3 版．北京：高等教育出版社，2004.

[8] 余宁．热工学基础[M]．北京：中国建筑工业出版社，2005.

[9] 华自强，张忠进．工程热力学[M]．3 版．北京：高等教育出版社，2000.

[10] 廉乐明，李力能，吴家正，等．工程热力学[M]．4 版．北京：中国建筑工业出版社，1999.

[11] 毕明树．工程热力学[M]．北京：化学工业出版社，2001.

[12] 何雅玲．工程热力学精要分析典型题解[M]．4 版. 北京：中国建筑工业出版社，1999.

[13] Yunus A Cengel，Michael A Boles. Thermodynamics an Engineering Approach[M]．7th ed. 北京：机械工业出版社，2016.

[14] Michael J. Moran，Howard N. Shapiro. Fundamentals of Engineering Thermodynamics[M]．3th ed. New York：John Wiley & Sons Ltd，1993.

[15] Rachard E. Sonntag，Claus Borgnakke. Introduction to Engineering Thermodynamics[M]．New York：John Wiley & Sons Inc，2001.

[16] Joachim E. Lay，Rachard E. Sonntag，Claus Borgnakke. Introduction to Engineering Thermodynamics[M]. New York：John Wiley & Sons Inc，2001.

[17] 杨世铭，陶文铨．传热学[M]．4 版．北京：高等教育出版社，2006.

[18] 赵镇南．传热学[M]．2 版. 北京：高等教育出版社，2008.

[19] 戴锅生．传热学[M]．2 版．北京：高等教育出版社，1999.

[20] 张熙民，任泽霈，梅飞鸣．传热学[M]．5 版．北京：中国建筑工业出版社，2007.

[21] 翁中杰，程惠尔，戴华淦．传热学[M]．上海：上海交通大学出版社，1987.

[22] 任瑛，张弘．传热学[M]．东营：石油大学出版社，1988.

[23] 赵镇南．传热学[M]．2 版．北京：高等教育出版社，2008.

[24] 俞左平．传热学[M]．北京：人民教育出版社，1979.

[25] 孙天孙．传热学[M]．2 版．北京：中国电力出版社，2006.

[26] 张奕．传热学[M]．南京：东南大学出版社，2004.

[27] 苏亚欣．传热学[M]．武汉：华中科技大学出版社，2009.

[28] 张靖周，常海萍，传热学[M]．北京：科学出版社，2009.

[29] 王保国，刘淑艳，王新泉，等．传热学[M]．北京：机械工业出版社，2009.

[30] 王秋旺．传热学重点难点及典型题解[M]．西安：西安交通大学出版社，2001.

[31] 金圣才．传热学知识精要与真题详解[M]．北京：中国水利电力出版社，2011.

[32] J. P. Holman. Heat Transfer[M]. 10th ed. 北京：机械工业出版社，2015.

[33] Yunus A. Cengel. Heat Transfer a Practical Approach[M]. 2th ed. Mc Graw Hill Companies. Inc，2003.

[34] Lindon C. Thomas. Heat Transfer[M]. Prentice Hall，Englewood Cliffs，New Jersey 07632，1992.